Thermohydraulische Dimensionierung von Solaranlagen

Ralph Eismann

Thermohydraulische Dimensionierung von Solaranlagen

Theorie und Praxis der kostenoptimierenden Anlagenplanung

Springer Vieweg

Ralph Eismann
Institut für Energietechnik
ETH Zürich
Zürich, Schweiz

ISBN 978-3-658-07124-0 ISBN 978-3-658-07125-7 (ebook)
DOI 10.1007/978-3-658-07125-7

Die Deutsche Nationalbibliothek verzeichnet diese Publikation in der Deutschen Nationalbibliografie; detaillierte bibliografische Daten sind im Internet über http://dnb.d-nb.de abrufbar.

Springer Vieweg

Lektorat: Dr. Daniel Fröhlich

Gedruckt auf säurefreiem und chlorfrei gebleichtem Papier

Springer Vieweg ist Teil von Springer Nature
Die eingetragene Gesellschaft ist Springer Fachmedien Wiesbaden GmbH
Die Anschrift der Gesellschaft ist: Abraham-Lincoln-Strasse 46, 65189 Wiesbaden, Germany

Vorwort

In den vielen Jahren Berufstätigkeit auf dem Gebiet der Solarthermie habe ich Kollektor- und Anlagensysteme entwickelt, Solaranlagen geplant, gebaut und in Betrieb genommen.

Dabei ist mir immer wieder aufgefallen, dass wir einerseits umfassende Theorien und solides Handlungswissen zur Thermodynamik von Solaranlagen besitzen, andererseits unsere Methoden zur anlagentechnischen Dimensionierung vergleichsweise primitiv sind. Die dadurch bedingte Planungsunsicherheit führte in der Vergangenheit zu Betriebsstörungen und kostspieligen Schadenfällen, verursacht durch Stagnation oder Strömungsblockaden durch Luft im Kreislauf. Als Ursache konnte häufig erst im Nachhinein eine Fehldimensionierung vermutet werden. Auch war es bisher nicht möglich, das hydraulische Netz einer Solaranlage kostenoptimal zu planen und dieses Optimum rechnerisch nachzuweisen. Dies sind nach meiner Überzeugung die Hauptursachen dafür, dass es bisher nicht gelungen ist, die Anlagenkosten signifikant zu senken. Es besteht folglich ein beträchtliches Potenzial zur Kostensenkung, sowohl bei den Anlagen selbst als auch bei der Planung. Ich habe mich daher nach neun Jahren Tätigkeit als Entwicklungsleiter im Bereich Sonnenenergiesysteme der Ernst Schweizer AG entschlossen, an die ETH Zürich zu wechseln. Dort habe ich im Rahmen einer Dissertation Grundlagen für eine verbesserte Planungssicherheit erarbeitet.

Teile dieser Dissertation sowie die Resultate des daran anschließenden Nachfolgeprojektes bilden die Grundlage des vorliegenden Buches. Dieses behandelt die Rohrnetzberechnung, die Dimensionierung von Ausdehnungsgefäßen sowie die Nachweise der Entlüftbarkeit und der Stagnationssicherheit in einer Form, die für numerische Rechnungen geeignet ist. Bei der Herleitung der entsprechenden Modelle habe ich berücksichtigt, dass die zugrundeliegenden Erhaltungsgleichungen gekoppelt sind. Die Teilaufgaben der Dimensionierung werden daher nicht, wie bisher üblich, getrennt betrachtet, sondern mit den Methoden der Thermohydraulik gelöst, welche die Thermodynamik und der Fluidmechanik vereint und außerdem die Beschreibung von Zweiphasen-Strömungsphänomene ermöglicht. Die Theorie der Thermohydraulik hat ihren Ursprung in der Nukleartechnik. Die Störfallsicherheit von Kernkraftwerken wird heute mit Hilfe fortschrittlicher thermohydraulischer Simulationsprogramme nachgewiesen. Diese beruhen ihrerseits auf zahlreichen, sowohl theoretisch als auch experimentell gut abgesicherten Modellen. Auf den ersten Blick mag es erstaunen, dass diese Theorie mit Erfolg auch in der Solarthermie angewendet werden kann. In der Tat treten in Kernkraftwerken und in Solaranlagen qualitativ dieselben Strömungsphänomene auf, die daher auch mit denselben Methoden behandelt werden können.

Um eine Solaranlage planen und ausführen zu können, sind thermohydraulische Werkzeuge allein nicht ausreichend. Es ist ein ebenso profundes Fachwissen und Können im Bereich des Hochbaus, der Installationstechnik und der Werkstoffkunde erforderlich. Ich habe mich daher bemüht, die theoretischen Werkzeuge stets im Kontext der Anwendung darzustellen und dabei die praktischen Fragestellungen zur Integration von Solaranlagen in Gebäuden nicht zu vernachlässigen.

Das Buch richtet sich an ein breites Publikum aus Wissenschaft und Praxis. Es soll insbesondere Personen, die sich mit der Planung von Solaranlagen und der Entwicklung von Sonnenkollektoren und sonstigen Anlagenkomponenten befassen, als Nachschlagewerk dienen. Die Kapitel zur Entlüftung und Stagnation geben einen praxisnahen und damit leicht verständlichen

Einstieg in die Theorie der Zweiphasenströmung. Damit kann das Buch auch in anderen Fachgebieten des Maschinenbaus und der Verfahrenstechnik wertvoll sein. Die Modelle und Berechnungsverfahren, insbesondere zur Rohrnetzberechnung, Entlüftung und Druckhaltung, können ohne weiteres auch in anderen Gebieten der Anlagen- und Gebäudetechnik eingesetzt werden.

Das Stagnationsverhalten einer Solaranlage wird maßgeblich durch die Eigenschaften des Kollektorfeldes bestimmt. Ich habe mich vorerst auf Kollektortypen beschränkt, bei denen ein mäanderförmiger Absorber von unten nach oben durchströmt wird. Damit sind sowohl Flachkollektoren mit Mäanderabsorbern als auch horizontal liegende, seriell geschaltete Vakuum-Röhrenkollektoren berücksichtigt. Es ist vorgesehen, weitere hydraulische Konfigurationen abzubilden.

Es ist geplant, die in diesem Buch dargestellten Modelle in Form eines Rechenprogrammes zu veröffentlichen. Es war mir daher ein großes Anliegen, die Methoden der thermohydraulischen Modellierung nachvollziehbar herzuleiten und anhand praktischer Beispiele ausführlich zu begründen. Mit diesem Buch hoffe ich, das Vertrauen in die Solarthermie zur fördern und einen Beitrag zu ihrer Wirtschaftlichkeit zu leisten.

Dank

Ich danke dem Bundesamt für Energie BFE für die Förderung dieses Projekts. Ebenfalls danke ich der Fachgruppe Solarwärme des SWISSOLAR sowie weiteren Personen aus Industrie, Gewerbe und Forschung, die mich als Mitgliedern meiner Begleitgruppe unterstützt haben:

Andreas Eckmanns	Bundesamt für Energie BFE
Jean-Christophe Hadorn	Bundesamt für Energie BFE
Christoph Bartholdi	eontec GmbH
Dr. Andreas Bohren	Hochschule Rapperswil, Institut für Solartechnik SPF
Stefan Braendle	Amstein+Walthert AG
Pascal Cretton	Sebasol Vaud
Leo Engeler	Salerno Engeler GmbH
Richard Güttinger	Solarline Güttinger AG
Herbert Hobi	Hobi + Partner GmbH
Josef Jenni	Jenni Energietechnik AG
Heinrich Kriesi	Walter Meier AG
Urs Lippuner	Alco Haustechnik AG
Jürg Marti	Marti Energietechnik
José Martin	SWISSOLAR
Dr. Stephan A. Mathez	Solar Campus GmbH
Prof. Matthias Rommel	Hochschule Rapperswil, Institut für Solartechnik SPF
Dr. Karin Rühling	TU Dresden, Institut für Energietechnik

Bruno Schläpfer	Ernst Schweizer AG
Christian Thesing	IMI Hydronic Engineering AG
Christian Voellmin	Sopra Solarpraxis AG
Björn Zittra	Hoval AG / GebäudeKlima Schweiz

Ihre Beiträge in den Begleitgruppensitzungen, ihr Feedback zum Manuskript sowie die Resultate aus Interviews sind an vielen Stellen eingeflossen. Ebenfalls danke ich der Ernst Schweizer AG für die Erlaubnis, Datenmaterial aus der Analyse von Betriebsstörungen in Kundenanlagen zu verwenden. Mein besonderer Dank gilt Prof. Dr. Horst-Michael Prasser. Er hat mir die Möglichkeit gegeben, thermohydraulische Theorien und Rechenmethoden aus der Nukleartechnik für die Solarthermie verfügbar zu machen. Ich danke auch meinen Studenten, die ihre Bachelor- und Masterarbeiten im Rahmen meiner Projekte durchführten. Herrn Dr. Fröhlich vom Springer-Verlag danke ich für das Lektorat. Schließlich danke ich auch meiner Partnerin Dr. Patricia Fry für das kritische Gegenlesen, ihr Interesse und ihre Unterstützung.

Zürich, November 2016 Ralph Eismann

Geleitwort

Mit dem von Bundesrat und Parlament im Jahr 2011 gefällten Grundsatzentscheid für einen schrittweisen Ausstieg aus der Kernenergie sowie weiteren tiefgreifenden Veränderungen im internationalen Energieumfeld wird ein Umbau des Schweizer Energiesystems notwendig. Hierfür hat der Bundesrat die Energiestrategie 2050 erarbeitet. Er will die vorhandenen Energieeffizienzpotenziale konsequent erschließen und die Potenziale der Wasserkraft und der neuen erneuerbaren Energien (Sonne, Wind, Geothermie, Biomasse) ausschöpfen. Den Ausbau der erneuerbaren Energien hat das Parlament bereits mit einer Anfang 2014 in Kraft getretenen Änderung des Energiegesetzes verstärkt. Ebenfalls bereits in Kraft ist der Aktionsplan „Koordinierte Energieforschung Schweiz".

Im Rahmen dieses Aktionsplanes fördert das Bundesamt für Energie BFE Forschungsprojekte in verschiedenen Gebieten der erneuerbaren Energien. Solarthermie soll in Zukunft einen wichtigen Beitrag zur Wärmeversorgung liefern. Sie bildet daher einen der Forschungsschwerpunkte des BFEs. Die Projektförderung beschränkt sich nicht allein auf die Entwicklung neuer Technologien und die Erforschung ihrer thermodynamischen Eigenschaften. Ebenso wichtig ist die Erarbeitung von Planungsgrundlagen, mit deren Hilfe diese Technologien kosteneffizient am Markt umgesetzt werden können.

Ralph Eismann hat mit dem vorliegenden Buch ein Grundlagenwerk geschaffen, das die Methoden der thermodynamischen Dimensionierung um die dazu komplementären, thermohydraulischen Modelle und Berechnungsmethoden ergänzt. Diese ermöglichen nicht nur die Dimensionierung des Rohrnetzes und des Expansionsgefäßes, sondern auch die rechnerischen Nachweise der Entlüftbarkeit und der Stagnationssicherheit. Damit sind die Voraussetzungen für eine umfassende und effiziente Anlagenplanung gegeben.

Ich hoffe, dass dieses Buch in der Praxis breite Anwendung findet. Ebenfalls ist es wünschenswert, dass dessen Inhalte auch in der Lehre sowie in der beruflichen Weiterbildung von Planerinnen und Planern vermittelt werden.

Die Anwendung der im Buch beschriebenen Methoden sollen zur Kostenreduktion und gleichzeitig zur Maximierung von Betriebssicherheit und Lebensdauer von Solaranlagen führen. Dadurch werden nicht nur die Marktchancen der Solarthermie erhöht, sondern auch das Vertrauen der Kunden, Installateure und Planenden in diese Technologie verstärkt. In diesem Sinne liefert das vorliegende Buch einen wichtigen Beitrag zur erfolgreichen Umsetzung der Energiestrategie 2050.

Bundesamt für Energie BFE — Andreas Eckmanns

Inhaltsverzeichnis

Zusammenfassung

Thermohydraulik – Schlüssel zur Kostensenkung

Die Thermische Solarenergie bietet effiziente Lösungen für zahlreiche wärmetechnische Anwendungen. Diese reichen von der Warmwasserbereitung und Gebäudeheizung über die Prozesswärmeerzeugung bis hin zur Einbindung in Fernwärmesyteme. Besonders attraktiv sind die mit Wärmepumpen kombinierten Systeme, beispielsweise zur Regeneration von Erdsonden und Eisspeichern. Hierzu können auch unverglaste Kollektoren sowie Photovoltaisch-Thermische Kollektoren eingesetzt werden.

Trotz ihres Potenzials hat die Attraktivität der Solarthermie in den letzten Jahren abgenommen. Die Ursachen sind vielschichtig. Obwohl Anlagenkomponenten sehr weitgehend optimiert und Fertigungsprozesse rationalisiert wurden, ist es bisher nicht gelungen, die Anlagenkosten in ähnlichen Größenordnungen zu senken, wie bei der Photovoltaik.

Im Vergleich zur Solarthermie ist die Photovoltaik in weit höherem Maß standardisiert. Die Schnittstelle zwischen dem Generatorfeld und dem Verbraucher mit seiner scheinbar unbegrenzten Kapazität und den standardisierten Spannungen des 50-Hz-Netzes ist durch die Wechselrichter wohldefiniert. Bei der Planung einer thermischen Solaranlage stellt sich hingegen immer auch die Aufgabe der Einbindung in ein konkretes wärmetechnisches System. Dieses ist, im Unterschied zum Stromnetz, durch eine begrenzte Kapazität und durch variable Temperaturniveaus gekennzeichnet. Unterschiedliche Anforderungen und wechselnde Randbedingungen auf der Verbraucherseite sind Gründe für die Variantenvielfalt der Systemtechnik, was die Planung zu einer anspruchsvollen Ingenieursaufgabe macht.

In der heutigen Praxis spielen persönliche Erfahrung und lokal geprägte Stile der Systemtechnik eine große Rolle. Systemanbieter profilieren sich gegenüber ihren Mitbewerbern durch bewährte und häufig sichtbar differenzierte Produkte und Systemlösungen. Die dadurch bedingte Variantenvielfalt systemtechnischer Lösungen ist sehr hoch. Für die energetische Dimensionierung stehen leistungsfähige und bedienerfreundliche Simulationsprogramme zur Verfügung, die diese Variantenvielfalt problemlos abbilden können. Im Gegensatz dazu fehlen die entsprechenden Werkzeuge zur hydraulischen Dimensionierung weitgehend. Einzelaufgaben der Planung, insbesondere die Dimensionierung des Rohrnetzes und des Ausdehnungsgefäßes, werden unabhängig voneinander gelöst. Die Stagnationssicherheit und die Entlüftbarkeit werden nicht nachgewiesen. Checklisten als formale Elemente der Qualitätssicherung kommen erst bei der Inbetriebnahme zum Einsatz. Die dadurch bedingte Planungsunsicherheit hat mehrere Auswirkungen. Einerseits ist es praktisch nicht möglich, das Kostenoptimum für eine Anlage zu finden und rechnerisch zu belegen. Andererseits besteht die Gefahr der Fehldimensionierung, die zu Betriebsstörungen und kostspieligen Schadenfällen führen kann. Unvollständige Spezifikationen müssen durch die Erfahrung und Kreativität des Installateurs wettgemacht werden, wodurch sich Konflikte bei der Gewährleistung ergeben können. Schließlich kann das Vertrauen in die an sich bestechende Technologie geschädigt werden. Es darf nicht erstaunen, dass Bauherrschaften, Planungsfirmen und Installateure jene Technologien bevorzugen, die mit weniger Unsicherheiten und geringeren Risiken behaftet sind.

Damit die Solarthermie ihr Potenzial im Zuge der Energiewende entfalten kann, müssen daher nicht nur die Kosten gesenkt, sondern auch das Vertrauen der Kunden, Planer und Installateure gewonnen werden. Ein Schlüssel zur Erreichung dieser Ziele liegt in der umfassenden und effizienten thermohydraulischen Planung. Was diese Planung auszeichnet, wird im folgenden Absatz erläutert.

Jeder Planungsschritt, beispielsweise die Rohrnetzdimensionierung und der Nachweis der Dampfreichweite bei Stagnation, erfordert Rechenoperationen. Daher müssen alle Anlagenkomponenten und die in diesen Komponenten ablaufenden physikalischen Prozesse durch Modelle abgebildet werden. Die Erhaltungsgleichungen der Masse, der Energie, und des Impulses bilden die theoretische Grundlage dieser Modelle. Die Gleichungen zur Beschreibung dieser Modelle sind gekoppelt, weil dieselben Zustandsgrößen, beispielsweise die Drücke und die Temperaturen, in mehreren Gleichungen gleichzeitig auftreten. Aus diesem Grund sind auch die einzelnen Dimensionierungsaufgaben voneinander abhängig, wie in Abbildung 1 schematisch dargestellt ist. Indem diese Kopplung berücksichtigt wird, lassen sich die thermodynamischen und hydraulischen Einzelphänomene formal zueinander in Beziehung setzen. Man spricht daher von thermohydraulischer Dimensionierung. Dieses Buch legt den Schwerpunkt auf die Herleitung der Modelle. Es ist geplant, ein entsprechendes Rechenprogramm für den praktischen Einsatz zu veröffentlichen.

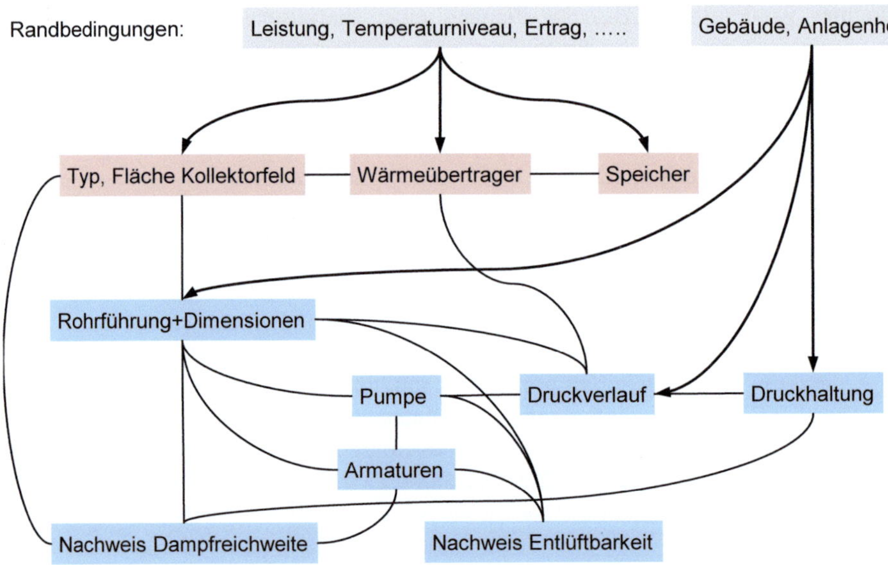

Abbildung 1 Wirkungszusammenhänge bei der Planung von Solaranlagen. Wechselseitige Abhängigkeiten sind ohne Pfeile dargestellt.

Die Vorteile des thermohydraulischen Ansatzes sind vielfältig. Einerseits können die Anlagenkosten durch zielgenaue Dimensionierung minimiert werden. Andererseits lassen sich Betriebsstörungen, die zum Beispiel aufgrund ungenügender Entlüftung oder zu großer Dampfreichweite auftreten können, durch entsprechende Nachweise vermeiden. Weil die Planungsschritte objektiv nachvollziehbar sind, können die Verantwortlichkeiten in der Planung und Ausführung klar geregelt werden. Dies ist wichtig für die Gewährleistung sowie für Wartungs- und

Reparaturarbeiten. Außerdem wird durch die formalisierte Vorgehensweise auch der Planungsprozess effizient und damit kostengünstig. Verschiedene Varianten können rasch durchgerechnet und kostenmäßig verglichen werden.

Inhalt des Buches

Die Kapitel des Handbuches folgen dem Ablauf des Planungsprozesses, der im Kapitel 1 auf Seite 2 grafisch dargestellt ist.

Im ersten Kapitel werden die Möglichkeiten und Randbedingungen der baulichen Integration von Kollektorfeldern behandelt. Es wird gezeigt, in welchen Fällen bei dachintegrierten Kollektorfeldern eine Dampfsperre erforderlich ist und dass die Umgebungsfeuchte auch bei frei aufgeständerten Flachkollektoren beachtet werden muss. Bewährte Rohrleitungssysteme und die Möglichkeiten zur Kompensation von Wärmedehnungen werden im Detail besprochen. Für die Dachintegration und für die Flachdachmontage von Kollektorfeldern werden Checklisten angeboten. Diese bieten Unterstützung beim Abklären der baulichen Randbedingungen. Einsatzmöglichkeiten für Temperatur-, Durchfluss- und Drucksensoren werden diskutiert. Es wird darauf hingewiesen, dass große Solaranlagen mit mehr als einem Kollektorfühler ausgerüstet sein sollen, damit Durchströmungsprobleme und partielle Stagnation erkannt werden können.

Das zweite Kapitel behandelt die Rohrnetzberechnung und Pumpendimensionierung. Basierend auf der Stromfadentheorie wird die Bernoulligleichung mit Druckverlustterm hergeleitet. Druckverlustkorrelationen für die Rohrreibung sowie für die lokalen Druckverluste bei Querschnittänderungen, Richtungsänderungen und Verzweigungen werden dargestellt. Eine neue Korrelation zur Berechnung der Rohrreibungszahl in Rohrwendeln mit beliebiger Rauigkeit wird hergeleitet. Die Korrelationen der Rohrreibungszahlen sind als stetige Funktionen der Reynoldszahl formuliert und decken den Bereich von laminarer bis turbulenter Strömung ab. Damit erfüllen sie die Grundvoraussetzung dafür, dass numerische Rechenverfahren konvergieren. Das bekannte Verfahren nach Cross zur Berechnung der Strömungsverteilung und des Druckverlustes in verzweigten Rohrnetzen wird ausführlich hergeleitet und anhand eines Beispiels demonstriert. Anschließend wird ein neues Verfahren hergeleitet, das wesentlich rascher konvergiert. Schließlich wird eine neue Korrelation hergeleitet, mit welcher der Druckverlust verzweigter Kollektorfelder näherungsweise, dafür direkt und ohne Iteration, berechnet werden kann. Die Korrelation beinhaltet einen Messwert des Druckverlustes und den zugehörigen Volumenstrom aus der Kollektorprüfung als Parameter. Der Vorteil dieser Korrelation besteht darin, dass die Geometrie des Absorbers, die weder durch die Hersteller noch in den Prüfberichten offengelegt wird, nicht bekannt sein muss. Abschließend wird das Vorgehen zur Berechnung des Druckverlaufes im Kreislauf hergeleitet und anhand eines Beispiels erläutert. Die Kenntnis des Druckverlaufes ist sowohl für den Nachweis der Kavitationssicherheit als auch für die Dimensionierung der Druckhaltung erforderlich.

Im dritten Kapitel werden die Aufgaben der Druckhaltung sowie deren Ausführungsformen und Dimensionierung besprochen. Das etablierte Verfahren nach VDI 4708 zur Dimensionierung von Membran-Druckausdehnungsgefäßen wird dargestellt und anhand eines Beispiels veranschaulicht. Dieses berücksichtigt die Abhängigkeit des Systemdruckes vom Ausdehnungsvolumen bzw. von der Temperatur des Kreislaufes. Anschließend wird ein neues Verfahren hergeleitet, das zusätzlich den Einfluss der Gefäßtemperatur sowie die Unsicherheiten bei der

Einstellung des Vordrucks und beim Ablesen des Systemdrucks berücksichtigt. Dadurch gewinnt man die notwendige Sicherheit in der Planung und bei der Ausführung. Das Resultat einer Dimensionierung wird dem Installateur in Form von anlagenspezifischen Diagrammen zur Verfügung gestellt. Diese dienen sowohl zur sicheren Inbetriebnahme als auch zur Kontrolle des Füllzustandes einer Anlage in einem beliebigen Betriebszustand. Das Manometer ist ein wichtiges Instrument bei der Befüllung und für die Überwachung des Betriebs. Wählt man ein Manometer mit einer höheren Genauigkeitsklasse, als in der Heizungstechnik üblich ist, so wird nach dem neuen Berechnungsverfahren häufig ein kleineres Ausdehnungsgefäß dimensioniert, was insgesamt zu tieferen Anlagenkosten führt.

Das vierte Kapitel behandelt die Entlüftung und Entgasung von Kreisläufen. Die die Entlüftung durch Strömungskräfte, die sogenannte Selbstentlüftung, wird vertieft behandelt. Eine auf Versuchen mit Wasser und Wasser-Glykol-Gemisch beruhende Korrelation für die Selbstentlüftung von Glattrohren wird dargestellt und exemplarisch für verschiedene Nennweiten und unterschiedliche Temperaturen ausgewertet. Befüllstrategien für kleine und große Anlagen sowie die entsprechenden Fülleinrichtungen werden ausführlich diskutiert. Abschließend wird ein neues Verfahren zur Prüfung des Füllzustandes von Anlagen dargestellt. Im Unterschied zur etablierten Methode nach VDI 4708 muss das Ausdehnungsgefäß nicht entleert werden. Die Anwendung des neuen Verfahrens ist zeitsparend und in jedem beliebigen Betriebszustand möglich.

Im fünften Kapitel wird das Phänomen der Stagnation zunächst in seinem geschichtlichen Kontext beleuchtet. Die verfügbare Literatur wird ausführlich diskutiert. Anschließend wird Stagnation als komplexes Zweiphasen-Strömungsphänomen interpretiert und mit den Methoden der Thermohydraulik behandelt. Basierend auf der Modellierung und Simulation mit TRACE, einem der fortschrittlichsten thermohydraulischen Rechenprogramme, wird ein vereinfachtes, analytisches Modell hergeleitet. Dieses Modell wurde durch Simulationen mit TRACE validiert. Im gegenwärtigen Stand können Kollektortypen simuliert werden, bei denen ein mäanderförmiger Absorber von unten nach oben durchströmt wird. Damit sind sowohl Flachkollektoren mit Mäanderabsorbern als auch horizontal liegende, seriell geschaltete Vakuum-Röhrenkollektoren berücksichtigt. Es ist vorgesehen, weitere hydraulische Konfigurationen abzubilden. Außerdem ist geplant, die Modelle experimentell zu validieren.

Das sechste Kapitel beleuchtet das Reynoldssche Transporttheorem, das im fünften Kapitel zur Herleitung der Erhaltungsgleichungen benutzt wurde. Es wird gezeigt, dass sich die Eulergleichung mit Hilfe dieses Theorems anschaulich herleiten lässt, dass es sich aber auch auf andere Strömungsprobleme anwenden lässt, wo die Stromfadentheorie nicht anwendbar ist. Schließlich werden die benötigten Stoffdaten zusammengestellt. Im Unterschied zu anderen Fachbüchern werden diese jedoch nicht als Zahlenwerte in Tabellenform präsentiert, sondern als Gleichungen. Diese können unmittelbar in Rechenprogrammen verwendet werden.

1 Energetische Kenndaten und bauliche Integration

1.1 Einleitung

Es ist zweckmäßig, sich an einen wohldurchdachten Planungsprozess zu halten. Dadurch wird vermieden, dass wichtige Planungsschritte vergessen gehen. Man wird sinnvollerweise zuerst die baulichen Gegebenheiten abklären und das Energiekonzept festlegen, bevor man den Kollektortyp bestimmt. Die Planungsschritte haben daher eine logische Reihenfolge. Idealerweise entwickeln Fachleute, die mit der Planung und Ausführung von Solaranlagen befasst sind, ihre eigenen Prozesse, die den Anforderungen und Gepflogenheiten ihres Geschäftsumfeldes entsprechen. Dies hat den Vorteil, dass der Prozess den Leuten „gehört" und damit auch zuverlässiger angewendet wird. Abbildung 1-1 zeigt einen Vorschlag für den technischen Planungsprozess, der mit Fachleuten aus der Planung und dem Anlagenbau entwickelt und abgeglichen wurde. Nicht abgebildet sind die Schritte zur Klärung der baulichen Randbedingungen sowie die Kosten- und Wirtschaftlichkeitsrechnung.

In diesem Kapitel werden die energetischen Kenndaten zusammengestellt, die für die thermohydraulische Planung benötigt werden, sowie jene Fragen der baulichen Integration diskutiert, die für die Betriebssicherheit besonders wichtig sind.

1.2 Energetische Kenndaten

Die energetische Planung einer Solaranlage erfolgt stets auf der Grundlage eines Energiekonzeptes. Dieses legt die Energiequellen und die Vernetzung der wärmetechnischen Kreisläufe fest, beispielsweise zur Heizung, Kühlung und Warmwasserversorgung. Außerdem werden die Kollektorfläche und das Speichervolumen mit Hilfe von Näherungsformeln oder Diagrammen abgeschätzt. Bereits zu Beginn des Planungsprozesses müssen die baulichen Gegebenheiten sorgfältig und verbindlich abgeklärt werden. In diesem Planungsschritt werden auch die verfügbare Fläche für das Kollektorfeld, der Platz für den Speicher sowie die Rohrtrassen bestimmt. Mit dem Energiekonzept ist auch die Betriebsweise der Solaranlage als low-flow, matched-flow oder high-flow festgelegt. Die eigentliche energetische Dimensionierung wird mit Hilfe eines Simulationsprogrammes durchgeführt. Dabei werden Typ und Anzahl der Kollektoren, der Wärmeübertrager, das Speichervolumen und die Einbindung in das wärmetechnische System spezifiziert. Die Simulationsrechnung liefert den Solarertrag, den solaren Deckungsgrad und den Fremdenergieverbrauch. Darüber hinaus enthält der Datensatz der Simulation folgende Größen, die als Randbedingungen für die thermohydraulische Dimensionierung benötigt werden:

- Maximale Vorlauftemperatur.
- Temperaturspreizung bei maximaler Bestrahlungsstärke.
- Anzahl Stagnationsereignisse.
- Tiefste Umgebungstemperatur im Winter.

Idealerweise werden bei der Entwicklung des Energiekonzeptes mehrere Varianten studiert und nach objektiven Kriterien bewertet. Dies erleichtert den Revisionsprozess, falls sich im Laufe der späteren Planungsphase eine Anpassung des Energiekonzeptes aufdrängen sollte.

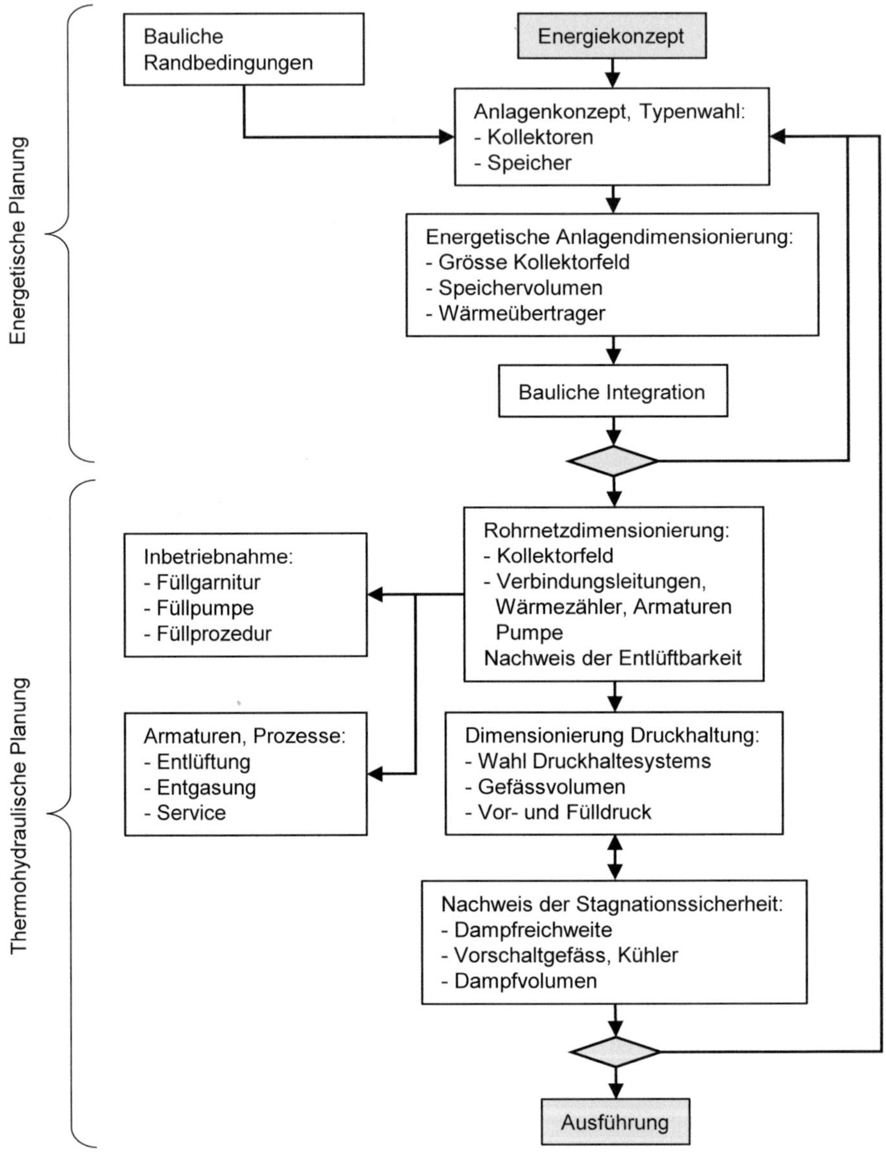

Abbildung 1-1 Planungsprozess für thermische Solaranlagen.

1.2.1 Leistungskenndaten von Kollektoren

Durch die energetische Planung mit Hilfe eines Simulationsprogramms werden das Kollektorfabrikat, der spezifische Durchfluss und die Dimensionen des Wärmeübertragers festgelegt. Für die thermohydraulische Planung benötigt man außerdem die Leistung des Kollektorfeldes sowie die maximale Austrittstemperatur in bestimmten Betriebszuständen. Diese Größen werden mit Hilfe des empirischen Kollektormodells nach Gleichung (1.1) für die maximale anzunehmende Bestrahlungsstärke G berechnet. Falls diese Daten nicht bekannt sind, soll mit $G = 1000\ W/m^2$ gerechnet werden.

1.2.1.1 Das empirische Kollektormodell nach ISO 9806

Der Wirkungsgrad η_G von Sonnenkollektoren wird nach ISO 9806 (2013) auf die Bruttofläche A_G (G = gross area) des Kollektors bezogen und durch das empirische Kollektormodell nach Gleichung (1.1) beschrieben.

$$\eta_G = \eta_{0,G} - a_{1,G}\frac{T_m - T_a}{G} - a_{2,G}\frac{(T_m - T_a)^2}{G} \tag{1.1}$$

Hierin sind G die Bestrahlungsstärke in der Kollektorebene, T_m der Mittelwert zwischen Eintritts- und Austrittstemperatur, T_a die Umgebungstemperatur sowie $a_{1,G}$ und $a_{2,G}$ die Verlustkoeffizienten. Der Konversionsfaktor $\eta_{0,G}$ beschreibt den Wirkungsgrad in dem Zustand, bei dem der Mittelwert zwischen Eintritts- und Austrittstemperatur gleich der Umgebungstemperatur ist. Die Leistung des Kollektorelements wird durch den Massenstrom $\dot{m}_l$ des Fluides mit der spezifischen Wärme c_l abgeführt, das sich dabei von der Eintrittstemperatur T_α auf die Austrittstemperatur T_ω erwärmt.

$$GA_G\eta_G = \dot{m}_l c_l (T_\omega - T_\alpha) \tag{1.2}$$

Bei der Entwicklung von Sonnenkollektoren stellt sich die wichtige Aufgabe, das Verhältnis von Leistung zu Kosten zu optimieren. Dazu verwendet man analytische Kollektormodelle basierend auf dem Modell von Hottel und Whillier (1958) sowie Bliss (1959), das in (Duffie und Beckman 1991) ausführlich beschrieben ist. Dieses beschreibt die Wärmeflüsse im Absorber und den Energieaustausch mit seiner Umgebung. Damit das empirische Modell mit dem analytischen Kollektormodell in Beziehung gesetzt werden kann, müssen der Konversionsfaktor und die Wärmeverlustkoeffizienten mit Hilfe der Gleichungen (1.3) auf die Absorberfläche A_p bezogen werden.

$$\eta_{0,P} = \eta_{0,G}\frac{A_P}{A_G} \quad ; \quad a_{1,P} = a_{1,G}\frac{A_P}{A_G} \quad ; \quad a_{2,P} = a_{2,G}\frac{A_P}{A_G} \tag{1.3}$$

Nach der älteren Prüfnorm EN 12975 (CEN 2006) werden die Leistungskenndaten sowohl für die Absorberfläche A_p als auch für die Aperturfläche A_A angegeben. Man muss sich also stets versichern, dass man die Leistungskenndaten auf die entsprechende Referenzfläche bezieht. Das empirische Kollektormodell wird an vielen Stellen des Buches benutzt. Im Formelsatz werden der Wirkungsgrad η und die Flächen von Kollektoren stets ohne Angabe der Referenzfläche angegeben. Dadurch fällt ein Index weg und die Formeln sind übersichtlicher.

1.3 Bauliche Integration

Der Anlagenplaner darf es nicht dem ausführenden Installateur überlassen, Lösungen zur baulichen Integration der Solaranlage zu finden. Der vom deutschen Branchenverband herausgegebene Leitfaden (DGS 2012) gibt detaillierte Hinweise und Lösungsvorschläge zu den vielfältigen Fragen der baulichen Integration, zur Rohrführung und zur Arbeitssicherheit. In diesem Abschnitt werden einige ergänzende Punkte beleuchtet, die für die Montage und Wartung der Anlage sowie deren Betriebssicherheit besonders wichtig sind.

Eine thermische Solaranlage muss, wie jedes andere Gerät auch, gewartet werden können. Obwohl die Komponenten an sich sehr zuverlässig sind, muss man damit rechnen, dass einzelne Komponenten im Reparaturfall ausgetauscht werden müssen. Daher muss bereits bei der Planung verbindlich sichergestellt werden, dass das Kollektorfeld und der Technikraum für das Wartungspersonal leicht zugänglich sind. Es wäre ungünstig, wenn der einzige Zugang zum Kollektorfeld über die Dachterasse der obersten Eigentumswohnung führt. Alle Fragen, die man bereits in der Planungsphase klären kann, erleichtern später die Ausführung.

1.3.1 Kollektorfeld

Kollektorfelder müssen nach den entsprechenden Baunormen befestigt bzw. in das Gebäude integriert werden. Sie müssen Wind- und Schneelasten standhalten. Außerdem müssen die bauphysikalischen und statischen Randbedingungen des Gebäudes berücksichtigt werden. Im Leitfaden Solarthermische Anlagen (DGS 2012) sind Bauformen von Schräg- und Flachdächern ausführlich und anschaulich dargestellt. In den nachfolgenden Abschnitten wird daher nur auf jene Eigenschaften eingegangen, die im Leitfaden nicht beschrieben sind, jedoch die Wahl des Kollektorfabrikats, die Anordnung des Kollektorfeldes und die Lage der Feldverrohrung beeinflussen können.

1.3.1.1 Mikroklima in Flachkollektoren

Belüftungsöffnungen im Gehäuse von Flachkollektoren ermöglichen den Druckausgleich und den Luftaustausch mit der Umgebung. Es ist daher unvermeidlich, dass beim Abkühlen des Kollektors mit der Umgebungsluft auch Luftfeuchtigkeit in den Kollektor gelangt.

In klaren Nächten kühlt sich die Glasscheibe durch Abstrahlung in den kalten Himmel unter die Umgebungstemperatur ab. Dadurch liegt auch die Temperatur des Luftspaltes unterhalb der Umgebungstemperatur. Der dadurch bedingte Dichteunterschied bewirkt, dass Umgebungsluft durch die obere Belüftungsöffnung in den Kollektor strömt, während die kältere Luft den Kollektor über die untere Belüftungsöffnung verlässt. Sinkt die Temperatur der Glasscheibe unter den Taupunkt, so kondensiert dort die Luftfeuchtigkeit.

Tagsüber ist die Temperatur des Luftspaltes höher als die Umgebungstemperatur. Der dadurch bedingte Dichteunterschied bewirkt, dass kühlere Umgebungsluft durch die untere Belüftungsöffnung in den Kollektor einströmt, während die erwärmte Luft den Kollektor über die obere Belüftungsöffnung verlässt. Dabei wird allfällig vorhandenes Kondensat verdunstet und im Luftstrom abgeführt. Die Luftwechselrate ist sehr gering und hat auf den Wirkungsgrad keinen messbaren Einfluss. In der Regel sind die Temperaturdifferenz und damit die Luftwechselraten tagsüber höher als nachts, sodass das Kondensat zuverlässig verdunstet und aus dem Kollektor befördert wird. Diese Phänomene wurden durch Köhl et al. (2007) am Fraunhofer Institut für Solare Energiesysteme eingehend untersucht. Es wurde auch ein Prüfstand entwickelt, mit dem die Luftwechselrate gemessen werden kann.

Erfahrungsgemäß bewirkt die Belüftung des Kollektors einen ausreichend guten Abbau der Feuchtigkeit, solange der Kollektor nicht von allzu feuchter Umgebungsluft durchströmt wird. Es kann jedoch problematisch sein, wenn Flachkollektoren über feuchtem Grund angeordnet werden, zum Beispiel auf Wiesen. Ob ein Kollektorfabrikat hierfür geeignet ist, muss beim Hersteller abgeklärt werden. Eine ähnliche Situation liegt vor bei Kollektoren, die in ein Schrägdach ohne Dampfsperre eingebaut sind und warme, feuchte Luft aus darunterliegenden Räumen zu den Belüftungsöffnungen gelangt. Dabei kann nachts mehr Kondensat anfallen als tagsüber verdunstet, mit der Folge, dass die Glasscheibe permanent beschlagen ist. Das Kondensat kann auf die Absorberschicht tropfen oder an der Glasscheibe nach unten fließen und über die Seitenwand in die Bodenisolation gelangen. Zwar wird der Transmissionsgrad durch das Kondensat nicht reduziert. Dennoch wird der Wirkungsgrad verschlechtert, weil zur Verdunstung von Wasser aus der Bodenisolation und von der Glasscheibe ein Teil der absorbierten Leistung benötigt wird. Außerdem kann die Leistungsfähigkeit und das Aussehen der Absorberschicht beeinträchtigt werden. Dächer über Ställen, Wäschereien oder Molkereibetrieben müssen daher auf der gesamten Breite zwischen Traufe und First mit einem dampfdichten Unterdach versehen sein.

1.3.1.2 Montage auf Flachdächern

Flachdächer gibt es in zahlreichen Ausführungsvarianten, deren Aufbau durch entsprechende Normen geregelt ist. Einen guten Überblick findet man bei Hanselmann et al. (2012). Dort ist auch das praktische Vorgehen bei der Planung und Ausführung von Flachdächern beschrieben. Hersteller von Wärmedämmungen und Bauabdichtungen stellen auf ihren Internetseiten praktische Lösungen dar, die mit den länderspezifischen Normen kompatibel sind. Die technischen Details, die bei der Installation von Kollektorfeldern besonders zu berücksichtigen sind, werden im folgenden Abschnitt besprochen.

1.3.1.2.1 Anforderungen für die Installation von Kollektorfeldern

- Das Dach muss begehbar sein oder begehbar gemacht werden.
- Das Kollektorfeld muss leicht zugänglich sein, beispielsweise über den Liftaufbau oder über das Oberlicht des Treppenhauses.
- Die Kollektoren müssen zur Windlastsicherung verankert werden können. Soll dies durch Beschweren der Unterkonstruktion erreicht werden, muss das Dach die erhebliche Zusatzlast tragen können.

1.3.1.2.2 Neubauten bieten ideale Voraussetzungen

Ideal ist, wenn das Kollektorfeld bereits bei der Planung des Gebäudes vorgesehen wird. Dabei kann die am besten geeignete Kombination aus Dachaufbau und Windlastsicherung realisiert werden. Außerdem kann man die Orientierung des Dachgefälles und die Positionierung von Dachdurchbrüchen und Dachaufbauten im Hinblick auf eine günstige Orientierung des Kollektorfeldes und kurze Rohrlängen der Feldverrohrung optimieren.

1.3.1.2.3 Installation auf bestehenden Dächern

Die Installation eines Kollektorfeldes auf einem bestehenden Flachdach stellt in jedem Fall eine Änderung des bestehenden Dachaufbaues dar. Bei bestehenden Flachdächern muss zu allererst geklärt werden, um was für einen Dachaufbau es sich handelt, wo Dachaufbauten, Schornsteine, Entlüftungen und Dachentwässerungen sowie die für Verbindungsleitungen nutzbaren Steigzonen liegen.

Flachdächer sind häufig als Warmdach ausgeführt, bei der die Wärmedämmung durch eine wasserdichte Folie geschützt ist. Die Folie wiederum ist im einfachsten Fall durch eine Kiesschüttung beschwert und so auch vor UV-Strahlung geschützt. Bevor auf diesen Dächern Kollektorfelder installiert werden können, muss die Belastbarkeit sorgfältig abgeklärt werden. Möglicherweise macht es Sinn, die Installation des Kollektorfeldes mit einer Dachsanierung zu verbinden. Dabei kann der Bereich des Kollektorfeldes verstärkt und uneingeschränkt begehbar gemacht werden.

Bei einem Umkehrdach (Kaltdach) liegt die wasserdichte Schicht gut geschützt unterhalb der Wärmedämmung. Die Wärmedämmung besteht zum Beispiel aus druckbeständigen EPS-Platten oder aus Glasschaumplatten. Damit das Regen- oder Schmelzwasser die Wärmedämmung nicht auftreibt, sind die Isolationsplatten durch eine Schutzschicht beschwert. Diese Schutzschicht besteht im einfachsten Fall aus einer Kiesschüttung. Zwischen der Wärmedämmung und der Schutzschicht ist eine Filterlage angeordnet, die das Einschwemmen grober Verunreinigungen in die Zwischenräume der Wärmedämmung verhindert. Weil das auf der warmen Seite strömende Regenwasser zusätzlichen Wärmeverlust verursacht, muss die Dämmstärke eines Umkehrdaches größer sein als die eines gleichwertigen Warmdaches. Im Idealfall ist die Schutzschicht als begehbare Nutzschicht ausgebildet, beispielsweise in Form eines Plattenbelages mit offenen Fugen.

Man muss sich darüber im Klaren sein, dass die Installation eines Kollektorfeldes eine erhebliche Belastung für die Abdichtung und die darunterliegende Wärmedämmung darstellt. Damit diese Belastung nicht zu Schäden führt, ist eine gute Planung des Arbeitsablaufes erforderlich. Kiesschüttungen müssen sorgfältig entfernt und die Verkehrswege durch Bauschutzmatten geschützt werden.

Ein Flachdach muss ein Gefälle von mindestens 1.5 % haben, damit Regen- und Schmelzwasser abfließen können. Indem man dieses Gefälle bei der Anordnung der Kollektoren und der Anschlüsse an die Feldverrohrung berücksichtigt, kann die Entlüftbarkeit günstig beeinflusst werden. Beispiele sind im Abschnitt 4.2.1.2 angegeben.

1.3.1.2.4 Verrohrung auf dem Flachdach

Häufig sind Kollektorfelder auf Flachdächern in mehreren Reihen angeordnet. Die Kollektorreihen sind über Reihenanschlussleitungen mit der Feldverrohrung verbunden. Unabhängig von der Kollektorbauart soll die Feldverrohrung nach Abbildung 1-2 a) um mindestens einen Rohrdurchmesser unterhalb des unteren Kollektoranschlusses liegen. Dadurch kann der Dampf bei Stagnation den Kollektor bestmöglich leerdrücken und es kann keine Flüssigkeit aus höher gelegenen Teilen des Kreislaufes in die dampfgefüllten Absorber nachströmen.

In der Abbildung 1-2 b) ist ein häufig anzutreffender Fall dargestellt, in dem die Feldleitungen von einem tieferen Niveau über einen Hochpunkt in die Steigzone geführt werden. Der Hochpunkt über der Steigzone und der lokale Hochpunkt am Ende jeder Kollektorreihe sind mit einem Handentlüfter ausgestattet.

Bei der Verbindung der Feldverrohrung mit den Steigleitungen muss die vorschriftsmäßige Überlaufhöhe eingehalten werden. Falls die Ebene der Feldverrohrung tiefer liegt, ist ein lokaler Hochpunkt am oberen Ende der Steigleitungen unvermeidlich. Das Kollektorfeld lässt sich im Reparaturfall nicht vollständig entleeren. In der Praxis ist dies aber unproblematisch, weil man auf dem Flachdach genügend Raum zum Arbeiten hat. Sofern die Kollektorreihen selber entleerbar sind, kann man bei Reparaturen lediglich einen der untenliegenden Kollektoranschlüsse öffnen und so Reihe für Reihe in offene Auffangbehälter entleeren.

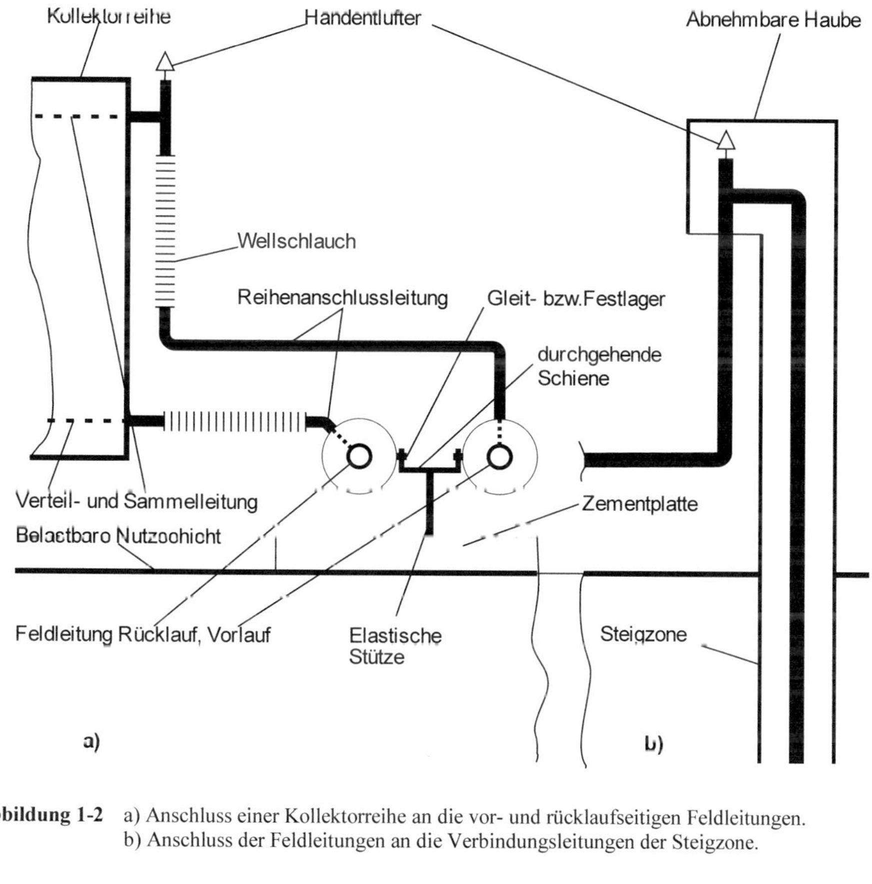

Abbildung 1-2 a) Anschluss einer Kollektorreihe an die vor- und rücklaufseitigen Feldleitungen.
b) Anschluss der Feldleitungen an die Verbindungsleitungen der Steigzone.

Abbildung 1-2 a) zeigt beispielhaft den Anschluss einer Kollektorreihe an die Feldleitungen. Temperaturänderungen bewirken Längenänderungen der Rohre. Dadurch verschieben sich die T-Stücke der Feldleitungen gegenüber den Kollektoranschlüssen. Diese Bewegungen werden durch laterale Auslenkung von Wellschläuchen in den Reihenanschlussleitungen kompensiert. Die als Fundament dienenden Zementplatten sind durch elastische Stützen von der Schiene, auf denen die Fest- und Gleitlager sitzen, entkoppelt. Damit wird erreicht, dass die Wärmedehnungen der Schiene nur geringe horizontal wirkende Kräfte verursachen. Die Wellschläuche müssen hinreichend lang sein, damit die Bewegungen nicht zu Ermüdungsbrüchen führen. Die Wellschläuche dürfen auch gebogen verlegt werden. Es ist aber darauf zu achten, dass die Rohrführung und die Bewegung in ein und derselben Ebene liegen. Wird dies nicht beachtet, führen Bewegungen zu Torsionsbeanspruchung, die zu lokaler Überbelastung und Lecks führen kann.

Die erforderliche Länge eines Wellschlauches hängt nicht nur von der zu kompensierenden Wärmedehnung ab, sondern auch von seiner Wanddicke, der Dimension und der Formgebung der Schlauchwellen. Im Handbuch der Metallschläuche (Witzenmann 2014b) sind die zulässigen Verlegearten im Detail beschrieben. Außerdem werden Berechnungsformeln für die erforderlichen Schlauchlängen angegeben. Abbildung 1-3 zeigt den Grundriss eines mehrreihigen Kollektorfeldes mit seinen Feldleitungen und der Steigzone. Es ist günstig, die Festlager in der Mitte der Feldleitungen anzuordnen, damit sich die Wärmedehnungen zu beiden Seiten aufteilen. Die Steigleitungen sind über Biegeschenkel mit den Feldleitungen verbunden.

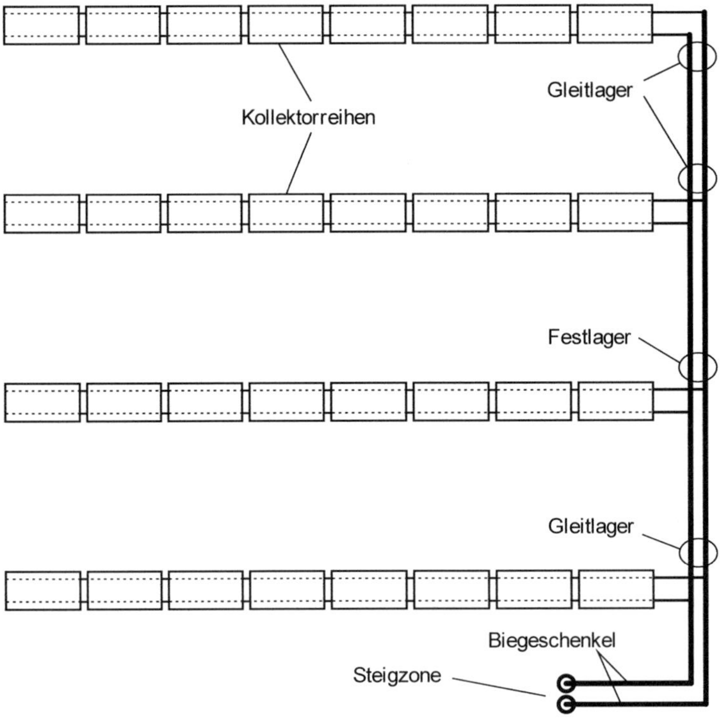

Abbildung 1-3 Anordnung von Biegeschenkeln, Gleit- und Festlagern bei der Feldverrohrung.

Falls die durch Wärmedehnungen verursachten Kräfte hinreichend klein sind, kann man die Festlager in Betonplatten verankern, welche auf Bauschutzmatten ruhen. Bei dicken Leitungen und/oder kurzen Biegeschenkeln können die Dehnungskräfte die Haftreibung der Betonplatte auf der Bauschutzmatte übersteigen. Außerdem kann die wasserführende Schicht beschädigt werden, die nicht für horizontale Dauerlasten ausgelegt ist. Falls sich das Problem nicht durch Verlängern der Biegeschenkel lösen lässt, kann man nach Abbildung 1-2 a) mehrere Betonplatten durch verzinkte Stahlprofile verbinden, auf denen die Fest- und Gleitlager montiert sind. Eine weitere Möglichkeit besteht darin, das Festlager an der Unterkonstruktion einer Kollektorreihe zu verankern.

Tabelle 1-1 Checkliste für die bauliche Integration von Kollektoren auf Flachdächern.

Zugangsmöglichkeit für Montage, Inbetriebnahme und Wartung.	
Flachdachtyp ermitteln. Welche Firma hat das Dach erstellt und/oder führt Wartungsarbeiten aus?	
Gibt es einen Wartungs- oder Sanierungsplan?	
Alter, Zustand und Belastbarkeit des Flachdachs abklären. Möglichkeiten zur Erhöhung der Belastbarkeit ermitteln.	
Orientierung des Daches sowie Höhe und Lage von Dachaufbauten und Lüftungskanälen feststellen.	
Höhe und konstruktive Gestaltung der Brüstung ermitteln (Sichtbarkeit des Kollektorfeldes, Absturzsicherung für Montage und Wartung).	
Wind- und Schneelast ermitteln.	
Möglichkeiten für die Kollektorbefestigung klären.	
Richtung und Größe des Dachgefälles messen oder aus dem Architektenplan ablesen.	
Vorhandene/geplante Dachdurchdringungen für die Steigzone prüfen.	
Fläche für das Kollektorfeld inklusive Feldverrohrung in den Grundriss eintragen.	

1.3.1.3 *Integration in Schrägdächer*

Der Aufbau von Schrägdächern ist in den länderspezifischen Normen verbindlich geregelt. Zahlreiche Ausführungsvarianten sind in Halama und Tornow (2009), DGS (2012) und Burren et al. (2008) ausführlich beschrieben. Aus diesen Darstellungen lassen sich die Möglichkeiten für die Montage von Kollektorfeldern ableiten. Im Folgenden wird nur auf belüftete Deckungen mit Ziegeln, Zementsteinen, Schiefer- und Faserzementplatten eingegangen.

Viele Kollektorhersteller bieten Kollektorsysteme an, die sich speziell für die Integration in Schrägdächer eignen. Bestandteil dieser Kollektorsysteme sind industriell gefertigte, exakt auf die Kollektoren abgestimmte Blechsortimente. Diese ermöglichen den wetterfesten Anschluss der Kollektoren an die Dachhaut. Die Blechteile sind in der Regel so gestaltet, dass sie leicht montierbar sind und die einfache Demontage einzelner Kollektorelemente erlauben. Falls eine bauseitige Blechlösung erforderlich ist, muss diese nach den Vorgaben des Kollektorherstellers gefertigt sein.

1.3.1.3.1 Anforderungen an das Dach und das Kollektorsystem

Bei der Integration von Kollektorfeldern in die Dachhaut müssen folgende Punkte beachtet werden:

- Die Kollektoren werden an wenigen Punkten mit dem Dach verbunden. Die an diesen Punkten eingeleiteten Wind- und Schneelasten sind um ein Vielfaches höher als die an einzelnen Ziegeln auftretenden Lasten. Die Dachkonstruktion muss in der Lage sein, diese Punktlasten zuverlässig aufzunehmen.
- Die durch die Sparren bzw. Konterlatten gebildete Fläche muss hinreichend eben sein. Dies ist eine elementare Voraussetzung dafür, dass der Anschluss der Kollektoren an die Dachhaut durch standardisierte Blechlösungen möglich ist und eine ästhetische Integration gelingt.
- Regenwasser vom Dachbereich oberhalb des Kollektorfeldes muss die Anschlussbleche und die Kollektoren gleichmäßig beaufschlagen. Durch Dachfenster oder Gauben kanalisiertes Wasser kann die Kapazität des kollektorseitigen Entwässerungssystems überfordern.
- Durch die Gestaltung der Kollektoren und der Anschlussbleche sind die Möglichkeiten der Rohrführung weitgehend vorgegeben bzw. eingeschränkt. Dies muss bei der Wahl des Kollektorsystems und bei der Anordnung des Kollektorfeldes bezüglich der Steigzone berücksichtigt werden.
- Die Lage der Steigzone und die Maßnahmen zu deren Erschließung müssen sorgfältig abgeklärt und mit der Bauherrschaft verbindlich festgelegt werden.
- Anschlussbleche müssen demontierbar sein, damit alle Teile der Feldverrohrung für Reparaturen und Wartung zugänglich sind. Kollektoren müssen einzeln demontierbar sein. Dies bedeutet, dass die bauseitigen Blechanschlüsse von Schornsteinen, Entlüftungen, Dachgauben und anderen Aufbauten nicht bis über die Blecheinfassung der Kollektoren geführt werden dürfen. Es sei denn, diese Blechanschlüsse sind ihrerseits leicht demontierbar.
- Dacheindeckungen aus überlappenden Elementen sind nicht winddicht und folglich auch nicht schlagregendicht. Daher sind solche Dächer meistens mit einem regendichten Unterdach versehen. Der Raum zwischen Dacheindeckung und Unterdach muss belüftet sein.

Die Belüftung des Unterdaches wird dadurch erreicht, dass die Elemente der Dacheindeckung auf horizontal verlaufende Dachlatten montiert und diese wiederum mit den in Neigungsrichtung über den Sparren verlaufenden Konterlatten verbunden sind. Das Unterdach liegt zwischen Sparren und Konterlatten und kann zum Beispiel aus einer Holzschalung oder Faserplatten bestehen, deren Oberseite durch eine wasserdichte, diffusionsoffene Unterspannbahn geschützt ist. Seltener findet man Unterdächer aus sich überlappenden Faserzementplatten. Das Unterdach verläuft vom First bis in den Traufbereich.

1.3.1.3.2 Integration in wärmegedämmte Dächer

Die zwischen Dacheindeckung und Unterdach angeordneten Rohrleitungen dürfen inklusive Wärmedämmung nicht dicker sein als die Summe der beiden Lattendicken. Diese müssen vor der Dimensionierung genau abgeklärt werden, am besten durch eine Begehung vor Ort.

Bei Neubauten lässt sich der erforderliche Platz für die Rohrleitungen durch entsprechend dicke Konterlatten leicht einplanen. Bei bestehenden Bauten ist die Distanz zwischen Unterspannbahn und Dachhaut meist sehr klein. Es kann erforderlich sein, die Verbindungsleitung mit einer geringeren Dämmstärke zu isolieren. Glattrohre ermöglichen platzsparende Lösungen. Gegenüber Wellschläuchen kann bei gleichem Druckverlust die nächst kleinere Nennweite gewählt werden. Außerdem ist bei gleichem Wärmeverlust die Dämmstärke für ein dünneres Rohr kleiner.

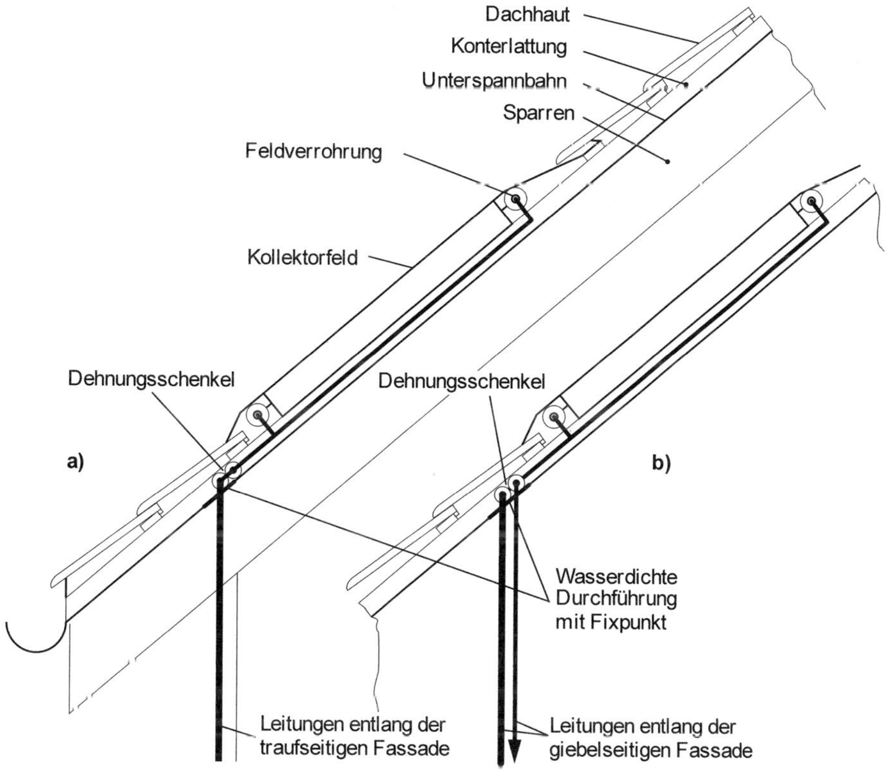

Abbildung 1-4 Integration von Kollektorfeldern in ein ziegelgedecktes Schrägdach mit a) Leitungsführung an der traufseitigen Fassade und b) Leitungsführung an der giebelseitigen Fassade.

Meistens liegt der Speicher der Solaranlage ein oder mehrere Stockwerke tiefer als das Kollektorfeld. Bei der Planung muss die günstigste Lage der Steigzone für die Verbindungsleitungen gefunden werden. Die Anschlussleitungen müssen ab den Kollektoranschlüssen horizontal oder fallend verlegt werden.

Dadurch werden zwei wichtige Ziele erreicht:

- Das Kollektorfeld kann im Reparaturfall entleert werden.
- Das Kollektorfeld kann bei Stagnation durch den entstehenden Dampf leergedrückt werden.

Im Abschnitt 5.2.1 wird die stagnationssichere Verrohrung im Detail besprochen. Die Abbildung 1-4 zeigt zwei Vorschläge für die Leitungsführung. In der Abbildung 1-4 a) verlaufen die Anschlussleitungen der Kollektoren zwischen Dachlatten und Unterspannbahn bis in den Traufbereich und von dort außerhalb der Fassade nach unten. Weil das Unterdach bei starkem Regen Wasser führen kann, muss Wärmedämmung entweder aus wasserdichtem Material bestehen oder durch einen wasserdichten Mantel geschützt sein. Sehr gut haben sich Wärmedämmungen aus geschlossenzelligem EPDM-Schaum bewährt. Bekannte Produkte sind HT/Armaflex® und AEROFLEX® KKS (HT). Diese haben eine Dauergebrauchstemperatur von 150 *°C* und ertragen kurzfristig Temperaturen bis 175 *°C*. Höhere Temperaturbeständigkeit bis 200 *°C* und wesentlich geringere Dämmstärken werden mit Wärmedämmungen aus Aerogel erreicht.

Im Bereich, wo die Feldverrohrung horizontal verläuft, ist die Hinterlüftung behindert. Beträgt die Rohrlänge nur wenig mehr als ein Sparrenabstand, so kann man den betreffenden Bereich durch Aussparen der Konterlatten von der Seite her be- und entlüften. Bei längeren Leitungen kann es vorteilhaft sein, ober- und unterhalb der Leitung Belüftungsziegel anzuordnen.

Die Durchführung der Leitungen durch das Unterdach muss gegen Regenwasser, das auf der Unterspannbahn in die Traufe fließt, abgedichtet werden. Idealerweise würde man die Öffnung mit einem Kragen versehen, um den herum das Wasser abfließen kann. Indem man zwischen dem Kragen und der Wärmedämmung einen Abstand vorsieht, kann man geringfügige Bewegungen der Rohre kompensieren. Meist ist der Platz dafür jedoch zu knapp. Die Abdichtung wird in diesen Fällen durch wetterfestes Verkleben der Wärmedämmung mit der Unterspannbahn erreicht. Die Verklebung kann jedoch weder Kräfte aufnehmen, noch thermische Längenänderungen der Rohre kompensieren. Daher muss das obere Ende der vertikalen Leitungen in einem Festlager verankert sein. Weil auch der kollektorseitige Anschluss der Feldverrohrung als Festlager ausgebildet sein muss, müssen die Wärmedehnungen der zwischen Dachhaut und Unterdach verlaufenden Leitungen durch Biegeschenkel kompensiert werden. Es ist daher nicht zulässig, lange, starre Leitungen zwischen Kollektoranschluss und Durchführung in einer geraden Linie zu verlegen!

In der Abbildung 1-4 b) sind die Leitungen zuerst in Neigungsrichtung zu einem Punkt unterhalb des Kollektorfeldes geführt, danach horizontal bis zur Durchführung durch das Unterdach in die vertikalen Steigleitungen, die an der giebelseitigen Fassade nach unten führen. Auch hier muss die Durchführung wetterfest und dichtend ausgeführt sein. Die Konterlatten müssen im Bereich der Leitungen ausgespart sein. Die geringere Strichdicke bei der abwärts führenden Vorlaufleitung stellt einen gegenüber der Rücklaufleitung reduzierten Rohrdurchmesser dar. Dies hat den Vorteil, dass die Vor- und Rücklaufleitungen beim Anschluss an die Pumpengruppe nicht verwechselt werden können. Außerdem wird dadurch eine höhere Fließgeschwindigkeit in der fallenden Leitung erreicht, was die Entlüftbarkeit begünstigt. Diese wird in Abschnitt 4.3 ausführlich diskutiert.

Die Gesamtdicke der wärmegedämmten Leitungen zwischen Dachhaut und Unterdach darf nicht größer sein als die Dicke der Konterlatte. Man wird daher oft eine geringere Dämmstärke, möglicherweise auch einen kleineren Leitungsquerschnitt, wählen müssen. Beim Einsatz von Wellschläuchen muss man beachten, dass diese bei gleicher Nennweite einen größeren Außendurchmesser und einen höheren Druckverlust haben. Es ist daher meist vorteilhaft, starre Rohre zu verwenden.

1.3.1.3.3 Schornsteine als Steigzone

Gerne werden auch ein oder zwei stillgelegte Züge eines Schornsteins als Steigzone benutzt. Sind alle Züge außer Betrieb, so kann man sich überlegen, den Schornstein bis unter die Dachhaut abzubrechen.

Günstig ist, wenn die Anschlussleitungen zuerst durch das Unterdach in einen unbeheizten Estrich geführt werden. Der Durchbruch zum Zug des Schornsteins kann dann bequem ausgeführt werden. Schwieriger ist der Durchbruch im Bereich zwischen Unterdach und Dachhaut. Der Zugang von der Traufseite ist am wenigsten problematisch, weil der Blechanschluss vom Schornstein auf die Dachhaut führt. Falls der Abstand zwischen Ziegeloberkante und Schornstein zu klein ist, können die entsprechenden Ziegel entfernt und durch ein Anschlussblech ersetzt werden. Der Zugang von der Seite ist nur dann möglich, wenn die Anschlussbleche des Schornsteins die Dachhaut überdecken.

Sehr gerne werden Wellschläuche eingesetzt, die sich leichter montieren lassen. Damit Reparaturen einfach möglich sind, zum Beispiel das Dichten einer lecken Verschraubung, müssen die Wellschläuche innerhalb des Schornsteins einteilig ausgeführt sein. Die Verbindungen der Wellschläuche an die anschließenden Rohrstecken außerhalb des Schornsteins müssen an einer gut zugänglichen Stelle angeordnet sein.

Die zur Planung erforderlichen Abklärungen müssen vor Ort und im Beisein eines erfahrenen Handwerkers durchgeführt werden.

1.3.1.3.4 Durchführungen vom Dach in beheizte Räume

Wärmegedämmte Dächer weisen auf der Innenseite der Isolationsschicht eine Dampfsperre auf. Durchführungen durch die Wärmedämmung müssen daher sowohl auf der Außenseite gegen eindringendes Regenwasser als auch auf der Innenseite gegen Luftfeuchtigkeit aus den Innenräumen abgedichtet werden. Wenn immer möglich sollen daher die Rohrleitungen außerhalb der wärmegedämmten Zone geführt werden, beispielsweise in einem Schutzrohr entlang der Fassade. Diese Anordnung hat den Vorteil, dass die Rohrleitungen jederzeit zugänglich sind. Außerdem können ohne Schwierigkeiten starre Rohre verlegt werden.

1.3.1.3.5 Integration in ungedämmte Dächer

Falls das Unterdach nicht wärmegedämmt ist, und die Luftfeuchtigkeit im Dachraum nicht höher ist, die der Umgebung, können die Anschlussleitungen ohne weiteres durch das Unterdach in den darunterliegenden Estrich geführt werden. Die Feldverrohrung kann dann bequem unterhalb der Sparren angeordnet werden. Die Kollektoren müssen so angeordnet sein, dass die Verbindungsleitungen von der Feldverrohrung zu den Kollektoranschlüssen zwischen den Sparren hindurch in den Estrich geführt werden können. Falls ein Unterdach vorhanden ist, muss die Durchführung wetterfest gegen Regenwasser abgedichtet werden.

Tabelle 1-2 Checkliste für die bauliche Integration von Kollektoren in Schrägdächern.

Art der Dacheindeckung ermitteln.	
Verfügbare Fläche für das Kollektorfeld inklusive seiner Blecheinfassung ermitteln.	
Dachneigung und Orientierung bestimmen.	
Zugangsmöglichkeit für Montage, Inbetriebnahme und Wartung abklären.	
Ist das Dach im Bereich des Kollektorfeldes wärmegedämmt?	
Falls kein Unterdach vorhanden ist oder das Unterdach diffusionsoffen mit den darunterliegenden Räumen verbunden ist: Klären der Raumnutzung, insbesondere der Temperatur und Luftfeuchtigkeit.	
Sparrenabstand sowie Tragfähigkeit der Konterlatten und Sparren ermitteln.	
Verfügbarer Platz unter der Dachhaut für wärmegedämmte Rohrleitungen.	
Blitzschutzkonzept des Gebäudes.	
Lage der Steigzone klären (unbenutzter Schornstein, Rohr außerhalb des Gebäudes, …)	
Zugang zur Steigzone planen: Vorhandene/geplante Durchdringungen des Unterdaches.	

1.3.2 Verbindungsleitungen zwischen Kollektorfeld und Speicher

1.3.2.1 Abschätzen der Leitungsquerschnitte

Die Rohrquerschnitte der Verbindungsleitungen müssen nach verschiedenen Kriterien dimensioniert werden. Einerseits soll der Rohrquerschnitt möglichst klein sein, damit die Investitionskosten tief sind. Außerdem sind dann auch die Wärmeverluste und die thermische Trägheit der Anlage gering. Andererseits soll der Druckverlust möglichst niedrig sein, damit die erforderliche Pumpleistung klein und somit die Betriebs- und Investitionskosten der Pumpe tief sind. In horizontal verlaufenden und abwärts führenden Leitungen soll die Fließgeschwindigkeit möglichst so hoch sein, dass Lufttaschen und Blasen durch die Zwischenphasenreibung zum Luftabscheider gefördert werden. Damit sich Strömungsgeräusche nicht störend bemerkbar machen sollte die Fließgeschwindigkeit 1 *m/s* nicht überschreiten.

Weitere Informationen findet man in den Handbüchern und Datenblättern der Hersteller von Fittings und Rohrsystemen sowie im Leitfaden Solarthermische Anlagen DGS (2012). Das entscheidende Bemessungskriterium ist letztendlich die Fließgeschwindigkeit. Diese kann für den gewünschten Temperaturhub aus der Leistungsbilanz folgendermaßen berechnet werden:

Die Kollektorleistung ist nach Gleichung (1.1) proportional zur Bestrahlungsstärke G, zur Fläche des Kollektorfeldes A_{KF} und zum Kollektorwirkungsgrad η.

Diese Leistung wird durch den Massenstrom $\dot{m}$ der Flüssigkeit mit der spezifischen Wärme c_l bei einem Temperaturhub ΔT abgeführt.

$$GA_{KF}\eta = \dot{m}c\Delta T \tag{1.4}$$

Weil nach der energetischen Dimensionierung die Betriebsweise (high-flow, low-flow) und der bei maximaler Bestrahlungsstärke auftretende Temperaturhub ΔT festgelegt ist, kann der erforderliche Volumenstrom berechnet werden.

$$Q = \frac{\dot{m}}{\rho_l} = \frac{GA_{KF}\eta}{c_l \Delta T} \tag{1.5}$$

Schließlich wird die Nennweite der Verbindungsleitungen so festgelegt, dass die gewünschte Fließgeschwindigkeit w_l erreicht wird.

$$w_l = \frac{Q \cdot 4}{d_t^2 \pi} \tag{1.6}$$

Diese Zusammenhänge sind in der Abbildung 1-5 grafisch dargestellt. Ebenfalls dargestellt ist die Selbstentlüftungsgeschwindigkeit in vertikal nach unten durchströmten Rohren, ab der Luftblasen in der Strömung mitgefördert werden. Das Phänomen der Selbstentlüftung wird in Abschnitt 4.3 im Detail besprochen. Mit der Kenntnis der Leitungsdimensionen kann anschließend die Rohrführung geplant und das geeignete Rohrfabrikat bestimmt werden. Im folgenden Beispiel wird der Leitungsquerschnitt anhand dieser Abbildung abgeschätzt.

►**Beispiel 1-1:** Eine Solaranlage mit einer Kollektorfläche von 120 m^2 soll bei einer Bestrahlungsstärke von 1000 W/m^2 einen Temperaturhub von 30 K erreichen. Der Wirkungsgrad betrage $\eta = 0.5$ –. Die Leistung beträgt folglich 60 kW. Die Gerade für den Temperaturhub von 30 K schneidet die 60 kW Linie bei einem Durchfluss von 2000 l/h. Wählt man für die vertikal nach unten führende Vorlaufleitung ein Rohr mit der Nennweite 32 mm, so ist die Fließgeschwindigkeit mit 0.68 m/s deutlich höher als die Selbstentlüftungsgeschwindigkeit, ab der Luftblasen in der Strömung mitgeführt werden. In diesem Fall macht die Anordnung eines Luftabscheiders am unteren Ende der Vorlaufleitung Sinn.◄

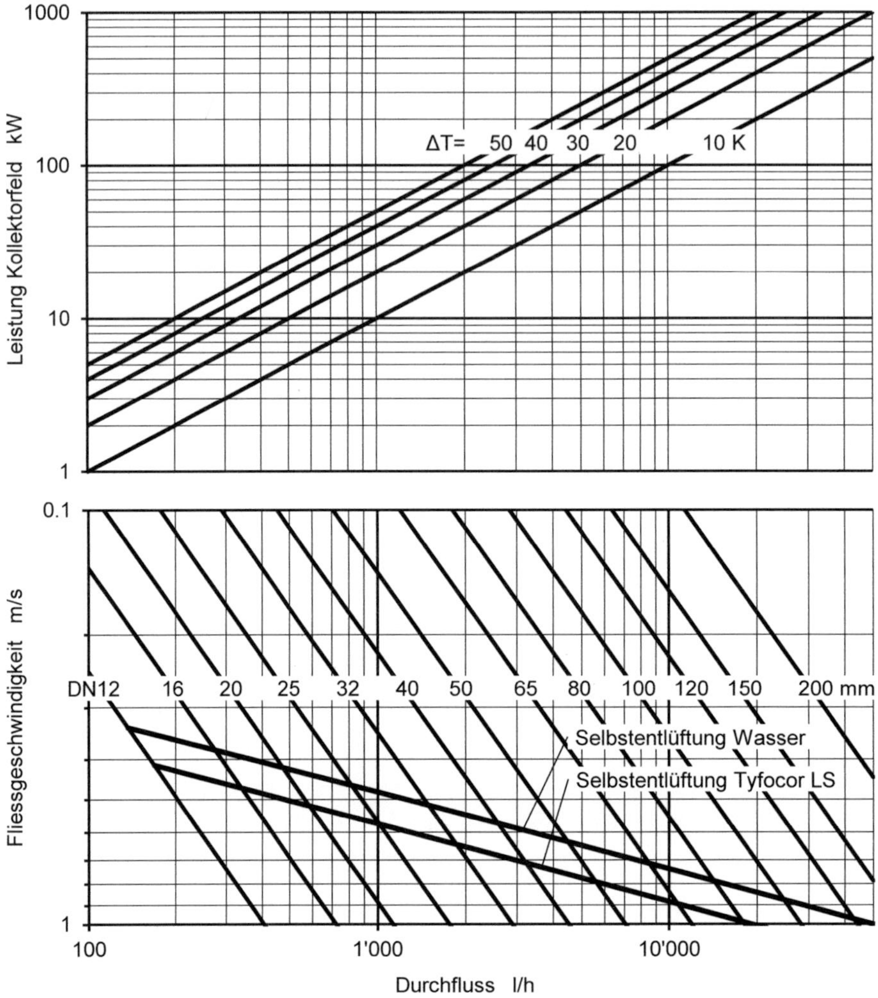

Abbildung 1-5 Abschätzung der Leitungsdimensionen für eine bestimmte maximale Leistung des Kollektorfeldes und den dabei gewünschten Temperaturhub.

1.3.2.2 Wahl des Rohrtyps und der Verbindungstechnologie

Rohrleitungen und ihre Verbindungen müssen möglichst diffusionsdicht sein und, insbesondere im Bereich des Kollektorfeldes, hohen Temperaturen widerstehen können. Bei der Wahl des Rohrwerkstoffes muss man daher auch die Verfügbarkeit und die Eigenschaften von Fittings und Armaturen berücksichtigen. Nahtlose Rohre aus Kupfer, Edelstahl und unlegiertem Stahl lassen sich durch Pressfittings verbinden. Die maximale Einsatztemperatur ist abhängig vom Dichtungsmaterial und liegt im Bereich von 130-180 *°C*.

Das Schweißen nahtloser, unlegierter Stahlrohre ist eine technisch hervorragende Lösung, die bei Rohrquerschnitten über DN 40 kostengünstiger sein kann als durch Pressfittings verbundene Rohre. Für den Anschluss von Leitungen mit kleineren Querschnitten existieren Schneid- und Klemmringverschraubungen mit Anschweißenden. Die Innenseite von Stahlrohren darf nicht verzinkt sein, weil Zink von Wasser-Glykol-Gemischen aufgelöst wird und einen Schlamm bildet, der zu Verstopfung führen kann. Baugruppen können bequem in der Werkstatt geschweißt werden.

Kupfer hat sich als Rohrleitungswerkstoff ebenfalls sehr gut bewährt. Im Bereich des Kollektorfeldes werden mit Vorteil Klemm- und Schneidringverschraubungen eingesetzt. Diese Verbindungen sind metallisch dichtend und damit sehr diffusionsdicht und temperaturbeständig. Je nach Wanddicke der Rohre sind Stützhülsen erforderlich. Rohre lassen sich außerdem durch Lötfittings verbinden. Für Temperaturen bis 110 °C kann Weichlot verwendet werden, bei höheren Temperaturen Hartlot (DGS 2012, S. 11-51).

Zunehmend werden auch Edelstahlrohre eingesetzt. Im Bereich des Kollektorfeldes sollen die metallisch dichtenden Klemm- und Schneidringverschraubungen den durch O-Ring dichtenden Pressverbindungen vorgezogen werden. Schneidringverschraubungen sind bis zu DN 40 standardmäßig verfügbar. Aufgrund der hohen Anforderungen an die Temperaturbeständigkeit dürfen nur hochwertige Dichtungen eingesetzt werden. Die Angaben der Hersteller sind unbedingt zu beachten.

Im Gewinde dichtende Verschraubungen werden ebenfalls eingesetzt. Dabei werden auch Klebstoffe eingesetzt. Die meisten sind bis etwa 150 °C beständig, manche sogar bis 180 °C. Die Wahl des Klebstoffes richtet sich nach den zu verklebenden Materialien. Gehanfte Verbindungen sind robust, demontierbar und, angesichts der großen Vielfalt an Fittings und Armaturen, sehr vielfältig und flexibel einsetzbar. Diese Verbindungen sind gemäß Hersteller von Gewindedichtungspasten bis etwa 160 °C einsetzbar. Allerdings erfordert diese Verbindungsart handwerkliches Können. Die Firma Jenni Energietechnik AG setzt gehanfte Verbindungen seit Jahrzehnten mit Erfolg in der Solartechnik ein (Jenni 2012). Folgendes muss jedoch besonders beachtet werden: Gehanfte Verbindungen sind nur über Haftreibung fixiert und damit nicht torsionsfest. Dies muss bei der Gestaltung von Biegeschenkeln berücksichtigt werden. Das Sägen der Rohre und das Schneiden der Rohrgewinde erzeugt Späne, die leicht in das bearbeitete Rohrstück gelangen können. Nachdem die Rohrsegmente fertig bearbeitet sind, müssen diese sorgfältig gereinigt werden. Wird zu viel Hanf auf das Gewinde gewickelt, kann ein Teil davon beim Eindrehen in das Rohr gelangen und Verstopfungen verursachen. Die Dichtwirkung von Dichtungsbändern aus Teflon ist für Wasser-Glykol-Gemische ungenügend.

1.3.2.3 Wellschläuche

Parallel gewellte Schläuche aus Edelstahl sind sehr beliebt, weil sie sich auch in beengten Verhältnissen leicht verlegen lassen. Bis etwa DN 25 gibt es metallisch dichtende Verschraubungen. Größere Dimensionen werden durch flachdichtende Verschraubungen verbunden. Bei der Verwendung von Weichkupferringen sind diese ebenfalls sehr diffusionsdicht und hochtemperaturbeständig. Spiralgewellte Schläuche aus Edelstahl werden ebenfalls eingesetzt. Diese sind möglicherweise besser entlüftbar, weil in der Strömung ein Drall entsteht. Diese Rohre werden durch spezielle Verschraubungen mit Graphitdichtungen verbunden. Diese sind sehr diffusionsdicht und temperaturbeständig. Wellschläuche können jedoch nur lateral, das heißt senkrecht zur Schlauchachse ausgelenkt werden. Axiale Druckkräfte führen zum unkontrollierbaren Ausknicken.

Viele Hersteller bieten auch vorkonfektionierte Wellschläuche mit definierter Länge und beliebigen Anschlussstücken an. Wellschläuche werden ohne und mit Ummantelung aus Edelstahlgeflecht angeboten. Aus Kostengründen werden bei Solaranlagen nach Möglichkeit Wellschläuche ohne Ummantelung eingesetzt.

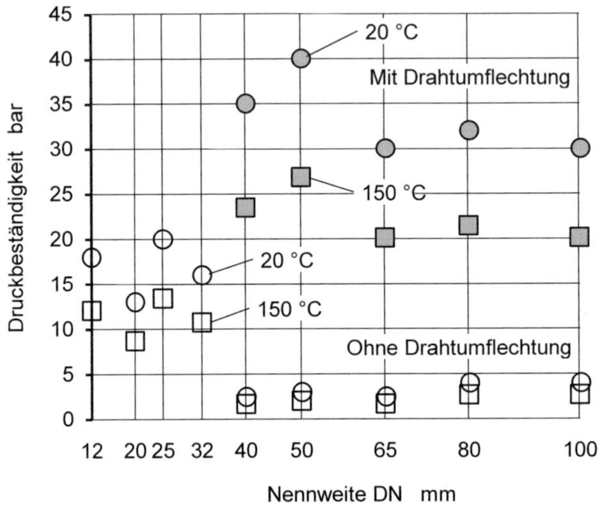

Abbildung 1-6 Druckbeständigkeit für Wellschläuche des Typs RS 341 aus Edelstahl 1.4401, mit und ohne Umflechtung, bei 20 *°C* und 150 *°C*.

Bei diesen ist die Druckbeständigkeit nicht nur vom Durchmesser des Schlauches sondern auch von der Wanddicke und von der Form der Schlauchwellen abhängig. Außerdem nimmt die Druckbeständigkeit mit zunehmender Temperatur ab. Die Druckbeständigkeit ist in der Abbildung 1-6 für den Typ RS 341 für 20 *°C* und 150 *°C* dargestellt (Witzenmann 2014b). Der Einsatz in Solaranlagen ist bis DN 32 ohne Ummantelung möglich. Bei größeren Nennweiten ist entweder eine Ummantelung erforderlich oder eine Kompressordruckhaltung nach Unterabschnitt 3.2.2.3, die den Druck auf zulässige Werte beschränkt.

Soweit möglich sollen starre Rohre eingesetzt werden. Im Vergleich zu Wellschläuchen sind diese kostengünstiger, haben geringere Druckverluste und sind besser entlüftbar.

1.3.2.4 Rohrführung

Eine wichtige Aufgabe der Anlagenplanung ist, die optimale Rohrführung zu finden. Dies muss unter den Gesichtspunkten der Entlüftbarkeit, der Stagnationssicherheit sowie der Kompensation von Wärmedehnungen erfolgen. In den Kapiteln 4 und 5 werden die Anforderungen an die Entlüftbarkeit und Stagnationssicherheit detailliert diskutiert.

Nachfolgend sind einige allgemeingültige Regeln aufgelistet:

- Die Anschlüsse der Kollektoren müssen von der Feldverrohrung mechanisch entkoppelt sein, damit die Wärmedehnungen nicht zu unzulässigen Kräften führen. Dies geschieht am einfachsten durch Wellschläuche.
- Die Feldverrohrung soll möglichst so geplant werden, dass keine Überkreuzungen entstehen, die lokale Hochpunkte erforderlich machen.
- Die Lage einzelner Rohrabschnitte muss durch Festlager und Gleitlager klar definiert werden. Nur so können die zu kompensierenden Wärmedehnungen berechnet werden.
- Solange das Rohrnetz zweidimensional ist, können Wärmedehnungen durch Biegeschenkel, Axialkompensatoren oder radial auslenkende Wellschläuche kompensiert werden.
- Sobald eine dritte Dimension hinzukommt, können thermische Dehnungen zu Torsionsbelastungen führen. Falls die Verbindungstechniken für diese Belastungen nicht ausgelegt sind, müssen die thermischen Dehnungen in den unterschiedlichen Ebenen durch Wellschläuche entkoppelt werden.
- Rückschlagarmaturen, flachdichtende Verschraubungen und metallisch dichtende Verschraubungen bei Wellschläuchen müssen stets zugänglich sein. Die Wärmedämmung muss an diesen Stellen entfernbar sein.

1.3.2.5 Ausgleich von Wärmedehnungen mit Biegeschenkeln

Die thermische Längenänderung von Rohren ist proportional zum Wärmeausdehnungskoeffizienten λ des Rohrwerkstoffes sowie zur Temperaturänderung und zur Länge des Rohres. Der Wärmeausdehnungskoeffizient ist nicht konstant, sondern steigt mit zunehmender Temperatur. In der Praxis rechnet man mit Werten aus den Datenblättern der Rohrhersteller, die meist auf eine Referenztemperatur von 100 °*C* bezogen sind. Diese sind in der Tabelle 1-3 für gebräuchliche metallische Werkstoffe dargestellt. Die Längenänderung Δl muss für die größte anzunehmende Temperaturdifferenz berechnet werden.

$$\Delta l = \lambda \cdot l \Delta T \tag{1.7}$$

Tabelle 1-3 Mittlere Wärmeausdehnungskoeffizienten gebräuchlicher Rohrwerkstoffe für den Temperaturbereich von 0 – 200 °*C*.

Werkstoff	Ausdehnungskoeffizient 10^{-6} / *K*
C-Stahl 1.0034	12.0
Edelstahl 1.4520	10.4
Edelstahl 1.4521 (für Trinkwasser)	10.4
Edelstahl 1.4401	16.5
Edelstahl 1.4301	16.0
Kupfer	16.5

Falls die Rohrleitungen in einer Ebene liegen, können die Längenänderungen durch Biegeschenkel in Form eines Z-, U oder L-Bogens nach Abbildung 1-7 kompensiert werden.

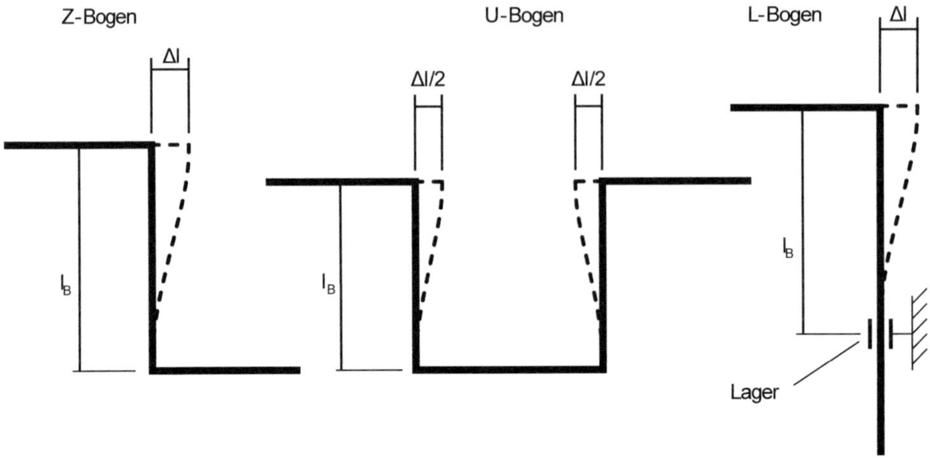

Abbildung 1-7 Dehnungsausgleich durch Z-, U- und L-Bogen für Rohrleitungen, die in einer Ebene liegen.

Die erforderliche Schenkellänge ist eine Funktion des Außendurchmessers und der Längenänderung. Sie wird mit Hilfe der empirischen Formel (1.8) berechnet.

$$l_B = C\sqrt{d_a \Delta l} \tag{1.8}$$

Der Koeffizient C ist vom Werkstoff, von den mechanischen Eigenschaften des Verbindungssystems und vom Bogentyp abhängig. Die Zahlenwerte in Tabelle 1-4 sind den Datenblättern der Hersteller entnommen.

Tabelle 1-4 Koeffizient C zur Berechnung der Länge von Biegeschenkeln.

Verbindungssystem	L- und Z-Bogen	U-Bogen
	C -	C -
Optipress C-Stahl, 1.4401, 1.4520, 1.4521	45	22.5
Mapress C-Stahl	55	31
Mapresss 1.4521	42	24
Mapresss 1.4401	60	34
Mapresss 1.4301	58	33

► **Beispiel 1-2:** Ein 15 *m* langes gerades Rohrstück mit der Nennweite DN 42 ist durch mehrere Gleitlager und am Rohrende durch ein Festlager befestigt. Die Referenztemperatur, bei der das Rohr frei von thermischen Spannungen ist, betrage 20 *°C*. Die höchste anzunehmende Temperatur tritt im Stagnationsfall auf und betrage 150 *°C*. Die thermischen Dehnungen sollen durch einen U- Biegeschenkel kompensiert werden. Zwei Werkstoffe 1.4521 und 1.4401 sowie die beiden Systeme Optipress und Mapress sollen verglichen werden. Mit den Stoffwerten nach

Tabelle 1-3 und den Koeffizienten nach Tabelle 1-4 erhält man die thermischen Dehnungen und die erforderlichen Schenkellängen nach Tabelle 1-5.

Tabelle 1-5 Erforderliche Schenkellänge für unterschiedliche Rohrwerkstoffe und Pressfittingsysteme, zur Kompensation der thermischen Dehnung bei der Erwärmung eines 15 *m* langen Rohres um 130 *K*.

Werkstoff	Wärmedehnung	Erforderliche Schenkellänge *m*	
	mm	Optipress	Mapress
1.4521	20.3	0.66	0.88
1.4401	32.2	0.83	1.25

Die erforderliche Schenkellänge hängt also nicht nur vom Ausdehnungskoeffizienten ab, der für verschiedene Edelstähle unterschiedlich ist, sondern auch von den mechanischen Eigenschaften des Pressfittings. Je höher das übertragbare Biegemoment ist, desto kürzer darf der Schenkel sein. Allerdings wird auch die axiale Kraft im Rohr umso größer, je kürzer der Biegeschenkel ist. Dies muss bei der Dimensionierung des Festlagers berücksichtigt werden.◄

1.3.2.6 Dehnungsausgleich mit Ringwellschläuchen

Meist verlaufen die Rohrleitungen nicht in einer Ebene, sondern in drei Dimensionen. Falls ein Biegeschenkel auf ein rechtwinklig zur Biegeebene verlaufendes Rohr wirkt, werden das Rohr und die an beiden Enden anschließenden Fittings auf Torsion beansprucht. Pressfittings können geringe Torsionsmomente aufnehmen, weil ihr Pressquerschnitt nicht kreisrund ist. Allerdings machen die Hersteller zu diesem Lastfall keine Angaben.

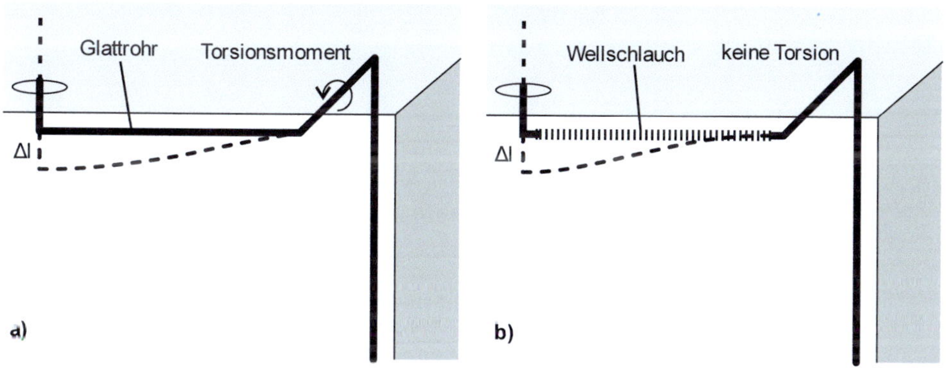

Abbildung 1-8 a) Glattrohr als Biegeschenkel, im anschließenden Rohr ein Torsionsmoment erzeugend, und b) Mechanische Entkopplung durch einen Wellschlauch als Biegeschenkel.

Klemmring- und Schneidringverbindungen sowie im Gewinde dichtende Verbindungen sind jedoch nicht torsionsfest. Torsionsbelastungen können Bewegungen der Dichtflächen gegeneinander bewirken, was schließlich zu Lecks führt. Bei flachdichtenden Verschraubungen führen Torsionsmomente zu entsprechenden Scherkräften im Dichtungsmaterial, das für diese Belastung nicht ausgelegt ist. In der Abbildung 1-8 a) ist eine Situation gezeigt, bei der ein vertikal durch eine Gebäudedecke tretendes Rohr auf einen Biegeschenkel wirkt, der seinerseits ein Torsionsmoment im rechtwinklig anschließenden Rohr erzeugt. Die Torsionsbelastung kann praktisch vermieden werden, wenn nach Abbildung 1-8 b) ein Stück Wellschlauch als Biegeschenkel eingesetzt wird. Beim Einsatz von Wellschläuchen sind drei Vorschriften zu beachten:

1) Wellschläuche können keine Bewegungen entlang ihrer Achse kompensieren. Auf gerade Wellschläuche wirkende axiale Lasten führen stets zu unkontrolliertem Ausknicken.
2) Wellschläuche dürfen lateral und durch Biegung ausgelenkt werden. Die erforderliche Länge des Schlauches ist von der Art der Auslenkung, von der Größe der Auslenkung sowie vom Nennbiegeradius abhängig. Der Nennbiegeradius ist seinerseits abhängig von der Nennweite und vom Rohrtyp.
3) Die Richtung der Auslenkung und die Achse des Schlauches sollen möglichst in einer Ebene liegen, wie in der Abbildung 1-9 a) gezeigt.
4) Liegen Auslenkung und Schlauchachse nicht in derselben Ebene, so bewirken Bewegungen stets Torsionsmomente, welche die Rohranschlüsse erheblich belasten. Dies ist in der Abbildung 1-9 b) veranschaulicht. Lässt sich dies nicht vermeiden, so muss das Torsionsmoment durch die Wahl einer größeren Schlauchlänge reduziert werden.

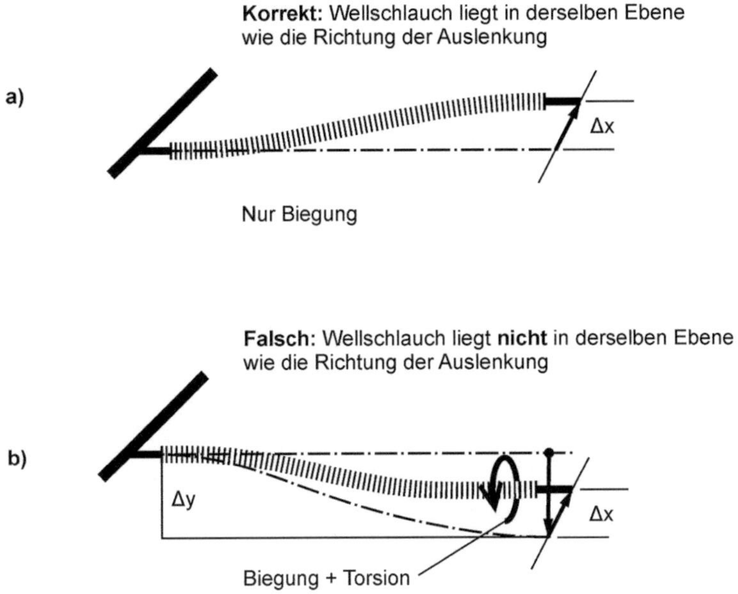

Abbildung 1-9 Wellschläuche müssen stets in der Schlauchebene ausgelenkt werden.

Im Handbuch der Metallschläuche (2014b), das von der Witzenmann GmbH herausgegeben wurde und als download zur Verfügung steht, sind neben den Abmessungen und Eigenschaften unterschiedlicher Ringwellschläuche auch Berechnungsformeln für den Dehnungsausgleich angegeben. Entsprechende Informationen findet man auch auf den Internetseiten der BOA

GmbH, der Torgen GmbH und der Hansa-Flex GmbH, um nur einige der zahlreichen Hersteller zu nennen.

Bei lateraler Auslenkung soll der Dehnungsausgleich gemäß Abbildung 1-10 a) symmetrisch erfolgen. Die Auslenkung *s*/2 ist durch das zulässige Biegemoment in der Schweißnaht zum Anschluss begrenzt. Gebogen verlegte Wellschläuche nach Abbildung 1-10 b) können größere Bewegungen kompensieren.

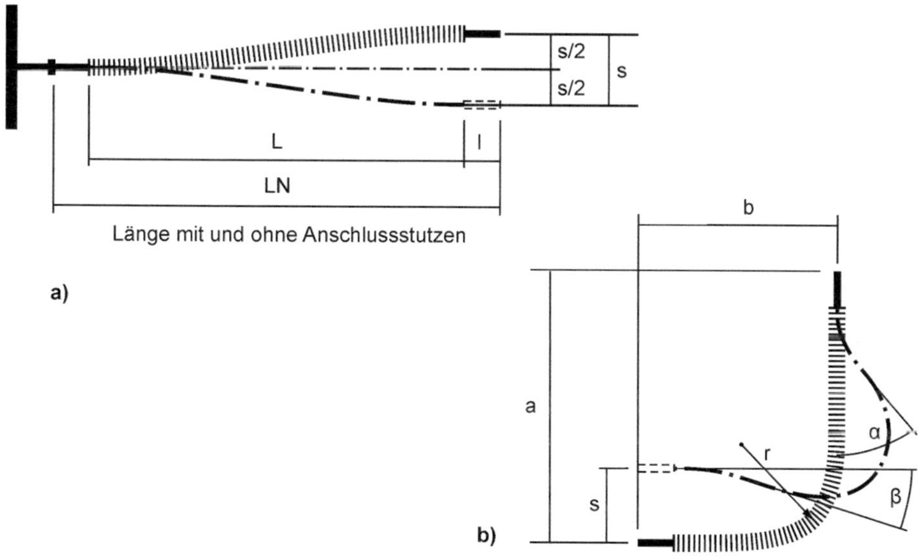

Abbildung 1-10 a) Gerade und b) gebogen verlegte Wellschläuche mit lateraler Auslenkung.

Bei Kollektorfeldern auf Flachdächern ist der rücklaufseitige Kollektoranschluss meist über einen horizontal verlaufenden Wellschlauch an die Feldleitung angeschlossen. Falls der Wellschlauch nur an seinen Enden gelagert ist, wird er aufgrund des Gewichtes der Flüssigkeit, der Rohrwand und der Wärmedämmung durchhängen. Die in horizontaler Richtung auftretenden Dehnungen der Feldleitung würden daher Torsionsmomente bewirken. Diese sind unabhängig davon, ob der Wellschlauch gerade oder als Bogen verlegt wird. Dieses Problem kann auf unterschiedliche Weise gelöst werden:

- Die flexible Wärmedämmung des Wellschlauches wird durch eine Unterlage gestützt, beispielsweise durch ein Blechteil, welches an der Unterkonstruktion des Kollektors befestigt ist.
- Der Wellschlauch dient lediglich zur Kompensation von Montageversatz, während thermische Längenänderungen durch Biegeschenkel im glatten Teil der Anschlussleitungen kompensiert werden.
- Man verwendet einen Wellschlauch, der wesentlich länger ist als die erforderliche Nennlänge. Auch in diesem Fall ist eine Unterlage erforderlich, welche die flexible Wärmedämmung des Wellschlauches mindestens lokal stützt.

►**Beispiel 1-3:** Für gegebene laterale Auslenkungen *s* gerade verlegter Wellschläuche soll die erforderliche Länge ermittelt werden. Als Beispiel wird der Typ RS 341 der Witzenmann GmbH betrachtet. Dem Handbuch für Metallschläuche (2014b) entnimmt man die Nennbiegeradien dieses Schlauchtyps nach Tabelle 1-6.

Tabelle 1-6 Nennbiegeradien für Wellschläuche des Typs RS 341.

Nennweite DN	*mm*	16	20	25	32	40	50	65
Nennbiegeradius r_n	*mm*	195	225	260	300	340	390	460

In demselben Handbuch (2014b, S. 91) ist eine empirische Berechnungsformel für die Länge des Wellschlauches angegeben. Für die Länge *L* des Wellschlauchsegmentes allein, d. h. ohne Anschlussstücke, lautet diese

$$L = \sqrt{10 \cdot r_n \cdot s}\ . \tag{1.9}$$

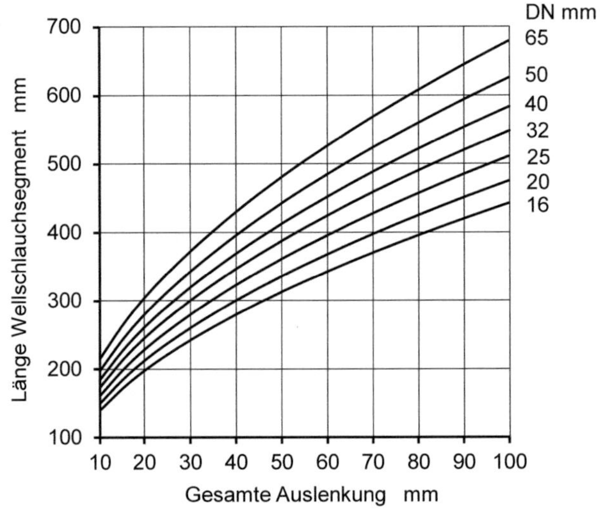

Abbildung 1-11 Erforderliche Längen von Wellschläuchen des Typs RS 341 als Funktion der gesamten Auslenkung.

In der Abbildung 1-11 sind die berechneten Längen als Funktion der Auslenkung dargestellt.◄

Die Brugg Pipesystems AG und die Waterway Engineering GmbH bieten auch spiralgewellte Metallschläuche an, die durch Spezialfittings mit Graphitdichtungen angeschlossen werden. Aufgrund der Spiralwellung haben Schläuche potenziell bessere Entlüftungseigenschaften. Allerdings machen die Produktdatenblätter keine Angaben über die Eignung der Schläuche zur Dehnungskompensation.

1.3.2.7 Dehnungsausgleich durch Axialkompensatoren

In beengten Verhältnissen sind Axialkompensatoren vorteilhaft. Diese bestehen aus einem ein- oder mehrlagigen Metallbalg und können mit den unterschiedlichsten Anschlussstücken versehen sein. Die meisten Hersteller von Rohrsystemen bieten entsprechende Axialkompensatoren an. Bei der Planung müssen stets der zulässige Druck, die zulässige Einsatztemperatur sowie die für den Einsatzzweck geeignete Dichtung abgeklärt werden. Abbildung 1-12 zeigt a) einen Axialkompensator sowie b) dessen Anordnung in einer Rohrleitung, die durch zwei Festlager (F) und mehrere Gleitlager (GL) befestigt ist.

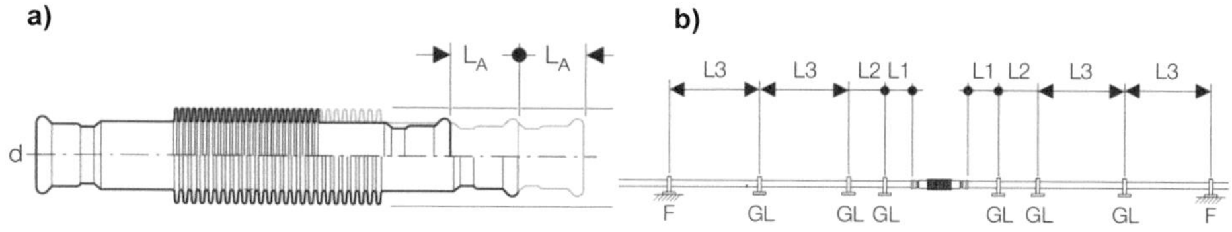

Abbildung 1-12 Metallbalgkompensator für Mapress Pressverbindungen (Geberit AG, CH-8645 Jona).

Hersteller von Axialkompensatoren bieten neben ihrem umfangreichen Sortiment für alle standardisierten Rohranschlüsse auch Planungsunterlagen für die Dimensionierung an. Die wohl umfangreichsten Dokumente, sind das ebenfalls durch die Witzenmann GmbH herausgegebene Handbuch der Metallbalge (2010) und das Handbuch der Kompensatoren (2014a). Entsprechende Unterlagen werden durch zahlreiche andere Hersteller zur Verfügung gestellt. An dieser Stelle soll auf zwei Besonderheiten eingegangen werden, die beim Einsatz von Kompensatoren zu beachten sind:

- Der Innendruck erzeugt eine axiale Kraft, die durch Festlager an beiden Enden einer Rohrstrecke aufgefangen werden müssen. Diese Kraft ist proportional zum Innendruck p und der wirksamen Querschnittsfläche A_B, die in den Datenblättern der Hersteller tabelliert ist.
- Metallbälge dürfen nicht auf Torsion belastet werden. Dies muss sowohl bei der Planung der Rohrführung als auch bei der Montage des Rohrsystems (Anzugmoment beim Festziehen von Verschraubungen) berücksichtigt werden.

In der Abbildung 1-13 sind die Druckkräfte $F = pA_B$ für den Kompensator des Typs BKT-7110 dargestellt (BOA 2016). Aus dieser Darstellung wird klar, dass die Festlager sehr steif und robust ausgeführt sein müssen. Die Festlager müssen immer starr verankert sein. Eine Schwerkraftfundierung auf Flachdächern ist aus folgenden Gründen nicht zulässig:

- Die über Haftreibung eingeleiteten Kräfte führen zu Scherkräften in dem aus zahlreichen Schichten bestehenden Dachaufbau, der nicht für horizontale Dauerlasten ausgelegt ist. Durch Kriechprozesse werden die Festlager mit der Zeit auseinanderdriften. Die Folgen sind überdehnte Kompensatoren sowie unkontrollierbare Kräfte und Momente in den benachbarten Rohrleitungen.
- Die wasserdichte Schicht kann durch lokale Zugspannung beschädigt und undicht werden.

Beim Einsatz von Axialkompensatoren auf Flachdächern müssen die Festlager durch Zuganker verbunden werden. In der Abbildung 1-2 besteht der Zuganker aus einem verzinkten Stahlprofil. Die thermischen Dehnungen dieses Profils sind durch elastische Stützen (Gewindestange oder Z-förmige Blechstütze) von den Fundamenten entkoppelt.

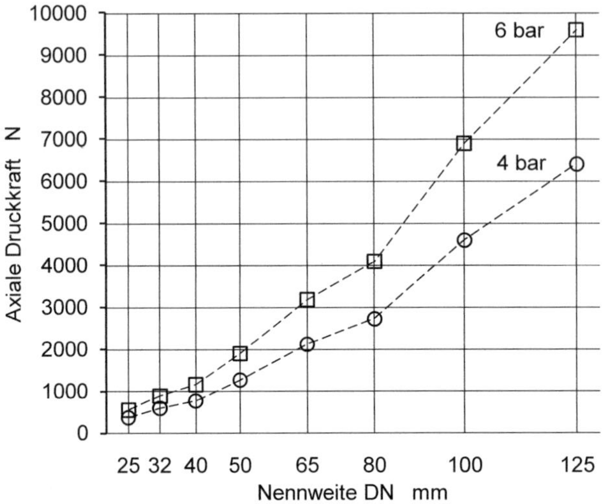

Abbildung 1-13 Axiale Druckkraft bei Kompensatoren des Typs BKT-7110 000 der BOA GmbH, D-76297 Stutensee.

1.4 Mess- und Regelgrößen

Bei großen Solaranlagen kommen Regler zum Einsatz, die mehrere Messgrößen aufzeichnen können. Diese Größen sollen nicht nur den energetisch optimalen Betrieb gewährleisten, sondern auch der Funktionskontrolle dienen und, über die entsprechende Regelfunktion, die Anlage vor Betriebsstörungen und Schäden schützen. Neben den Temperaturen, Durchflüssen und Hahnstellungen ist der Systemdruck der Anlage eine äußerst wichtige weil sehr aussagekräftige Größe.

1.4.1 Temperaturen

Temperaturen werden meist mit Pt-1000 Widerstandssensoren in Zweileitertechnik gemessen. Das Sensorelement besteht aus einem Platindraht oder einer dünnen Platinschicht mit einem Widerstand von 1000 *Ω* bei 0 *°C*. Dieser besitzt eine Temperaturabhängigkeit von rund 3.9 *Ω/K*. Im Leitfaden Thermische Solaranlagen (DGS 2012) sowie auf den Internetseiten der Hersteller von Solarreglern sind wichtige Hinweise für den Einsatz und die Installation zu finden. Nachfolgend werden einige Punkte besprochen, die für die Entwicklung von Kollektoren sowie für die Effizienz und Betriebssicherheit der Anlage besonders wichtig sind.

1.4.1.1 Kollektortemperaturen

Als Einschaltkriterium für die Solarkreispumpe wird meist die Differenz zwischen Kollektortemperatur und Speichertemperatur verwendet. Die Kollektortemperatur muss im oberen Bereich des Kollektorfeldes und in der Nähe des Kollektoraustritts gemessen werden. Dabei wird angenommen, dass sich das ganze Kollektorfeld bis zum Pumpenstart gleichmäßig erwärmt und folglich alle Kollektoren dieselbe Temperaturverteilung haben. Im Wärmeübertrager soll stets ein positives Temperaturgefälle herrschen. Die Kollektortemperatur soll daher um beispielsweise 10 *K* über der Temperatur des Abnehmers liegen, damit die Flüssigkeit genügend Wärmeenergie besitzt, um die noch kalten Leitungen aufzuheizen.

Bei Flachkollektoren wird selten die Temperatur im Fluid gemessen, sondern die Temperatur auf der Außenseite des Absorberrohres oder auf der Unterseite des Absorberbleches. Solange der Absorber nicht durchströmt ist, sind die Wärmeströme und folglich auch die Temperaturgradienten im Absorberblech gering. Die Temperatur des Kollektorfühlers kann in diesem Fall in guter Näherung als Fluidtemperatur im benachbarten Absorberrohr interpretiert werden. Sobald die Anlage in Betrieb ist, kann die durch den Fühler gemessene Temperatur erheblich von der Austrittstemperatur des Fluides abweichen. Außerdem werden große Kollektorfelder nie völlig homogen durchströmt. Entsprechend ist auch die Austrittstemperatur der einzelnen Kollektoren unterschiedlich. Die Kollektortemperatur ist daher als Regelgröße für den Betrieb der Anlage schlecht geeignet.

Falls die im Flachkollektor integrierten Verteil- und Sammelleitungen mit dem Absorber wärmeleitend verbunden sind, kann die Temperatur in der Sammelleitung über eine Tauchhülse gemessen werden. Im Betrieb der Anlage entspricht die gemessene Temperatur gleichzeitig der Vorlauftemperatur ohne Leitungsverluste. Bei einem mehrreihigen Kollektorfeld muss man aber bereits wieder mit inhomogener Durchströmung rechnen, insbesondere dann, wenn die Kollektorreihen ungleiche Anzahl Kollektoren haben.

Bei direkt durchströmten Vakuumröhrenkollektoren ist der Absorber für die Temperaturmessung nicht zugänglich. Der Kollektorfühler muss daher an einer geeigneten Stelle in oder an der Sammelleitung platziert werden.

Es ist sinnvoll, ein großes Kollektorfeld mit mehr als einen Temperaturfühler auszurüsten. Wird der eine Fühler in dem am besten durchströmten Kollektor installiert, der zweite hingegen in dem hydraulisch am weitesten vom Feldanschluss entfernten Kollektor, lassen sich Durchströmungsprobleme und partielle Stagnation feststellen.

1.4.1.2 Vor- und Rücklauftemperatur

Die unmittelbar vor dem Wärmeübertrager gemessene Vorlauftemperatur ist zur Regelung am besten geeignet. Zusammen mit der Rücklauftemperatur und der Durchflussmessung erlaubt sie eine zuverlässige Leistungsmessung. Die Fühler werden oft mit speziellen Rohrschellen als Anlegefühler eingesetzt. Man muss sich darüber im Klaren sein, dass der Fühler primär seine eigene Temperatur misst. Bei guter thermischer Verbindung zum Rohr kann die gemessene Temperatur als Rohrwandtemperatur interpretiert werden. Aufgrund der stets auftretenden Wärmeverluste ist die Fluidtemperatur etwas höher als die Temperatur der Rohrwand. Indem man turbulente Strömung annimmt und den geringen Widerstand des Wärmeübergangs vernachlässigt, kann man die Fluid- und Rohrtemperatur gleichsetzen. Genauere Messungen sind möglich beim Einsatz von Tauchhülsen.

1.4.1.3 Speichertemperatur

Die Speichertemperatur wird üblicherweise über Tauchhülsen gemessen. Sie gibt primär Auskunft über den Ladezustand. Als Regelgröße ist sie schlecht geeignet, weil ja zwischen dem Speicherinhalt und dem Solarkreis noch der Wärmeübertrager liegt, dessen Temperaturgefälle leistungsabhängig ist. Besser ist es, die Richtung des Energieflusses durch den Vergleich der Vor- und Rücklauftemperatur zu bestimmen.

1.4.2 Durchfluss

Leistungsmessung ist nur in Verbindung mit einer präzisen Durchflussmessung möglich. Außerdem ist der Durchfluss ein wertvoller Indikator für Betriebsstörungen, sofern der Sollwert aus einer Rohrnetzberechnung oder durch Messung des Sollzustandes bekannt ist. Geeignete Durchflusstransmitter sind Flügelradzähler, magnetisch induktive Durchflussmesser und Geräte, welche die Fließgeschwindigkeit aus der Frequenz einer Kàrmànschen Wirbelstraße ableiten. Letztere können sehr kompakt und kostengünstig gebaut werden, wie Abbildung 1-14 zeigt. Die abgebildeten Geräte kombinieren die Durchflussmessung mit einer Temperaturmessung. Dadurch kann die Leistungsmessung sehr kostengünstig realisiert werden. Als Wärmezähler in Heizungsanlagen kommen auch Ultraschall-Durchflusssensoren zum Einsatz, bei denen die Fließgeschwindigkeit aus der Laufzeitdifferenz von Ultraschallsignalen in der Flüssigkeit berechnet wird. Diese Geräte sind für Wasser kalibriert. Nicht alle Geräte können auch für Wasser-Glykol-Gemische eingesetzt werden. Teurere, universell einsetzbare Geräte messen gleichzeitig die Schallgeschwindigkeit im Fluid und müssen daher nicht kalibriert werden.

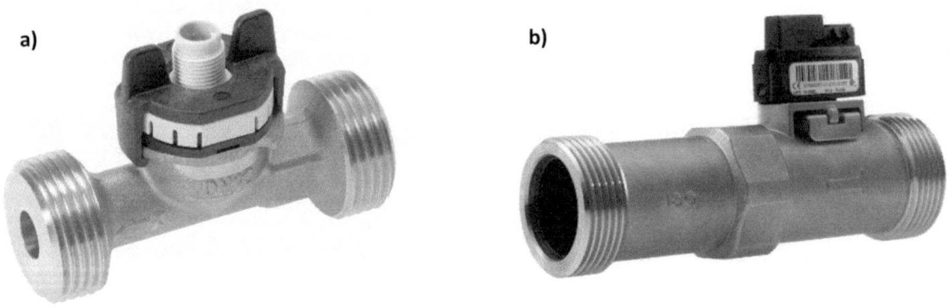

Abbildung 1-14 Kombinierte Durchfluss- und Temperaturtransmitter. Messprinzip: Kàrmànsche Wirbelstraße.
a) Typ 235, 1.8 – 240 *l/min* (Huba Control AG, CH-5436 Würenlos).
b) Typ VFS 10 – 200 *l/min* (Grundfos A/S, DK-8850 Bjerringbro)

Durchflussmesser können für verschiedene digitale oder analoge Ausgänge konfiguriert sein. Üblich sind Spannungssignale 0–10 *V*, Stromsignale 4–20 *mA* oder andere ratiometrische Spannungssignale, die mit beispielsweise 0.5–3.5 *V* den gesamten Messbereich abdecken. Die digitale Übertragung von Signalen über Feldbusse ist ebenfalls üblich. Die Wahl der Sensoren richtet sich nach den möglichen Eingangskonfigurationen des Reglers. Abbildung 1-15 zeigt einen Flügelradzähler mit Impulsausgang, geeignet für Fluidtemperaturen bis 130 °C.

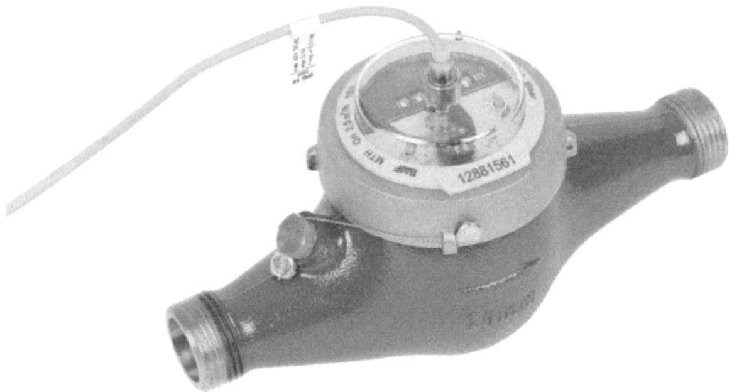

Abbildung 1-15 Flügelradzähler MTH für Temperaturen bis 130 °C. (GWF MessSysteme AG, CH-6002 Luzern)

1.4.3 Druck

Der Druck ist die wichtigste Messgröße bei der Inbetriebnahme und ein wichtiger Indikator für Betriebsstörungen. Daher muss der Druck, mindestens bei großen Anlagen, durch den Datenlogger des Reglers aufgezeichnet werden. Anhand des Druck- und Temperaturverlaufes lässt sich ermitteln, ob die Druckhaltung korrekt funktioniert. Der Druckverlauf bei Stagnation zeigt schließlich, ob das Dampfvolumen richtig abgeschätzt wurde. Aus dem Trendverlauf des Druckes über längere Zeiträume kann auf kleine Lecks geschlossen werden, die bei der visuellen Inspektion der Anlage möglicherweise nicht sichtbar wären. Bei der Fernüberwachung einer Anlage ermöglicht die Druckmessung eine zuverlässige, frühzeitige Fehlererkennung. Man erhält dadurch die Möglichkeit, Maßnahmen zu ergreifen, bevor kostspielige Schadenfälle auftreten. Sensoren und Manometer zur Druckmessung werden im Abschnitt 3.3.2 ausführlich diskutiert, zusammen mit den Anforderungen an die Genauigkeit im Zusammenhang mit der Auslegung von Membran-Druckausdehnungsgefäßen.

1.5 Literatur

Bliss R. W. J. (1959) The derivations of several "Plate-efficiency factors" useful in the design of flat-plate solar heat collectors. Solar Energy 3 (4):55-64 http://www.sciencedirect.com/-science/article/pii/0038092X59900064

BOA (2016) Axialkompensatoren: Technische Daten. BOA Holding GmbH, Stutensee http://www.boagroup.com/uploads/media/60_000_284_LowRes_02.pdf

Burren B., Tschanz M., Vogt C. (2008) Das schräge Dach: ein Architekturhandbuch. Niggli Verlag, Sulgen

CEN (2006) EN-12975-2, Thermische Solaranlagen und ihre Bauteile – Kollektoren. Teil 2: Prüfverfahren, vol 12975. DIN EN,

DGS (2012) Leitfaden Solarthermische Anlagen. Deutsche Gesellschaft für Sonnenenergie, Landesverband Berlin Brandenburg e.V., Berlin

DIN (2013) DIN EN ISO 9806 (Entwurf) Solarenergie - Thermische Solarkollektoren - Prüfverfahren. Beuth Verlag GmbH, Berlin

Duffie J. A., Beckman W. A. (1991) Solar engineering of thermal processes. Second ed. Aufl. New York [etc.] : Wiley,

Halama G., Tornow S.-E. (2009) Handbuch geneigtes Dach : Konstruktion - Werkstoffe - Details. Rudolf Müller Verlag, Köln

Hanselmann B., Kuster A., Stoller P. (2012) Abdichtungen am Hochbau : Planung und Ausführung von Flachdach- und Fugenabdichtungen. Fachbuch, 3. Aufl. Grafitext-Verlag, Treiten

Hottel H. C., Whillier A. (1958) Evaluation of Flat-Plate Collector Performance. Transactions of the Conference on the Use of Solar Energy,

Jenni J. (2012) Hanf ist ein Wunderstoff. Jenni Energietechnik AG, Oberburg http://jenni.ch/-files/jenni/inhalte/pdf/Dienstleistungen/Hanf_ist_ein_Wunderstoff.pdf

Köhl M., Kübler V., Heck M. (2007) Optimisation of the micro-climate in solar collectors. Solar Energy Materials and Solar Cells 91 (8):721-726. doi:http://dx.doi.org/10.1016/-j.solmat.2006.12.010

Witzenmann (2010) Handbuch der Metallbälge. Witzenmann GmbH, Pforzheim http://www.witzenmann.de/repo/assets/Das%20Handbuch%20der%20Metallbaelge_0441_1_04_10_20_download.pdf

Witzenmann (2014a) Handbuch der Kompensatoren. Witzenmann GmbH, Pforzheim http://www.witzenmann.de/de/media/Handbuch_der_Kompensatoren_1501de_5_12_12_20_download.pdf

Witzenmann (2014b) Handbuch der Metallschläuche. Witzenmann GmbH, Pforzheim http://www.witzenmann.de/repo/assets/Handbuch_der_Metallschlaeuche_1301de_05_14_10.pdf

2 Dimensionierung des Rohrnetzes

2.1 Einleitung

Die Bestimmung der technisch und wirtschaftlich optimalen Rohrquerschnitte und die Wahl der geeigneten Pumpe ist eine der Hauptaufgaben bei der thermohydraulischen Dimensionierung. Für die Dimensionierung der Druckhaltung müssen außerdem der Kreislaufinhalt sowie der Druckverlauf entlang des Kreislaufes bei ruhender und bei laufender Pumpe bekannt sein. Diese Dimensionierungsaufgaben lassen sich nur mit Hilfe eines Berechnungsprogramms effizient und in der geforderten Genauigkeit durchführen.

Damit iterative Rechenverfahren konvergieren, müssen alle Druckverlustkorrelationen stetige Funktionen des Durchflusses bzw. der Reynoldszahl sein. In den nachfolgenden Abschnitten werden die benötigten Rechenverfahren und Korrelationen zusammengestellt bzw. hergeleitet.

2.2 Eindimensionale Beschreibung stationärer Rohrströmungen

Die Grundgleichungen der Rohrhydraulik sind die Kontinuitätsgleichung, die Eulergleichung und die Bernoulligleichung. Diese Gleichungen werden ausführlich hergeleitet, weil die zugrundeliegenden Konzepte in den Kapiteln 4 und 5 zur Entlüftung und Stagnation wieder benötigt werden.

Die Kontinuitätsgleichung und die Eulergleichung können auf differentielle oder integrale Weise hergeleitet werden. In diesem Abschnitt wird dazu die differentielle Betrachtungsweise angewendet. Im Abschnitt 6.1 wird die Eulergleichung aus einer integralen Impulsbilanz hergeleitet.

2.2.1 Stromfadentheorie

Nach der Modellvorstellung der Stromfadentheorie bewegen sich Flüssigkeitspartikel entlang von Stromlinien. Der Stromfaden ist definiert als Kanal mit infinitesimalem Querschnitt. Die Wand des Stromfadens ist durch Stromlinien gebildet und folglich undurchlässig. Die Elemente und Zustandsgrößen des Stromfadens sind in Abbildung 2-1 dargestellt.

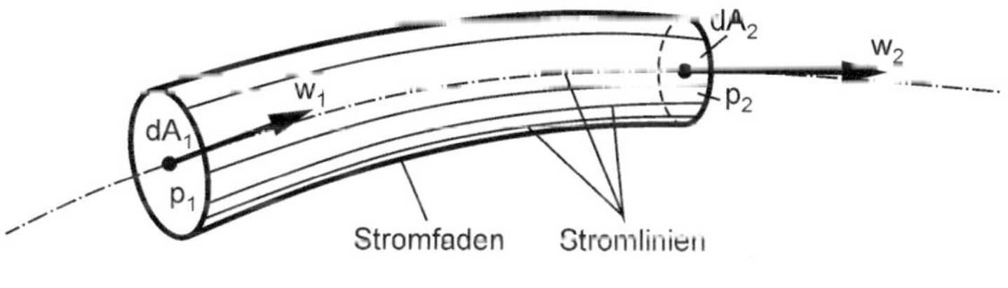

Abbildung 2-1 Stromfaden und Stromlinien.

Weil der Querschnitt des Stromfadens infinitesimal ist, können Änderungen von Zustandsgrößen in der Querschnittsebene, beispielsweise die Strömungsgeschwindigkeit und der Druck, gegenüber den Änderungen in Strömungsrichtung vernachlässigt werden. Dies ist die Grundvoraussetzung für die Anwendbarkeit der Stromfadentheorie. Ausführliche Darstellungen dieser Theorie finden sich in zahlreichen Lehrbüchern der Fluidmechanik, beispielsweise in Zierep und Bühler (2013), Kuhlmann (2014) und Truckenbrodt (2008).

2.2.1.1 Kontinuitätsgleichung

Die Kontinuitätsgleichung basiert auf dem Erhaltungssatz der Masse. Sie wird aus einer Massenbilanz an einem ortsfesten, infinitesimalen Kontrollvolumen hergeleitet. Dieses Kontrollvolumen ist durch den Ausschnitt eines Stromfadens nach Abbildung 2-2 definiert. Es besitzt den Querschnitt dA und die Länge dx.

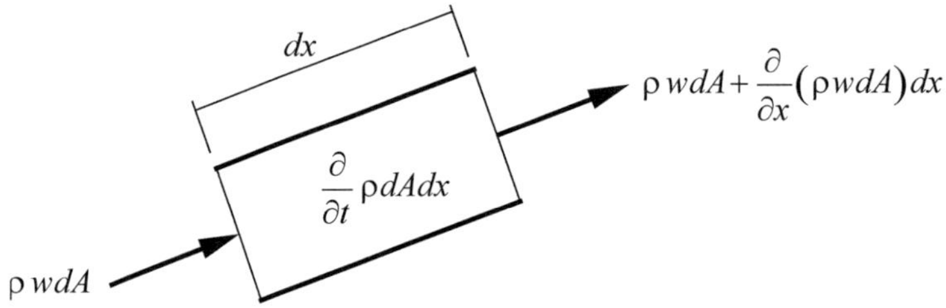

Abbildung 2-2 Massenbilanz an einem infinitesimalen Ausschnitt eines Stromfadens.

Die Erhaltung der Masse bedeutet, dass die Summe aus eintretendem und austretendem Massenstrom gleich der Änderungsrate der Masse innerhalb des Kontrollvolumens sein muss.

$$\frac{\partial}{\partial t}\rho\, dAdx = \rho\, wdA - \left[\rho w\, dA + \frac{\partial}{\partial x}(\rho w\, dA)\, dx\right] \tag{2.1}$$

Nach Ausmultiplizieren und Division durch dA und dx erhält man die allgemeine, eindimensionale Erhaltungsgleichung der Masse in differentieller Form.

$$\frac{\partial}{\partial t}\rho + \frac{\partial}{\partial x}\rho w = 0 \tag{2.2}$$

Für die Dimensionierung von Rohrnetzen kann man mit stationärer Strömung rechnen. Die Ableitung der Dichte nach der Zeit ist folglich null und die Erhaltungsgleichung der Masse lautet

$$\frac{\partial}{\partial x}\rho w = 0 \ . \tag{2.3}$$

Weil Flüssigkeiten praktisch inkompressibel sind, kann mit konstanter Dichte gerechnet werden. Die Erhaltungsgleichung der Masse vereinfacht sich weiter zu

$$\frac{\partial}{\partial x}\rho w = w\cancel{\frac{\partial}{\partial x}\rho} + \rho\frac{\partial}{\partial x}w \;\Rightarrow\; \frac{\partial}{\partial x}w = 0 \ . \tag{2.4}$$

Indem man die Gleichung (2.4) über den gesamten Strömungsquerschnitt und entlang der Rohrachse integriert, erhält man die Kontinuitätsgleichung für inkompressible Fluide

$$A_2 w_2 - A_1 w_1 = 0 \ , \tag{2.5}$$

wobei w_1 und w_2 die mittleren Strömungsgeschwindigkeiten und A_1 und A_2 die entsprechenden Querschnitte sind. Mit der Definition des Volumenstroms $Q = Aw$ folgt

$$Q_1 = Q_2 \ . \tag{2.6}$$

2.2.1.2 Kräftebilanz im Stromfaden

Die Bewegung eines infinitesimalen Fluidelementes im Stromfaden nach Abbildung 2-3 wird zunächst durch die Newtonsche Bewegungsgleichung formuliert. Diese beschreibt die Beschleunigung der Masse des Fluidelements durch die Kräfte, die auf das Fluidelement wirken.

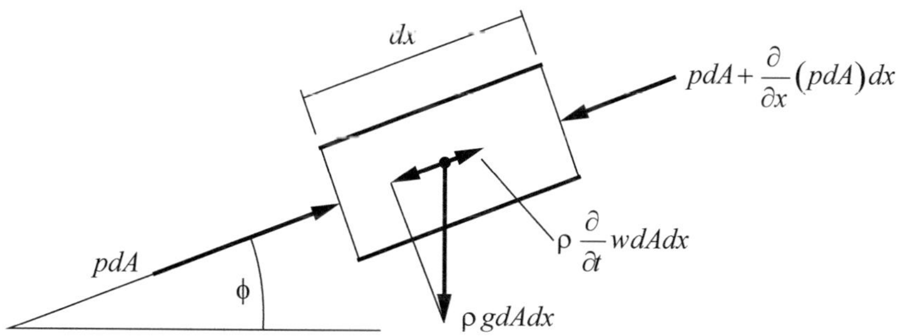

Abbildung 2-3 Kräftebilanz an einem Fluidelement.

Vorerst wird nur reibungsfreie Strömung betrachtet. Damit verbleiben als wirksame Kräfte die Schwerkraft und die Druckkräfte am Ein- und Austritt. Die Bilanz der Kräfte nach Abbildung 2-3 liefert nach Division durch $dAdx$ zunächst

$$\rho \frac{d}{dt} w = -\frac{\partial}{\partial x} p - \rho g \frac{\partial z}{\partial x} \quad \text{mit} \quad \frac{\partial z}{\partial x} = \sin\phi \ . \tag{2.7}$$

Diese Differentialgleichung beschreibt die Bewegung des Flüssigkeitsteilchens entlang der Stromlinie. In der Rohrhydraulik ist es jedoch zweckmäßiger, ein ortsfestes, durchströmtes Kontrollvolumen zu betrachten. Dazu drückt man d/dt durch sein vollständiges Differential nach Ort und Zeit aus und erhält mit $\partial x/\partial t = w$

$$\rho \frac{\partial w}{\partial t} + \frac{\partial \rho w}{\partial x} \frac{\partial x}{\partial t} = -\frac{\partial}{\partial x} p - \rho g \frac{\partial}{\partial x} z \ . \tag{2.8}$$

Diese Gleichung gilt auch für kompressible Medien. Bei inkompressiblen Medien wird mit lokal konstanter Dichte gerechnet, d. h. $\partial\rho/\partial x = 0$.

Durch Ausdifferenzieren und mit $\partial x/\partial t = w$ erhält man die Eulersche Differentialgleichung für reibungsfreie Fluide.

$$\rho\frac{\partial w}{\partial t}+\rho w\frac{\partial w}{\partial x}=-\frac{\partial}{\partial x}p-\rho g\frac{\partial}{\partial x}z \tag{2.9}$$

Weil die Voraussetzungen der Stromfadentheorie erfüllt sind, lässt sich diese Gleichung entlang des Stromfadens integrieren. Beschränkt man sich auf stationäre Strömungen, ist die partielle Ableitung der Geschwindigkeit nach der Zeit null und man erhält die Bernoulligleichung für reibungsfreie, inkompressible Medien.

$$\frac{\rho}{2}w^2+p+\rho gz=const \tag{2.10}$$

Der erste Term ist der dynamische Druck. Der zweite Term ist der statische Druck, der auf die Rohrwand wirkt und über eine kleine Bohrung in der Rohrwand mittels Manometer gemessen werden kann. Der dritte Term ist der Schweredruck. Die Terme haben gleichzeitig auch die Dimension der Energiedichte. Der erste Term stellt die kinetische Energiedichte dar, der zweite Term die Dichte der Druckenergie und der dritte Term die Dichte der potenziellen Energie. Die Bernoulligleichung stellt folglich auch den Erhaltungssatz für die mechanische Energie dar. Trotzdem handelt es sich bei der Bernoulligleichung nicht um den Energieerhaltungssatz, sondern um das Integral der Bewegungsgleichung (Zierep und Bühler 2013, S. 45-48). Der Energieerhaltungssatz enthält neben diesen Termen noch die Beiträge der thermischen Energie.

Bereits bei laminarer, reibungsbehafteter Strömung sind die Voraussetzungen der Stromfadentheorie nicht mehr erfüllt, weil sich das Geschwindigkeitsfeld senkrecht zur Stromlinie im Allgemeinen ändert. Während man sich bei laminarer Strömung eine Stromlinie immerhin vorstellen kann, ist dies bei turbulenter Strömung nicht mehr möglich. Trotzdem lassen sich die Gleichungen, die auf der Stromfadentheorie beruhen, auch für reibungsbehaftete Rohrströmungen anwenden. Dazu wird die Eulergleichung um einen Reibungsterm *R* erweitert.

$$\rho\frac{\partial w}{\partial t}+\rho w\frac{\partial w}{\partial x}=-\frac{\partial}{\partial x}p-\rho g\frac{\partial}{\partial x}z-R\,dx \tag{2.11}$$

Solange dieser Reibungsterm eine stetige Funktion ist, lässt sich diese Differentialgleichung wiederum entlang der Stromlinie integrieren. Bei der stationären, hydrodynamisch ausgebildeten Strömung in einem zylindrischen Rohr ist die zeitliche Änderung der Fließgeschwindigkeit null und der Reibungsterm konstant. Durch Integration vom Ort 0 zum Ort 1 entlang des Stromfadens erhält man die entsprechende Bernoulligleichung mit Berücksichtigung der Rohrreibung.

$$\frac{\rho}{2}w_1^2+p_1+\rho gz_1=\frac{\rho}{2}w_0^2+p_0+\rho gz_0+R\left(x_1-x_0\right) \tag{2.12}$$

Bei der Rohrströmung fasst man die Strömungsgeschwindigkeiten als Mittelwerte über den Strömungsquerschnitt auf.

2.2.1.3 Rohrreibungszahlen und Druckverlustbeiwerte

Der Druckverlust einer Rohrströmung wird häufig durch das Fließgesetz nach Darcy und Weisbach ausgedrückt, dessen geschichtliche Entwicklung durch Hager (1994) und Brown (2002) ausführlich dargestellt ist. In diesem Buch wird stets die Darstellung nach Gleichung (2.13) verwendet. Diese beschreibt den Druckverlust als lineare Funktion der kinetischen Energiedichte $\rho w^2/2$ und der Rohrlänge l. Der Proportionalitätsfaktor λ ist die dimensionslose Rohrreibungszahl, die auf den Durchmesser des Rohres d bezogen wird.

$$\Delta p = R\left(x_2 - x_1\right) = Rl = \lambda \frac{l}{d}\frac{\rho}{2} w^2 \tag{2.13}$$

Man muss aber beachten, dass in der Literatur auch die Rohrreibungszahl f nach Fanning (1902) verwendet wird. Diese ist definiert als Verhältnis der Schubspannung τ an der Rohrwand zur kinetischen Energiedichte.

$$f = \frac{\tau}{\rho w^2/2} \quad \Rightarrow \quad \tau = f\frac{\rho w^2}{2} \tag{2.14}$$

Zwischen den beiden Definitionen besteht folgende Beziehung: Durch Integration der Schubspannung über den Umfang des Rohres und die Rohrlänge erhält man zunächst die Reibungskraft, die auf die strömende Flüssigkeit wirkt.

$$F_R = \tau d\pi l = f \cdot d\pi l \frac{\rho w^2}{2} \tag{2.15}$$

Indem man die Reibungskraft auf den Strömungsquerschnitt bezieht, erhält man den Druckverlust des Rohres.

$$\Delta p = Rl = f\frac{d\pi l}{\frac{d^2\pi}{4}}\frac{\rho w^2}{2} = 4f\frac{l}{d}\frac{\rho w^2}{2} \tag{2.16}$$

Beim Vergleich der Gleichungen (2.16) und (2.13) erkennt man, dass die Rohrreibungszahl nach Darcy das Vierfache der Rohrreibungszahl nach Fanning ist. Zahlreiche Korrelationen wurden entwickelt, sowohl für das Fließgesetz nach Darcy und Weisbach als auch für jenes nach Fanning.

Lokale Druckverluste, beispielsweise in Armaturen, Plattenwärmeübertragern und Durchflussmessern, werden durch einen Druckverlustbeiwert ζ charakterisiert.

$$\Delta p = \zeta \frac{\rho}{2} w^2 \tag{2.17}$$

Weder die Länge noch der Durchmesser treten als Parameter auf.

2.2.1.4 Bernoulligleichung mit Berücksichtigung des Druckverlustes

Die Bernoulligleichung kann für kontinuierliche Druckverluste sowie für lokale Druckverluste formuliert werden. Bei Rohrreibung gilt

$$p_2 + \rho g z_2 = p_1 + \rho g z_1 + \lambda \frac{l}{d} \frac{\rho}{2} w^2 \ , \tag{2.18}$$

und bei lokalen Druckverlusten

$$p_1 = p_0 + \zeta \frac{\rho}{2} w^2 \ . \tag{2.19}$$

2.3 Modellierung von Druckverlusten

Der Druckverlust in Rohrleitungssystemen setzt sich aus vielen Beiträgen zusammen. Diese können nach der Art ihrer Entstehung und dem Ort ihres Auftretens in drei Klassen eingeteilt werden.

- Reibungsdruckverluste in Rohren. Diese bilden den Hauptanteil des Druckverlustes. Zur Berechnung der Reibungsdruckverluste in zylindrischen Rohren sind experimentell gut abgesicherte Korrelationen verfügbar.
- Lokale Druckverluste in Rohren bei Querschnittserweiterungen, Richtungsänderungen und Verzweigungen. Diese machen nur einen geringen Teil der Druckverluste aus, weshalb sie in der englischsprachigen Literatur als „minor losses“ bezeichnet werden. In der Literatur findet man Zahlenwerte und Korrelationen zu ihrer Berechnung.
- Lokale Druckverluste in Komponenten, beispielsweise in Armaturen, Durchflussmessern und Plattenwärmeübertragern. Mit der Ausnahme von genormten Elementen wie Normdüsen und Blenden müssen die Kennzahlen zur Berechnung der Druckverluste den Datenblättern der Hersteller entnommen werden.

Für diese drei Klassen werden die erforderlichen Korrelationen zusammengestellt. Weil man neben dem Druckverlust auch den Druckverlauf kennen muss, wird jeweils die zugehörige Bernoulligleichung in geeigneter Form angegeben.

2.3.1 Reibungsdruckverlust in Rohren

2.3.1.1 Gerade, zylindrische Rohre

Bei einem zylindrischen Rohr ist der dynamische Druckanteil konstant. Die statischen Drücke am Ein- und Austritt des Rohres unterscheiden sich durch die Differenz des Schweredruckes und den Druckverlust.

Die nach dem Druck am Austritt aufgelöste Bernoulligleichung lautet

$$p_1 = p_0 - \rho g\left(h_1 - h_0\right) - \lambda \frac{l}{d} \frac{\rho}{2} w_0^2 \ . \qquad (2.20)$$

Der Druckverlustbeiwert λ ist von der Strömungsform und von der Rauigkeit der Rohrinnenfläche abhängig. Für die Verbindungsleitungen zwischen dem Kollektorfeld und dem Wärmeübertrager werden in der Regel gezogene Rohre aus Stahl, Edelstahl oder Kupfer eingesetzt. In der Tabelle 2-1 sind die Werte einiger gebräuchlicher Rohrtypen im Neuzustand angegeben.

Tabelle 2-1 Äquivalente Sandrauigkeiten für gebräuchliche Rohrtypen.

Rohrtyp	Äquivalente Sandrauigkeit *mm*
Kupferrohr gezogen [a)]	0.0015
Edelstahl gezogen [a)]	0.0015
C-Stahl gezogen, neu [b)]	0.015
C-Stahl geschweißt, neu [c)]	0.05
a) Geberit (2014a), (2014b) b) Nussbaum (2016)	c) VDI Wärmeatlas (2013)

Die Rohrreibungszahl wird als Funktion der Reynoldszahl dargestellt, welche die Strömungsform charakterisiert.

$$\mathrm{Re} = \frac{w \cdot d}{\nu} \qquad (2.21)$$

Unterhalb der kritischen Reynoldszahl $\mathrm{Re}_{krit} = 2320$ wird mit laminarer Strömung gerechnet. Die Rohrreibungszahl beträgt nach Hagen-Poiseuille (VDI 2013; L1, S. 1213).

$$\lambda_{lam} = \frac{64}{\mathrm{Re}} \qquad (2.22)$$

Für das gesamte Gebiet der turbulenten Strömung $2320 < \mathrm{Re} < 10^7$ wird in der Literatur oft die implizite Formel nach Prandtl, Colebrook u.a. empfohlen (VDI 2013, L1, p.1224).

$$\frac{1}{\sqrt{\lambda_{turb}}} = -2\log_{10}\left(\frac{2.51}{\mathrm{Re}\sqrt{\lambda_{turb}}} + \frac{k}{d\ 3.71}\right) \qquad (2.23)$$

Im Gegensatz zur laminaren Strömung wird der Strömungswiderstand durch die Wandrauigkeit beeinflusst. Die Rohrreibungszahl muss iterativ bestimmt werden. Dies allein ist bei der Anwendung in Rechenprogrammen nicht nachteilig. Problematischer ist die Unstetigkeit der Rohrreibungszahl im Übergangsgebiet $2320 < \mathrm{Re} < 4000$, in dem die Strömung sowohl laminar als auch turbulent sein kann. Es ist bemerkenswert, dass die Reynoldszahlen im Kreislauf von Solaranlagen oft nicht sehr hoch sind und an vielen Stellen im Bereich dieses Übergangsgebietes liegen. Ein unstetiger Verlauf der Rohrreibungszahl führt daher bei Rohrnetzberechnungen oft zu Konvergenzproblemen. Ulrich Zanke (1993), (1996) hat die Darstellung der Rohrreibungszahl in zweierlei Hinsicht entscheidend verbessert. Er hat einerseits die explizite Formel (2.24) für die Rohrreibungszahl bei turbulenter Strömung hergeleitet, die mit der Rohrreibungszahl nach Gleichung (2.23) praktisch übereinstimmt.

$$\lambda_{turb} = \left[-2\log_{10}\left(\frac{2.7\left(\log_{10}\mathrm{Re}\right)^{1.2}}{\mathrm{Re}} + \frac{k}{3.71\cdot d}\right)\right]^{-2} \tag{2.24}$$

Zweitens hat er eine Beziehung hergeleitet für die Wahrscheinlichkeit P_{turb}, dass im Übergangsgebiet $2320 < \mathrm{Re} < 4000$ eine turbulente Strömung vorliegt.

$$P_{turb} = \exp\left[-\exp\left(8.75 - 0.0033\,\mathrm{Re}\right)\right] = 1 - P_{lam} \tag{2.25}$$

Die Rohrreibungszahl wird als Summe der Rohrreibungszahlen für laminare und turbulente Strömung berechnet, gewichtet mit den entsprechenden Wahrscheinlichkeiten.

$$\lambda = \left(1 - P_{turb}\right)\lambda_{lam} + P_{turb}\lambda_{turb} \tag{2.26}$$

In der Abbildung 2-4 sind die Rohrreibungszahlen für ein gerades Rohr mit 25 *mm* Innendurchmesser und unterschiedliche Rauigkeiten dargestellt. Im Übergangsgebiet steigt die Rohrreibungszahl mit zunehmender Reynoldszahl um rund 30 *%* an.

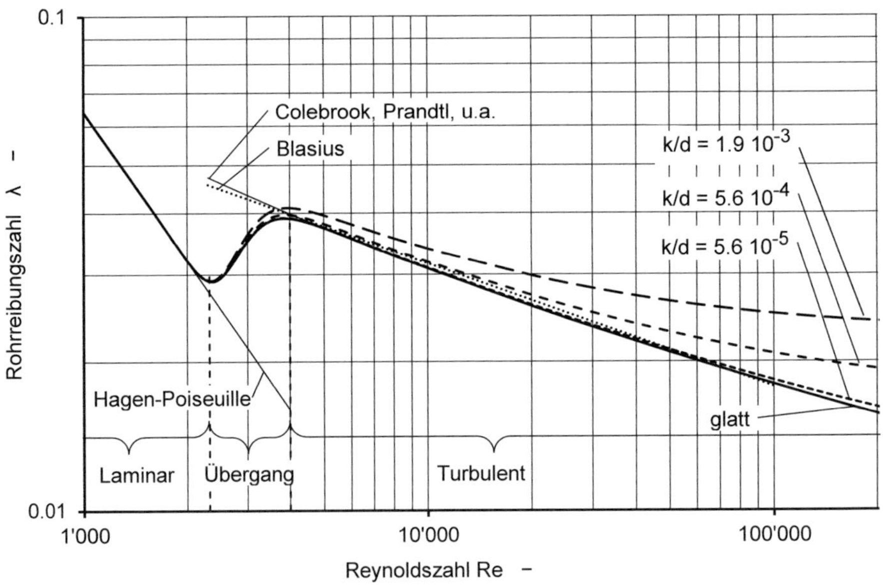

Abbildung 2-4 Widerstandsbeiwert für ein Rohr mit 25 *mm* Innendurchmesser und unterschiedlichen Rauigkeiten nach Zanke, nach Prandtl-Colebrook und für laminare Strömung.

Sofern der Kreislauf aus Edelstahl- oder Kupferrohren besteht, kann man die Rauigkeit vernachlässigen und in guter Näherung mit hydraulisch glatten Rohren rechnen. Bei unlegierten

Stahlrohren ist diese Näherung nicht mehr zulässig. Der Kreislauf ist ja zunächst offen. Ein gewisser Grad von Korrosion lässt sich daher kaum vermeiden.

Sehr wertvoll ist die einfache Korrelation (2.27) nach Blasius (1913), die für glatte Rohre gilt und bis Re = 10^5 gültig ist. Diese Korrelation wird in Unterabschnitt 2.4.4 verwendet, um die durch Messung bestimmten Druckverluste von Kollektoren auf andere Medien und andere Durchflüsse umzurechnen.

$$\lambda = 0.3164 \cdot \mathrm{Re}^{-0.25} \tag{2.27}$$

2.3.1.2 Rohrwendel mit konstantem Rohrquerschnitt

In Solaranlagen werden häufig Glattrohrwärmeübertrager eingesetzt, die in Form einer zylindrischen Rohrwendel im Innern eines Wärmespeichers angeordnet sind. Abbildung 2-5 zeigt ein typisches Beispiel der Jenni Energietechnik AG, mit vier parallel geschalteten Rohrwendeln. Die einzelnen Wendel können eine gestreckte Länge von bis zu 48 *m* haben.

Abbildung 2-5 Glattrohrwärmeübertrager mit vier parallel geschalteten Rohrwendeln für einen großen Pufferspeicher (Jenni Energietechnik AG, CH-3414 Oberburg).

Bei geraden Rohren ist die Strömungsrichtung an allen Orten des Rohrquerschnittes im Zeitmittel stets parallel zur Rohrachse. In Rohrwendeln hingegen ist der Strömung entlang der gekrümmten Rohrachse eine Sekundärströmung überlagert, die einen zusätzlichen Druckverlust verursacht. Zur Berechnung des Druckverlustes empfiehlt Gnielinski (1986), (VDI 2013, L1.2, S.1226) die Korrelationen von Mishra und Gupta (1979). Die Rohrreibungszahl wird als Funktion des Krümmungsdurchmessers *D*, des Rohrdurchmessers *d* und der Reynoldszahl angegeben. Der Krümmungsdurchmesser wird nach Gleichung (2.28) aus dem Durchmesser D_W und der Steigung der Rohrwendel h nach Abbildung 2-6 berechnet.

$$D = D_W \left[1 + \left(\frac{h}{D_W \pi} \right)^2 \right] \tag{2.28}$$

Häufig ist die Steigung h der Rohrwendel wesentlich kleiner als ihr Durchmesser D_W, sodass der Krümmungsdurchmesser D gleich dem Wendeldurchmesser D_W gesetzt werden kann.

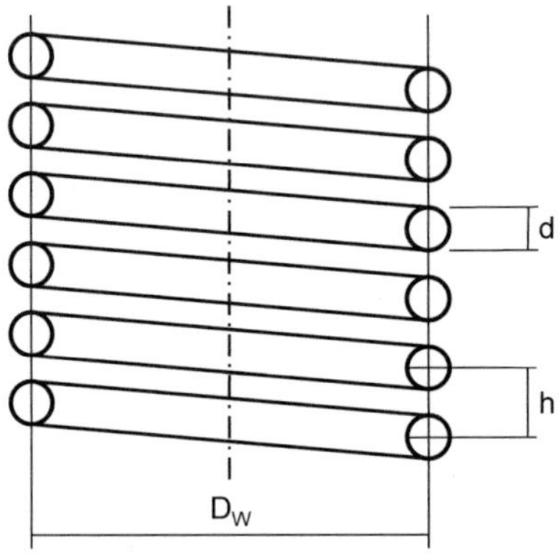

Abbildung 2-6 Rohrwendel eines Glattrohrwärmeübertragers, mit dem Wendeldurchmesser D_W, der Steigung der Wendel h und dem Innendurchmesser des Rohres d.

Die Rohrreibungszahl für laminare Strömung lautet

$$\lambda_{lam,W} = \frac{64}{\mathrm{Re}} \left[1 + 0.033 \left(log_{10} \left(\mathrm{Re} \sqrt{\frac{d}{D}} \right) \right)^4 \right]. \tag{2.29}$$

Der Term 64/Re ist die Rohrreibungszahl nach Hagen und Poiseuille für die laminare Strömung in geraden, zylindrischen Rohren. Die Rohrreibungszahl für turbulente Strömung in hydraulisch glatten Rohren lautet

$$\lambda_{turb,W} = \frac{0.3164}{\mathrm{Re}^{0.25}} \left[1 + 0.095 \left(\frac{d}{D_W} \right)^{0.5} \mathrm{Re}^{0.25} \right]. \tag{2.30}$$

Der Term vor der Klammer ist die Rohrreibungszahl für turbulente Strömung nach Blasius. Diese gilt für hydraulisch glatte Rohre und Reynoldszahlen im Bereich $2320 < \mathrm{Re} < 10^5$. Der Einfluss der Rauigkeit wird also nicht berücksichtigt, was den experimentellen Bedingungen entspricht. Die Rohrreibungszahlen wurden aus Experimenten an glatten, flexiblen Polyethylenrohren ermittelt, die eine sehr geringe Rauigkeit aufweisen (Mishra und Gupta 1979). Glattrohrwärmeübertrager in Pufferspeichern bestehen häufig aus nahtlos gezogenen, unlegierten Stahlrohren. Es wird daher vorgeschlagen, die Rohrreibungszahl nach Blasius durch jene nach Zanke zu ersetzen.

$$\lambda_{turb,W} = \left[-2\log_{10}\left(\frac{2.7\left(\log_{10}\mathrm{Re}\right)^{1.2}}{\mathrm{Re}} + \frac{k}{d\cdot 3.71} \right) \right]^{-2} \cdot \left[1 + 0.095\left(\frac{d}{D} \right)^{0.5} \mathrm{Re}^{0.25} \right] \tag{2.31}$$

Gemäß Schmidt (1967) werden Turbulenzen durch die in Rohrwendeln auftretenden Sekundärströmungen gedämpft. Die kritische Reynoldszahl, ab der mit Turbulenz gerechnet werden muss, wird mit zunehmender Krümmung zu höheren Werten verschoben.

$$\mathrm{Re}_{krit,W} = 2300\left[1 + 8.6\left(\frac{d}{D_W} \right)^{0.45} \right] \tag{2.32}$$

Wie beim geraden Rohr soll die Rohrreibungszahl auch bei der Rohrwendel eine stetige Funktion der Reynoldszahl sein. Legt man die Wahrscheinlichkeitsfunktion nach Zanke (1996) zugrunde und berücksichtigt die kritische Reynoldszahl in Rohrwendeln nach Gleichung (2.32), so gelangt man zu einem Ausdruck für die entsprechende Wahrscheinlichkeitsfunktion.

$$P_{turb,W} = \exp\left[-\exp\left(-\left(\frac{5.75\,\mathrm{Re}}{\mathrm{Re}_{crit,W}} - 6.75 \right) \right) \right] = 1 - P_{lam,W} \tag{2.33}$$

Die Rohrreibungszahl für die Wendel lautet

$$\lambda_W = \left(1 - P_{turb,W}\right)\lambda_{lam,W} + P_{turb,W}\lambda_{turb,W} \;. \tag{2.34}$$

Die Abbildung 2-7 zeigt die Wahrscheinlichkeitsfunktion für gerade Rohre und für einen Rohrwendel mit einem Innendurchmesser des Rohres von 0.0272 *m* und einem Krümmungsdurchmesser von 0.9 *m*. In der Abbildung 2-8 sind die mit den Gleichungen (2.26) und berechneten Rohrreibungszahlen. Ebenfalls dargestellt sind die auf Messwerten basierenden Rohrreibungszahlen (Jenni 2000).

Die Abbildung gilt für einen Krümmungsdurchmesser von 0.9 *m* und einen Innendurchmesser des Rohres von 27.2 *mm*. Bei anderen Abmessungen verschiebt sich sowohl der Übergangsbereich als auch die Lage der daran anschließenden Kurven.

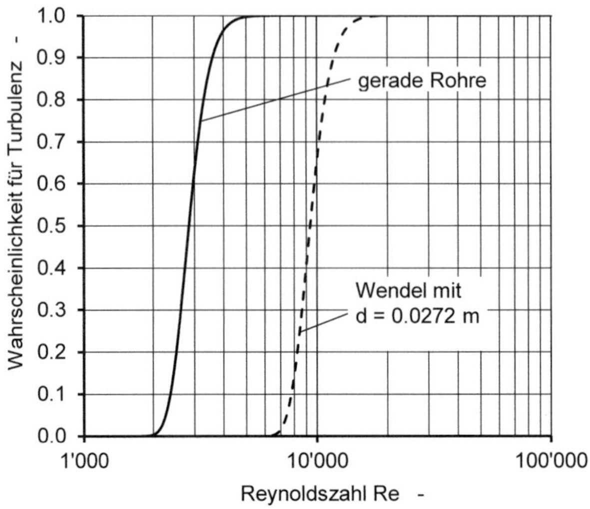

Abbildung 2-7 Wahrscheinlichkeit für das Auftreten turbulenter Strömung in geraden Rohren und in einer Rohrwendel.

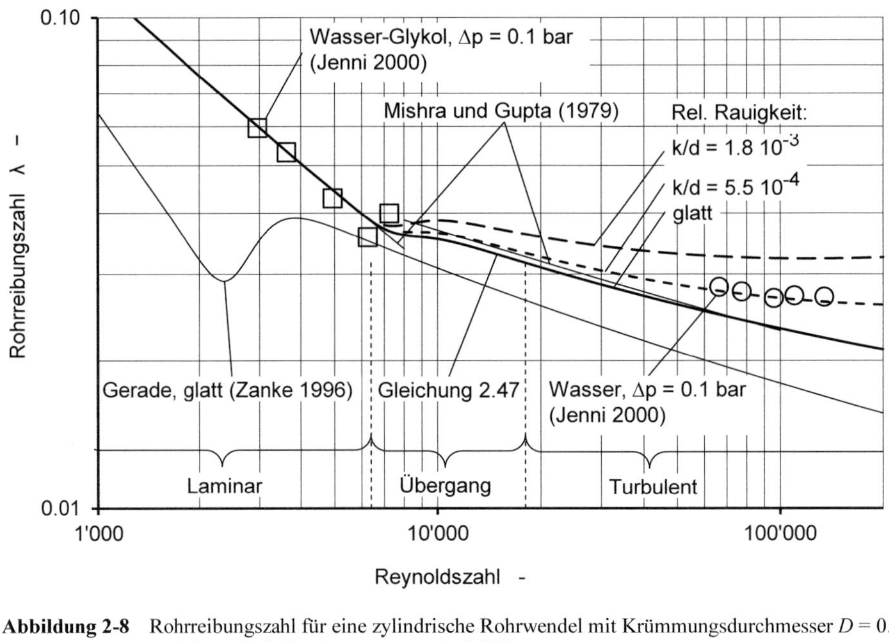

Abbildung 2-8 Rohrreibungszahl für eine zylindrische Rohrwendel mit Krümmungsdurchmesser $D = 0.9$ *m* und einem Rohrdurchmesser von $d = 0.027$ *m*.

▶ **Beispiel 2-1:** In einem Pufferspeicher sei ein Glattrohrwärmeübertrager aus einem gezogenen Stahlrohr in Form einer zylindrischen Wendel eingebaut. Das Rohr hat eine Gesamtlänge von 48 *m* und einen Innendurchmesser von 27.2 *mm*. Die Die Rohrrauigkeit beträgt 0.01 *mm*. Der Krümmungsdurchmesser des Wendels beträgt 0.9 *m*. Der Wärmeübertrager werde mit dem Wasser-Glykol-Gemisch Tyfocor®LS betrieben. Die Fließgeschwindigkeit betrage 0.5 *m/s*. Der Druckverlust soll für eine mittlere Temperatur von 30 *°C* und 60 *°C* berechnet werden.

Bei 30 *°C* beträgt die Dichte 1028 kg/m^3 und die kinematische Viskosität $3.94 \cdot 10^{-6}$ m^2/s. Die kritische Reynoldszahl nach Gleichung (6.22) beträgt 6395. Die Reynoldszahl liegt mit Re = 3445 im laminaren Gebiet. Nach Gleichung (2.29) erhält man eine Rohrreibungszahl von $\lambda_W = 0.055$. Einsetzen in die Gleichung (2.13) liefert den Druckverlust $\Delta p_W = 12479$ *Pa* = 0.125 *bar*. Wenn man den Einfluss der Krümmung vernachlässigt und mit der Rohrreibungszahl für gerade Rohre rechnet, erhält man mit $\lambda_W = 0.039$ und $\Delta p = 8793$ *Pa* = 0.088 *bar* rund 30 % tiefere Werte.

Bei 60 *°C* beträgt die Dichte 1008 kg/m^3 und die kinematische Viskosität $1.47 \cdot 10^{-6}$ m^2/s. Die Reynoldszahl liegt mit Re = 9264 im Übergangsgebiet. Mit den Gleichungen (2.29), (2.31) und (2.34) erhält man eine Rohrreibungszahl von $\lambda_W = 0.036$ und einen deutlich geringeren Druckverlust von $\Delta p_W = 8056$ *Pa* = 0.081 *bar*. Nach Abbildung 2-8 liegen die Rohrreibungszahlen für gerade Rohre und die oben spezifizierte Rohrwendel recht nahe beieinander. Wenn man den Einfluss der Krümmung vernachlässigt und mit der Rohrreibungszahl für gerade Rohre rechnet, erhält man mit $\lambda_W = 0.032$ und $\Delta p = 7144$ *Pa* = 0.071 *bar* nur 11 % tiefere Werte. ◀

2.3.1.3 Wellschläuche

Man unterscheidet spiralgewellte und parallel gewellte Wellschläuche. Letztere werden auch Ringwellschläuche genannt. Wellschläuche haben wesentlich höhere Druckverluste als gerade Rohre. Die axiale Hauptströmung induziert in den Wellen der Rohrwandung Sekundärströmungen. Die Reibungsverluste dieser Sekundärströmungen werden durch einen Teil der kinetischen Energie aus dem wandnahen Bereich der Hauptströmung kompensiert. Daher ist die lokale Strömungsgeschwindigkeit in diesem Bereich deutlich geringer als in der Mitte des Wellschlauches. Die Strömungsverteilung besitzt nach Abbildung 2-9 ein ausgeprägtes Maximum in der Schlauchachse.

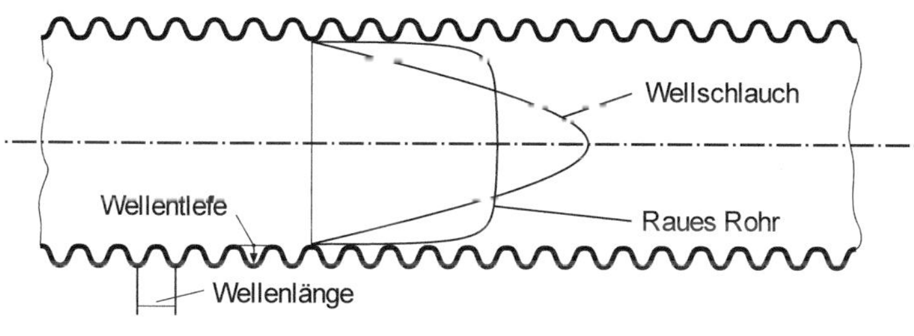

Abbildung 2-9 Radiale Geschwindigkeitsverteilung im Ringwellschlauch.

Auf der Grundlage von Experimenten ist es Kauder (1972), (1975) gelungen, den Druckverlust in Wellschläuchen durch Korrelationen zu erfassen. Diese beinhalten den Innendurchmesser sowie Parameter, die die Wellenform charakterisieren. Meist sind diese Parameter jedoch nicht vollständig bekannt sodass die Rohrreibungszahlen aus produktspezifischen Angaben ermittelt werden müssen. Aus dem Handbuch der Metallschläuche (Witzenmann 2014b) wurden die Rohrreibungszahlen für zwei Schlauchtypen aus Diagrammen abgelesen. Diese wurden über den Bereich DN 12 bis 100 extrapoliert und in Abbildung 2-10 dargestellt. Beim weit gewellten Typ RS 341 ist der Impulsaustausch zwischen dem Kern der Strömung und den Wellentälern größer als beim eng gewellten Typ RS 321. Daher ist die Rohrreibungszahl beim Typ RS 341 größer.

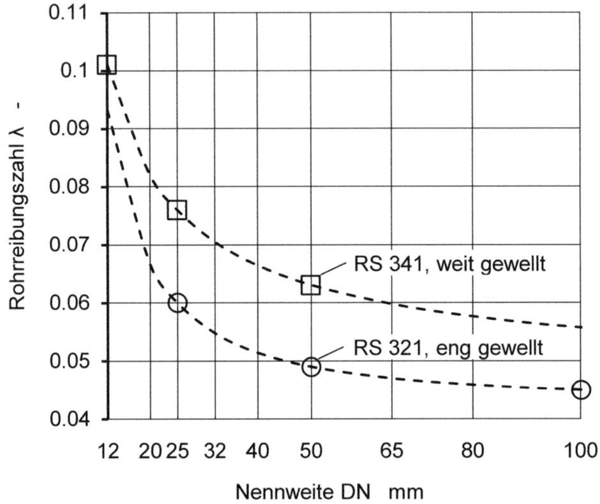

Abbildung 2-10 Rohrreibungszahlen für die Wellschlauch Typen RS 341 und RS 321 (Witzenmann 2014b).

Die Form der Wellen beeinflusst nicht nur den Druckverlust, sondern auch die Druckbeständigkeit, die im Abschnitt 1.3.2.3 diskutiert wurde. Bei Solaranlagen werden meist weit gewellte Schläuche eingesetzt. Diese haben zwar einen höheren Druckverlust, sind aber druckbeständiger als eng gewellte Schläuche und können daher bis zu größeren Nennweiten ohne Umflechtung eingesetzt werden. Die Rohrreibungszahl ist in dem praktisch relevanten Bereich unabhängig von der Reynoldszahl. Es wird daher vorgeschlagen, die Rohrreibungszahl für den häufig verwendeten Typ RS 341 durch folgende Gleichung zu approximieren, wobei die Nennweite in *mm* einzugeben ist.

$$\lambda_{RS341} = 0.0464 + \frac{0.434}{DN^{0.834}} \qquad DN \text{ in } mm \tag{2.35}$$

2.3.1.4 Metallbalgkompensatoren

Die zur Kompensation von axialen Dehnungen eingesetzten Metallbälge haben eine vergleichbare Geometrie wie eng gewellte Ringwellschläuche. Aufgrund ihrer vergleichsweise kurzen Baulänge wird sich die Strömung jedoch nicht voll ausbilden können. Der Geschwindigkeitsgradient in Wandnähe wird daher größer sein, was in einer entsprechend größeren Rohrreibungszahl ausgedrückt werden müsste. Die Hersteller machen zum Druckverlust in Metallbälgen jedoch keine Angaben. Daher wird vorgeschlagen, den Druckverlust in Metallbalgkompensatoren durch die Rohrreibungszahl eines weit gewellten Ringwellschlauches darzustellen.

2.3.2 Lokale Druckverluste

Lokale Druckverluste in Rohrleitungen treten bei Querschnittsänderungen, Richtungsänderungen und Verzweigungen auf. Bei korrekter Auslegung der Anlage betragen lokale Druckverluste nur wenige Prozente des gesamten Druckverlustes. In der englischsprachigen Literatur werden diese Druckverluste daher als „minor losses" bezeichnet. Aus diesem Grund ist es zulässig, diese durch einen konstanten Druckverlustbeiwert zu charakterisieren. Der Einfluss der Strömungsform bzw. der Reynoldszahl wird also vernachlässigt. Druckverluste in Armaturen, Plattenwärmeübertragern und Durchflussmessgeräten werden ebenfalls als lokale Druckverluste behandelt. Die Korrelation für die Druckverlustkoeffizienten gelten streng genommen für turbulente Strömung mit Re > 10^4. Weil ihr Beitrag zum Druckabfall klein ist, kann man diese Beziehungen näherungsweise auch bei laminarer Strömung einsetzen.

2.3.2.1 *Druckverlust durch Querschnittsänderungen*

Beim Übergang von Armaturen und Rohren treten oft Querschnittsänderungen auf. In diesen entstehen Druckverluste infolge Strömungsablösung und Wirbelbildung. Viele Querschnittsänderungen verlaufen durch Rundungen oder Fasen mehrheitlich stetig. Ihr Druckverlust ist daher kleiner als bei unstetigen Querschnittsänderungen mit scharfen Kanten. In der Praxis wird man jedoch nie alle Querschnittsänderungen eines Kreislaufes modellieren, sondern sich auf deren zwei pro eingebaute Komponente beschränken. Daher ist es sinnvoll, generell mit unstetigen Querschnittsänderungen zu rechnen, wie sie in Abbildung 2-11 schematisch dargestellt sind.

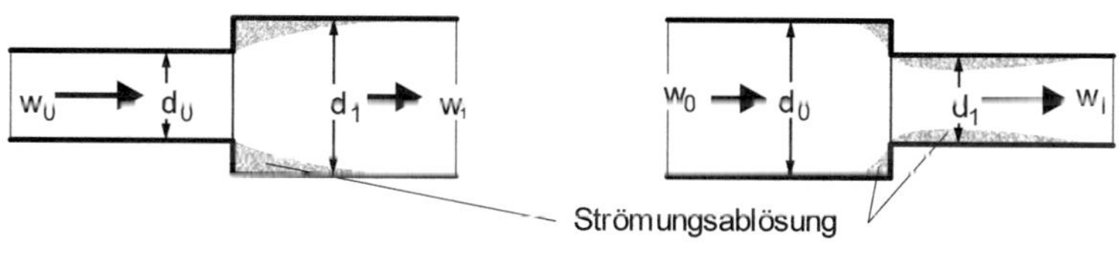

Abbildung 2-11 Strömungsablösung bei unstetigen Querschnittsänderungen.

Bei Querschnittsänderungen sind die Fließgeschwindigkeiten am Ein- und Austritt nicht gleich. Folglich ändert sich der dynamische Druckanteil. Der Schweredruck am Eintritt und am Austritt ist gleich

Die Anwendung der Bernoulligleichung (2.12) liefert für den statischen Druck am Austritt

$$p_1 = p_0 - \frac{\rho}{2}\left(w_0^2 - w_1^2\right) - \zeta \frac{\rho}{2} w_0^2 \ . \tag{2.36}$$

Die Druckverlustbeiwerte sind auf den Durchmesser und die Fließgeschwindigkeit im Rohr mit dem kleineren Durchmesser bezogen. Dies ist praktisch, weil dadurch dieselben Korrelationen auch den Druckverlust beim Ein- und Ausströmen aus Behältern darstellen können. Bei unstetiger Querschnittserweiterung ist der Druckverlustbeiwert

$$\zeta = \left(1 - \frac{d_0^2}{d_1^2}\right)^2 \ . \tag{2.37}$$

Diese Formel wird in Unterabschnitt 6.1.3.2 mit Hilfe des Impulssatzes hergeleitet. Bei unstetiger Querschnittsverengung wird der Druckverlustbeiwert nach Idelchik (2007; S. 234) berechnet.

$$\zeta = 0.5\left(1 - \frac{d_1^2}{d_0^2}\right)^{0.75} \tag{2.38}$$

2.3.2.2 Rohrbogen, Winkel, Knie und einseitig geschlossene T-Stücke

Rohrbogen, Winkel und Knie unterscheiden sich nach Abbildung 2-12 durch ihren Krümmungsradius und die Gestalt der Innenflächen.

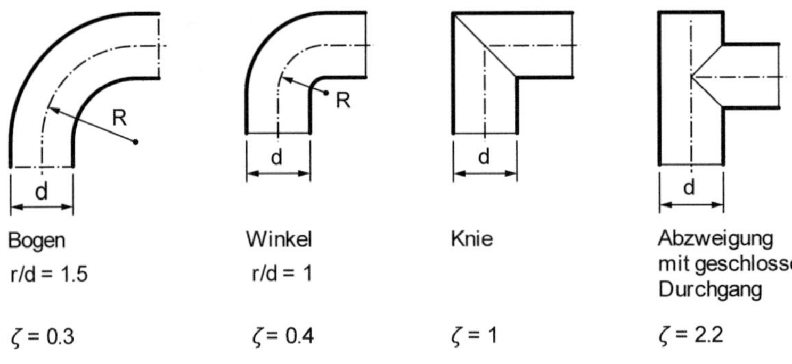

Abbildung 2-12 Richtungsänderung durch Rohrbogen, Winkel, Knie und Abzweigung mit geschlossenem Durchgang nach Glück (1988).

Ein Rohrbogen besitzt auf seiner ganzen Länge einen kreisförmigen Querschnitt. Sein Krümmungsradius R ist größer als der Innendurchmesser d. Ein Winkel hat näherungsweise ebenfalls einen konstanten Querschnitt. Sein Krümmungsradius ist jedoch gleich oder kleiner als sein Innendurchmesser. Rohrbogen und Winkel können durch hydraulische Umformung oder Gießen hergestellt werden. Bei einem Knie sind die Durchdringungskanten scharfkantig. Ein

Knie kann beispielsweise durch zwei rechtwinklig zueinander stehende Bohrungen erzeugt werden. Die Definition eines Krümmungsradius ist nicht möglich. Anwendungsbeispiele sind die durch spanabhebende Bearbeitung hergestellten Klemmring- und Schneidring-verschraubungen. Die Abzweigung mit geschlossenem Durchgang tritt beim einseitig geschlossenen T-Stück und beim 3-Wege Hahn auf.

Die Querschnitte am Ein- und Austritt sind identisch. Daher sind auch die mittleren Fließgeschwindigkeiten gleich. Weil die vertikale Ausdehnung des Bauteiles vernachlässigt werden kann, heben sich auch die Anteile des Schweredruckes am ein und Austritt auf. Die zugehörige Bernoulligleichung für den statischen Druck am Austritt lautet folglich

$$p_1 = p_0 - \zeta \frac{\rho}{2} w_0^2 \; . \tag{2.39}$$

Viele Hersteller geben Druckverlustkoeffizienten in ihren Datenblättern an. Diese berücksichtigen nicht nur den Bogen selber sondern auch den Einfluss von Querschnittsänderungen bei der Verbindung zum geraden Rohr. Die Tabelle 2-2 zeigt beispielhaft eine Auswahl verfügbarer Daten. Falls für das ausgewählte Rohrsystem keine Druckverlustkoeffizienten bekannt sind, muss man auf Daten und Korrelationen in der Literatur zurückgreifen. Umfangreiche Tabellen und grafische Darstellungen findet man beispielsweise bei Idelchik (2007) und (Miller 2014), im VDI Wärmeatlas (2013), bei Wagner (2001), Bohl und Elmendorf (2014) und vielen anderen Lehr- und Handbüchern.

Tabelle 2-2 Widerstandbeiwerte handelsüblicher Rohrbogen und Winkel.

Nennweite *mm*			20	32	50	65	100
Bogen	90°	(Nussbaum AG: Optipress-Rotguss)	0.5	0.2	0.3	–	–
Winkel		(Nussbaum AG: Optipress-Rotguss)	1.6	–	–	–	–
Bogen	90°	(Nussbaum AG: Optipress-Inox)	0.3	0.2	0.3	0.2	0.2
Winkel		(Nussbaum AG: Optipress-Inox)	1.6	–	–	–	–
Bogen	90°	(Geberit AG: Mapress)	0.39	0.34	0.31	0.29	0.26
Winkel		(Geberit AG: Mapress)	1.07	–	–	–	–

2.3.2.3 *Druckverluste in Armaturen und anderen Kreislaufkomponenten*

Zu den Kreislaufkomponenten zählen beispielsweise Durchflussmesser, Rückschlagventile und Plattenwärmeübertrager. Der Druckverlust dieser Komponenten wird ebenfalls durch einen Druckverlustkoeffizienten ζ charakterisiert. Die Baulänge der Komponente wird meist vernachlässigt. In der Regel sind die Durchmesser am Ein und Austritt identisch, sodass sich die dynamischen Anteile in der Bernoulligleichung aufheben. Bei vertikal durchströmten Plattenwärmeübertragern kann die Differenz des Schweredruckes in der Bernoulligleichung berücksichtigt werden.

Der statische Druck am Austritt einer Kreislaufkomponente kann im Allgemeinen wie folgt dargestellt werden.

$$p_1 = p_0 - \rho g\left(h_1 - h_0\right) - \zeta \frac{\rho}{2} w_0^2 \tag{2.40}$$

Die Hersteller geben anstelle des Druckverlustkoeffizienten jedoch meist die Durchflusskapazität K_v an. Der Druckverlustkoeffizient muss dann aus diesen Angaben berechnet werden. Die Durchflusskapazität K_v beschreibt den Durchfluss durch eine Armatur bei einem bestimmten Druckgefälle Δp_0, bezogen auf die Dichte ρ_0 von Wasser bei 20 *°C*. Die Durchflusskapazität wird meist in m^3/h, seltener in *l/min* angegeben. Man muss sich stets versichern, dass man die Durchflusskapazität auf das entsprechende Druckgefälle Δp_0 bezieht! Üblich sind 1 *bar* und 0.1 *bar*. Die Durchflusskapazität K_v ist nach Wagner (2008, S. 26) wie folgt definiert.

$$K_v = Q_{m^3/h} \sqrt{\frac{\Delta p_0}{\Delta p} \frac{\rho}{\rho_0}} \tag{2.41}$$

Für numerische Rechnungen ist es sinnvoll, die Durchflusskapazität in den dimensionslosen Druckverlustkoeffizienten umzurechnen. Dazu müssen die Durchflusskapazität und das Druckgefälle in SI-Einheiten dargestellt und auf die Nennweite bezogen werden. Der Druckverlustkoeffizient kann dann aus der Durchflusskapazität und der Nennweite d der Kreislaufkomponente folgendermaßen berechnet werden.

$$\Delta p = \left(\frac{Q}{K_{v,SI}}\right)^2 \Delta p_0 \frac{\rho}{\rho_0} = \zeta \frac{\rho}{2}\left(\frac{Q4}{d^2 \pi}\right)^2 \quad \Rightarrow \quad \zeta = \frac{2\Delta p_0}{K_{v,SI}^2 \rho_0}\left(\frac{d^2 \pi}{4}\right)^2 \tag{2.42}$$

2.3.2.4 Druckverlust von Rückschlagventilen

Federbelastete Rückschlagventile haben einen bestimmten Öffnungsdruck Δp_0. Ihre Druckverlustcharakteristik wird meist in Diagrammform angegeben. Für die Modellierung ist es zweckmäßig, den Druckverlust durch den Öffnungsdruck und die Durchflusskapazität darzustellen. Bei vollem Durchfluss mit $Q = K_{v,SI}$ wird der Druckverlust von beispielsweise $\Delta p_{RV} = 100'000$ *Pa* erreicht. Dieser teilt sich auf in den als konstant angenommenen Öffnungsdruck und einen Anteil, der quadratisch vom Durchfluss abhängt. Unter der Annahme, dass der Öffnungsdruck nicht von der Dichte des Fluides abhängt, kann man den Druckverlust bei der Durchflusskapazität $K_{v,SI}$ wie folgt darstellen:

$$\Delta p_{RV} = \Delta p_0 + \zeta \frac{\rho_0}{2}\left(\frac{4K_{v,SI}}{d^2 \pi}\right)^2 \tag{2.43}$$

Hierbei ist d die Nennweite des Ventils in *m*.

Durch Umformen erhält man zunächst den Widerstandsbeiwert.

$$\zeta = \frac{2(\Delta p_{RV} - \Delta p_0)}{\rho_0 K_{v,SI}^2}\left(\frac{d^2\pi}{4}\right)^2 \tag{2.44}$$

Schließlich erhält man für den Druckverlust des Rückschlagventils bei beliebigem Durchfluss.

$$\Delta p = p_{R0} + \zeta\frac{\rho}{2}\left(\frac{4Q}{d^2\pi}\right)^2 \tag{2.45}$$

2.3.2.5 Druckverlust von Verzweigungen

Verzweigungen dienen in Rohrnetzen dazu, Ströme zu trennen oder zu vereinigen. Dabei treten Stoßverluste auf, ähnlich wie bei unstetigen Querschnittsänderungen. Allerdings sind die Verhältnisse nicht mehr einfach. Der Druckverlust hängt vom Volumenstromverhältnis, vom Verhältnis der Querschnitte und von der Form der Durchdringungskanten ab. Außerdem sind die Druckverluste bei Stromtrennung und Vereinigung unterschiedlich. Die meisten Verzweigungen besitzen nach Abbildung 2-13 einen rechtwinkligen Abzweig und werden daher als T-Stücke bezeichnet.

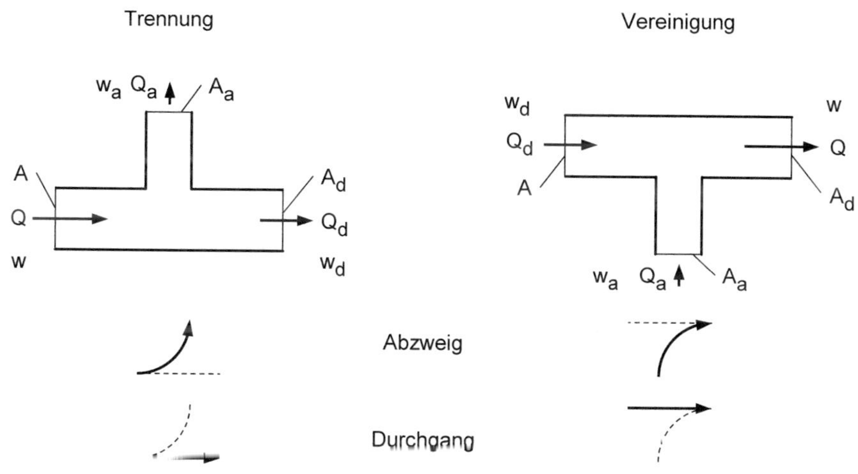

Abbildung 2-13 T-Stücke zur Vereinigung und Trennung von Strömen.

Es gibt vielfältige technische Möglichkeiten zur Gestaltung von Rohrverzweigungen. Entsprechend zahlreich sind die Untersuchungen, die zur Bestimmung ihrer Druckverluste durchgeführt wurden. Gardel (1957b), (1957a) sowie Gardel und Rechsteiner (1970) haben umfangreiche experimentelle Untersuchungen an Verzweigungen mit kreisförmigen Strömungsquerschnitten, scharfkantigen und gerundeten Durchdringungskanten sowie unterschiedlichen Winkeln zwischen Hauptrohr und Abzweig durchgeführt. Die Resultate wurden in Diagrammen und Tabellen dargestellt. Der wohl reichste Fundus an Korrelationen und grafischen Darstellungen zu Druckverlusten wurde durch Idelchik (2007) und Miller (2014) publiziert. Dort sind auch vielfältigen praktischen Ausführungen von Verzweigungen behandelt.

In Absorbern von Solarkollektoren werden T-Stücke durch eine Lötverbindung zwischen Absorberrohr und Sammelleitung gebildet. Der Innendurchmesser der Sammelleitung ist meist zwei- bis dreimal größer als der Innendurchmesser des Absorberrohres. Zwei gebräuchliche Verbindungsarten sind in Abbildung 2-14 gezeigt. Im einfachsten Fall a) wird das Absorberrohr in ein durch Stanzen, Bohren oder Fließbohren hergestelltes Loch gesteckt und durch Hartlöten verbunden. Das Absorberrohr ragt dann zwangsläufig um das Eintauchmaß h in die Sammelleitung hinein. Gegenüber dem einfachen, scharfkantigen T-Stück ist sowohl der Durchgangswiderstand als auch der Widerstand der Abzweigung erhöht. Eine weitere Möglichkeit besteht darin, ein kleineres Loch zu stanzen und dieses in einem zweiten Schritt durch Aushalsen auszuweiten. Das Absorberrohr ragt dann weniger weit in die Sammelleitung hinein und der Druckverlust kann näherungsweise durch den eines scharfkantigen T-Stücks beschrieben werden.

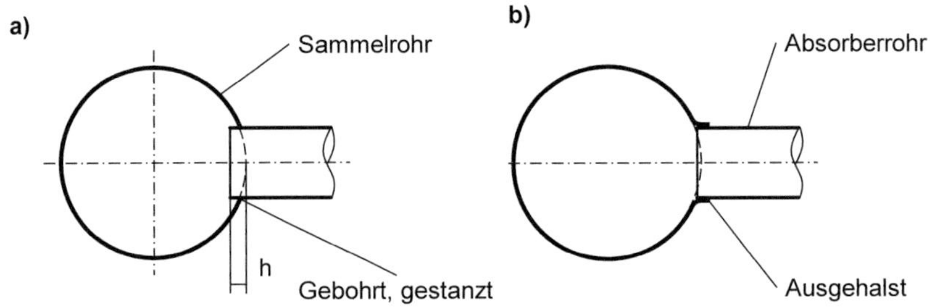

Abbildung 2-14 Durch Lötverbindung hergestellte T-Stücke.

Der Druckverlust in solchen T-Stücken wurde durch Ohnewein et al. (2015) sehr detailliert untersucht. Dabei wurde insbesondere der Einfluss der Reynoldszahl und des Eintauchmaßes auf den Druckverlust untersucht. Bisher wurde die umfangreiche Datenbasis von über 20'000 Messdaten mit der Methode der neuronalen Netze ausgewertet. Die Darstellung in Form einer praktisch anwendbaren Korrelation steht noch nicht zur Verfügung. Bei parallel durchströmten Absorbern, bei denen der Druckverlust in den Verzweigungen rund 10 % des Druckverlustes im Absorberrohr beträgt, zeigt die Rechnung gute Übereinstimmung mit dem Experiment.

In der Fachliteratur sind die Druckverlustkoeffizienten meist auf den Gesamtdurchfluss Q oder dessen Geschwindigkeit w vor der Trennung beziehungsweise nach der Vereinigung bezogen. Mit dieser Definition können die um den Druckverlust erweiterten Bernoulligleichungen aufgestellt werden. Für den durchgehenden Strom bei Stromtrennung gilt

$$p+\frac{\rho}{2}w^2 = p_d + \frac{\rho}{2}w_d^2 + \zeta_{T,d}\frac{\rho}{2}w^2 \ , \tag{2.46}$$

für den abzweigenden Teilstrom bei Stromtrennung hingegen

$$p+\frac{\rho}{2}w^2 = p_a + \frac{\rho}{2}w_a^2 + \zeta_{T,a}\frac{\rho}{2}w^2 \ . \tag{2.47}$$

Bei der Vereinigung zweier Teilströme gilt für den im Hauptrohr zugeführten Teilstrom

$$p_d + \frac{\rho}{2} w_d^2 + \zeta_{V,d} \frac{\rho}{2} w^2 = p + \frac{\rho}{2} w^2 \ , \tag{2.48}$$

und für den im Abzweig zugeführten Teilstrom

$$p_a + \frac{\rho}{2} w_a^2 + \zeta_{V,a} \frac{\rho}{2} w^2 = p + \frac{\rho}{2} w^2 \ . \tag{2.49}$$

Weil der Hauptstrom einen endlichen Wert besitzt, aber nie null ist, haben auch die Druckverlustkoeffizienten einen endlichen Wert. Die Gleichungen wären übersichtlicher, wenn diese auf die Teilströme bezogen würden, in denen der Druckverlust auftritt. Dies ist ohne weiteres möglich. Man braucht lediglich die Druckverlustkoeffizienten mit dem quadrierten Verhältnis der entsprechenden Fließgeschwindigkeiten zu multiplizieren. Dies ist für den Fall der Stromtrennung für den abzweigenden Strom und den durchgehenden Strom nachfolgend dargestellt.

$$\zeta_{T,d} \frac{\rho}{2} w^2 = \zeta'_{T,d} \frac{\rho}{2} w_d^2 \quad \Rightarrow \quad \zeta'_{T,d} = \zeta_{T,d} \left(\frac{w}{w_d} \right)^2 \tag{2.50}$$

$$\zeta_{T,a} \frac{\rho}{2} w^2 = \zeta'_{T,a} \frac{\rho}{2} w_a^2 \quad \Rightarrow \quad \zeta'_{T,a} = \zeta_{T,a} \left(\frac{w}{w_a} \right)^2 \tag{2.51}$$

Sinken die Teilströme im Durchgang oder im Abzweig auf null, so werden die auf diese Teilströme bezogenen Druckverlustkoeffizienten unendlich groß. Dies ist mathematisch kein Problem, weil der Druckverlust des Teilstromes bei verschwindendem Teilstrom trotzdem stetig auf null fällt.

$$\lim_{w_d \to 0} \left(\Delta p_{T,d} \right) = \lim_{w_d \to 0} \zeta'_{T,d} \frac{\rho}{2} w_d^2 = \lim_{w_d \to 0} \zeta_{T,d} \left(\frac{w}{w_d} \right)^2 \frac{\rho}{2} w_d^2 = 0 \tag{2.52}$$

Man hat aber zwei Nachteile zu berücksichtigen. Erstens lassen sich die Druckverlustkoeffizienten im Grenzwert verschwindender Teilströme nicht anschaulich darstellen. Zweitens werden die Druckverlustkoeffizienten vor der Berechnung des Druckverlustes ermittelt. Das Rechenprogramm müsste die Unstetigkeit bei der Division durch einen Teilstrom von null abfangen. Aus diesem Grund werden die Druckverlustkoeffizienten auf den Gesamtstrom im Hauptrohr bezogen. Die scheinbare Inkonsistenz, dass in den Bernoulligleichungen nicht ausschließlich die Fließgeschwindigkeiten der Teilströme auftreten, hat aber auch einen Vorteil: Im Grenzfall verschwindenden Teilstromes im Durchgang erhält man automatisch eine brauchbare Abschätzung für den Druckverlust eines Abzweigs mit geschlossenem Durchgang gemäß Abbildung 2-12.

Bei Kollektoren mit Mäanderabsorbern ist der Druckverlust der Verzweigung gegenüber dem Gesamtdruckverlust des Absorbers in der Größenordnung von wenigen Prozenten. Dasselbe gilt bei der Verschaltung von Kollektorreihen zu verzweigten Kollektorfeldern. Für die Rohrnetzberechnung zur Dimensionierung von Solaranlagen werden daher die einfachen Korrelationen nach Truckenbrodt (2008) verwendet, die rein analytisch aus Energie- und Impulsbilanzen hergeleitet wurden. Es werden nur rechtwinklige T-Stücke betrachtet. Diese bestehen aus einem Hauptrohr mit konstantem Querschnitt und einem rechtwinklig dazu verlaufenden Abzweig, der einen anderen Querschnitt als das Hauptrohr haben kann. Die Druckverlustkoeffizienten werden zunächst als Funktion der Verhältnisse mittlerer Fließgeschwindigkeiten des Teilstromes im Abzweig w_a zum Gesamtstrom w dargestellt. Bei Stromtrennung gilt für den abzweigenden Strom

$$\zeta_{T,a} = 1 + \left(\frac{w_a}{w}\right)^2 , \tag{2.53}$$

und für den durchgehenden Strom im Hauptrohr

$$\zeta_{T,d} = 1 - 2\frac{w_d}{w} + \left(\frac{w_d}{w}\right)^2 . \tag{2.54}$$

Bei der Vereinigung zweier Ströme gilt für den Strom, der über den Abzweig zugeführt wird

$$\zeta_{V,a} = 1 - 2\left(\frac{w_d}{w}\right)^2 + \left(\frac{w_a}{w}\right)^2 , \tag{2.55}$$

und für den Strom, der über das durchgehende Rohr zugeführt wird

$$\zeta_{V,d} = 1 - \left(\frac{w_d}{w}\right)^2 . \tag{2.56}$$

Indem man die Fließgeschwindigkeiten durch die Volumenströme und die Rohrdurchmesser ausdrückt

$$w = \frac{Q \cdot 4}{d^2 \pi} \qquad \frac{w_a}{w} = \frac{Q_a d^2}{d_a^2 Q} , \tag{2.57}$$

können die Druckverlustkoeffizienten als Funktion der Volumenstrom- und Durchmesserverhältnisse dargestellt werden.

$$\zeta_{T,a} = 1 + \left(\frac{d}{d_a}\right)^4 \left(\frac{Q_a}{Q}\right)^2 \tag{2.58}$$

$$\zeta_{T,d} = 1 - 2\frac{Q_d}{Q}\left(\frac{d}{d_a}\right)^2 + \left(\frac{Q_d}{Q}\right)^2 \left(\frac{d}{d_a}\right)^4 \tag{2.59}$$

$$\zeta_{V,a} = 1 - 2\left(\frac{Q_d}{Q}\right)^2 + \left(\frac{Q_a}{Q}\right)^2 \left(\frac{d}{d_a}\right)^4 \tag{2.60}$$

$$\zeta_{V,d} = 1 - \left(\frac{Q_d}{Q}\right)^2 \left(\frac{d}{d_d}\right)^4 \tag{2.61}$$

Für den Fall identischer Durchmesser an allen drei Anschlüssen sind die Druckverlustkoeffizienten in der Abbildung 2-15 als Funktion der Durchflussverhältnisse dargestellt.

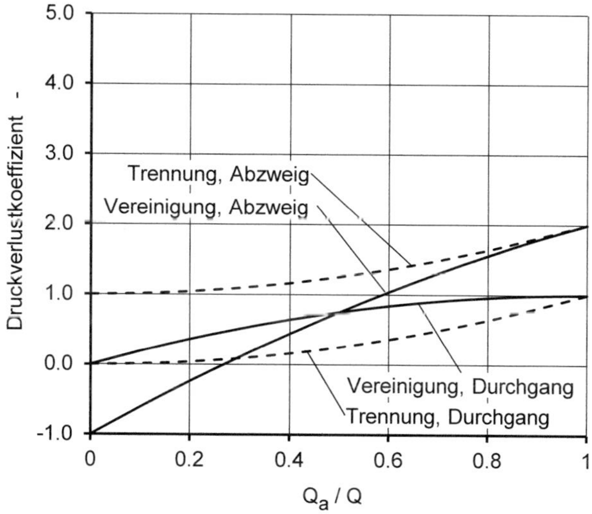

Abbildung 2-15 Druckverlustkoeffizienten für ein T-Stück mit identischen Durchmessern $d = d_a = d_d$.

Bei der Verbindung eines Absorberrohres von 7.2 *mm* Innendurchmesser mit einer Sammelleitung von 16.4 *mm* Innendurchmesser ist das Durchmesserverhältnis d_a/d = 0.45. Die entsprechenden Druckverlustkoeffizienten sind in Abbildung 2-16 dargestellt. Bei der numerischen Rohrnetzberechnung muss der Programmcode erstens prüfen, ob zwei Teilströme vereinigt werden oder ein Gesamtstrom getrennt wird, sowie zweitens, in welchem der beiden Knoten des Hauptrohres der Gesamtstrom auftritt. Dies geschieht durch den Vergleich der Volumenströme aus dem vorangegangenen Rechenschritt.

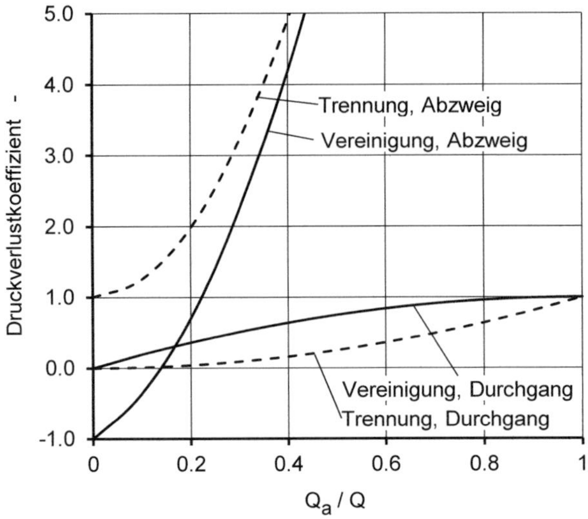

Abbildung 2-16 Druckverlustkoeffizienten für ein T-Stück mit einem Durchmesserverhältnis von $d_a/d = 0.45$.

2.4 Druckverlust und Strömungsverteilung in Kollektorfeldern

Druckverlust und Strömungsverteilung in einem Kollektorfeld sind abhängig vom Aufbau des Absorbers eines einzelnen Kollektors und von der Verschaltung der Kollektoren innerhalb des Kollektorfeldes. Im folgenden Abschnitt werden einige typische Bauformen von Absorbern für Flachkollektoren und Vakuum-Röhrenkollektoren dargestellt. Anschließend werden Methoden zur Berechnung des Druckverlustes und der Strömungsverteilung in Kollektorfeldern hergeleitet und anhand einiger Beispiele veranschaulicht.

2.4.1 Aufbau von Absorbern

Der Aufbau und die hydraulischen Dimensionen des Absorbers bestimmen in hohem Maß die Möglichkeiten, nach denen mehrere Kollektoren zu einem Kollektorfeld verschaltet werden können. Nachfolgend werden einige grundlegende Bauarten und ihre Eigenschaften dargestellt.

2.4.1.1 Parallel durchströmte Absorber für Flachkollektoren

Bei parallel durchströmten Absorbern sind mehrere parallel und in gleichem Abstand verlaufende Absorberrohre über Verteil- und Sammelleitungen parallel geschaltet. Das dadurch entstehende Rohrregister wird sinnbildlich Harfe genannt. Zwei von vielen möglichen Formen der Verschaltung sind in Abbildung 2-17 gezeigt.

Bei Flachkollektoren besteht der Absorber meist aus einem einteiligen Absorberblech. Die Absorberrohre des Rohrregisters sind mit der Rückseite dieses Absorberbleches wärmeleitend verbunden, beispielsweise durch Laserschweißen oder Ultraschallschweißen. Bei Großkollektoren können die Absorber auch aus einzelnen Absorberstreifen bestehen.

Parallel durchströmte Absorber haben einen geringen Druckverlust. Es lassen sich daher viele Kollektoren in Serie schalten, ohne dass der Druckverlust zu hoch wird. Häufig findet man auch Absorber, bei denen, wie in Abbildung 2-17 b) gezeigt, ein Absorber aus zwei in Serie geschaltete Absorberharfen besteht. Man muss dabei bedenken, dass weder die einzelnen Kollektoren noch das ganze Kollektorfeld entleert werden können. Die dynamische Entleerbarkeit im Stagnationsfall ist durch die Strömungskräfte bestimmt, die der Dampf in den nach oben führenden Rohrsegmenten auf die Flüssigkeit ausübt. Diese Kräfte sind von vielen Parametern abhängig, die im Abschnitt zur Stagnation näher diskutiert werden.

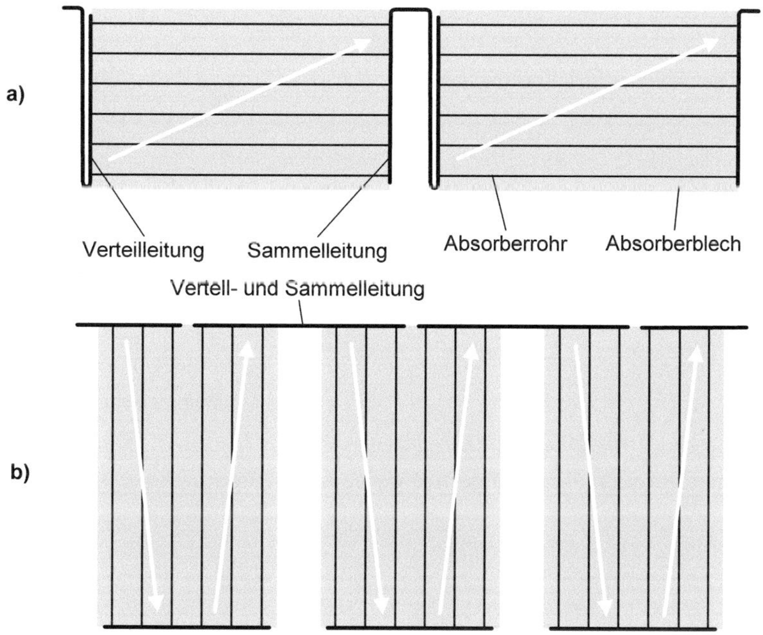

Abbildung 2-17 Formen der Verschaltung bei parallel durchströmten Absorbern.

2.4.1.2 Mäanderabsorber für Flachkollektoren

Bei Mäanderabsorbern ist ein mäanderförmig gebogenes Rohr wärmeleitend mit der Rückseite des Absorberbleches verbunden. Die Enden des Absorberrohres sind entweder direkt aus dem Kollektorgehäuse herausgeführt oder mit Verteil- und Sammelleitungen verbunden, die innerhalb des Kollektorgehäuses angeordnet sind. Absorber dieser Bauart können sehr kostengünstig hergestellt werden, da nur zwei Verbindungen durch Hartlöten hergestellt werden müssen. Ein Kollektor mit integrierten Verteil- und Sammelleitungen besitzt vier Anschlüsse. Abbildung 2-18 zeigt die beiden Schaltungsvarianten, die bei Kollektoren mit vier Anschlüssen möglich sind. Beim einseitigen Anschluss a) ist die Länge der Strömungspfade von R nach V nicht identisch für alle Kollektoren. Aufgrund der Druckverluste in den Sammelleitungen wird der am weitesten vom Anschluss entfernte Kollektor am schlechtesten durchströmt. In der englischsprachigen Literatur wird diese Anschlussart sinnbildlich C-Konfiguration genannt. In der Verrohrungsweise nach Tichelmann (1911), dargestellt in Abbildung 2-18 b), sind alle Strömungspfade gleich lang. Trotzdem ist die Strömungsverteilung bei mehr als zwei Kollektoren nicht homogen, wie in Unterabschnitt 2.4.3 gezeigt wird. Aufgrund der Geometrie der Strömungspfade wird diese Verschaltungsart sinnbildlich auch Z-Konfiguration genannt.

Bei der Parallelschaltung müssen die Kollektoren so orientiert sein, dass keine nicht durchströmten Leitungen vorkommen. Dies ist zwingend erforderlich bei Kollektoren, bei denen die Verteil- und Sammelleitung wärmeleitend mit dem Absorberblech verbunden ist. Außerdem können horizontal verlaufende Leitungen nur dann zuverlässig entlüftet werden, wenn sie durchströmt sind.

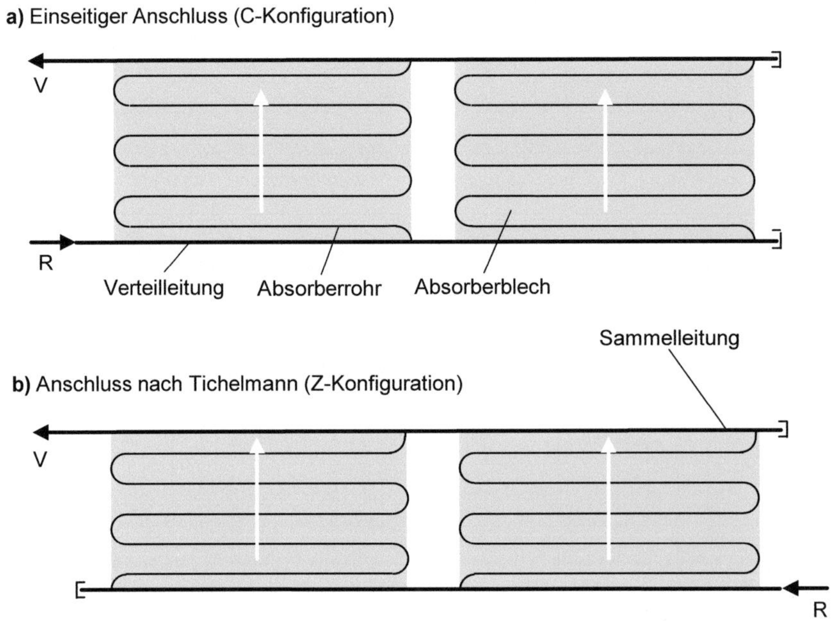

Abbildung 2-18 Schaltungsvarianten für Kollektoren mit Mäanderabsorbern. a) Einseitiger Anschluss b) Anschluss nach Tichelmann.

2.4.1.3 Vollflächig durchströmte Absorber für Flachkollektoren

Bei vollflächig durchströmten Absorbern werden die Strömungskanäle durch das Absorberblech selber gebildet. Bekannte Vertreter dieser Klasse sind die aus zwei geprägten Edelstahlblechen gefertigten Absorber sowie die im Rollbond-Verfahren hergestellten Absorber aus Aluminium. Die Firma Energy Solaire SA stellt Edelstahlabsorber her, die sich dank ihrer robusten, selektiven Schicht aus Schwarzchrom sowohl für unverglaste Anwendungen als auch für verglaste Flachkollektoren eignet. Eine hydrodynamisch fortschrittliche Form des Rollbond

Absorbers wurde durch Michael Hermann (2005) am Fraunhofer Institut für Solare Energiesysteme entwickelt. Die nach dem FracTherm® Verfahren dimensionierten Strömungskanäle ermöglichen die homogene Durchströmung des Absorbers auch bei sehr geringen Durchflüssen.

2.4.1.4 Direktdurchströmte Vakuumröhrenkollektoren

Vakuum-Röhrenkollektoren stellen eine völlig andere Bauart dar. Nach Abbildung 2-19 besteht das Gehäuse aus einem einseitig offenen, doppelwandigen Glasrohr, dessen Zwischenraum evakuiert ist. Das innere Glasrohr ist auf seiner Außenseite selektiv beschichtet. Die Wärme wird durch die Glaswand hindurch an die Wärmeleitbleche übertragen.

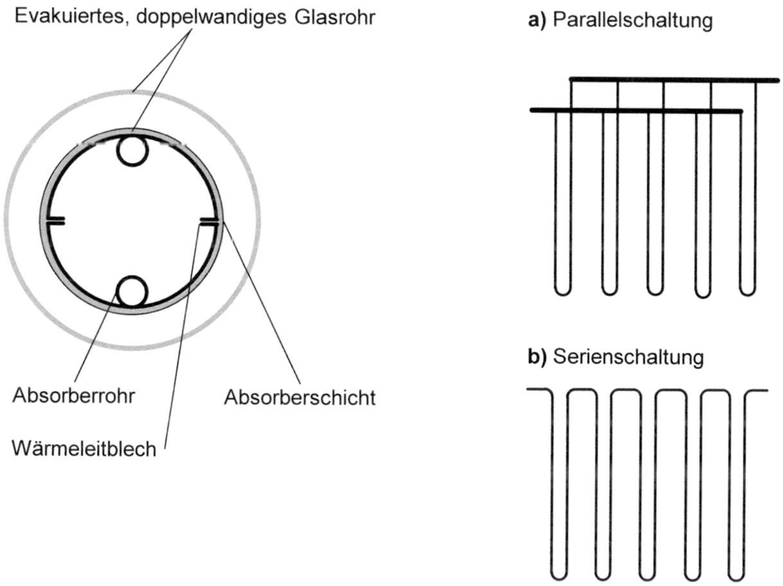

Abbildung 2-19 Direkt durchströmte Vakuumröhrenkollektoren mit U-Rohr, a) parallel geschaltet und b) seriell geschaltet.

Das Absorberrohr ist zu einem U-Rohr gebogen und mit diesen Wärmeleitblechen verbunden. Das Wärmeträgerfluid wird über das eine Rohr zugeführt und über das andere Rohr abgeführt, wobei es durch die von den Wärmeleitblechen übertragenen Leistung aufgeheizt wird. Dank der hervorragenden Isolation durch das Vakuum erreichen Vakuumröhrenkollektoren Nutztemperaturen von über 150 *°C*. Bei der Parallelschaltung einzelner Elemente nach Abbildung 2-19 a) sind die Enden des U-Rohres direkt mit den Verteil- und Sammelleitungen verbunden. Die Serienschaltung mehrerer Elemente nach Abbildung 2-19 ist ebenfalls üblich.

Beim Vakuum-Röhrenkollektor nach Abbildung 2-20 a) besteht das Gehäuse aus einem evakuierten Glasrohr, in welchem der Absorber gelagert ist. Der Absorber besteht aus einem Streifen selektiv beschichteten Bleches, der mit einem einseitig geschlossenen Absorberrohr verbunden ist. Das Wärmeträgerfluid wird über ein innenliegendes, koaxiales Rohr zugeführt und über den Ringspalt zwischen den beiden Rohren im Gegenstrom wieder abgeführt, wobei es durch die vom Absorberblech an das Rohr übertragene Leistung aufgeheizt wird. Das Absorberrohr ist mit dem einen Ende des Glasrohres vakuumdicht verschweißt. Mehrere Vakuumröhren können über Verteil- und Sammelleitungen parallelgeschaltet werden, wie in der Abbildung 2-20 b) gezeigt ist.

2.4.2 Schaltungsvarianten

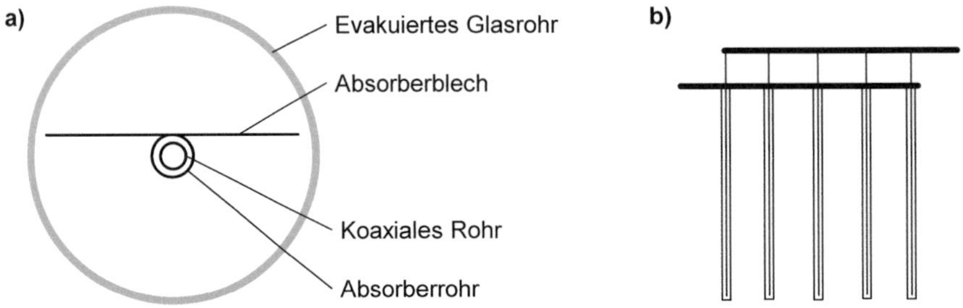

Abbildung 2-20 Direkt durchströmter Vakuumröhrenkollektor mit koaxialem Absorberrohr.

Bei der Planung großer Kollektorfelder, die aus vielen einzelnen Kollektoren bestehen, stellt sich im Allgemeinen die Frage nach der technisch- und kostenmäßig günstigsten Verrohrung. Kollektoren werden häufig in Reihen angeordnet und über Verteil- und Sammelleitungen parallel geschaltet. Die Verteil- und Sammelleitungen können außerhalb der Kollektorelemente angeordnet oder in diese integriert sein. Bei werksgefertigten Großkollektoren kann der Absorber aus mehreren Teilen bestehen, die in Serie geschaltet oder über Verteil- und Sammelleitungen parallel geschaltet sind. Für die Hydraulik ist es praktisch ohne Bedeutung, ob die Verteil- und Sammelleitungen außerhalb oder innerhalb der Kollektoren verlaufen oder ob integrierte Verteil und Sammelleitungen mit dem Absorberblech wärmeleitend verbunden sind. Für die Charakterisierung der Hydraulik von Kollektorfeldern ist es zweckmäßig, folgende Elemente und die zugehörigen, im Formelsatz verwendeten Indizes zu definieren:

- Ein Absorberelement besitzt zwei Anschlüsse und ist zwischen Verteil- und Sammelleitung angeordnet.
- Ein Kollektorelement *K* kann eines oder mehrere seriell geschaltete Absorberelemente haben.
- Besitzt ein Kollektorelement zwei Anschlüsse, so können mehrere Kollektorelemente in Serie zu einem Kollektorstrang *KS* verbunden sein.
- Falls die Verteil- und Sammelleitungen von Mäanderabsorbern in das Kollektorgehäuse integriert sind, haben die Kollektorelemente stets vier Anschlüsse. Mehrere über diese Verteil- und Sammelleitungen parallel geschaltete Kollektorelemente bilden eine einzeilige Kollektorreihe *KR*.

- Mehrere Kollektorstränge können über Verteil- und Sammelleitungen zu einer mehrzeiligen Kollektorreihe parallel geschaltet sein.
- Die Summe aller Kollektoren einer Solaranlage bildet das Kollektorfeld *KF*.

Für die hydraulische Beschreibung ist es unbedeutend, ob der Kollektorstrang aus einem einzigen Kollektor oder mehreren Kollektoren besteht. Daher braucht man auch nicht zwischen ein- und mehrzeiligen Kollektorreihen zu unterscheiden. Die Abbildung 2-21 a) zeigt drei seriell geschaltete Kollektorelemente. Diese bilden einen Kollektorstrang. In der Abbildung 2-21 b) sind drei Kollektorstränge über Verteil- und Sammelleitungen parallel geschaltet. Sie bilden eine dreizeilige Kollektorreihe. Diese Verschaltungsart kommt bei dachintegrierten Kollektorfeldern vor, bei denen einzelne Kollektorelemente in mehreren Reihen übereinander angeordnet sind. Die analoge Situation trifft man bei Großkollektoren an, wo mehrere Absorberelemente in Serie geschaltet sind.

Nach Abbildung 2-21 c) sind sechs einzelne Kollektorelemente in einer Reihe angeordnet und über Verteil- und Sammelleitungen parallel geschaltet. In diesem Spezialfall besteht der Absorberstrang aus einem einzigen Kollektorelement. Diese Situation findet man häufig bei frei aufgeständerten Kollektorreihen, beispielsweise auf Flachdächern.

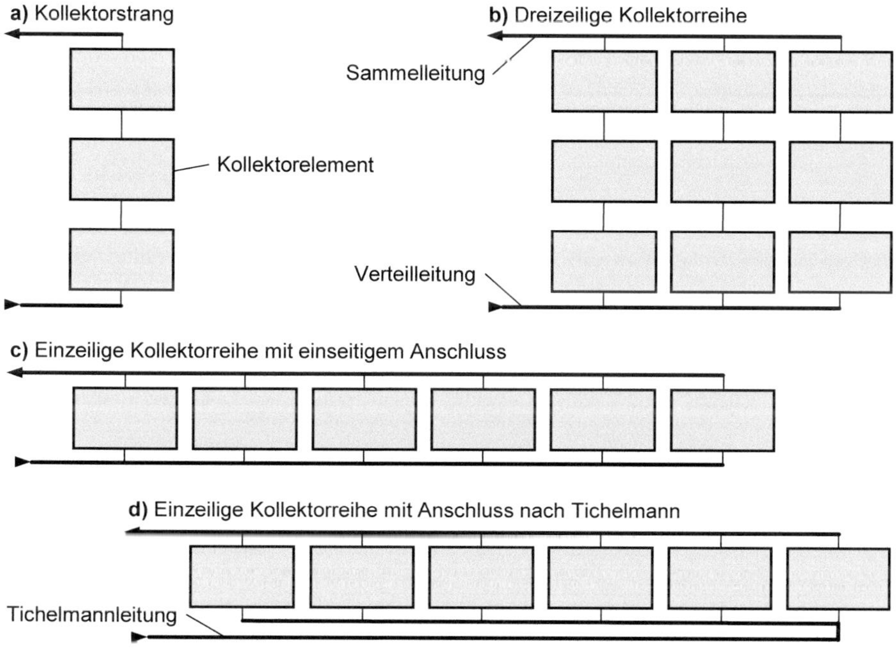

Abbildung 2-21 Kollektorfelder mit seriell und parallel geschalteten Kollektorelementen.

Die Reihen nach Abbildung 2-21 b) und c) sind in der C-Konfiguration, d. h. einseitig angeschlossen. Beim Anschluss nach Tichelmann gemäß Abbildung 2-21 d) muss die Rücklaufleitung um ein Rohr von der Länge der Kollektorreihe ergänzt werden. Dieses Rohrstück wird häufig als Tichelmannleitung bezeichnet.

Die Anschlussart ist häufig durch die Konstruktion des Kollektors vorgegeben, was die Freiheit bei der Planung einschränkt. Folgende Punkte müssen bei der Entwicklung von Kollektoren und bei der Planung von Kollektorfeldern beachtet werden:

- Nicht durchströmte Leitungen müssen vermieden werden.
- Bei der Montage auf Flachdächern ist der einseitige Anschluss vorteilhaft, weil man dadurch die Tichelmannleitung einspart.
- Eine dachintegrierte Kollektorreihe aus Kollektoren mit integrierten Verteil- und Sammelleitungen kann prinzipiell in der C- oder Z-Konfiguration angeschlossen werden.
- Ein in die Fassade oder in das Schrägdach integriertes Kollektorfeld, das aus mehreren übereinander angeordneten Kollektorreihen besteht, kann aus Platzgründen meist nur in der Z-Konfiguration angeschlossen werden.
- Vertikal und geneigt verlaufende Verteil- und Sammelleitungen der Feldverrohrung müssen stets von unten nach oben durchströmt werden (Jenni 2010). Daher müssen nach Abbildung 2-22 auch die Kollektorreihen untereinander nach Tichelmann (Z-Konfiguration) verschaltet werden. Nur so lässt sich erreichen, dass das Kollektorfeld entleerbar und entlüftbar ist.

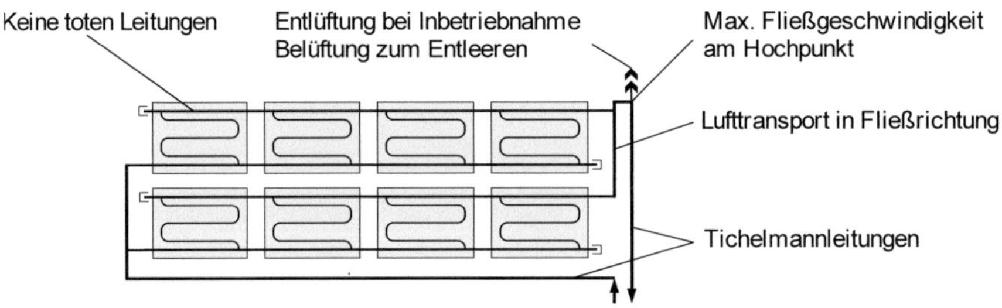

Abbildung 2-22 Mehrreihiges Kollektorfeld mit Flachkollektoren und integrierten Verteil- und Sammelleitungen für die Integration in Schrägdach und Fassade. Verschaltung der einzelnen Reihen sowie der Reihen untereinander nach Tichelmann (Jenni 2010).

In Abschnitt 2.4.3 wird gezeigt, dass die Strömungsverteilung bei der Verschaltung nach Tichelmann etwas homogener ist als bei einseitigem Anschluss, dass aber die Inhomogenität der Durchströmung auch bei einseitigem Anschluss keine messbare Leistungseinbuße bewirkt. Die maximale Anzahl Kollektoren pro Reihe ist daher hauptsächlich durch die zulässige Fließgeschwindigkeit im Absorberrohr und in den Verteil- und Sammelleitungen beschränkt. Der Entscheid, ob einseitig oder nach Tichelmann angeschlossen werden soll, richtet sich allein nach ökonomischen Gesichtspunkten (Einsparen von Material und Arbeit) sowie nach den physikalischen Randbedingungen und Anforderungen (keine toten Leitungen, Entlüftbarkeit, Leerdrückbarkeit im Stagnationsfall).

2.4.3 Strömungsverteilung und Druckverlust

Große Kollektorfelder bilden weit verzweigte Rohrleitungsnetze. Solche Rohrnetze sind in der Regel dreidimensionale Gebilde. Bei Solaranlagen kann man das Rohrnetz jedoch stets in zwei Dimensionen darstellen. Auf der Basis dieser anschaulichen Darstellung werden die Begriffe definiert, die später bei der Herleitung der Berechnungsverfahren verwendet werden:

Jedes Rohrnetz ist charakterisiert durch seine Knoten, Stränge und Maschen, wie in Abbildung 2-23 dargestellt ist. Ein Knoten verbindet die Enden von drei oder mehreren Rohren. Jeweils zwei Knoten sind durch einen Strang verbunden. Dieser kann aus einer seriellen Anordnung von Rohren und weiteren Komponenten bestehen. Mehrere durch Knoten verbundene Stränge bilden einen Pfad. Jeder beliebige geschlossene Pfad innerhalb eines Rohrnetzes bildet eine Masche. Eine Masche ist genau dann eine Elementarmasche, wenn die Fläche, welche durch die Masche aufgespannt wird, keine Stränge enthält.

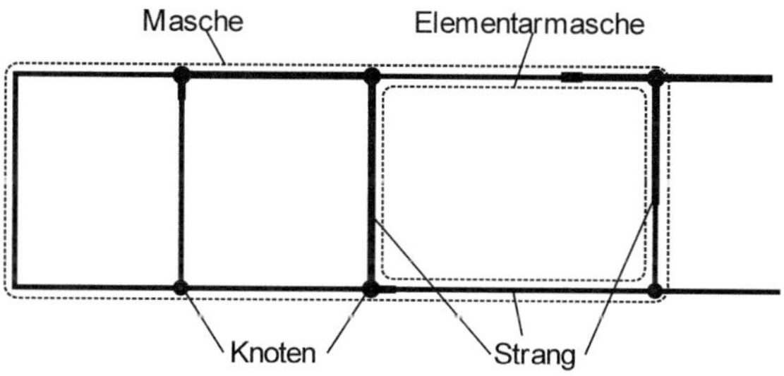

Abbildung 2-23 Elemente eines Rohrnetzes.

Rohrnetze können mit unterschiedlichen Methoden berechnet werden. Die Grundlagen bilden die Erhaltungssätze für die Masse und den Impuls. In Analogie zu elektrischen Widerstands-netzwerken spricht man auch von den beiden Kirchhoffschen Erhaltungssätzen, dem Maschensatz und dem Knotensatz. Bei der Dimensionierung von Kollektorfeldern können folgende Vereinfachungen getroffen werden:

1. Die Strömung ist stationär.
2. Der dynamische Druckanteil beträgt bei der maximal zulässigen Strömungs-geschwindigkeit von 1.5 *m/s* nur $\rho \cdot w^2/2 \approx 1000\ Pa = 1\ mbar$. Dieser Anteil in der Bernoulligleichung wird daher vernachlässigt.
3. Ein Knoten besitzt genau drei Abzweigungen.

Mit diesen Vereinfachungen werden die Gleichungen hergeleitet, die aus den Erhaltungssätzen folgen. Der Knotensatz drückt aus, dass Masse weder verschwinden noch aus dem Nichts entstehen kann. Die Summe aller Massenströme, die einem Knoten k über die Pfade $j_k = 1..3$ zu- oder abgeführt werden, muss folglich null sein.

$$\sum_{j=1}^{3} \dot{m}_{k,j} = \sum_{j=1}^{3} \rho_{k,j} \dot{Q}_{k,j} = 0 \tag{2.62}$$

In der Bernoulligleichung treten nur noch die statischen Drücke und der Druckverlust auf. Der Maschensatz kann auf zwei Arten formuliert werden.

Die Summe der Druckverluste in jeder beliebigen Masche k ist im stationären Fall null.

$$\sum_{j=1}^{m_k} \Delta p_{k,j} = 0 \tag{2.63}$$

Der Druckabfall zwischen zwei Knoten des Rohrnetzes, beispielsweise dem Eintritt und Austritt des Kollektorfeldes, ist gleich der Summe der Druckverluste entlang eines beliebigen Pfades r, der durch die Stränge 1 bis m_r gebildet ist.

$$\sum_{j=1}^{m_r} \Delta p_{r,j} = p_0 - p_r \tag{2.64}$$

Zur Berechnung des Druckverlustes und der Strömungsverteilung müssen Gleichungssysteme aufgestellt und anschließend gelöst werden. Geeignete Methoden sind in vielen Lehrbüchern ausführlich dargestellt, beispielsweise in Horlacher und Lüdecke (2006) sowie Massoud (2005). Die Gleichungen des Gleichungssystems sind gekoppelt, weil dieselben Druckverluste bzw. Massenströme in mehreren Gleichungen vorkommen. Da die Gleichungen außerdem nichtlinear sind, können sie nur durch Linearisierung und Iteration gelöst werden.

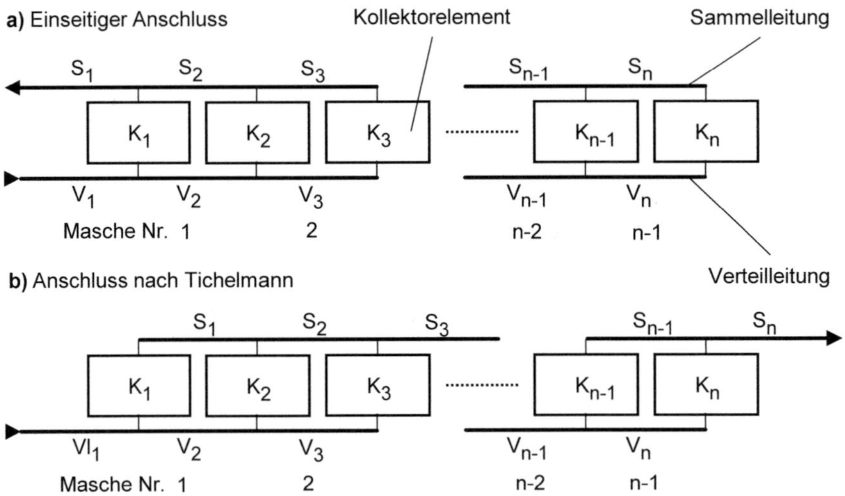

Abbildung 2-24 Einreihiges Kollektorfeld mit a) einseitigem Anschluss und b) mit Anschluss nach Tichelmann.

Die Gleichungssysteme können entweder für die Knoten oder für die Maschen aufgestellt werden. Entsprechend heißen die Berechnungsmethoden Knotenmethode bzw. Maschenmethode. Im Folgenden wird nur noch auf die Maschenmethode eingegangen, da sie sich für die Berechnung von verzweigten Kollektorfeldern besonders gut eignet. Alle zur Maschenmethode gehörenden Lösungsverfahren gehen von einem Startwert für die Volumenstromverteilung aus. In sukzessiven Iterationen werden Korrekturwerte bestimmt, mit denen die Volumenströme der einzelnen Stränge aus dem vorangegangenen Rechenschritt korrigiert werden. Die Gleichungssysteme können auf unterschiedliche Weise gelöst werden. Bei der simultanen Lösung werden die Gleichungen des linearisierten Gleichungssytems durch geeignete Verfahren simultan, d. h. unter Berücksichtigung ihrer Kopplung gelöst. Die Gleichungen enthalten Korrekturfaktoren mehrerer Stränge und sind daher, einzeln betrachtet, nicht auflösbar. Die verwendeten Matrixmethoden nennt man daher implizit. Bei der sequentiellen Lösung wird das Gleichungssystem entkoppelt, indem die Maschen einzeln und nacheinander berechnet werden. Weil es dadurch möglich ist, die Gleichung nach dem gesuchten Korrekturfaktor aufzulösen, nennt man dieses Verfahren explizit. Die Lösungsalgorithmen unterscheiden sich im Konvergenzverhalten und im Aufwand bei der Programmierung. Simultane Lösungsverfahren sind wesentlich komplexer als sequentielle Verfahren, konvergieren aber im Allgemeinen rascher. Sequentielle Algorithmen sind dafür leichter zu programmieren. In den nächsten Abschnitten werden drei Methoden am Beispiel der Kollektorreihen nach Abbildung 2-24 hergeleitet. Damit die Darstellung möglichst leicht nachvollziehbar ist, sollen weitere Vereinfachungen gelten:

1) Die Dichte des Fluides ist konstant. Der Knotensatz kann also mit Volumenströmen anstelle von Massenströmen formuliert werden.
2) Jeder Strang wird durch ein einziges, gerades Rohr repräsentiert.
3) Verzweigungsdruckverluste werden vernachlässigt.

Druckgefälle und Volumenströme haben eine Richtung, die man durch ein entsprechendes Vorzeichen definieren muss. In der folgenden Herleitung werden Volumenströme, die eine Masche im Uhrzeigersinn durchlaufen, positiv gezählt.

2.4.3.1 Die sequentielle, explizite Maschenmethode nach Cross

Die sequentielle, explizite Maschenmethode nach Cross (1936) ist das älteste, noch heute verwendete Verfahren zur Berechnung von Rohrnetzen. Eine Kollektorreihe, bestehend aus n parallel geschalteten Kollektorelementen, werde mit einem Gesamtvolumenstrom Q_{KR} durchströmt. Ein einreihiges Kollektorfeld mit n parallel geschalteten Kollektorelementen besitzt folglich n-1 identische Elementarmaschen. Gesucht sind der Druckverlust und die Strömungsverteilung über die einzelnen Kollektorelemente. Als Startwert für die Iteration wird angenommen, dass in allen Kollektorelementen derselbe Volumenstrom herrscht.

$$Q_{K,k} = Q_{KR} / n \tag{2.65}$$

Mit Hilfe des Knotensatzes lassen sich die Volumenströme in der Verteil- und Sammelleitung durch die Volumenströme in den Absorbern ausdrücken. Bei einseitigem Anschluss gilt

$$Q_{V,k} = Q_{S,k} = \sum_{i=k}^{n} Q_{K,k} \quad , \tag{2.66}$$

beim Anschluss nach Tichelmann gilt hingegen

$$Q_{V,k} = \sum_{i=k}^{n} Q_{K,k} \quad ; \quad Q_{S,k} = \sum_{i=1}^{k} Q_{K,k} \quad . \tag{2.67}$$

Die Elementarmasche r ist bei einseitigem Anschluss durch die Stränge K_r, S_{r+1}, K_{r+1} und V_{r+1} gebildet, beim Anschluss nach Tichelmann hingegen durch die Stränge K_r, S_r, K_{r+1} und V_{r+1} Diese Stränge werden mit $j = 1$ bis 4 nummeriert. Bei homogener Durchströmung sind die Druckverluste in allen Absorberelementen gleich. Wenn man aber die Druckverluste in der Masche r summiert, erhält man im Allgemeinen einen Wert ungleich von Null. Beim einseitigen Anschluss ist dies sofort klar, weil in der zur Masche gehörenden Verteil- und Sammelleitung Druckverluste mit demselben Vorzeichen auftreten. Beim Anschluss nach Tichelmann unterscheiden sich die Vorzeichen. Weil aber die Beträge der Druckverluste in der zugehörigen Verteil- und Sammelleitung unterschiedlich sind, erhält man auch hier Wert ungleich von Null. Der Maschensatz ist also nicht erfüllt. Damit auch der Maschensatz erfüllt ist, muss man die Volumenströme in den Strängen, die die Masche bilden, um einen geeigneten Betrag ΔQ_r korrigieren. Um diesen Betrag zu bestimmen, stellt man den Druckverlust in der r-ten Masche als Funktion des Volumenstroms dar.

$$\sum_{j=1}^{4} \Delta p_{r,j} = \sum_{j=1}^{4} \operatorname{sign}\left(Q_{r,j}\right) \cdot R_{r,j} \left(Q_{r,j} + \Delta Q_r\right)^2 = 0 \tag{2.68}$$

Der Widerstandsbeiwert $R_{r,j}$ ist dimensionsbehaftet und lautet

$$R_{r,j} = \lambda_{r,j} \frac{8 l_{r,j} \rho}{d_{r,j}^5 \pi^2} \; . \tag{2.69}$$

Falls man die in den Verzweigungen auftretenden Druckverluste berücksichtigt, lautet der entsprechende Widerstandsbeiwert

$$R_{r,j} = \frac{8\rho}{d_{r,j}^4 \pi^2} \left(\lambda_{r,j} \frac{l_{r,j}}{d_{r,j}} + \sum \zeta_{r,j} \right) \tag{2.70}$$

Es wird angenommen, dass der Korrekturbetrag klein ist gegenüber den Volumenströmen. In diesem Fall darf man nach dem Ausmultiplizieren der Klammer den quadratischen Term $(\Delta Q_r)^2$ vernachlässigen, und man erhält folgende Näherung.

$$\sum_{j=1}^{m_r} \operatorname{sign}\left(Q_{r,j}\right) R_{r,j} \left(Q_{r,j} + \Delta Q_r\right)^2 = 0 \approx \sum_{j=1}^{m_r} R_{r,j} Q_{r,j} \left|Q_{r,j}\right| + 2 R_{r,j} Q_{r,j} \Delta Q_r \tag{2.71}$$

Darin wurde die Vorzeichenfunktion durch das Produkt des Volumenstroms mit seinem Betrag ersetzt. Der Ausdruck auf der rechten Seite wird nach dem gesuchten Korrekturbetrag aufgelöst.

$$\Delta Q_r = - \frac{\sum_{j=1}^{4} R_{r,j} Q_{r,j} \left|Q_{r,j}\right|}{2 \sum_{j=1}^{4} R_{r,j} Q_{r,j}} \tag{2.72}$$

Bei dieser Korrektur bleibt der Knotensatz erfüllt. Das Verfahren nach Cross ist für beliebige Rohrnetze geeignet. Zur Veranschaulichung wird es auf die ersten beiden Elementarmaschen einer einseitig angeschlossenen Kollektorreihe nach Abbildung 2-24 a) angewandt. Für den Korrekturfaktor in der ersten Masche erhält man

$$\Delta Q_1 = \frac{R_{A_1} Q_{K_1}^2 - R_{S_2} Q_{S_2}^2 - R_{K_2} Q_{K_2}^2 - R_{V_2} Q_{V_2}^2}{2\left(R_{K_1} Q_{K_1} - R_{S_2} Q_{S_2} - R_{K_2} Q_{K_2} - R_{V_2} Q_{V_2}\right)} \,. \tag{2.73}$$

Die Volumenströme in allen Strängen dieser Masche werden anschließend um diesen Betrag korrigiert. Bei der Berechnung des Korrekturbetrags für die zweite Masche muss man also für das zweite Kollektorelement den um ΔQ_1 korrigierten Volumenstrom einsetzen:

$$\Delta Q_2 = \frac{R_{K_2}\left(Q_{K_2} - \Delta Q_1\right)^2 - R_{S_3} Q_{S_3}^2 - R_{K_3} Q_{K_3}^2 - R_{V_3} Q_{V_3}^2}{2\left[R_{K_2}\left(Q_{K_2} - \Delta Q_1\right) - R_{S_3} Q_{S_3} - R_{K_3} Q_{K_3} - R_{V_3} Q_{V_3}\right]} \tag{2.74}$$

Diese Prozedur wird nacheinander für jede Masche durchgeführt. Als Resultat erhält man eine erste Näherung für die Volumenströme in den Verteil- und Sammelleitungen und die Volumenströme in den Kollektorelementen. Diese Näherung ist meist noch weit entfernt vom Grenzwert der Lösung. Ein geeignetes Maß für die Konvergenz ist die Summe des Absolutbetrages zweier aufeinanderfolgender Lösungen j-1 und j, bezogen auf den Gesamtdurchfluss.

$$\delta = \frac{\sum_{k=1}^{n} \left| Q_{k,j-1} - Q_{k,j} \right|}{\sum_{k=1}^{n} Q_{k,j}} \tag{2.75}$$

In der Praxis genügt das Abbruchkriterium $\delta < 0.001$. Weil die neue Näherung für den Korrekturbetrag explizit als Funktion der Durchflüsse aus der vorangegangenen Iteration dargestellt werden kann, ist die Methode nach Cross eine explizite, sequentielle Maschenmethode.

►**Beispiel 2-2:** Ein Kollektorfeld, bestehend aus 10 parallel geschalteten Kollektoren mit Mäanderabsorber, werde mit Tyfocor®LS bei einem mittleren Volumenstrom von 30 l/hm^2 durchströmt. Der Volumenstrom bezieht sich auf die Bruttofläche von 2.5 m^2. Die Kollektorreihe ist einseitig angeschlossen, entsprechend der Abbildung 2-24 a). Der Mäanderabsorber ist durch ein gerades Rohr mit 20 m Länge und 7 mm Innendurchmesser repräsentiert. Die Verteil- und Sammelleitungen bestehen aus einem 2.2 m langen, zylindrischen Rohr mit einem Innendurchmesser von 16 mm. Damit die Rechnung leichter nachvollziehbar ist, wird auf die Modellierung der Verzweigungsdruckverluste und die Druckverluste in Metallbalgkompensatoren verzichtet. Die Kollektorreihe werde isotherm bei einer Temperatur 50 $°C$ durchströmt. Gesucht sind der Druckverlust, die Volumenstromverteilung sowie die Reynoldszahlen im Absorberrohr und in den Sammelleitungen.

Die Dichte von Tyfocor®LS bei 50 *°C* beträgt 1034 kg/m3, die kinematische Viskosität $5.575 \cdot 10^{-6}\ m^2/s$. Die Druckverluste werden mit den Korrelationen nach Zanke aus dem Abschnitt 2.3.1.1 berechnet. Die Maschenmethode nach Cross (1936) liefert einen Druckverlust von 0.295 *bar* und eine Volumenstromverteilung nach Abbildung 2-25.

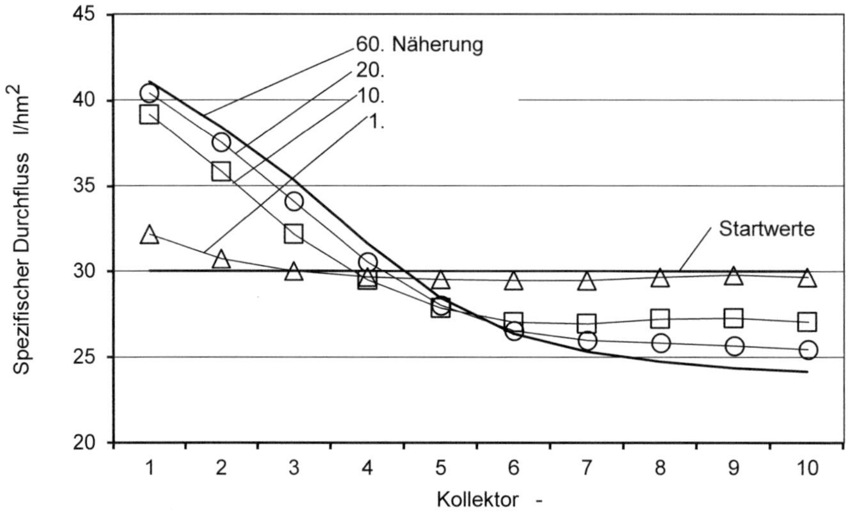

Abbildung 2-25 Iterative Berechnung der Volumenstromverteilung mit dem expliziten, sequentiellen Verfahren nach Cross.

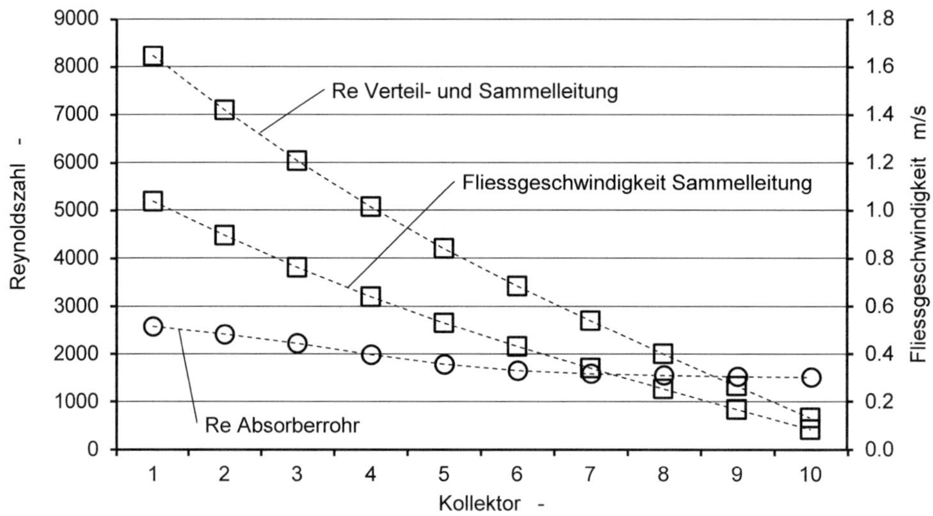

Abbildung 2-26 Reynoldszahlen und Fließgeschwindigkeiten in einer einseitig angeschlossenen Reihe mit 10 Kollektoren mit Mäanderabsorbern bei einem spezifischen Durchfluss von 30 l/hm^2.

Weil die Berechnung der nächsten Näherungen ohne Berücksichtigung der Nachbarmaschen erfolgt, ist die Konvergenz verhältnismäßig langsam. Das Abbruchkriterium $\delta < 0.001$ wird nach

60 Iterationen erreicht. Abbildung 2-26 zeigt die Reynoldszahlen in den Absorberrohren und Sammelleitungen. Die Absorberrohre der Kollektoren 3 bis 10 werden laminar durchströmt. Die Reynoldszahlen der ersten beiden Absorberrohre liegen im Übergangsgebiet. ◄

2.4.3.2 Maschenmethode für Rohrnetze mit dominanten Strängen

Im Vergleich zum Druckverlust in den Verteil- und Sammelleitungen ist der Druckverlust parallel geschalteter Absorberstränge stets viel höher. Diese werden dominante Stränge genannt, weil sie den Druckverlust des Kollektorfeldes maßgeblich bestimmen. Für solche Rohrnetze bietet sich eine besondere Form der Maschenmethode an (Eismann 2004a), die nachfolgend am Beispiel der einreihigen Kollektorfelder nach Abbildung 2-24 hergeleitet wird. Im Gegensatz zur Methode nach Cross wird die Folge der Näherungen nicht sequentiell für jede Elementarmasche bestimmt, sondern für alle Strömungspfade einer Kollektorreihe auf einmal. Dabei wird aber kein Gleichungssystem gelöst, sondern die neue Näherung direkt aus den Werten der vorangehenden Näherung bestimmt. Man kann diese Methode daher als simultane, explizite Maschenmethode bezeichnen.

Der Volumenstrom in einem Kollektorelement wird mit Q_K bezeichnet, der Gesamtvolumenstrom eine Kollektorreihe mit Q_{KR}.

$$Q_{KR} = \sum_{k=1}^{n} Q_{K,k} \tag{2.76}$$

Auch bei Rohrnetzen mit dominanten Strängen ist es sinnvoll, als Startwert für die Volumenströme eine homogene Strömungsverteilung anzunehmen. Jeder Iterationsschritt beginnt damit, dass die Volumenströme in den Verteil- und Sammelleitungen bestimmt werden. Beim einseitigen Anschluss gilt wiederum Gleichung (2.66), beim Anschluss nach Tichelmann hingegen die Gleichungen (2.67). Damit ist der Knotensatz in jedem Knoten erfüllt.

Nun berechnet man die Druckverluste in jedem der n Kollektorelemente $\Delta p_{K,k}$ und in jeder Verteil- und Sammelleitung $\Delta p_{V,k}$ und $\Delta p_{S,k}$. Danach berechnet man die Summe der Druckverluste Δp_k zwischen Eintritt und Austritt der Reihe für jeden der n Pfade. Bei einseitigem Anschluss gilt

$$\Delta p_k = \sum_{i=1}^{k} \Delta p_{V,i} + \Delta p_{K,k} + \sum_{j=1}^{k} \Delta p_{S,i} \quad , \tag{2.77}$$

beim Anschluss nach Tichelmann hingegen

$$\Delta p_k = \sum_{i=1}^{k} \Delta p_{V,i} + \Delta p_{K,k} + \sum_{j=k}^{n} \Delta p_{S,j} \quad . \tag{2.78}$$

Außerdem bildet man den Mittelwert der Druckverluste über alle Pfade.

$$\langle \Delta p \rangle = \frac{1}{n} \sum_{k=1}^{n} \Delta p_k \tag{2.79}$$

Die Druckverluste über die einzelnen Pfade werden sich in nullter Näherung mit identischen Durchflüssen deutlich unterscheiden. Unter der Annahme, dass der Druckverlust durch Rohrreibung im Kollektorelement dominiert, kann man die nächste Näherung für den Volumenstrom im k-ten Kollektorelement mit dem Verhältnis aus mittlerem Druckverlust und dem Druckverlust entlang des k-ten Pfades bilden.

$$Q'_{K,k} = Q_{K,k} \left(\frac{\langle \Delta p \rangle}{\Delta p_k} \right)^{\frac{1}{1.75}} \tag{2.80}$$

Im Allgemeinen ist die Summe dieser Volumenströme nicht gleich dem Gesamtvolumenstrom. Daher müssen die neu berechneten Volumenströme entsprechend korrigiert werden. Dazu berechnet man

$$Q''_{K,k} = Q'_{K,k} \frac{Q_{KR}}{\langle Q'_{KR} \rangle} \ . \tag{2.81}$$

►**Beispiel 2-3:** Das Kollektorfeld nach Beispiel 2-2 wird mit der Maschenmethode für Rohrnetze mit dominanten Strängen berechnet.

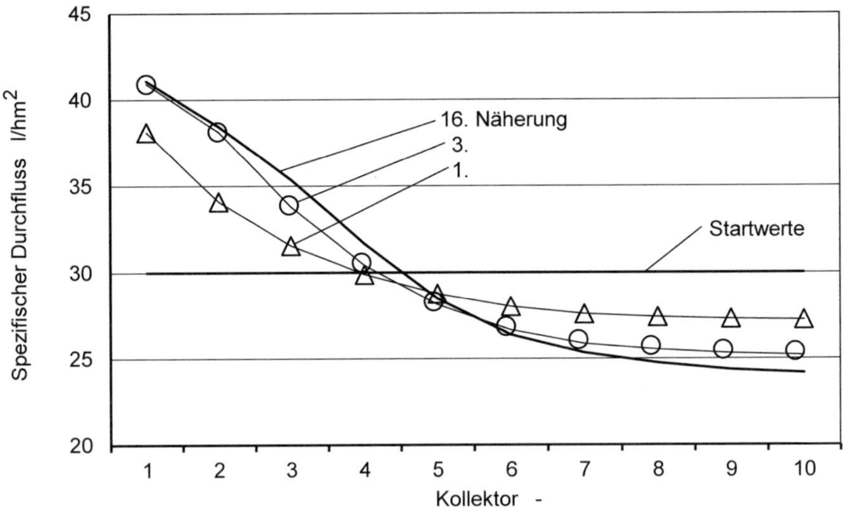

Abbildung 2-27 Iterative Berechnung der Volumenstromverteilung mit dem simultanen Verfahren für Rohrnetze mit dominanten Strängen.

Der Druckverlust und die Strömungsverteilung nach Abbildung 2-27 sind natürlich gleich wie im Beispiel 2-2 mit der Methode nach Cross berechnet wurde. Jedoch liegt bereits die dritte Nähcrung sehr nahe bei der Lösung. Das Abbruchkriterium wird bereits nach 16 Iterationen erreicht.

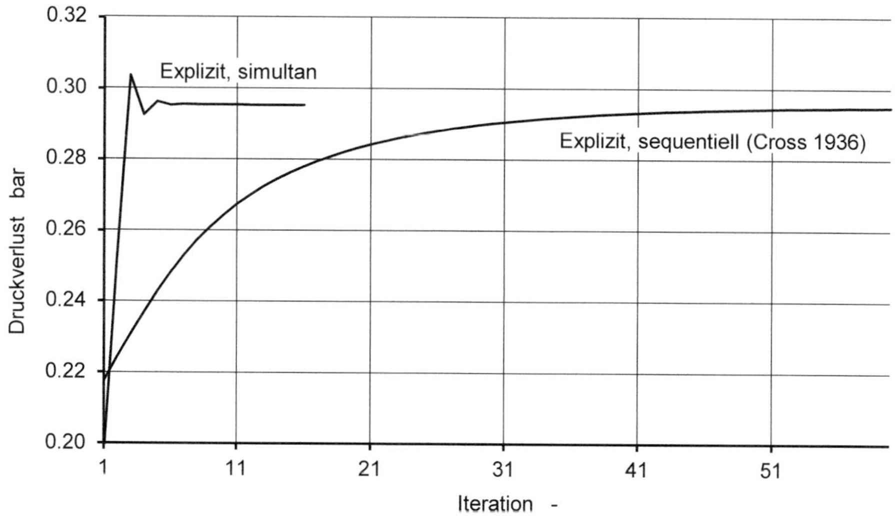

Abbildung 2-28 Konvergenzverhalten des Verfahrens nach Cross (1936) und des simultanen, expliziten Verfahrens für Rohrnetze mit dominanten Strängen.

Abbildung 2-28 zeigt die Konvergenz des Gesamtdruckverlustes. Das simultane Verfahren liefert die praktische Lösung bereits nach wenigen Iterationen, während das sequentielle Verfahren rund 10-mal mehr Iterationen erfordert.◀

2.4.3.3 *Einfluss der Verzweigungsdruckverluste*

Die Abbildung 2-29 zeigt die Verteilung des spezifischen Volumenstroms mit und ohne Berücksichtigung der Verzweigungsdruckverluste. Wie zu erwarten ist, dominiert der Druckverlust im Absorberrohr, sodass sich die in den T-Verbindungen auftretenden Druckverluste kaum auswirken. Interessant ist, dass der Durchfluss bei einseitigem Anschluss bei allen Kollektoren um etwa denselben Betrag reduziert ist, während die Symmetrie der Strömungsverteilung beim Anschluss nach Tichelmann durch die Verzweigungsdruckverluste gebrochen wird.

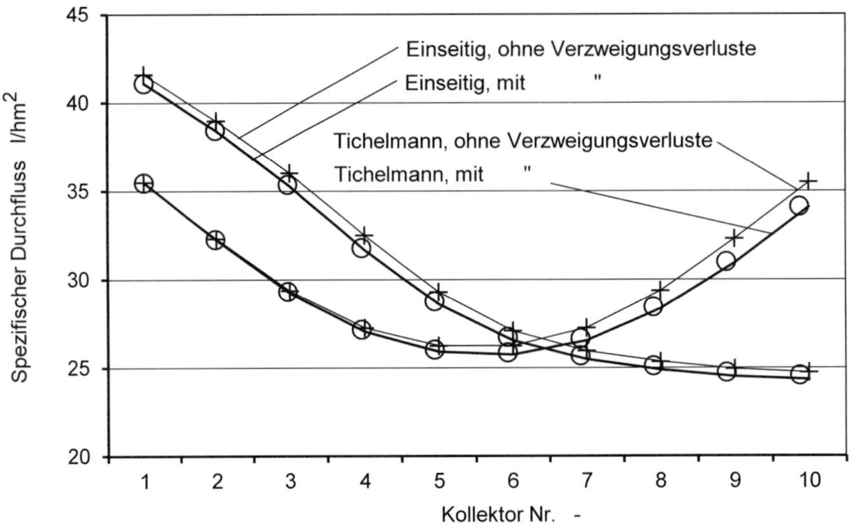

Abbildung 2-29 Spezifischer Durchfluss durch die Kollektoren der Kollektorreihe nach Beispiel 2-3, mit und ohne Berücksichtigung der Verzweigungsdruckverluste.

2.4.4 Druckverlust aus Messdaten

Damit die oben beschriebenen iterativen Verfahren angewendet werden können, müssen die Dimensionen der Absorberrohre sowie der Verteil- und Sammelleitungen bekannt sein. Diese werden jedoch nach der heutigen Praxis weder in den Prüfberichten noch in den Produktdatenblättern offengelegt. Es ist daher ein Verfahren wünschbar, mit dem der Druckverlust eines Kollektorfeldes aus dem bei der Kollektorprüfung gemessenen Druckverlust berechnet werden kann. Aufgrund der besonderen Struktur des Rohrnetzes von Kollektorfeldern kann ein solches Verfahren wie folgt hergeleitet werden.

Rohrnetze, die aus identischen Elementarmaschen bestehen, werden als periodische Rohrnetze bezeichnet. Eine Reihe Kollektoren, deren Absorber durch identische Verteil- und Sammelleitungen parallel geschaltet sind, stellt somit ein periodisches Rohrnetz dar. Indem man eine Kollektorreihe als einzelnes Element auffasst, können auch mehrreihige Kollektorfelder als periodisches Rohrnetz aufgefasst werden. Voraussetzung ist, dass die Kollektorreihen identisch sind und durch identische Stränge der Feldverrohrung parallel geschaltet sind.

In einem Kollektor ist der Druckverlust durch Wandreibung meist um mehrere Größenordnungen höher als die lokalen Druckverluste in Rohrbogen, Verzweigungen und weiteren Elementen. Es ist daher naheliegend, den Druckverlust formal durch die Darcy-Weisbach Gleichung darzustellen. Bei der Prüfung wird der Gesamtdruckverlust gemessen, der in der Verteil- und Sammelleitung, beim Ein- und Austritt in das Absorberrohr und im Absorberrohr auftritt.

Der Druckverlust eines Kollektors wird im Rahmen der Kollektorprüfung bei mehreren Durchflüssen bestimmt. Die Messung wird meist mit Wasser bei 20 °*C* durchgeführt. Aus den im Prüfbericht dargestellten Messdaten wählt man den Druckverlust bei maximalem Durchfluss als Basiswert Δp_{K0}. Die Verzweigungsdruckverluste werden näherungsweise berücksichtigt, indem man diesen Gesamtdruckverlust als Druckverlust des Absorberrohres allein auffasst.

$$\Delta p_{K0} = \lambda_0 \frac{l}{d} \frac{2}{\rho_0} w_0^2 \tag{2.82}$$

Ist die Strömung im Absorberrohr bei maximalem Durchfluss voll turbulent, was in der Regel zutrifft, so kann die Rohrreibungszahl durch die Korrelation nach Blasius (2.27) dargestellt werden.

$$\lambda_0 = \frac{0.3164}{\mathrm{Re}_0^{0.25}} \quad ; \quad \mathrm{Re}_0 = \frac{w_0 d}{\nu_0} \tag{2.83}$$

Es wird angenommen, dass die Rohrreibungszahl in allen Betriebszuständen des Kollektors, also auch bei laminarer Durchströmung, näherungsweise durch die Korrelation nach Blasius ausgedrückt werden kann. Mit dieser Annahme lässt sich das Verhältnis eines beliebigen Druckverlustes zum Druckverlust bei Messbedingungen durch das Verhältnis der Reynoldszahlen ausdrücken.

$$\frac{\Delta p_K}{\Delta p_{K0}} = \left(\frac{\mathrm{Re}_0}{\mathrm{Re}}\right)^{0.25} \tag{2.84}$$

Durch Einsetzen der Reynoldszahlen und Umformen erhält man schließlich den Druckverlust bei unterschiedlichen Durchflüssen und Fluideigenschaften, basierend auf dem gemessenen Druckverlust

$$\Delta p_K = \Delta p_{K0} \frac{\rho}{\rho_0} \left(\frac{\nu}{\nu_0}\right)^{0.25} \left(\frac{w}{w_0}\right)^{1.75} . \tag{2.85}$$

Weil nur das Geschwindigkeitsverhältnis auftritt, kann anstelle der Fließgeschwindigkeit der spezifische, auf die Kollektorfläche bezogene Durchfluss eingesetzt werden. Damit erhält man eine Darstellung des Druckverlustes, die unabhängig von den Dimensionen des Absorbers ist.

$$\Delta p_K = \Delta p_{K0} \frac{\rho}{\rho_0} \left(\frac{\nu}{\nu_0}\right)^{0.25} \left(\frac{\tilde{Q}}{\tilde{Q}_0}\right)^{1.75} \tag{2.86}$$

2.4.4.1 Druckverlust einer Serienschaltung von Kollektoren

Eine Anzahl *m* in Serie geschaltete Kollektoren bilden einen Strang. Die Kollektorfläche eines Stranges ist das m-fache der Fläche eines einzelnen Kollektors, $A_{KS} = mA_K$ Der spezifische

Durchfluss eines einzelnen Kollektors ist daher gleich dem m-fachen spezifischen Durchfluss des Stranges. Der Druckverlust eines Stranges ist folglich

$$\Delta p_K = \Delta p_{K0} \frac{\rho}{\rho_0} \left(\frac{\nu}{\nu_0} \right)^{0.25} \left(\frac{\tilde{Q}}{\tilde{Q}_0} \right)^{1.75} m^{2.75} \,. \tag{2.87}$$

2.4.4.2 Druckverlust der Verteil- und Sammelleitung

Werden mehrere Stränge parallel geschaltet, kommen noch die Druckverluste der Verteil- und Sammelleitungen Δp_{RL} hinzu. Diese Leitungen bestehen meist aus einem Glattrohr und einem Metallbalg zur Kompensation der Wärmedehnungen. Falls der Querschnitt des Glattrohres und des Metallbalges unterschiedlich sind, treten auch noch Stoßverluste auf, die in Gleichung (2.88) auf den Innendurchmesser des Metallbalges bezogen sind.

$$\Delta p_{RL0} = \frac{\rho_0}{2} \left[\lambda_G \frac{l_G}{d_G} w_{G0}^2 + \left(\lambda_W \frac{l_W}{d_W} + \sum \xi_A \right) w_{W0}^2 \right] \tag{2.88}$$

Dieser Druckverlust wird durch den Druckverlust eines äquivalenten Glattrohres ausgedrückt.

$$\Delta p_{L0} = \frac{\rho_0}{2} \lambda_G \frac{l_{RL}}{d_G} w_{G0}^2 \tag{2.89}$$

Dies ist nur näherungsweise möglich, da der Druckverlust durch Querschnittsänderungen und im Metallbalg mit dem Quadrat der Geschwindigkeit zunimmt, der Druckverlust im Glattrohr hingegen mit der Potenz 1.75. Diese Vereinfachung wirkt sich am geringsten aus, wenn man die äquivalente Länge für die Verteilleitung am Eintritt in die Kollektorreihe berechnet, wo sich die Durchflüsse aller n Stränge kumulieren. Die Fließgeschwindigkeiten im Glattrohr und im Metallbalg können wiederum durch den Volumenstrom ausgedrückt werden.

$$w_{G0} = \frac{4\tilde{Q}_0 n A_{KS}}{d_G^2 \pi} \quad ; \quad w_{W0} = \frac{4\tilde{Q}_0 n A_{KS}}{d_W^2 \pi} \,. \tag{2.90}$$

Mit den Gleichungen (2.88), (2.89) und (2.90) erhält man schließlich für die äquivalente Länge einer Verteil- bzw. Sammelleitung.

$$l_{RL} = l_G + \frac{\left(\lambda_W \frac{l_W}{d_W} + \sum \zeta \right) d_G^5}{\lambda_G d_W^4} \tag{2.91}$$

Der Druckverlust in diesen Leitungen kann analog zu (2.86) ausgedrückt werden.

$$\Delta p_{RL} = \Delta p_{RL0} \frac{\rho}{\rho_0} \left(\frac{\nu}{\nu_0} \right)^{0.25} \left(\frac{\tilde{Q}}{\tilde{Q}_0} \right)^{1.75} \tag{2.92}$$

2.4.4.3 Druckverlust und Strömungsverteilung in einer einseitig angeschlossenen Kollektorreihe

Die Korrelation für den Druckverlust einer Kollektorreihe wird für den einseitigen Anschluss und stationäre, isotherme Durchströmung hergeleitet. Verzweigungsdruckverluste werden vernachlässigt. Wenn alle Kollektoren denselben spezifischen Durchfluss $\tilde{Q}_0$ hätten und mit konstanter Rohrreibungszahl gerechnet würde, könnte der Druckverlust über alle Verteil- und Sammelleitungen der Kollektorreihe folgendermaßen berechnet werden

$$2\,\Delta p_{RL0}\sum_{k=1}^{n}k^2 = \Delta p_{RL0}\cdot N_n \quad ; \quad N_n = \frac{2n^3+3n^2+n}{3}\,. \tag{2.93}$$

In Wirklichkeit ist der Druckverlust mit zunehmender Anzahl Kollektoren geringer. Auf der Grundlage zahlreicher Rohrnetzberechnungen mit jeweils 1, 5, 10 und 15 Kollektoren pro Reihe wurde eine entsprechende Korrekturfunktion hergeleitet.

$$R_n = 0.3 + \frac{1-0.3}{n} \tag{2.94}$$

Der Druckverlust einer Kollektorreihe beim spezifischen Durchfluss $\tilde{Q}_0$ und den Fluideigenschaften bei Prüfbedingungen kann nun als Summe der Beiträge des Kollektors bzw. Kollektorstranges und der Verteil- und Sammelleitungen dargestellt werden.

$$\Delta p_{KR0} = \left(\Delta p_{KS0} + N_n R_n \Delta p_{RL0}\right) \tag{2.95}$$

Bei mehrreihigen Kollektorfeldern sind die einzelnen Kollektorreihen über Reihenanschlussleitungen an die Feldleitungen angeschlossen. Die Summe der Druckverluste der vor- und rücklaufseitigen Reihenanschlussleitungen Δp_{RA0} muss zum Druckverlust der Kollektorreihe addiert werden.

$$\Delta p_{R0} = \left(\Delta p_{K0} + N_n R_n \Delta p_{RL0} + \Delta p_{RA0}\right) \tag{2.96}$$

Dies ist der Druckverlust einer Kollektorreihe, die mit einem spezifischen Durchfluss $\tilde{Q}_0$ und den Fluideigenschaften bei Prüfbedingungen durchströmt wird. Mit Hilfe der Beziehung (2.86) kann der Druckverlust für abweichende Fluideigenschaften und beliebige Durchflüsse berechnet werden.

$$\Delta p_R = \Delta p_{R0}\,\frac{\rho}{\rho_0}\left(\frac{\nu}{\nu_0}\right)^{0.25}\left(\frac{\tilde{Q}}{\tilde{Q}_0}\right)^{1.75} \tag{2.97}$$

2.4.4.4 Druckverlust eines mehrreihigen Kollektorfeldes

Der Druckverlust eines mehrreihigen Kollektorfeldes mit r identischen Reihen wird analog berechnet. Die Länge der Feldleitungen zwischen den Kollektorreihen ist gleich dem Reihenabstand. Meist bestehen die Feldleitungen ausschließlich aus Glattrohren, die innerhalb der Strecke zwischen zwei Reihen keine Querschnittsänderungen aufweisen. Der Druckverlust einer Feldleitung, die mit dem Nennvolumenstrom einer Kollektorreihe durchströmt wird, beträgt

$$\Delta p_{FL0} = \lambda_0 \frac{\rho_0}{2} \frac{l_{FL}}{d_{FL}} w_{FL0}^2 \, . \tag{2.98}$$

Die Fließgeschwindigkeit wird analog zu (2.90) berechnet.

$$w_{FL0} = \frac{4\tilde{Q}_0 \cdot m \cdot n \cdot A_K}{d_{FL}^2 \pi} \tag{2.99}$$

Im Unterschied zur Kollektorreihe, wo jeder Kollektor seine eigene Verteil- und Sammelleitung besitzt, gibt es bei einem Kollektorfeld mit r Kollektorreihen nur r-1 Verteil- und Sammelleitungen. Die r-te Verteil- und Sammelleitung ist bereits Teil der Vor- und Rücklaufleitung zum Speicher. Der Beitrag der Verteil- und Sammelleitungen der Feldverrohrung wird analog zu (2.93) und (2.94) berechnet.

$$\Delta p_{FL0} \sum_{k=1}^{r-1} k^2 R_r = \Delta p_{FL0} \cdot N_r R_r \quad ; \quad N_r = \frac{2r^3 - 3r^2 + r}{3} \tag{2.100}$$

$$R_r = 0.3 + \frac{1-0.3}{r-1} \tag{2.101}$$

Entsprechend zu (2.95) und (2.97) lautet der Druckverlust eines Kollektorfeldes für beliebige Durchflüsse und Fluideigenschaften

$$\Delta p_{F0} = \left(\Delta p_{R0} + N_r R_r \Delta p_{FL0}\right) \frac{\rho}{\rho_0} \left(\frac{\nu}{\nu_0}\right)^{0.25} \left(\frac{\tilde{Q}}{\tilde{Q}_0}\right)^{1.75} \, . \tag{2.102}$$

►**Beispiel 2-4:** Der in Beispiel 2-2 definierte Kollektor besitzt einen Mäanderabsorber mit integrierten Verteil- und Sammelleitungen. Im Rahmen der Kollektorprüfung sei der Druckverlust mit Wasser bei 20 *°C* und einem spezifischen Durchfluss von 60 l/hm^2 gemessen worden. Der Druckverlust betrage 0.614 *bar* und entspreche demjenigen eines äquivalenten Rohres von 7 *mm* Innendurchmesser und 20 *m* Länge.

Die Reynoldszahl liegt mit Re = 7261 im turbulenten Bereich. Die Voraussetzung für die Anwendbarkeit der Korrelation (2.97) ist damit erfüllt. Der Gesamtdurchfluss soll für drei Druckverluste von 0.15, 0.3 und 0.6 *bar* und Temperaturen zwischen 40 und 80 *°C* mit der iterativen Methode nach Unterabschnitt 2.4.3.2 berechnet werden. Anschließend soll dieselbe Rechnung mit Hilfe der Korrelation (2.97) durchgeführt und mit den Resultaten der iterativen Methode verglichen werden.

Abbildung 2-30 zeigt die Resultate der mit der iterativen Methode aus Abschnitt 2.4.3.2 berechneten Durchflüsse. Wie zu erwarten ist, hat die Temperatur über die Viskosität Einfluss auf die Reynoldszahl und damit auf die Rohrreibungszahl. Die Extrema sind aber nicht sehr ausgeprägt, weil das Spektrum der Reynoldszahlen in den Absorberrohren und in den Verteil- und Sammelleitungen recht groß ist.

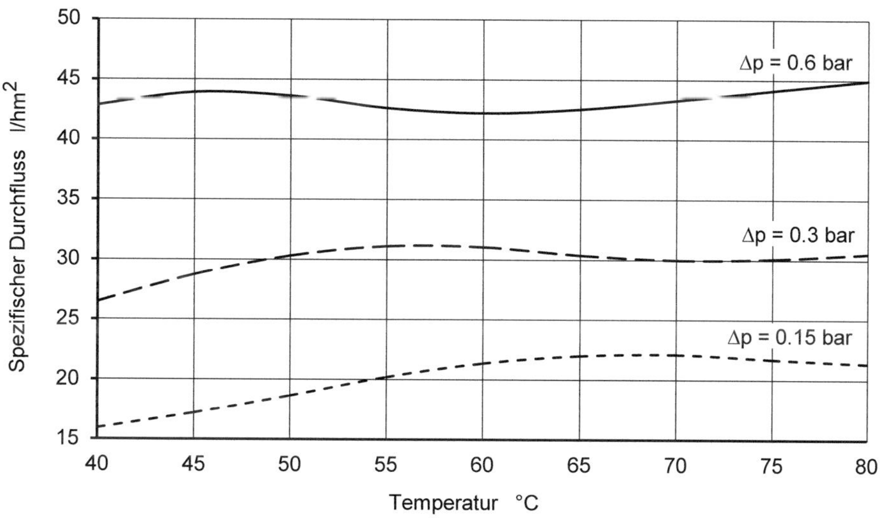

Abbildung 2-30 Spezifischer Durchfluss einer Kollektorreihe als Funktion der Temperatur bei unterschiedlichen Druckverlusten.

Abbildung 2-31 stellt die relative Abweichung des näherungsweise berechneten Gesamtdurchflusses vom iterativ berechneten Gesamtdurchfluss dar. Die Abweichungen sind oberhalb 45 *°C* mit rund +/- 10 *%* sehr klein. Die Näherungsformel kann daher gut zur Berechnung des Durchflusses von Kollektorfeldern verwendet werden.◄

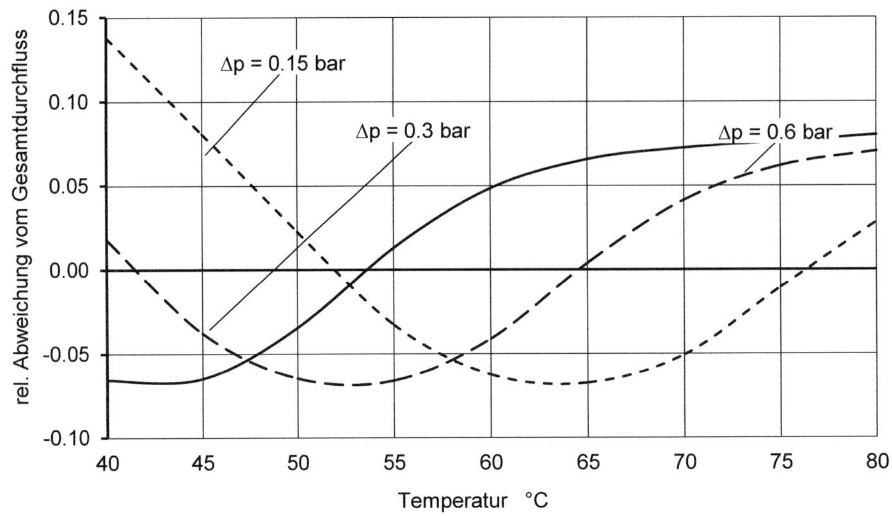

Abbildung 2-31 Relative Abweichung des näherungsweise berechneten Gesamtdurchfluss vom iterativ berechneten Gesamtdurchfluss.

2.4.5 Einfluss der Verschaltung auf Durchfluss, Temperaturen und Leistung

Kollektorfelder mit parallel geschalteten Kollektoren sind nie homogen durchströmt. Bei einseitigem Anschluss ist sofort klar, dass der erste Kollektor der Reihe den höchsten Durchfluss aufweist, weil die Sammelleitungen stets einen gewissen Beitrag zum Druckverlust liefern. Wie in Beispiel 2-7 gezeigt wird, sind auch nach Tichelmann verschaltete Kollektorfelder nicht homogen durchströmt. Der Einfluss der Inhomogenität auf die Leistung ist vernachlässigbar. Für die Dimensionierung der Druckhaltung hingegen muss der Dampfdruck bei der höchsten Austrittstemperatur bekannt sein. Als Maß für die Inhomogenität der Durchströmung wird die mittlere relative Abweichung vom Mittelwert der Durchströmung definiert.

$$\delta Q_{rel} = \frac{1}{Q_{KR}} \sum_{k=1}^{n} \left| Q_k - \frac{Q_{KR}}{n} \right| \tag{2.103}$$

Für die Dimensionierung der Druckhaltung muss der Dampfdruck bei der maximalen Austrittstemperatur berechnet werden. Die maximale Austrittstemperatur tritt beim Kollektor mit dem kleinsten Volumenstrom auf. Die Abweichung vom Mittelwert ist

$$\delta Q_{\min} = Q_{K\min} - \frac{Q_{KR}}{n} \tag{2.104}$$

Mit Hilfe der Gleichungen (1.1) und (1.2) in Abschnitt 1.2.1.1 kann die mittlere Temperatur in jedem Kollektor eines Kollektorfeldes sowie seine Austrittstemperatur iterativ berechnet werden. Weil die Austrittstemperatur bei jedem Kollektor verschieden ist, unterscheiden sich auch die mittleren Temperaturen und der Wirkungsgrad.

$$T_{\omega,k} = T_\alpha + \frac{GA_K\eta_k}{Q_k\rho_l c_l} \quad \Rightarrow \quad T_{m,k} = \frac{T_\alpha + T_{\omega,k}}{2} \quad \Rightarrow \quad \eta_k \tag{2.105}$$

Die Gesamtleistung des Kollektorfeldes ist

$$P_{KR} = GA_K \sum_{k=1}^{n} \eta_k = \rho_l c_l \left[\left(\sum_{k=1}^{n} Q_k T_{\omega,k} \right) - T_\alpha Q_{KR} \right], \tag{2.106}$$

und die Gesamtleistung bei homogener Durchströmung

$$P_{\mathrm{hom}} = nGA_K\eta_{\mathrm{hom}} = Q_{KR}\rho_l c_l \left(T_\omega - T_\alpha\right). \tag{2.107}$$

Der Wirkungsgrad η_{hom} bezieht sich auf den arithmetischen Mittelwert der Ein- und Austrittstemperatur. Besteht der Absorberstrang nicht aus einem einzelnen Kollektor, sondern aus einem Strang von m Kollektorelementen, so muss in (2.105) A_{KS} anstelle von A_K eingesetzt und der Wirkungsgrad näherungsweise für die mittlere Strangtemperatur berechnet werden. Im Beispiel 2-5 wird gezeigt, dass die Gesamtleistung für den realistischen Fall, bei dem das Kollektorfeld nicht homogen durchströmt ist, nur geringfügig kleiner ist als bei homogener Durchströmung.

►**Beispiel 2-5:** Eine Kollektorreihe, bestehend aus 10 parallel geschalteten Kollektoren mit Mäanderabsorber, sei einseitig angeschlossen. Die Kollektorfläche beträgt 2.5 m^2. Der Konversionsfaktor betrage $\eta_0 = 0.78$, die Verlustfaktoren $a_1 = 3.6\ W/m^2K$ und $a_2 = 0.01\ W/m^2K^2$. Der Mäanderabsorber ist durch ein gerades Rohr mit 20 m Länge und 7 mm Innendurchmesser repräsentiert. Die Verteilleitung und die Sammelleitung bestehen aus einem 2.2 m langen Glattrohr mit einem Innendurchmesser von 16 mm. Die Umgebungstemperatur sei 20 °C und die Eintrittstemperatur $T_\alpha = 40$ °C. Die Bestrahlungsstärke betrage 1000 W/m^2. Die Kollektorreihe werde mit der Wasser-Glykol Mischung Tyfocor®LS bei einem Druckgefälle von 0.3 *bar* betrieben. Gesucht sind die Strömungsverteilung, die Austrittstemperaturen und der auf die Fläche des Kollektorfeldes bezogene Volumenstrom. Die Verzweigungsdruckverluste sollen berücksichtigt werden.

Bei einseitigem Anschluss der Kollektorreihe erhält man die Strömungsverteilung nach Abbildung 2-32. Die mittlere Abweichung des Volumenstromes vom Mittelwert ist 16 %. Der mittlere spezifische Volumenstrom beträgt 30.4 l/hm^2.

Interessanter ist die Temperaturverteilung am Kollektoraustritt, die in Abbildung 2-33 dargestellt ist. Die Vorlauftemperatur ist gleich der Mischtemperatur in der Sammelleitung im ersten Kollektor. Im ersten Kollektor liegt die Austrittstemperatur 6 K unter der Vorlauftemperatur, im letzten Kollektor hingegen 4 K darüber. Daran erkennt man, dass die Kollektortemperatur als Regelgröße problematisch ist. Als Kontrollgröße ist sie jedoch sehr wertvoll.

Ist die Differenz zwischen der Temperatur im letzten Kollektor und der Vorlauftemperatur deutlich größer als 4 K, liegt ein Durchströmungsproblem vor, das zu partieller Stagnation führen kann.

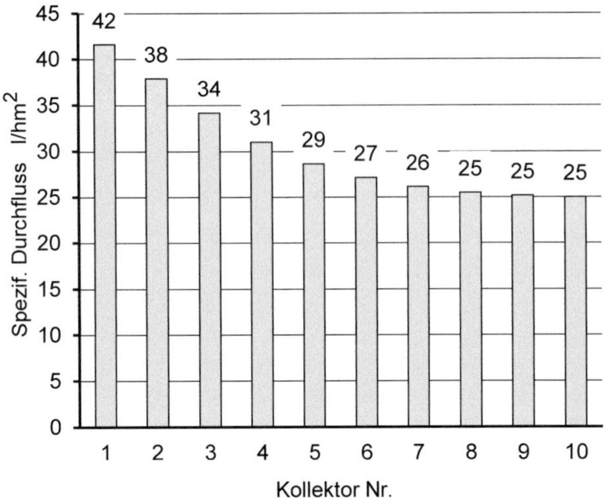

Abbildung 2-32 Strömungsverteilung bei einseitigem Anschluss und einem mittleren Durchfluss von 30 l/hm^2.

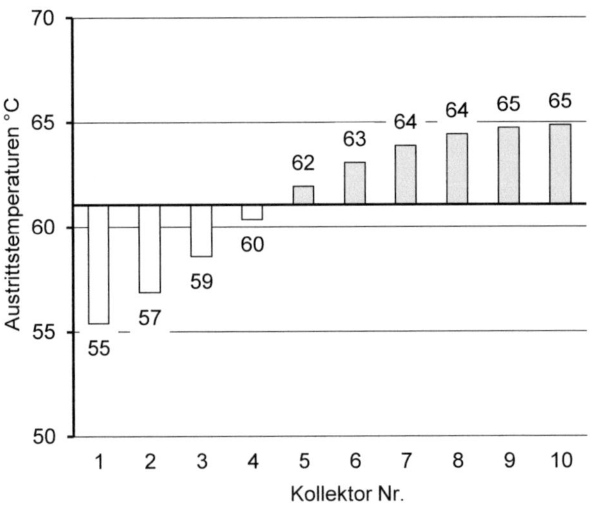

Abbildung 2-33 Temperaturverteilung bei einseitigem Anschluss und einem mittleren Durchfluss von 30 l/hm^2.

Die Leistungseinbuße durch die Inhomogenität der Strömung, die man aus der Differenz zwischen den Gleichungen (2.106) und (2.107) erhält, ist kleiner als 0.2 % und damit vernachlässigbar.◀

►**Beispiel 2-6:** Die Kollektorreihe nach Beispiel 2-6 soll nach Tichelmann angeschlossen werden. Gesucht sind wiederum die Strömungsverteilung, die Austrittstemperaturen und der auf die Fläche des Kollektorfeldes bezogene Volumenstrom.

Man erhält eine etwas homogenere Strömungsverteilung gemäß Abbildung 2-34. Entsprechend geringer sind nach Abbildung 2-35 auch die Abweichungen der Austrittstemperaturen von der Vorlauftemperatur.

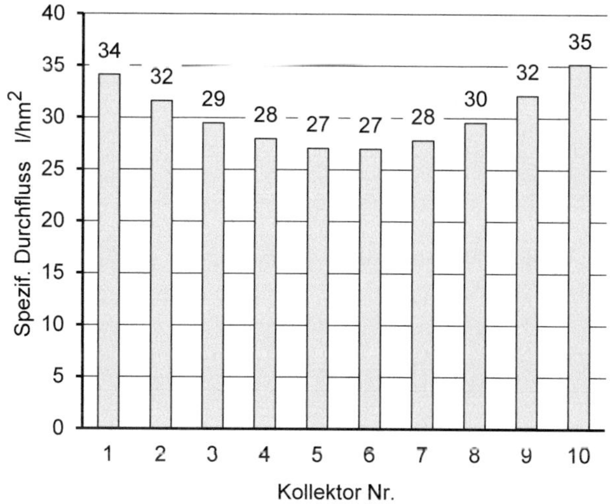

Abbildung 2-34 Strömungsverteilung beim Anschluss nach Tichelmann und einem mittleren Durchfluss von 30 l/hm^2.

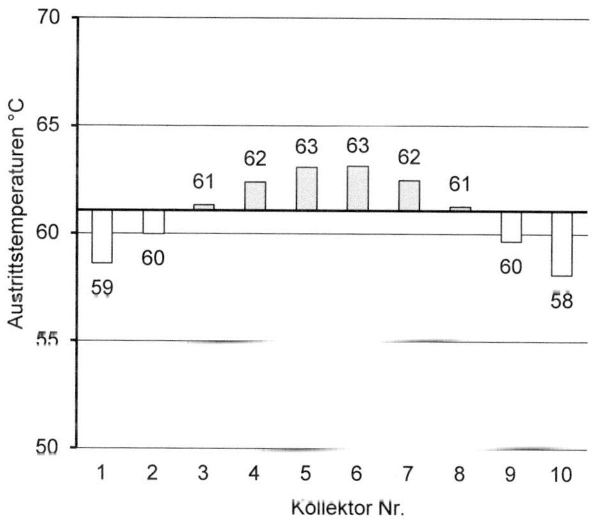

Abbildung 2-35 Temperaturverteilung beim Anschluss nach Tichelmann und einem mittleren Durchfluss von 30 l/hm^2.

Die mittlere Abweichung des Volumenstromes vom Mittelwert ist mit 8 % nur halb so groß wie beim einseitigen Anschluss. Der mittlere spezifische Volumenstrom ist mit 29.8 l/hm^2 rund 2 % kleiner bei einseitigem Anschluss. Allerdings ist die Tichelmannleitung, die über die gesamte Länge der Kollektorreihe verläuft, nicht berücksichtigt. ◄

2.4.5.1 Einfluss der Strömungsverteilung auf die Austrittstemperatur

Kollektoren mit geringerem Durchfluss haben eine entsprechend höhere Austrittstemperatur. Zunächst wird die mittlere Austrittstemperatur berechnet, analog zur Gleichung (2.105).

$$\langle T_\omega \rangle = T_\alpha + \frac{G \cdot A_{KR} \langle \eta \rangle}{Q_{KR} \rho_l c_l} = T_\alpha + \frac{G \langle \eta \rangle}{\tilde{Q} \rho_l c_l} \quad ; \quad \langle \eta \rangle = \frac{1}{n} \sum_{k=1}^{n} \eta_k \tag{2.108}$$

Die Abweichung der Temperatur am Kollektoraustritt von der mittleren Austrittstemperatur kann wie folgt berechnet werden.

$$\Delta T = \frac{d \langle T_\omega \rangle}{d\tilde{Q}} \Delta \tilde{Q} = -\frac{G \langle \eta \rangle}{\tilde{Q}^2 \rho_l c_l} \Delta \tilde{Q} \tag{2.109}$$

►**Beispiel 2-7:** Das Kollektorfeld einer Prozesswärmeanlage, bestehend aus direkt durchströmten Vakuumröhrenkollektoren, arbeite bei G = 1000 W/m^2 und einer mittleren Austrittstemperatur von 110 °C. Der Volumenstrom in dem am schlechtesten durchströmten Kollektorelement sei 20 % kleiner als der mittlere Volumenstrom. Gesucht ist die Austrittstemperatur in diesem Kollektorelement bei unterschiedlichen spezifischen Volumenströmen. Außerdem soll der zugehörige Dampfdruck des Wärmeträgermediums Tyfocor®LS berechnet werden. Der Einfachheit halber wird mit einem festen Wirkungsgrad von $\eta = 0.5$ gerechnet. Die Resultate sind in der Abbildung 2-36 dargestellt.

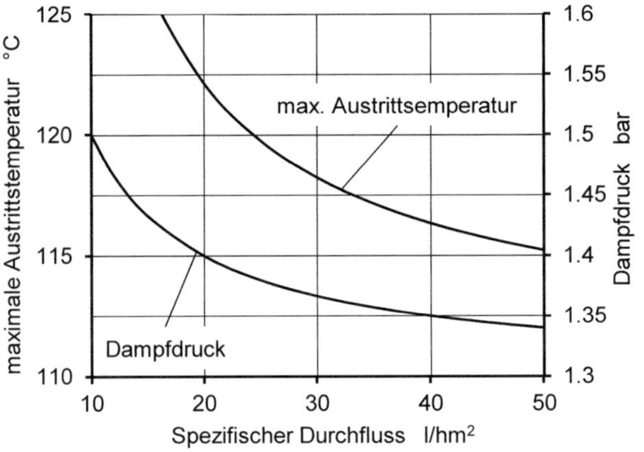

Abbildung 2-36 Maximale Austrittstemperatur und Dampfdruck von Tyfocor®LS.

Die Abweichung der Austrittstemperatur vom Mittelwert ist umso größer, je höher die auf die Kollektorfläche bezogene Leistung und je kleiner der spezifische Durchfluss ist. Bei 110 *°C* beträgt der Dampfdruck 1.32 *bar*. Bei einem spezifischen Durchfluss von 20 l/hm^2 wäre die maximale Austrittstemperatur 115 *°C* und der Dampfdruck bereits 1.55 *bar*.◄

2.5 Modellierung von Kreiselpumpen

2.5.1 Pumpenkennlinie

In Solaranlagen werden in der Regel einstufige Nassläuferpumpen eingesetzt. Die Kennlinie für den Pumpendruck Δp_P lässt sich in guter Näherung durch zwei stückweise Polynome zweiten Grades als Funktion des Durchflusses Q darstellen.

$$\Delta p_P = \begin{cases} p_0 + a_0 Q + b_0 Q^2 & ; \quad 0 \le Q < Q_1 \\ p_1 + a_1 Q + b_1 Q^2 & ; \quad Q_1 \le Q \le Q_2 \end{cases} \qquad \text{wobei } p_1 = p_0 + a_0 Q_1 + b_0 Q_1^2 \tag{2.110}$$

Bei elektronisch geregelten Pumpen lässt sich die Drehzahl proportional zum angelegten Steuersignal zwischen ihrem Minimal- und Maximalwert einstellen. Üblich sind 0–10 *V*, 4–20 *mA* sowie durch Pulsweitenmodulation PWM dargestellte Signale. In den Datenblättern der Hersteller sind neben den Kennlinien für Konstantdruck und Proportionaldruck oft nur die beiden Kennlinien bei maximaler und minimaler Drehzahl dargestellt. Mit Hilfe der Ähnlichkeitsbeziehungen für Kreiselpumpen lassen sich die Kennlinien für beliebige Regelsignale wie folgt approximieren:

Der Quotient zweier Förderströme ist gleich dem Quotient der entsprechenden Drehzahlen.

$$Q = Q_{\max} \frac{n}{n_{\max}} \tag{2.111}$$

Der Quotient zweier Pumpendrücke ist hingegen gleich dem Quadrat des Quotienten der entsprechenden Drehzahlen.

$$\Delta p_P = \Delta p_{P\max} \left(\frac{n}{n_{\max}} \right)^2 \tag{2.112}$$

Folgende Beziehung für die Leistung gilt nur bei konstantem Wirkungsgrad.

$$\Delta P_P = \Delta P_{P\max} \left(\frac{n}{n_{\max}} \right)^3 \tag{2.113}$$

Das Kennlinienfeld wird wie folgt modelliert. Durch Auflösen der Gleichung (2.112) wird zunächst die zur Minimalkennlinie gehörende Drehzahl berechnet. Weil diese Beziehung für alle Punkte auf der Kennlinie gilt, reicht es aus, wenn man den maximalen und den minimalen Pumpendruck bei einem Förderstrom von null aus der Pumpenkennlinie abliest.

$$n_{\min} = n_{\max} \left(\frac{\Delta p_{P\min,0}}{\Delta p_{P\max,0}} \right)^{1/2} \tag{2.114}$$

Die Drehzahl wird als lineare Funktion eines Regelparameters s definiert, der Werte zwischen Null und Eins annehmen kann.

$$n = n_{\min} + s\left(n_{\max} - n_{\min}\right) \quad s \in \{0-1\} \tag{2.115}$$

Einsetzen von (2.114) und (2.115) in die Beziehungen (2.111) und (2.112) liefert das zu einem beliebigen Regelparameter s gehörende Wertepaar Q und Δp_P auf der entsprechenden Kennlinie.

$$Q = Q_{\max} \left[(1-s)\sqrt{\frac{\Delta p_{p\min,0}}{\Delta p_{p\max,0}}} + s \right] \quad s \in \{0-1\} \tag{2.116}$$

$$\Delta p_p = \Delta p_{p\max} \left[(1-s)\sqrt{\frac{\Delta p_{p\min,0}}{\Delta p_{p\max,0}}} + s \right]^2 \quad s \in \{0-1\} \tag{2.117}$$

In der Abbildung 2-37 sind die mit den Gleichungen (2.116) und (2.117) berechneten Pumpenkennlinien beispielhaft dargestellt.

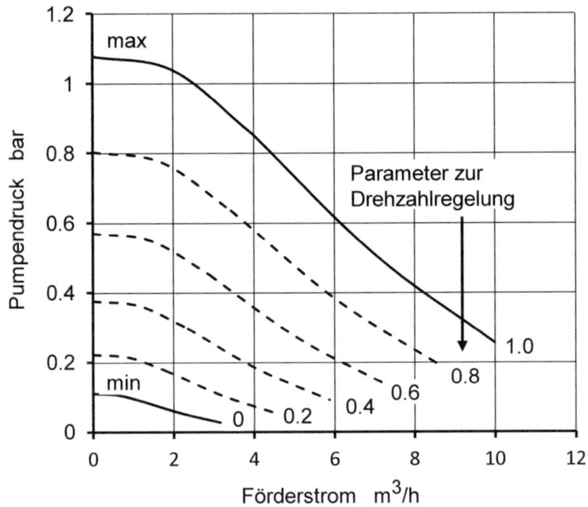

Abbildung 2-37 Berechnetes Kennlinienfeld für die Pumpe Biral Redline A16.

2.5.1.1 Einfluss von Dichte und Viskosität auf die Förderleistung

In den Pumpenkatalogen sind die Kennlinien meist für Wasser bei 20 *°C* dargestellt. Weil sich die Dichten von Wasser und Wasser-Glykol-Gemischen nur geringfügig unterscheiden, sind auch die Pumpendrücke gegen einen geschlossenen Schieber praktisch gleich. Mit zunehmender Viskosität nehmen die Reibungsverluste zu, was sich mit steigendem Durchfluss zunehmend bemerkbar macht. Der Einfluss der höheren Viskosität ist jedoch aus folgenden Gründen meist vernachlässigbar.

- Bei Temperaturen über 60 *°C* ist die Viskosität von handelsüblichen Gemischen aus Wasser mit 45 *%* Propylenglykol praktisch gleich wie die von Wasser bei 20 *°C*.
- Die Anlagenkennlinien von Solaranlagen sind meist recht steil und schneiden die Pumpenkennlinie in einem flachen Bereich, wo sich der Einfluss der Viskosität kaum bemerkbar macht.

Die meisten Hersteller bieten auf ihren Internetseiten komfortable Rechenfunktionen, mit denen die Kennlinien für andere Fluide und beliebige zulässige Temperaturen generiert werden können.

2.5.1.2 Werkseinstellung von Pumpen

Bei der Sanierung von wärmetechnischen Anlagen werden häufig die Pumpen durch moderne, elektronisch geregelte Pumpen ersetzt. Alle Pumpenhersteller bieten solche Austauschbaureihen an. Damit das Betriebsverhalten der Anlage nach dem Pumpentausch erhalten bleibt, müssen die Kennlinien übereinstimmen. Der Hersteller kann dies durch Beschränken der elektrischen Leistung erreichen. Mit diesen Werkseinstellungen läuft die Pumpe auf einer Kennlinie unterhalb der Maximalkennlinie. Bei der Dimensionierung von Pumpen für Solaranlagen will man jedoch die Leistungsfähigkeit der Pumpe und ihren vollen Regelbereich ausschöpfen. Die Leistungsbegrenzung lässt sich in der Regel sehr einfach deaktivieren. Das entsprechende Vorgehen ist in dem zur Pumpe mitgelieferten Handbuch beschrieben.

2.5.2 Erforderlicher Zulaufdruck zur Vermeidung von Kavitation

Nach dem Eintritt in die Pumpe wird die Flüssigkeit durch Richtungsänderung und Querschnittsverengung zunächst beschleunigt. Dadurch nimmt der dynamische Druck zu, während der statische Druck sinkt. Der niedrigste Druck wird am Eintritt in das Laufrad erreicht, unmittelbar hinter der Eintrittskante der Laufschaufeln. Der Druckverlauf ist in der Abbildung 2-38 qualitativ dargestellt. Die Höhe des Druckabfalles ist abhängig von der Bauform und dem Betriebszustand der Pumpe.

2.5.2.1 Kavitation

Ist der Druck am Saugstutzen der Pumpe zu tief, so kann der Druck hinter der Eintrittskante des Laufrades unter den Dampfdruck fallen. An den Wandkeimen des Laufrades entwickeln sich in der Folge Dampfblasen. Diese werden durch Zwischenphasenreibung in der Flüssigkeit mitbefördert und gelangen weiter stromabwärts in Bereiche, in denen der Druck der Flüssigkeit über dem in der Blase herrschenden Dampfdruck liegt. Aufgrund dieser Druckdifferenz wird die Flüssigkeit in der Umgebung der Blase in Richtung des Blasenzentrums beschleunigt und die Blase kollabiert. Mit dem Verschwinden der Blase wird die Bewegung der Flüssigkeit sofort abgebremst. Weil die Flüssigkeit praktisch inkompressibel ist, ist dieses Abbremsen mit hohen Druckspitzen verbunden. Diesen Vorgang nennt man Kavitation. Aus folgenden Gründen muss Kavitation vermieden werden:

- Die Druckspitzen nach dem Kollaps der Dampfblasen beschädigen die Oberfläche des Laufrades.
- Durch Kavitation nimmt die Pumpenleistung stets ab.
- Kavitation ist stets mit Geräuschbildung verbunden.

Kavitation lässt sich vermieden, indem man dafür sorgt, dass der Druck am Eintritt in die Pumpe stets größer oder gleich dem erforderlichen Zulaufdruck ist. Dieser ist abhängig vom Pumpentyp, vom Fördermedium und vom Betriebszustand, der durch Drehzahl, Volumenstrom und Fluidtemperatur bestimmt ist. Für die in der Gebäudetechnik verwendeten Heizungspumpen geben die Hersteller in der Regel den erforderlichen Zulaufdruck als Maximalwerte für Wasser bei zwei oder drei Temperaturen an. In der Praxis rechnet man auch bei Wasser-Glykol-Gemischen mit den Werten für Wasser.

Der Zulaufdruck ist als Überdruck zum Atmosphärendruck angegeben, bezogen auf eine bestimmte Bezugshöhe über Meer. Weil der Atmosphärendruck mit zunehmender Höhe über der Bezugshöhe sinkt, muss die entsprechende Druckdifferenz zum Zulaufdruck addiert werden. Wie die Tabelle 2-3 zeigt, sind die Angaben in den Datenblättern nicht einheitlich geregelt.

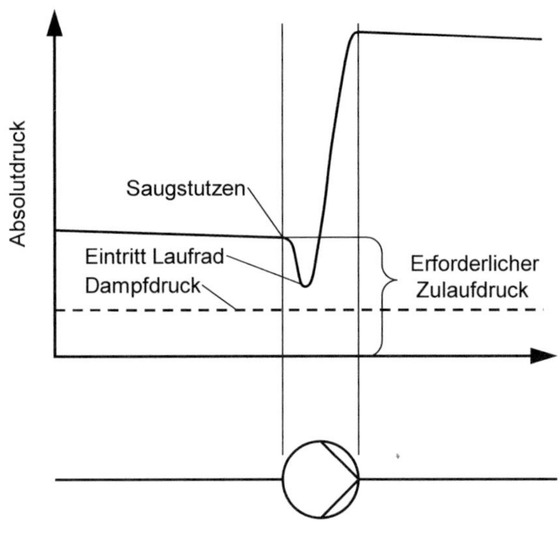

Abbildung 2-38 Druckverlauf innerhalb einer Kreiselpumpe.

Tabelle 2-3 Bezugshöhe des Zulaufdruckes nach Herstellerangaben.

Hersteller	Bezugshöhe m	Druckeinheit	Abweichung von Bezugshöhe
Biral	500	*bar*	$^{+}_{-}$ 0.01 *bar* / $^{+}_{-}$ 100 *m*
Grundfos	300	*bar*	$^{+}_{-}$ 0.01 *bar* / $^{+}_{-}$ 100 *m*
Wilo	300	*mWs*	$^{+}_{-}$ 0.1 *m* / $^{+}_{-}$ 100 *m*

Bei Handrechnungen würde man den Zulaufdruck nicht für die maximale Betriebstemperatur berechnen, sondern den tabellierten Zulaufdruck bei der nächst höheren Temperatur wählen. Es ist aber recht aufwändig, bei der Auslegung jedes Mal den Pumpenkatalog zu konsultieren um den Zulaufdruck für die entsprechende Einbausituation zu berechnen. Bei der Auslegung mit Hilfe eines Rechenprogramms können die Betriebsdaten der Pumpe in einem Pumpenkatalog hinterlegt werden.

Stellt man den Zulaufdruck und den Dampfdruck als Funktion der Temperatur dar, so stellt man fest, dass der Zulaufdruck bei allen Temperaturen um praktisch denselben pumpenspezifischen Betrag über dem Dampfdruck liegt. Dies ist in der Abbildung 2-39 gezeigt. Für eine gegebene Pumpe kann der Zulaufdruck folglich als Funktion des Dampfdrucks allein dargestellt werden. Daher können die Katalogdaten leicht auf andere Einbauhöhen und Betriebstemperaturen umgerechnet werden. Der Atmosphärendruck wird für die Normalatmosphäre nach DIN 5450 mit der internationale Höhenformel (2.118) berechnet. Hierin sind $p_{Atm,N}$ = 101325 *Pa* der Druck und T_N = 288.15 *K* die Normtemperatur auf Meereshöhe. Der Koeffizient C = 0.00651 *K/m* berücksichtigt die Abnahme der Temperatur mit zunehmender Höhe über Meer. Zunächst berechnet man den Atmosphärendruck für die in den Datenblättern angegebenen Referenzhöhen h_0 über Meer.

$$p_{Atm,0} = p_{Atm,N}\left(1-\frac{C\cdot h_0}{T_N}\right)^{5.255} \tag{2.118}$$

Die im Datenblatt für verschiedene Temperaturen ϑ_k tabellierten Zulauf-Überdrücke werden in die Einheit Pascal umgerechnet und zum Atmosphärendruck addiert.

$$p_{z0}\left(\vartheta_k\right) = p_{z0,ü}\left(\vartheta_k\right) + p_{Atm,0} \tag{2.119}$$

Schließlich bildet man nach Gleichung (2.120) die Differenz zwischen dem absoluten Zulaufdruck und dem Dampfdruck für alle angegebenen Temperaturen. Weil der Zulaufdruck für eine gegebene Pumpe praktisch nur vom Dampfdruck abhängt, liegen die erhaltenen Werte nahe beieinander. Indem man für die Berechnung des Zulaufdruckes den Maximalwert der Differenzen zugrunde legt, liegen die Rechnungen auf der sicheren Seite.

$$\Delta p_z = \max\left\{p_{z0}\left(\vartheta_k\right) - p_v\left(\vartheta_k\right),\ k \in 1..n\right\} \tag{2.120}$$

Nun kann der absolute Zulaufdruck und der Zulauf-Überdruck für beliebige Höhen über Meer und beliebige Temperaturen nach Gleichung (2.121) berechnet werden.

$$p_z = p_v + \Delta p_z \qquad p_{z,ü} = p_z - p_{Atm} \tag{2.121}$$

► **Beispiel 2-8:** Eine Pumpe vom Typ Wilo Stratos 25/1-8 soll in einer Solaranlage am Standort Pontresina (CH) auf einer Höhe von 1805 *m* über Meer eingesetzt werden. Die maximale Betriebstemperatur beträgt 90 *°C*.

A) Auslegung von Hand: Die Referenzhöhe beträgt 300 *m* über Meer. Der Zulaufdruck ist als Zulaufhöhe in *m* für die Temperaturen 50, 95 und 110 *°C* angegeben. Die Zulaufhöhe bei der nächst höheren Temperatur von 95 *°C* beträgt 10 *m*. Weil der Luftdruck mit zunehmender Höhe abnimmt, muss die Zulaufhöhe gemäß Datenblatt um 0.1 *m* pro 100 *m* Höhendifferenz erhöht werden. Diese beträgt: 1800-500 = 1300 *m*. Die Zulaufhöhe muss folglich um (1300/100)·0.1=1.3 *m* auf 11.3 *m* erhöht werden.

B) Auslegung mit Hilfe eines Rechenprogramms basierend auf den Gleichungen (2.118) bis (2.121): Erforderliche Eingaben sind der Pumpentyp, die maximale Betriebstemperatur und die Anlagenhöhe über Meer. Die Druckdifferenz nach Gleichung (2.120) ist $\Delta p_z = 114\,422\ Pa$. Der Dampfdruck bei der maximalen Betriebstemperatur beträgt $p_v = 70\,570\ Pa$. Der mittlere Atmosphärendruck auf 1805 *m* über Meer ist $p_{Atm} = 81\,464\ Pa$. Der erforderliche Zulaufdruck wird nach Gleichung (2.121) berechnet und als Endresultat in *bar* ausgegeben: $p_z = 1.14422 + 0.7057 = 1.8499\ bar$ und $p_{z,ü} = 1.8499 + 0.81464 = 1.04\ bar_ü$.

Das Resultat ist in Abbildung 2-39 dargestellt. Man sieht sofort, dass die Zulaufdrücke auf einer um den jeweiligen Differenzdruck Δp_z verschobenen Dampfdruckkurve liegen.

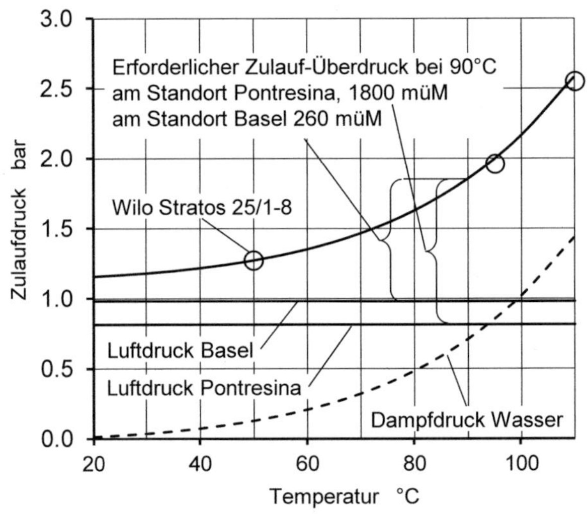

Abbildung 2-39 Erforderlicher Zulaufdruck als Funktion der Temperatur für die Pumpe Wilo Stratos 25/1-8 an den Standorten Basel und Pontresina.

Der Vorteil des Rechenprogramms besteht darin, dass bei der Planung nebst dem Pumpentyp nur die Vorlauftemperatur und die Höhe des Anlagenstandortes über Meeresniveau eingegeben werden muss. ◄

2.5.2.2 Einfluss des Gehaltes an gelösten Gasen

Der statische Druck, bei dessen Unterschreiten Kavitation auftritt, ist nicht allein durch den Dampfdruck der Flüssigkeit bestimmt. Meist enthält die Flüssigkeit auch Gase in gelöster Form. Im Kapitel 4 wird das Thema der Gaslöslichkeit vertieft behandelt. Ein wichtiger Zusammenhang muss jedoch zum besseren Verständnis der Kavitation vorweggenommen werden:

Flüssigkeiten lösen Gase durch Diffusion über freie Oberflächen, beispielsweise über die Oberfläche von Luftblasen oder Flüssigkeitsspiegel. Eine Flüssigkeit kann ein Gas so lange absorbieren, bis sie mit diesem Gas gesättigt ist. Der Sättigungsgehalt ist proportional zum Partialdruck des Gases in der Gasphase. Wenn man den Einfluss der Oberflächenspannung vernachlässigt, entspricht der statische Druck der Flüssigkeit dem Gesamtdruck in der Blase. Dieser setzt sich zusammen aus den Partialdrücken der Gase, die aus der Lösung getreten sind, und dem Dampfdruck der Flüssigkeit. Aus diesem Grund tritt Kavitation bei gashaltigen Flüssigkeiten stets bei höheren Drücken auf als bei entgasten Flüssigkeiten. Außerdem kann bei zu hohem Gasgehalt die Förderleistung vollständig zum Erliegen kommen. Diese Effekte, ihre Berechnung sowie Gegenmaßnahmen sind in zahlreichen Arbeiten und Handbüchern beschrieben, beispielsweise in Gülich (2013), Chen (1993), Sulzer Pumpen (2010, S.331) und Munson et al. (2006).

Der erforderliche Zulaufdruck wird durch den Pumpenhersteller experimentell ermittelt. Aufgrund der üblichen experimentellen Anordnung mit offenem Wassertank kann man annehmen, dass das bei der Prüfung verwendete Wasser atmosphärisch gesättigt ist. Sofern der Kreislauf sehr gut entlüftet werden kann, entsprechen die Verhältnisse jenen im Experiment und man kann die auf der Grundlage der Datenblätter berechneten Zulaufdrücke ohne Korrekturen verwenden. Falls der Kreislauf schwierig zu entlüften ist, muss man damit rechnen, dass der Gasgehalt über dem der atmosphärischen Sättigung liegt. Dies ist hinsichtlich der Kavitationsgefahr meist unkritisch in Fällen, wo die Pumpe in der Größenordnung von 10 m unterhalb des Anlagenhochpunktes angeordnet ist. Bei Dachzentralen kann unvollständige Entlüftbarkeit jedoch Probleme bieten, die man am besten dadurch löst, dass man den Kreislauf nach der Inbetriebnahme durch Vakuumentgasung entgast.

2.6 Druckverlauf im Kollektorkreis

Ein Kreislauf besteht aus vielen Rohrstrecken mit unterschiedlicher Orientierung sowie Armaturen und weiteren Kreislaufkomponenten. Diese Komponenten verursachen am strömenden Fluid einen Druckabfall. Am Übergang zwischen diesen Komponenten treten oft Querschnittsänderungen auf, die ebenfalls einen Druckabfall verursachen. Für die nachfolgend beschriebene Rechnung ist es praktisch, diese Querschnittsänderungen ebenfalls als Komponenten aufzufassen, obwohl sie lediglich durch das Zusammenfügen zweier physischer Komponenten gebildet werden, beispielsweise durch die Verbindung zwischen Rohr und Wärmezähler. Diese Komponenten werden in Fließrichtung nummeriert. Der Referenzpunkt 0 des Kreislaufes ist der Anschluss der Ausdehnungsleitung für die Druckhaltung. An diesem Referenzpunkt der Anlage ist der statische Druck allein durch den Zustand der Druckhaltung bestimmt.

Der Druckverlauf in einer Komponente des Kreislaufes wird mit Hilfe der Bernoulli-Gleichung berechnet. Diese ist um ein Zusatzglied ergänzt, welches die Druckverluste Δp bzw. den Druckgewinn durch die Pumpe Δp_p berücksichtigt. Vom Standpunkt der Dimensionierung ist der statische Druck maßgebend, der auf die Rohrwand wirkt und der mit einem Manometer über eine kleine Bohrung in der Rohrwand gemessen werden kann. Die Differenz des statischen Druckes am Ein- und Austritt der *k*-ten Komponente des Kreislaufes, beispielsweise einer Rohrstrecke, kann direkt durch die Bernoulligleichung ausgedrückt werden, die zu diesem Zweck entsprechend umgeformt wird.

$$p_k - p_{k-1} = -\frac{\rho}{2}\left(w_k^2 - w_{k-1}^2\right) - \rho g\left(h_k - h_{k-1}\right) + \Delta p_k \tag{2.122}$$

Hieraus erkennt man, dass die Druckdifferenz nicht von den absoluten Höhen, sondern nur von der Höhendifferenz abhängig ist. Der Index *k* bezeichnet sowohl die Komponente als auch deren Austritt. Der Index *k*−1 bezeichnet den Eintritt der Komponente *k*. Die Gleichung (2.122) wird sukzessive auf Komponenten angewendet. Man erhält ein System aus *n* Gleichungen.

$$\begin{aligned}
p_1 - p_0 &= -\frac{\rho}{2}\left(w_1^2 - w_0^2\right) + \rho g\left(h_1 - h_0\right) + \Delta p_1 \\
&\vdots \\
p_k - p_{k-1} &= -\frac{\rho}{2}\left(w_k^2 - w_{k-1}^2\right) + \rho g\left(h_k - h_{k-1}\right) + \Delta p_k \\
&\vdots \\
p_n - p_{n-1} &= -\frac{\rho}{2}\left(w_n^2 - w_{n-1}^2\right) + \rho g\left(h_n - h_{n-1}\right) + \Delta p_n
\end{aligned} \tag{2.123}$$

Der statische Druck p_n am Austritt der letzten (*n*-ten) Komponente ist gleich dem statischen Druck p_0 am Eintritt der ersten Komponente. Summiert man alle Gleichungen in (2.123), erhält man folglich auf der linken Seite die Druckdifferenz null. Weil auch die entsprechenden Fließgeschwindigkeiten und Höhen gleich sind, heben sich die Terme des dynamischen Druckes und des Schweredruckes auf. Die resultierende Gleichung wird nach dem erforderlichen Pumpendruck aufgelöst. Dieser hat denselben Betrag wie der Gesamtdruckverlust der Anlage Δp_A, der sich aus den Druckverlusten aller *n* Komponenten ergibt.

$$\Delta p_P = -\sum_{k=1}^{n} \Delta p_{f,k} = -\Delta p_A \tag{2.124}$$

Indem man den Gesamtdruckverlust als Funktion des Durchflusses darstellt, erhält man die Anlagenkennlinie. Mit Hilfe der Gleichung (2.124) kann die Pumpe dimensioniert werden. Es gibt zwei mögliche Vorgehensweisen.

1) Man gibt den gewünschten Maximaldurchfluss vor und berechnet den Gesamtdruckverlust der Anlage. Der Betriebspunkt der Anlage ist durch den Gesamtdruckverlust bei diesem Durchfluss bestimmt. Aus dem Pumpenkatalog wählt man eine Pumpe, deren Maximalkennlinie möglichst nahe beim Betriebspunkt liegt.

2) Man trifft eine erste Wahl für die Pumpe und beschreibt deren Pumpenkennlinie als Funktion des Durchflusses. Dann werden der Druckverlust der Anlage und der Pumpendruck für denselben Durchfluss berechnet. Der Durchfluss wird so lange variiert, bis der Pumpendruck mit dem Druckverlust übereinstimmt.

Die Variante 1) kann ohne Computerprogramm durchgeführt werden. Sie eignet sich für Abschätzungen, ist aber in der Anwendung recht aufwändig und schlecht nachvollziehbar. Die Berechnung nach Variante 2) kann nur mit einem Computerprogramm effizient durchgeführt werden, weil der Durchfluss iterativ berechnet werden muss. Die Wahl der Pumpe kann durch Lieferverträge oder durch das Lagersortiment eingeschränkt sein. Bei kleineren Solaranlagen werden meist Pumpengruppen eingesetzt, in denen die Pumpe nebst weiteren Komponenten vormontiert ist. Die iterative Rechnung ist leicht reproduzierbar und liefert bei genauer Modellierung einen rechnerischen Durchfluss, der mit dem tatsächlichen Durchfluss gut übereinstimmt. Das Resultat der Berechnung nach Variante 2) lässt sich daher auch sehr gut als Diagnoseinstrument zur Qualitätssicherung und Fehlersuche verwenden.

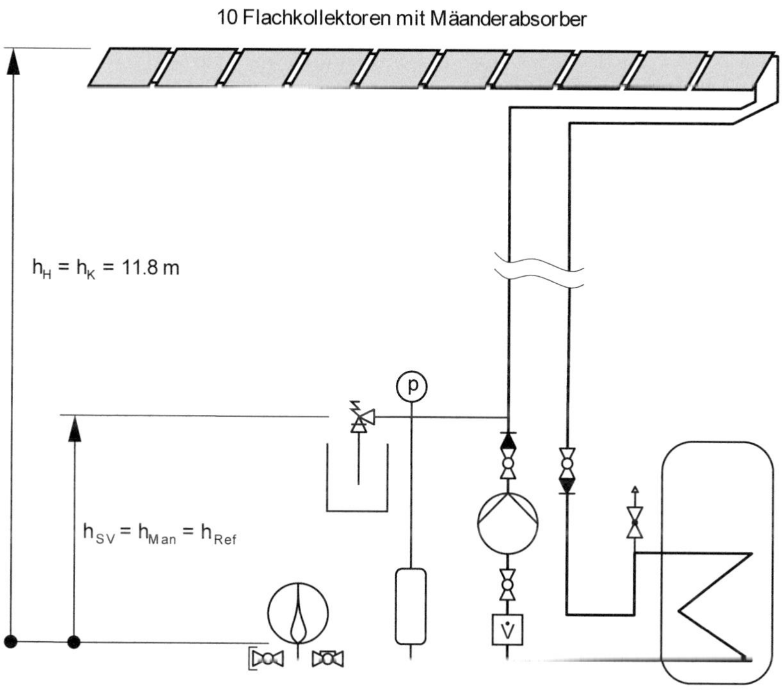

Abbildung 2-40 Standard-Solaranlage zur Illustration der Berechnungsverfahren.

Sobald der Durchfluss bekannt ist, können die statischen Drucke im Kreislauf berechnet werden. Dazu werden die Gleichungen (2.123) sukzessive angewendet, ausgehend vom Anschluss der Druckhaltung am Referenzpunkt, an dem der statische Druck p_0 herrscht.

► **Beispiel 2-9:** Für die Solaranlage nach Abbildung 2-40 und den Spezifikationen nach Tabelle 2-4 soll der Druckverlauf berechnet werden. Außerdem sollen die Fließgeschwindigkeiten bei mittleren Kreislauftemperaturen von 30 *°C* und 80 *°C* berechnet werden. Das Kollektorfeld besteht aus 10 Flachkollektoren mit Mäanderabsorbern, die über integrierte Verteil- und Sammelleitungen parallelgeschaltet sind. Das mäanderförmige Absorberrohr sei durch ein gerades Rohr mit einem Innendurchmesser von 7 *mm* und einer Länge von 20 *m* darstellbar. Die Verteil- und Sammelleitungen haben einen Innendurchmesser von 16 *mm* und eine Länge von 2 *m*. Die Wärmedehnungen dieser Leitungen werden durch Metallbälge von 60 *mm* Länge und einem Innendurchmesser von 16 *mm* kompensiert. Die zulässige Vorlauftemperatur beträgt 90 *°C*. Der Druckverlauf muss für diese Temperatur berechnet werden, weil der Zulaufdruck und der erforderliche Druck am Hochpunkt von den entsprechenden Dampfdrücken abhängen. Damit die Rechnung leichter nachvollziehbar ist, wird mit $h_{SV} = h_{Man} = h_{Ref} = 0$ gerechnet. Bei einer Bestrahlungsstärke von 1000 W/m^2, einer Umgebungstemperatur von 20 *°C* und bei voller Pumpenleistung erhält man den Druckverlauf nach Abbildung 2-41. Der spezifische Durchfluss beträgt 35 l/hm^2. Der Druck am Referenzpunkt von 2.03 $bar_ü$ ist ein Resultat der Dimensionierung des Membran-Druckausdehnungsgefäßes nach Abschnitt 3.6.3. Diese wird in einem iterativen Prozess zusammen mit der Berechnung des Druckverlaufs durchgeführt.

Tabelle 2-4 Spezifikation des Kreislaufes.

	Die Summe aller Höhendifferenzen muss null sein					0	Dicke			spezif.	Aussen
	Durchm.	Länge	Wendel	Parall.	Anzahl	Höhen -	Isolat.		Druck	Durchfl.	Innen
Kreislaufelemente	mm	m	m	Rohre	Winkel	diff. m	mm		bar_ü	l/hm2	a oder i
1 Druckhaltung					Höhe Referenzpunkt :	0			2.03	35	
2 Rohr 1.4520 Optipress	28x1.2	4			4	1	20				
3 Wellschlauch RS 341	DN 25	10			0	10					
4 Rohr C-Stahl Optipress	28x1.5	4			3	0	20				a
5 Wellschlauch RS 341	DN 20	0.4			1	0	20				a
6 Kollektorfeld											a
7 Wellschlauch RS 341	DN 20	0.4			1	-0.4	20				a
8 Rohr 1.4520 Optipress	22x1.2	4			4	-0.4	20				a
9 Wellschlauch RS 341	DN 20	10			0	-10	20				
10 Rohr 1.4520 Optipress	22x1.2	4			4	-1	20				
11 Kugelhahn									Trigress RB DN 25		
12 Rückschlagventil									Trigress DN 25		
13 Rohr 1.4520 Optipress	28x1.2	1			4	0	20				
14 Glattrohr-Wärmetauscher	1"	36	0.9	1		-1					
15 Rohr 1.4520 Optipress	28x1.2	2			4	0	20				
16 Durchflussmesser									GWF MTW 25-3.5		
17 Rohr 1.4520 Optipress	28x1.2	2			3	0	20				
18 Kugelhahn									Trigress RB DN 25		
19 Pumpe					Regelparameter 0-1 (1 = max. Drehzahl)			1	Biral Redline A13		
20 Kugelhahn									Trigress RB DN 25		
21 Rückschlagventil									Trigress DN 25		
22 Rohr 1.4520 Optipress	28x1.2	1			4	1	20				

Sehr wertvoll für die Dimensionierung ist die Darstellung des Druckverlaufs in Abbildung 2-41. Einerseits werden die Drücke zur Dimensionierung der Druckhaltung benötigt, andererseits sieht man sofort, in welcher Komponente der größte Druckabfall auftritt, wo Querschnitte reduziert werden dürfen oder ob eine größere Nennweite gewählt werden muss. Abbildung 2-43 zeigt die für Solaranlagen typische, recht steile Anlagenkennlinie, welche die Pumpenkennlinie im Betriebspunkt der Anlage schneidet.

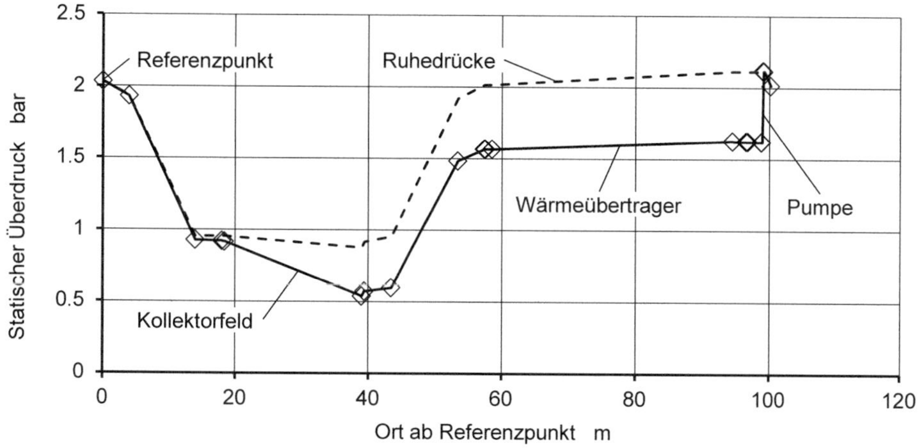

Abbildung 2-41 Druckverlauf bei ruhender Pumpe und bei voller Pumpenleistung, bei einer mittleren Kreislauftemperatur von 80 °C.

Anhand der in Abbildung 2-42 lässt sich prüfen, ob die Wahl des Rohrquerschnittes sinnvoll ist. Bedingt durch die höhere Viskosität sind die Fließgeschwindigkeiten bei einer mittleren Kreislauftemperatur von 30 *°C* deutlich kleiner als bei 80 *°C*. Man beachte, dass in Tabelle 2-4 für die fallenden Leitungen mit *DN* 20 ein kleinerer Querschnitt gewählt wurde. Die Fließgeschwindigkeit ist dadurch so hoch, dass Luftvolumen zuverlässig aus dem Hochpunkt nach unten transportiert werden (vgl. Abbildungen in Abschnitt 4.3.3.4). In diesem Fall macht es Sinn, einen Luftabscheider am Eintritt in den Glattrohrwärmeübertrager anzuordnen.

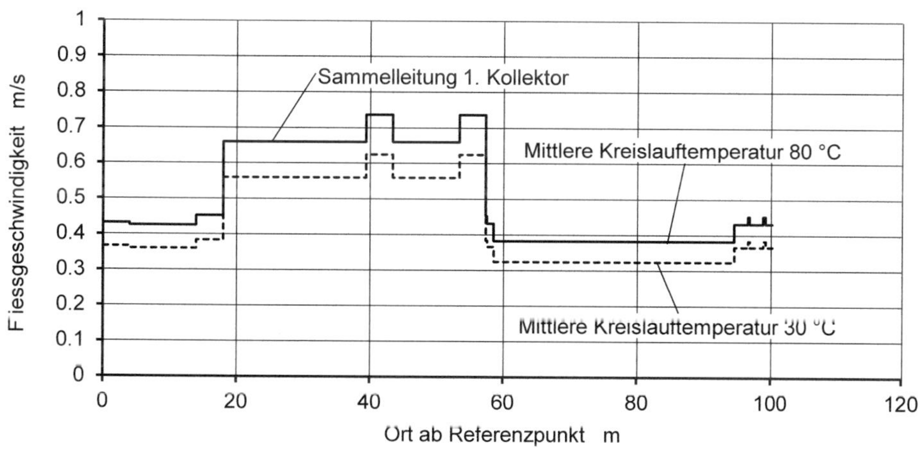

Abbildung 2-42 Fließgeschwindigkeiten im Kreislauf bei mittleren Kreislauftemperaturen von 30 °C und 80 °C.

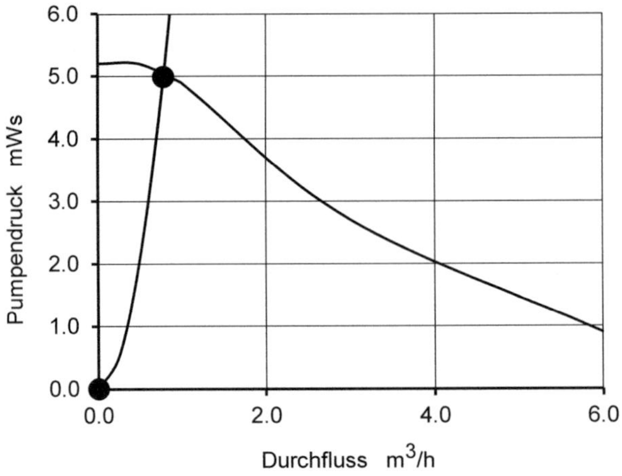

Abbildung 2-43 Anlagenkennlinie, Pumpenkennlinie, Betriebspunkt.

Der Druckverlust des Kollektors wurde mit der Korrelationen (2.82) bis (2.97) berechnet. Diese geben keine Auskunft über die Strömungsverteilung. Vereinfachend wurde über die Länge der Kollektorreihe, d. h. für alle Kollektoren, die Fließgeschwindigkeit der Sammelleitung im ersten Kollektor dargestellt. ◄

2.7 Literatur

Blasius H. (1913) Das Aehnlichkeitsgesetz bei Reibungsvorgängen in Flüssigkeiten. In: Mitteilungen über Forschungsarbeiten auf dem Gebiete des Ingenieurwesens. Springer-Verlag, Berlin, Heidelberg, S. 1-41. doi:10.1007/978-3-662-02239-9_1

Bohl W., Elmendorf W. (2014) Technische Strömungslehre. Kamprath-Reihe, 15. Aufl. Vogel Buchverlag, Würzburg

Brown G. O. (2002) The history of the Darcy-Weisbach equation for pipe flow resistance. Environmental and Water Resources History 38 (7):34-43

Chen C.-C. (1993) Cope with dissolved gases in pump calculations. Chemical Engineering 100 (10):106

Cross H. (1936) Analysis of flow in networks of conduits or conductors. University of Illinois Engineering Experiment Station Bulletin; no 286

Eismann R. (2004a) HYDRA, Programm zur stationären Berechnung der Strömungs-, Temperatur- und Druckverteilung in Solaranlagen. unveröffentlicht

Fanning J. T. (1902) A practical treatise on hydraulic and water-supply engineering. 15. Aufl. Van Nostrand Co., New York

Gardel A. (1957a) Les pertes de charge dans les écoulements au travers de branchements en té. Bulletin technique de la Suisse romande (10):143. doi:10.5169/seals-62782

Gardel A. (1957b) Les pertes de charges dans les écoulements au travers de branchements en té. Bulletin technique de la Suisse romande (9):123. doi:10.5169/seals-62781

Gardel A., Rechsteiner G. F. (1970) Les pertes de charge dans les branchements en Té des conduites de section circulaire. Bulletin technique de la Suisse romande (25):363. doi:10.5169/seals-70882

Geberit (2014a) Mapress Edelstahl, Druckverlusttabellen. Geberit Vertriebs AG, Jona http://www.geberit.ch/media/local_media/produkte/alle/montagehandbuch/montagehandbuch_rls/de_5/Mapress.pdf20.09.2016

Geberit (2014b) Mapress Kupfer, Druckverlusttabellen. Geberit Vertriebs AG, Jona http://www.geberit.ch/media/local_media/produkte/alle/montagehandbuch/montagehandbuch_rls/de_5/Mapress.pdf20.09.2016

Glück B. (1988) Hydrodynamische und gasdynamische Rohrströmung, Druckverluste. VEB Verlag für Bauwesen, Berlin

Gnielinski V. (1986) Correlations for the pressure drop in helically coiled tubes. International chemical engineering 26 (1):36-44

Gülich J. F. (2013) Kreiselpumpen : Handbuch für Entwicklung, Anlagenplanung und Betrieb. 4. Aufl. Springer Vieweg, Berlin. doi:10.1007/978-3-642-40032-2

Hager W. H. (1994) Die historische Entwicklung der Fliessformel. Schweizer Ingenieur und Architekt, 162359-x, 1420-3367, 112, 1994, 9, 123

Hermann M. (2005) Bionische Ansätze zur Entwicklung energieeffizienter Fluidsysteme für den Wärmetransport. Dissertation, Universität Karlsruhe, doi:

Horlacher H.-B., Lüdecke H.-J. (2006) Strömungsberechnung für Rohrsysteme, vol 9. 2. Aufl. expert-Verlag, Renningen

Idelchik I. E. (2007) Handbook of hydraulic resistance. 4 Aufl. Begell House, inc. , New York

Jenni J. (2000) Speicher in Theorie und Praxis. Jenni Energietechnik AG, Oberburg

Jenni J. (2010) Das Sonnenhaus: mit hohem solarem Deckungsgrad für Warmwasser und Heizung; Grundlagen und Rüstzeug zum Bauen von Solaranlagen mit hohem Deckungsgrad aus der Sicht des Praktikers. 3. Aufl. Jenni-Energietechnik AG, Oberburg

Kauder K. (1972) Über den Strömungswiderstand in gewellten Rohren. Ein Beitrag zum Rauhigkeitsproblem. Konstruktion im Maschinen, Apparate-und Gerätebau 24:169-174

Kauder K. (1975) Erhöhte Druckverluste in der Rohreinlafströmung, insbesondere bei rillenrauhen Rohren. HLH 26 (6):211-215

Kuhlmann H. (2014) Strömungsmechanik : Eine kompakte Einführung für Physiker und Ingenieure. 2. Aufl. Pearson, Hallbergmoos

Massoud M. (2005) Engineering Thermofluids. Springer-Verlag, Berlin, Heidelberg, New York

Miller D. S. (2014) Internal flow systems. 3. Aufl. Mentor Graphics, Shannon

Mishra P., Gupta S. (1979) Momentum transfer in curved pipes. 1. Newtonian fluids. Industrial & Engineering Chemistry Process Design and Development 18 (1):130-137

Munson B. R., Young D. F., Okiishi T. H. (2006) Fundamentals of fluid mechanics. 5. Aufl. Wiley, New York

Nussbaum (2016) Optipress Therm. Nussbaum AG, Olten https://www.nussbaum.ch/stream/de/-document/rubric---0--0--0--92--3.PDF

Ohnewein P., Hausner R., Preiss D. (2015) PARASOL, Hydraulikdesign von parallelen Kollektormodulen in solarthermischen Großanlagen. Neue Energien 2020 – ParaSol project. AEE-Institut für Nachhaltige Technologien, http://www.solarthermalworld.org/-keyword/parasol

Schmidt E. F. (1967) Wärmeübergang und Druckverlust in Rohrschlangen. Chemie Ingenieur Technik 39 (13):781-789. doi:10.1002/cite.330391302

Sulzer Pumpen A. G. (2010) Centrifugal pump handbook. 3. Aufl. Elsevier, Amsterdam

Tichelmann A. (1911) Die Bewertung der in Wasserheizungssystemen tätigen Kräfte. Gesundheits-Ingenieur, Zeitschrift fuer die gesamte Staedtehygiene (34):417-427

Truckenbrodt E. (2008) Fluidmechanik. 4. Aufl. Springer-Verlag, Berlin, Heidelberg. doi:10.1007/978-3-540-79018-1

VDI (2013) VDI-Wärmeatlas. 11. Aufl. Springer-Verlag, Heidelberg, Dordrecht, London, New York. doi:10.1007/978-3-642-19981-3

Wagner W. (2001) Strömung und Druckverlust. Kamprath-Reihe, 5. Aufl. Vogel Buchverlag, Würzburg

Wagner W. (2008) Regel- und Sicherheitsarmaturen. Kamprath-Reihe. Vogel Buchverlag, Würzburg

Witzenmann (2014b) Handbuch der Metallschläuche. Witzenmann GmbH, Pforzheim http://www.witzenmann.de/repo/assets/Handbuch_der_Metallschlaeuche_1301de_05_14_10.pdf

Zanke U. (1993) Zur Berechnung von Strömungswiderstandsbeiwerten. Wasser und Boden 45 (1):14-16

Zanke U. (1996) Zum Übergang hydraulisch glatt: hydraulisch rauh. Wasser und Boden 48 (10):32-36

Zierep J., Bühler K. (2013) Grundzüge der Strömungslehre : Grundlagen, Statik und Dynamik der Fluide. 9. Aufl. Springer Vieweg, Wiesbaden doi:10.1007/978-3-658-01606-7

3 Druckhaltung und Sicherheit

3.1 Einleitung

Die Druckhaltung gleicht Volumenänderungen des Kreislaufinhaltes aus und hält den Druck im Kreislauf innerhalb der zulässigen Grenzen. Zentrales Element jeder Druckhalteeinrichtung ist das Ausdehnungsgefäß, in das sich die Flüssigkeit gegen ein Gaspolster ausdehnen kann. Verschiedene Ausführungsformen von Membranausdehnungsgefäßen werden vorgestellt. Die Eigenschaften der Saug- und druckseitigen Einbindung der Druckhaltung werden diskutiert. Gefäße mit fester Gasfüllung werden Membran-Druckausdehnungsgefäße (MAG) genannt. Für diese wird ein neues Dimensionierungsverfahren hergeleitet und an Beispielen erläutert. Dieses Verfahren berücksichtigt sowohl die Unsicherheiten bei der Einstellung des Vor- und Fülldrucks als auch die Temperaturen des Kreislaufes und des Gasraumes im MAG. Dadurch kann der Füllzustand der Anlage in jedem beliebigen Betriebszustand leicht überprüft werden. Schließlich werden verschiedene Methoden zur Kontrolle des Vordruckes im Rahmen von Servicearbeiten dargestellt. Die Dimensionierung einer Kompressordruckhaltung ist vergleichsweise einfach, weil nur das Ausdehnungsvolumen und der erforderliche Betriebsdruck zugrunde gelegt werden müssen. Auf die Darstellung der Pumpendruckhaltung, die nur bei sehr großen Anlagen vorteilhaft ist, wird verzichtet.

3.2 Aufgaben, Aufbau und Funktionsweise der Druckhaltung

3.2.1 Aufgaben der Druckhaltung

Eine Solaranlage arbeitet nur dann effizient und fehlerfrei, wenn die Druckhaltung folgende Aufgaben zuverlässig erfüllt:

- Die Druckhaltung gleicht Volumenänderungen des Wärmeträgermediums aus und hält den Druck innerhalb zulässiger Grenzen.
- Bei Dampfbildung im Stagnationsfall nimmt das Ausdehnungsgefäß zusätzlich das dem Dampfvolumen entsprechende Flüssigkeitsvolumen auf.
- Die Druckhaltung ergänzt das Flüssigkeitsvolumen, das bei Wartungsarbeiten oder durch kleine Leckagen verloren geht.
- Jede Druckhaltung besitzt ein Sicherheitsventil. Dieses schützt die Komponenten des Kreislaufes vor unzulässigen statischen Drücken im Betrieb und bei Stagnation.
- Die Verbindung zwischen Kollektorfeld und Druckhaltung darf nicht abgesperrt werden können.
- Großvolumige Wärmeübertrager müssen, falls sie gegen die Druckhaltung absperrbar sind, durch ein eigenes Sicherheitsventil abgesichert werden.

3.2.2 Arten der Druckhaltung

Bei Membranausdehnungsgefäßen ist das Gaspolster durch eine elastische Membran vom Flüssigkeitsinhalt des Kreislaufs getrennt. Die Membran verhindert, dass sich das Gas aus dem Gaspolster in der Flüssigkeit löst und dadurch in den Kreislauf gelangt. Meist werden Membran-Druckausdehnungsgefäße eingesetzt, bei denen die Gasmenge bzw. der Druck der Gasfüllung vor der Inbetriebnahme auf einen festen Wert eingestellt wird. Bei Drain-Back Anlagen werden hingegen membranlose Ausdehnungsgefäße eingesetzt. Eine Kompressordruckhaltung besteht aus einem Membranausdehnungsgefäß, bei denen der Gasdruck mittels Kompressor und Überströmventil geregelt wird. Bei der Pumpendruckhaltung wird der erforderliche Systemdruck durch eine Pumpe erzeugt, die in der Ausdehnungsleitung zwischen dem Kreislauf und einem drucklosen Membranausdehnungsgefäß angeordnet ist. Druckhaltungen lassen sich nach konstruktiven und funktionalen Gesichtspunkten klassifizieren. Die Tabelle 3-1 gibt einen Überblick über die theoretisch denkbaren Varianten.

Tabelle 3-1 Unterscheidungsmerkmale und deren Kombinationsmöglichkeiten bei Druckhaltungen mit Membranausdehnungsgefäßen.

Unterscheidungsmerkmale	Kombinationsmöglichkeiten		
Gefäßbauform	Halbmembran	Vollmembran	membranlos
Funktionsweise	Feste Gasfüllung	Kompressor	Pumpe
Einbindung bezgl. Pumpe	saugseitig		druckseitig

Weitere Unterscheidungsmerkmale ergeben sich durch die Lage des Gefäßanschlusses und die Entlüftbarkeit des flüssigkeitsseitigen Gefäßvolumens. Die Wahl der Druckhaltung und die Kombination der vielfältigen Unterscheidungsmerkmale muss durch die Planung genau spezifiziert werden. Das Anlagenschema und die ergänzende Stückliste dürfen die entscheidenden Merkmale nicht offenlassen. Der konstruktive Aufbau, die Funktionsweise und die Einbindung in den Kreislauf werden in den folgenden Abschnitten dargestellt.

3.2.2.1 Bauformen von Membranausdehnungsgefäßen

Man unterscheidet Gefäße mit Vollmembran und Gefäße mit Halbmembran. Drei gebräuchliche Ausführungsformen sind in der Abbildung 3-1 dargestellt. Bei Gefäßen mit Halbmembranen liegt der wulstförmige Rand der Membran in einer umlaufenden Nut des Gefäßes und ist mit diesem form- und/oder kraftschlüssig verbunden. Im entleerten Zustand wird die Membran durch den Vordruck im Gasraum an die Gefäßwand gedrückt. Im gefüllten, betriebsbereiten Zustand befindet sich Flüssigkeit zwischen der Gefäßwand und der Membran. Das Gasvolumen ist gegenüber dem entleerten Zustand entsprechend komprimiert. Halbmembranen sind in der Regel nicht austauschbar.

Die ballonartigen Vollmembranen nehmen die Flüssigkeit auf, während die Gefäßwand trocken bleibt. Der flüssigkeitsseitige Anschluss befindet sich meist unten, seltener oben. Bei einigen Bauformen ist die Vollmembran mit der Gefäßwand und dem Anschlussnippel für die Ausdehnungsleitung zu einer unlösbaren Einheit verbunden. Bei Gefäßen mit austauschbarer Membran besitzt die Vollmembran zwei als Dichtung ausgebildete Kragen, die mittels Flanschplatten auf die entsprechenden Flansche des Gefäßes geschraubt werden. In den Flanschplatten sind die Anschlüsse für die Ausdehnungsleitung und die Entlüftung angeordnet. Die Membranen sind einige Millimeter dick und bestehen aus einem diffusionsdichten Elastomer, vorzugsweise aus Butylkautschuk.

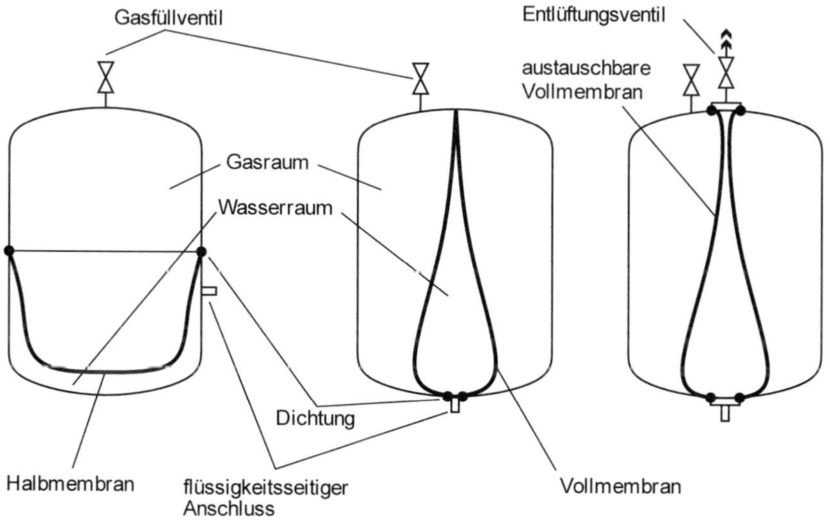

Abbildung 3-1 Ausführungsformen von Membranen und ihr Einsatz in Membranausdehnungsgefäßen.

3.2.2.2 *Druckhaltung durch Membran-Druckausdehnungsgefäße MAG*

Membran-Druckausdehnungsgefäße werden bei der Inbetriebnahme über ein Gasfüllventil mit einer bestimmten Menge Gas gefüllt. Der Druck am Einbindepunkt des Ausdehnungsgefäßes ändert sich folglich als Funktion des Ausdehnungsvolumens und der Temperatur des Gasraumes. Das Gasfüllventil besitzt die Dimension Vg 8 nach DIN 7787, wie es bei Fahrzeugreifen eingesetzt wird. Pumpen, Druckprüfgeräte und Ventiladapter sind daher leicht zu beschaffen.

Leckverluste werden durch den Einsatz hochwertiger Ventile und einer dichtenden Ventilkappe reduziert. Die VDI 4708 empfiehlt, das Gefäß mit Stickstoff zu füllen. Stickstoff ist ein Inertgas, das also weder mit den Werkstoffen des Solarkreislaufes noch mit dem Wärmeträgermedium reagiert. In der Praxis werden die Gefäße jedoch meist mit Luft gefüllt.

Häufig werden die Gefäße werksseitig mit Gas bei einem Überdruck von beispielsweise 2.5 *bar* gefüllt. Meist wird ein geringerer Druck benötigt. Dieser wird dann bei der Inbetriebnahme durch Ablassen eingestellt. Falls bei der Wartung des Gefäßes ein zu geringer Gasdruck festgestellt wird, muss die Gasmenge erhöht werden. Bei Luftfüllung kann dazu eine gewöhnliche Pumpe für Fahrzeugreifen eingesetzt werden. Bei der Füllung mit Stickstoff aus einer Stickstoffflasche muss zwingend ein Druckreduzierventil eingesetzt werden, das *vor* dem Anschluss an das Ausdehnungsgefäß auf den gewünschten Vordruck eingestellt wird. Zur Prüfung des Gasdruckes sollen Geräte mit einer Genauigkeit von mindestens 50 *mbar* eingesetzt werden. Die mit Luftpumpen kombinierten Manometer sind meist zu ungenau.

3.2.2.3 Kompressordruckhaltung

Bei der Kompressordruckhaltung nach Abbildung 3-2 ist der Gasraum durch ein Überströmventil und einen Kompressor mit der Umgebung verbunden. Der Druck im Gasraum wird durch einen Sensor überwacht und durch eine Regelung innerhalb zweier einstellbarer Grenzwerte gehalten.

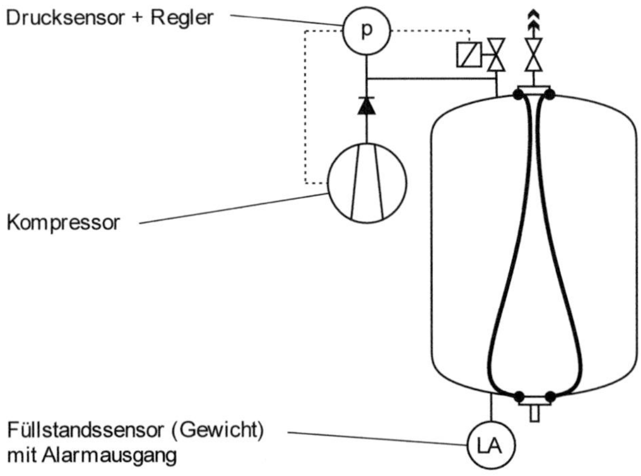

Abbildung 3-2 Kompressordruckhaltung nach VDI 4708, ohne automatische Nachspeisung.

Übersteigt der Druck den oberen Grenzwert, so lässt das Magnetventil Luft aus dem Gasraum in die Umgebung entweichen, bis der Gasdruck um einen bestimmten, einstellbaren Betrag abgenommen hat. Unterschreitet der Druck den unteren Grenzwert, so startet der Kompressor und führt dem Gasraum so viel Luft zu, bis der Druck um einen bestimmten, ebenfalls einstellbaren Betrag angestiegen ist. Die Differenz zwischen der Ober- und Untergrenze des Druckes kann recht klein gewählt werden, beispielsweise 0.1 *bar*. Der Flüssigkeitsinhalt des Gefäßes wird durch eine Wägezelle ermittelt. Dadurch ist es möglich, Flüssigkeitsverluste festzustellen und entsprechende Warnmeldungen auszugeben. Bei wassergefüllten Kreisläufen kann eine automatische Nachspeisung mit Wasser aus dem Leitungsnetz erfolgen.

Die automatische Nachspeisung bei Kreisläufen mit Wasser-Glykol-Gemischen erfordert einen Vorratsbehälter, der die Reserveflüssigkeit diffusionsdicht gegen die Umgebung abschließt.

3.2.2.4 Pumpendruckhaltung

Bei der Pumpendruckhaltung ist der Gasraum des Membranausdehnungsgefäßes stets mit der Atmosphäre verbunden. Die Flüssigkeitsseite ist über eine Pumpe und ein Magnetventil mit dem Kreislauf verbunden. Fällt der Anlagendruck unter einen einstellbaren Grenzwert, wird dem Kreislauf über eine Pumpe so lange Flüssigkeit zugeführt, bis der erforderliche Druck erreicht ist. Übersteigt der Druck den maximal zulässigen Grenzwert, so öffnet ein Überströmventil und die Flüssigkeit strömt aus dem Kreislauf in das drucklose Ausdehnungsgefäß. Damit die Schaltzyklen hinreichend lang sind, ist im Kreislauf ein kleines, ungeregeltes MAG angeordnet. Pumpendruckhaltungen haben den großen Vorteil, dass das Ausdehnungsgefäß drucklos ist und man dadurch die Anforderungen der Druckgeräterichtlinie umgehen kann. Der Nachteil ist, dass die Druckhaltung bei Stromausfall nicht mehr funktioniert. Diese Art der Druckhaltung ist entsprechend aufwändig und erst bei sehr großen wärmetechnischen Kreisläufen vorteilhaft. Im Rahmen dieses Buches werden nur die ungeregelte Druckhaltung mittels MAG und die Kompressordruckhaltung diskutiert.

3.2.2.5 Gasdurchlässigkeit und Temperaturbeständigkeit von Membranen

Die Gasdurchlässigkeit einer Membran ist nicht nur von ihrer Dicke und dem Diffusionskoeffizienten für die entsprechende Gasart abhängig, sondern auch von der Löslichkeit des Gases im Membranwerkstoff. Der Durchgang von Gasen wird daher Lösungsdiffusion genannt (Fitch et al. 1993). Die Durchlässigkeit einer Membran wird mit Permeabilität bezeichnet. Als Membranwerkstoffe kommen Materialien zum Einsatz, die nicht nur einen geringen Diffusionskoeffizienten für Gase besitzen, sondern auch eine geringe Löslichkeit für diese Gase aufweisen.

Vollkommen diffusionsdichte Membranen gibt es nicht. Man muss daher mit einer gewissen Abnahme des Gasdruckes infolge Permeation rechnen. Sowohl die Löslichkeit als auch der Diffusionskoeffizient nehmen mit steigender Temperatur exponentiell zu. Der Vordruckverlust kann also minimiert werden, indem die Membrantemperatur möglichst tief gehalten wird. Die Hersteller von Membran-Druckausdehnungsgefäßen geben recht hohe zulässige Temperaturen von 70 *°C* und mehr an. Diese Temperatur gilt nur für die Beständigkeit des Membranwerkstoffes an sich. Die Temperaturspitzen bei Stagnation sollten deutlich unterhalb der für den Werkstoff zulässigen Grenztemperatur liegen. Eine maximale mittlere Temperatur im Wasserraum von 50 *°C* gilt als praktischer Anhaltswert.

Infolge Permeation strebt die Konzentration eines Gases in der Flüssigkeit den Sättigungswert an, der seinem Partialdruck im Gasraum entspricht. Bei der Permeation von Stickstoff nimmt das Konzentrationsgefälle über dem Membranquerschnitt ab, während sich die Konzentration des Stickstoffs in der Flüssigkeit dem Sättigungswert nähert. Mei Membran-Druckausdehnungsgefäßen mit Stickstofffüllung wird sich daher tendenziell ein Gleichgewicht zwischen dem Gasraum und der Flüssigkeit im Wasserraum des MAG einstellen. Der Gasverlust infolge Permeation wird dadurch stark reduziert. In der Flüssigkeit gelöster Sauerstoff wird hingegen mit den Werkstoffen des Kreislaufes reagieren, bei Wasser-Glykol-Gemischen auch mit den organischen Molekülen bzw. den Inhibitoren des Frostschutzmittels. Im Extremfall enthält der Wasserraum gar keinen gelösten Sauerstoff mehr und das Konzentrationsgefälle ist allein durch den Partialdruck im Gasraum bestimmt. Das Gleichgewicht wird daher erst erreicht, wenn der

Sauerstoff vollständig durch Permeation aus dem Gasraum in den Kreislauf gelangt und durch Oxidation gebunden ist. Es ist daher anzunehmen, dass der Gasverlust bei Luftfüllung höher ist als bei der Füllung mit Stickstoff.

3.2.2.6 Druckhaltung durch membranlose Ausdehnungsgefäße

Die Druckhaltung durch membranlose Ausdehnungsgefäße wird in Drain-Back Systemen angewendet. Im Unterschied zu Ausdehnungsgefäßen mit Membranen bildet die Flüssigkeit im Gefäß eine freie Oberfläche zum Gaspolster. Die Oberfläche der Flüssigkeit ist daher stets mit den Gasen des Gasraumes gesättigt. Der Gasaustausch mit dem Volumen der Flüssigkeit ist sehr stark vom Strömungszustand, von der Temperatur und von der Verteilung der Gasphase in der Flüssigkeit abhängig.

3.2.2.6.1 Funktionsweise von Drain-Back Systemen

Bei ruhender Anlage und bei Stagnation befindet sich der Inhalt des Gaspolsters im Kollektorfeld und in den Rohrleitungen oberhalb des Ausdehnungsgefäßes.

Bei Betriebsbeginn wird das Kollektorfeld durch die Pumpe über die Rücklaufleitung mit Flüssigkeit gefüllt, während das Gas über die Vorlaufleitung in das Ausdehnungsgefäß verdrängt wird. Die Förderleistung der Pumpe muss einerseits höher sein als die geodätische Druckdifferenz der vor- und rücklaufseitigen Flüssigkeitssäulen. Andererseits muss die Fließgeschwindigkeit so hoch sein, dass das Gas durch die Zwischenphasenreibung zuverlässig nach unten in das Ausdehnungsgefäß gefördert wird.

Durch den Gasinhalt im Ausdehnungsgefäß wird permanent ein hydrostatisches Ungleichgewicht aufrechterhalten, das im Betrieb von der Pumpe überwunden werden muss. Nach dem Pumpenstopp führt dieses Ungleichgewicht dazu, dass der Flüssigkeitsinhalt entgegen der Fließrichtung beschleunigt wird. Das Gas strömt aus dem Gefäß nach oben in die Vorlaufleitung nach, während die Flüssigkeit über die Rücklaufleitung von unten in das Gefäß zurückfließt. Am Ende dieses Vorganges sind das Kollektorfeld und die Rohrleitungen oberhalb des Gefäßes erneut mit Gas gefüllt. Das Ausdehnungsgefäß wird in diesem Zusammenhang Drain-Back Gefäß genannt.

Drain-Back Anlagen können bei Atmosphärendruck bis zu einem gewünschten Niveau befüllt werden. Es ist nicht erforderlich, einen bestimmten Fülldruck einzustellen. Kleine Anlagen können bereits werksseitig mit der erforderlichen Menge Wärmeträger befüllt sein. Nachdem alle Rohrverbindungen erstellt sind, kann die Anlage sofort in Betrieb genommen werden, sofern die Temperaturen im Kollektorfeld unter 100 *°C* liegen. Unter der Bedingung, dass die Rohrleitungen im frostgefährdeten Bereich mit ausreichend Gefälle verlegt werden, können Drain Back Anlagen mit Wasser betrieben werden. Kleine Solaranlagen zur Warmwasserbereitung dieses Typs sind in den Niederlanden weit verbreitet. Es wurden auch Großanlagen gebaut und erfolgreich betrieben (Bokhoven et al. 2001).Wo diese Bedingungen nicht erfüllt sind, müssen auch Drain-Back Anlagen mit Frostschutzmittel betrieben werden.

3.2.2.6.2 Besonderheiten von Drain-Back Systemen

Über die freie Oberfläche der Flüssigkeit findet ein Austausch von Gas durch Absorption und Desorption statt. Die Richtung dieses Austausches ist durch die Löslichkeit des Gases, dessen aktuelle Konzentration in der Flüssigkeit sowie den Partialdruck des Gases in der Gasphase bestimmt. Die Rate des Austausches ist außerdem bestimmt durch den Turbulenzgrad der Flüssigkeit und die Größe der Phasengrenzfläche. Diese Prozesse sind jedoch bei Weitem nicht hinreichend untersucht worden. Bisher ist erst eine Arbeit verfügbar (Rühling und Schabbach 2006), die den Einfluss des Betriebszustandes auf den Druck und die thermochemischen Prozesse diskutiert. Das vorhandene Wissen ist gegenwärtig größtenteils bei den Herstellern und erfahrenen Installateuren lokalisiert. Folgendes kann jedoch, basierend auf chemischen und physikalischen Überlegungen, als gesichert gelten:

Unmittelbar nach der Befüllung entspricht der Druck am Hochpunkt der Anlage dem Umgebungsdruck. Der Gasraum ist stets mit dem Dampf der Flüssigkeit gesättigt. Falls der Kreislauf vor der Befüllung mit Flüssigkeit mit dem Inertgas Stickstoff gespült wird, bleibt die Gasmenge (Molzahl) im Kreislauf konstant. Ein gewisser Anteil des Gases wird in Abhängigkeit des Betriebszustandes in Lösung gehen oder wieder aus der Lösung treten. Der Druck wird mit zunehmender Temperatur steigen. Einerseits wird der Gasraum durch die sich ausdehnende Flüssigkeit komprimiert, andererseits wird dem Partialdruck des Gases der zunehmende Dampfdruck der Flüssigkeit überlagert. Die Pumpe befindet sich in der Regel am Tiefpunkt der Anlage. Der Zulaufdruck ist in der Regel so hoch, dass Kavitation nicht auftritt.

Hat das Gas hingegen die Zusammensetzung von Umgebungsluft, so wird die Gasmenge durch Bindung des Sauerstoffs an den Korrosionsinhibitor oder durch Oxidation des Wärmeträgermediums und der Rohrwände im Lauf der Zeit abnehmen. Bei Kreislaufkomponenten aus Stahl wird der Sauerstoff durch Korrosion dieser Bauteile in kurzer Zeit gebunden, unabhängig davon, ob die Anlage mit Wasser oder Wasser-Glykol-Gemisch betrieben wird. Bei einem Kreislauf, der vollständig aus Edelstahl und Buntmetallen besteht und mit Wasser betrieben wird, kann der Sauerstoff sehr lange in freier oder gelöster Form verbleiben. Dies wurde im Rahmen der Experimente zur solarthermischen Entgasung festgestellt (Eismann 2014). Durch Wasser-Glykol-Gemische wird der Sauerstoff hingegen umso rascher oxidiert, je höher die Temperatur ist. Nach Panitz und Rühling (2016) kann man davon ausgehen, dass der Sauerstoff nach mehreren Betriebstagen, bei denen Temperaturen über 60 *°C* erreicht wurden, vollständig gebunden ist. Mit der Abnahme des Partialdrucks von Sauerstoffs sinkt auch der Gesamtdruck. Dies kann dazu führen, dass der erforderliche Zulaufdruck der Pumpe unterschritten wird und der Durchfluss infolge Kavitation zusammenbricht. Bei Anlagen mit metallisch dichtenden Rohrverbindern oder Pressfittings kann der Unterdruck recht lange bestehen bleiben. Das Problem kann dadurch gelöst werden, dass bei kalter Anlage am Hochpunkt ein Belüftungsventil geöffnet und dadurch der Druck auf Umgebungsdruck ausgeglichen wird. Die meisten Rohrverbindungen sind jedoch nicht vakuumdicht. Im Verlauf der Zeit werden Unterdrücke allmählich durch eindringende Luft ausgeglichen.

Die Druckhaltung mit membranlosen Ausdehnungsgefäßen stellt einen Spezialfall dar, der im Rahmen dieses Buches nicht weiter behandelt wird.

3.3 Sicherheit

Das Sicherheitsventil und das Manometer sind wichtige Bestandteile der Druckhaltung. Häufig sind das Sicherheitsventil und das Manometer zu einer sogenannten Sicherheitsgruppe zusammengefasst.

3.3.1 Sicherheitsventile

Die VDI 6002 (2014) beschreibt den Einsatz von Sicherheitsventilen in Solaranlagen ausführlich und gibt Hinweise zu deren Auswahl. Meist werden Membransicherheitsventile eingesetzt. Diese sind durch vier Größen charakterisiert, die bei der Dimensionierung der Druckhaltung berücksichtigt werden müssen:

- Ansprechdruck: Das Sicherheitsventil beginnt zu öffnen, sobald der Druck am den Ansprechdruck überschreitet. Für die Dimensionierung der Anlage und deren Komponenten ist der Ansprechdruck maßgebend.
- Öffnungsüberdruck: Beim Öffnungsüberdruck ist das Sicherheitsventil vollständig geöffnet. Dieser Druck liegt bei Normalventilen maximal 10 % über dem Ansprechdruck.
- Schließdruckdifferenz: Das Sicherheitsventil bleibt geöffnet, bis der Druck um die Schließdruckdifferenz unter den Ansprechdruck fällt. Dies ist für die Auslegung des MAG sehr wichtig. Hochwertige Sicherheitsventile haben eine kleine Schließdruckdifferenz.
- Abblaseleistung: Diese wird in den Datenblättern der Hersteller in *kW* für das Abblasen von Dampf und Flüssigkeit angegeben.

3.3.2 Druckmessung

3.3.2.1 Manometer

In Solaranlagen werden praktisch durchwegs Rohrfedermanometer eingesetzt. Wie jedes Messgerät weist auch das Manometer eine gewisse Messunsicherheit auf. Diese ist meist, aber nicht immer, als Genauigkeitsklasse in Prozenten des Messbereichsendwertes auf dem Zifferblatt angegeben. Die Wahl der Genauigkeitsklasse richtet sich nach der Anwendung. Eine große Messunsicherheit muss durch ein entsprechend großzügig dimensioniertes Ausdehnungsgefäß kompensiert werden. Es ist in der Regel günstiger, ein genaues Manometer einzusetzen, um dafür ein kleineres Gefäß einsetzen zu können.

In der Tabelle 3-2 ist die Genauigkeitsklasse für eine Messunsicherheit von ≤ 0.1 *bar* als Funktion des Enddruckes angegeben. In der Heizungstechnik werden meist Manometer der Genauigkeitsklasse 1.6 und 2.5 für Drücke bis zu 4 *bar* eingesetzt. Abbildung 3-3 zeigt ein Manometer, wie es in Heizungsanlagen häufig eingesetzt wird. Der zulässige Druckbereich im Betrieb ist durch einen Fächer darstellbar, bestehend aus drei Segmenten. Dieser muss für jede Anlage individuell eingestellt werden, basierend auf der Dimensionierung der Druckhaltung. Weil das Ausdehnungsgefäß in Solaranlagen neben dem Ausdehnungsvolumen auch noch die dem Dampfvolumen entsprechende Flüssigkeit aufnehmen muss, sind die Gefäße größer als bei Heizungsanlagen.

Entsprechend ist aber auch der Bereich des Betriebsdruckes kleiner. Der Bereich von 0.8 *bar*, den ein einzelnes Segment überstreicht, kann unter Umständen bereits zu groß sein. Selbst wenn das Segment den zulässigen Bereich nicht präzise abgrenzt, sieht man doch auf den ersten Blick, ob sich die Anlage in Stagnation befindet oder ob möglicherweise ein Leck existiert. Erkennbar ist auch der Anschlagstift am Nullpunkt.

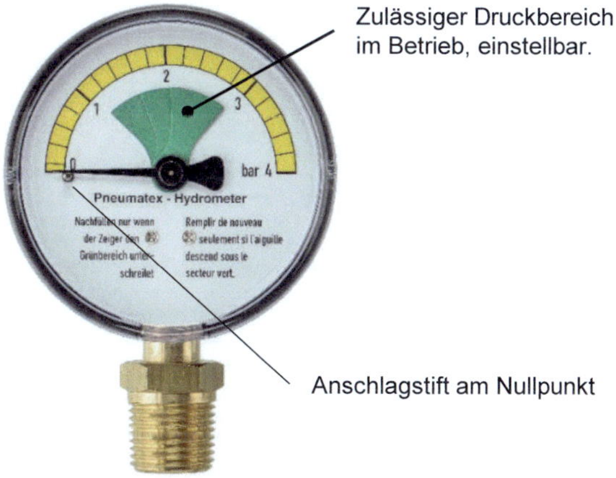

Abbildung 3-3 Manometer der Genauigkeitsklasse 2.5 für Heizungsanlagen, mit Anzeige des zulässigen Druckbereiches. (IMI Hydronic Engineering Switzerland AG, CH-4414 Füllinsdorf).

Das Manometer nach Abbildung 3-4 hat die Genauigkeitsklasse 1 und besitzt keinen Anschlagstift am Nullpunkt. Dadurch ist eine einfache Funktionsprüfung möglich. Indem man das Manometer auf Umgebungsdruck entlastet, muss der Zeiger auf null stehen. Ist dies nicht der Fall, muss die Lage des Zeigers justiert oder, falls nicht möglich, das Manometer ersetzt werden.

Tabelle 3-2 Erforderliche Genauigkeitsklasse des Manometers, bezogen auf den Ansprechdruck des Sicherheitsventils.

Ansprechdruck Sicherheitsventil	Genauigkeitsklasse
$bar_ü$	% des Endwertes
$p \leq 4$	2.5
$4 < p \leq 6$	1.6
$6 < p \leq 10$	1

Abbildung 3-4 Industrie Manometer der Genauigkeitsklasse 1 (AFRISO-EURO-INDEX GmbH, D-74363 Güglingen).

►**Beispiel 3-1:** Eine Heizungsanlage sei mit einem Manometer der Genauigkeitsklasse 2.5 für einen Maximaldruck von 4 *bar* ausgerüstet. Die relative Messunsicherheit beträgt 2.5 *%* vom Messbereichsendwert. Die absolute Messunsicherheit beträgt folglich

$$\delta p = 4\frac{2.5}{100} = 0.1\,bar \ .$$

Zum Vergleich wird eine Solaranlage betrachtet, die mit einem Manometer für einen Maximaldruck von 6 *bar* ausgerüstet ist. Bei einer Genauigkeitsklasse von 2.5 erhält man eine beträchtliche Messunsicherheit von

$$\delta p = 6\frac{2.5}{100} = 0.15\,bar \ .$$

Diese Unsicherheit führt, wenn sie korrekt berücksichtigt wird, zu großen und damit teuren Ausdehnungsgefäßen. Bei einer Genauigkeitsklasse von 1.6 liegt man mit $\delta p = 0.1$ *bar* in einem vertretbaren Bereich. Bei großen Anlagenhöhen, die beispielsweise eine Absicherung von 10 *bar* notwendig machen, muss ein Manometer mit einer Genauigkeitsklasse von 1 gewählt werden.◄

Für die Auswahl des Manometers gelten folgende Regeln:

- Für Solaranlagen sollen Manometer mit einer Genauigkeitsklasse nach Tabelle 3-2 oder besser eingesetzt werden.
- Zur Unsicherheit des Messsystems auch noch die Ableseunsicherheit. Damit diese klein ist, soll der Durchmesser des Zifferblattes mindestens 60 *mm* betragen.
- Der Messbereich des Manometers soll möglichst dem Ansprechdruck des Sicherheitsventils entsprechen.

3.3.2.2 Vordruckmessung – Einfluss von Genauigkeit und Temperatur

Bei der Inbetriebnahme und Wartung eines MAG muss der Vordruck gemessen und eingestellt werden. Dazu werden hochwertige Manometer mit analoger Skala oder Drucksensoren mit Digitalanzeige eingesetzt. Manometer mit einem Messbereich bis 10 *bar* sollten mindestens die Güteklasse 1 haben. Dies entspricht einer Unsicherheit der Anzeige von 0.1 *bar*. Beim Ablesen analoger Instrumente kommen Ableseunsicherheiten hinzu. Nicht immer können die Anzeigen ideal orientiert und gut beleuchtet werden. Digitale Geräte sollten eine Auflösung von mindestens 0.05 *bar* haben.

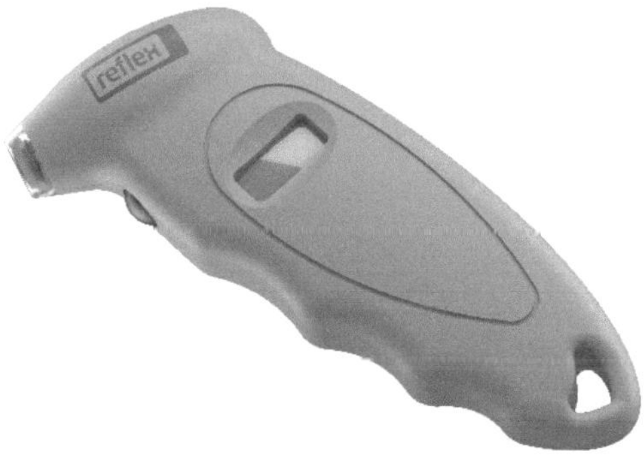

Abbildung 3-5 Messgerät zur Prüfung des Vordrucks im MAG (Reflex Winkelmann GmbH, D-59227 Ahlen).

Der Vordruck hängt von der Temperatur des Gasraumes im Gefäß ab. Daher ist die Einstellung des Vordrucks und der Füllbedingungen mit Unsicherheiten behaftet, wie die folgende Diskussion zeigt.

3.3.2.2.1 Einfluss der Gefäßtemperatur auf den Gasdruck

Temperaturänderungen im Gasraum von Ausdehnungsgefäßen werden in dem Berechnungsverfahren nach VDI 4708 nicht berücksichtigt. Diese Vereinfachung ist zulässig bei Heizungsanlagen, bei denen die Temperaturschwankungen deutlich kleiner aus 10 *K* sind. Bei Solaranlagen können die Temperaturen jedoch größere Schwankungen aufweisen, beispielsweise durch die Abwärme eines auf 90 *°C* geladenen Speichers oder die Erwärmung durch heiße Flüssigkeit, die bei Stagnation in das Gefäß verdrängt wird. Der Fehler, der durch die Vernachlässigung der Temperaturunterschiede entsteht, kann wie folgt abgeschätzt werden. Für ein festes Gasvolumen und eine feste Gasmenge ist die Beziehung zweier Zustände durch die Gleichung (3.1) beschrieben.

$$\frac{p_1}{T_1} = \frac{p_2}{T_2} \quad ; \quad p_2 = p_1 + \Delta p \quad T_2 = T_1 + \Delta T \tag{3.1}$$

Die Auflösung nach dem als Fehler interpretierten Druckunterschied liefert

$$\Delta p = p_1 \frac{\Delta T}{T_1} \ . \qquad (3.2)$$

Der Fehler ist also proportional zum Referenzzustand, der durch den entsprechenden Druck p_1 und die Temperatur T_1 gegeben ist. Abbildung 3-6 zeigt den Fehler für unterschiedliche Referenzdrücke als Funktion der Temperaturdifferenz.

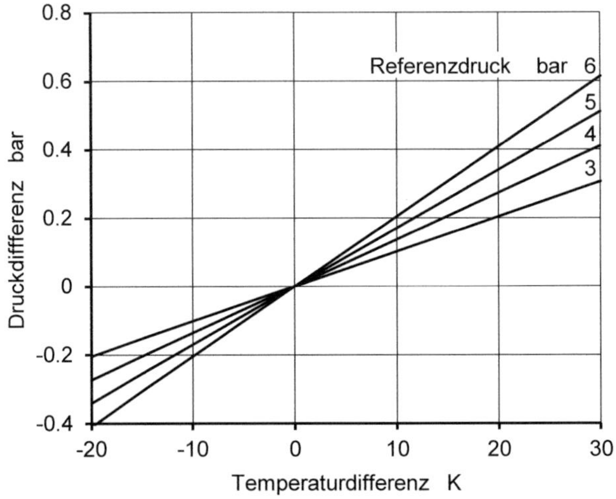

Abbildung 3-6 Druckdifferenz als Funktion der Temperaturdifferenz für verschiedene Absolutdrücke, bezogen auf eine Referenztemperatur von 20 *°C*.

Aus diesem Grund muss der gemessene Vordruck stets auf die Temperatur des Gasvolumens bezogen werden, sowohl bei der Einstellung des Vordrucks vor der Inbetriebnahme als auch bei der periodischen Vordruckkontrolle.

►**Beispiel 3-2:** Die Montage und Inbetriebnahme des Gefäßes erfolge bei einer Referenztemperatur von 10 *°C*. Der Atmosphärendruck betrage im Mittel 0.9 *bar*. Der Vordruck werde auf 2.1 $bar_ü$ eingestellt, was einem Absolutdruck von 3 *bar* entspricht. Bei Wartungsarbeiten an der Anlage werde der Vordruck überprüft. Infolge sommerlicher Temperaturen und der Wärmeverluste des Speichers liege die Gefäßtemperatur um 20 *°C* über der Referenztemperatur. Sofern das Gefäß keinen Gasverlust erlitten hat, müsste man nach Abbildung 3-6 einen um 0.2 *bar* höheren Vordruck von 2.2 $bar_ü$ messen.◄

3.3.2.2.2 Unsicherheit bei der Bestimmung des Vordruckes

Die Temperatur des Gasvolumens wird durch Messen der Oberflächentemperatur des Gefäßes bestimmt, beispielsweise mit Hilfe eines Infrarotthermometers. Vor der Inbetriebnahme und in mäßig beheizten Räumen sind Ausdehnungsgefäße praktisch isotherm, sodass die Messung nur mit der Unsicherheit des Messgerätes von beispielsweise $\delta T = 2\ K$ behaftet ist. Bei der Prüfung im Betrieb und bei großen Gefäßen in Räumen mit ausgeprägter Temperaturschichtung sollte man mit einer Unsicherheit von $\delta T = 5\ K$ rechnen. Die maximale Unsicherheit kann wie folgt bestimmt werden.

$$\delta p_0 = \delta p_{p0} + \frac{p_0}{T_{ref}} \delta T \tag{3.3}$$

Abbildung 3-7 zeigt die maximale Unsicherheit für die Bestimmung des Vordrucks an einem Gefäß mit der Temperatur von 10 *°C*. Die Unsicherheit der Druckmessung allein betrage 0.1 *bar*, die Unsicherheit der Temperaturmessung 5 *K*.

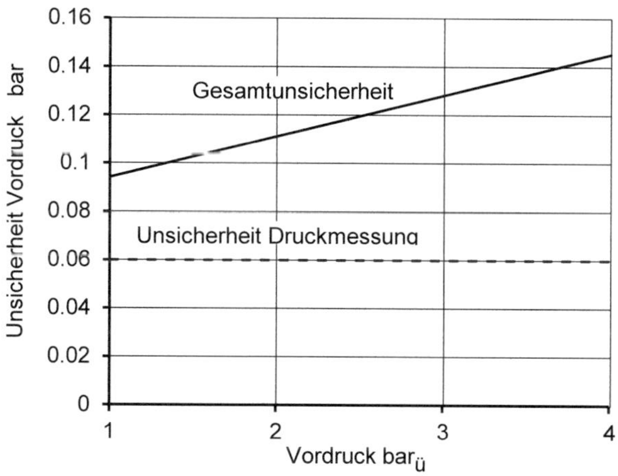

Abbildung 3-7 Unsicherheit des Vordruckes, basierend auf einer Druckmessung und einer Temperaturmessung.

3.3.2.3 Drucktransmitter

Viele Betriebsstörungen, beispielsweise Lecks, partielle Stagnation und Strömungsblockaden durch freie Gase, lassen sich nur durch eine Druckmessung in Kombination mit einer Temperatur- und Durchflussmessung feststellen. Bei großen Solaranlagen ist es daher sinnvoll, anstelle des Manometers einen Drucktransmitter einzusetzen. Dieser muss langzeitstabil sein und eine Genauigkeit von mindestens 0,05 *bar* haben. Abbildung 3-8 zeigt beispielhaft einen Drucktransmitter, der mit einer Digitalanzeige ausgerüstet werden kann. Abbildung 3-9 zeigt einen Drucktransmitter mit Digitalanzeige.

Es sind Drucktransmitter mit und ohne Digitalanzeige erhältlich. Bei Drucktransmitter ohne Digitalanzeige kann der Messwert auch durch den Regler angezeigt werden.

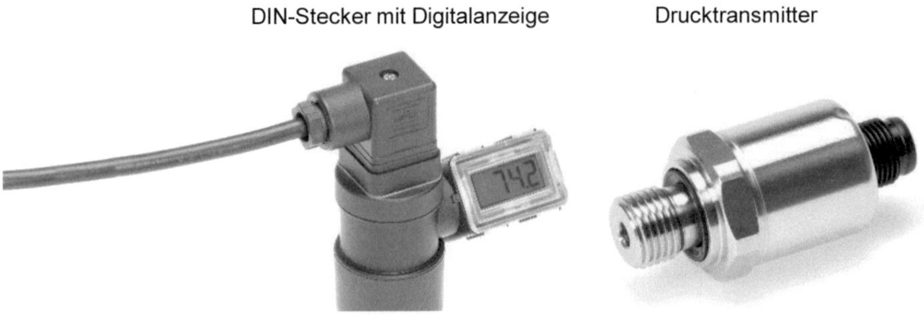

Abbildung 3-8 Drucktransmitter mit Digitalanzeige (Huba Control AG, CH-5436 Würenlos).

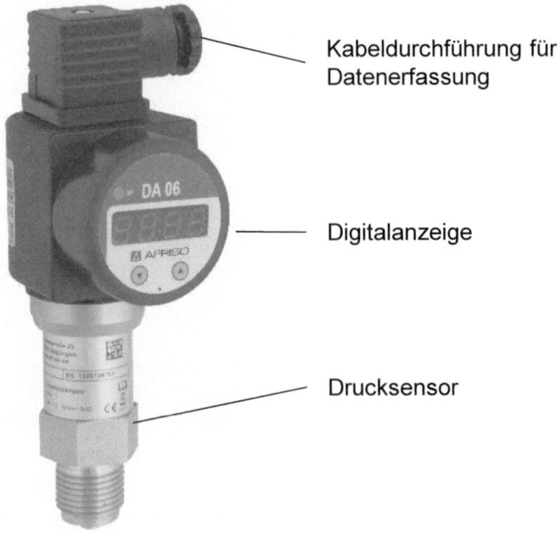

Abbildung 3-9 Drucktransmitter mit Digitalanzeige (AFRISO-EURO-INDEX GmbH, D-74363 Güglingen).

3.4 Einbindung der Druckhaltung in den Kreislauf

Das Ausdehnungsgefäß wird über eine Ausdehnungsleitung mit dem Kreislauf verbunden. Diese muss einen ausreichenden Querschnitt haben, damit der Druckverlust des ein- und ausströmenden Flüssigkeit gering bleibt. Damit sich das heiße, sich ausdehnende Fluid auf dem Weg zum Ausdehnungsgefäß abkühlen kann, darf die Ausdehnungsleitung nicht wärmegedämmt sein. Falls erforderlich, kann in der Ausdehnungsleitung ein Vorschaltgefäß (Puffergefäß, Zwischengefäß) angeordnet werden. In der VDI Richtlinie 6002 (2014) sind die Besonderheiten zur Einbindung der Druckhaltung in Solaranlagen ausführlich dargestellt.

3.4.1 Anschluss des Ausdehnungsgefäßes an den Kreislauf

Abbildung 3-10 zeigt zwei Beispiele für den Anschluss des Ausdehnungsgefäßes an den Kreislauf. Der Anschluss der Ausdehnungsleitung an den Referenzpunkt muss stets nach unten geführt werden. Dadurch lassen sich Wärmeverluste infolge Zirkulationsströmung innerhalb des Rohres wirkungsvoll vermeiden. Das Ausdehnungsgefäß muss gewartet werden können, ohne dass die Entleerung des Kreislaufs erforderlich ist. Daher muss der Anschluss des Ausdehnungsgefäßes gegen den Kreislauf abgesperrt werden können und einen Entleerhahn besitzen. Der Absperrhahn muss gegen unbeabsichtigtes Schließen gesichert sein. Hohe Sicherheit bieten sogenannte Kappenventile, bei denen eine Kunststoffkappe die Werkzeugaufnahme zur Betätigung des Ventils verschließt. Die Kappe lässt sich nur bei geöffnetem Ventil montieren. Bis zu einer Anschlussdimension von 1“ bzw. DN 25 sind kompakte Armaturen erhältlich, die beide Funktionen vereinigen. Der Einsatz von normalen Kugelhahnen zur Absperrung ist zulässig, sofern der Betätigungsgriff entfernt wird.

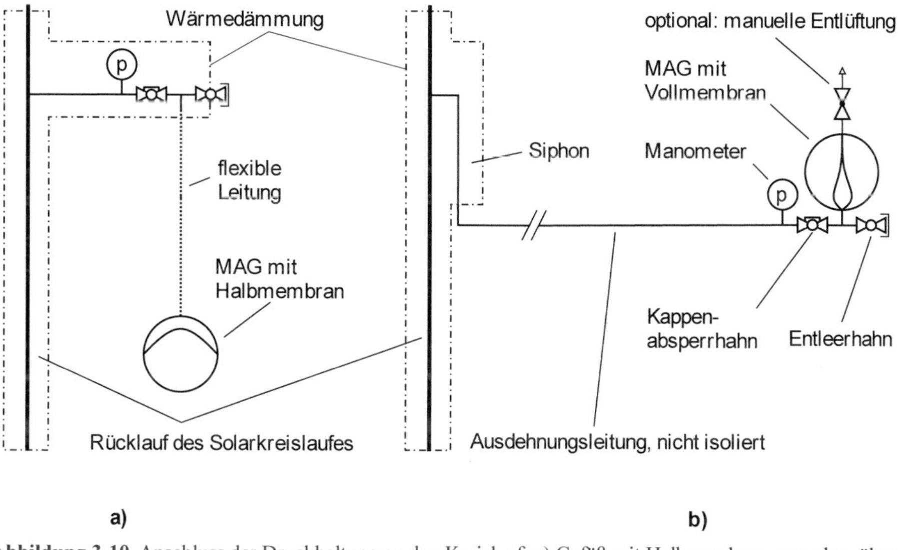

Abbildung 3-10 Anschluss der Druckhaltung an den Kreislauf. a) Gefäß mit Halbmembran, von oben über eine flexible Leitung angeschlossen b) Gefäß mit Vollmembran, angeschlossen über eine lange, horizontale Ausdehnungsleitung.

Kleinere Gefäße mit Halbmembran können nach Abbildung 3-10 a) von oben angeschlossen werden. Der Gasraum befindet sich dann unterhalb der Membran. Diese Gefäße sind somit gut entlüftbar. Außerdem wird die Membran recht gut vor zu hohen Temperaturen geschützt, weil sich in der Flüssigkeit über der Membran eine Temperaturschichtung ausbildet.

Bei Gefäßen mit Halbmembran ab etwa 60 *l* ist der Gasraum oben. Der Anschluss befindet sich meist seitlich, unterhalb der Membrandichtung. Es muss damit gerechnet werden, dass der Wasserraum nicht vollständig entlüftet werden kann. Bei solchen Gefäßen muss besonders darauf geachtet werden, dass die zulässige Temperatur des einströmenden Mediums nicht überschritten wird, weil dieses die Membrandichtung selbst und den am stärksten durch Bewegungen beanspruchten Bereich der Membran belastet. Kleinere Gefäße mit Vollmembran können ebenfalls von oben angeschlossen werden. Bei solchen Gefäßen muss ebenfalls darauf geachtet werden, dass die zulässige Temperatur des einströmenden Mediums nicht überschritten wird, weil die einströmende Flüssigkeit ebenfalls direkt mit der Membran in Berührung kommt. Allerdings ist die thermische Belastung nicht so kritisch, weil die Dichtfläche verhältnismäßig klein ist und an dieser Stelle kaum Bewegungen auftreten.

Bei Gefäßen mit Vollmembran und Gefäßvolumen über 80 *l* befindet sich der Anschluss meist unten. Diese Situation ist in Abbildung 3-10 b) gezeigt. Falls der Wasserraum am Hochpunkt nicht entlüftet werden kann, ist beim Befüllen der Einschluss einer gewissen Luftmenge nicht vermeidbar. Gefäße mit austauschbarer Vollmembran haben am Hochpunkt meist einen Flansch, in den ein Entlüftungsventil eingebaut werden kann.

3.4.1.1 Querschnitt der Ausdehnungsleitung

Der Querschnitt der Ausdehnungsleitung wird nach VDI 6002 (2014) entsprechend der Aperturfläche des Kollektorfeldes dimensioniert. In dieser konservativen Abschätzung wird angenommen, dass die flächenbezogene Wärmeleistung 1000 W/m^2 beträgt.

Tabelle 3-3 Rohrdimension der Ausdehnungsleitung als Funktion der Aperturfläche des Kollektorfeldes.

Aperturfläche	m^2	50	100	200	350	600	900
Rohrdimension	DN	15	20	25	32	40	50

3.4.1.2 Schutz des Ausdehnungsgefäßes durch Vorschaltgefäß und Kühler

Im Kapitel 5 werden Methoden vorgestellt, mit denen die Dampfreichweite berechnet werden kann. Falls der Nachweis ergibt, dass das Ausdehnungsgefäß mit Flüssigkeit bei zu hoher Temperatur oder gar mit Dampf belastet würde, müssen konstruktive Schutzmaßnahmen vorgesehen werden. Eine bewährte Methode ist die Anordnung eines Vorschaltgefäßes zwischen Ausdehnungsgefäß und Referenzpunkt. Das Vorschaltgefäß hat die primäre Aufgabe, die heiße, aus der Rücklaufleitung zurückströmende Flüssigkeit zu puffern und vom Ausdehnungsgefäß fernzuhalten.

Als Ergänzung zum Vorschaltgefäß kann man einen Kondensator in Form eines Konvektors in der Ausdehnungsleitung anordnen. Dabei muss beachtet werden, dass das anfallende Kondensat noch eine sehr hohe Temperatur hat, die weit über der zulässigen Temperatur des Ausdehnungsgefäßes liegt. Ein Kondensator muss daher stets in Kombination mit einem nachfolgenden Kühler oder Vorschaltgefäß eingesetzt werden.

3.4.2 Referenzpunkt bezüglich Rückschlagventil und Pumpe

Der Anschluss der Ausdehnungsleitung an den Kreislauf bildet den Referenzpunkt der Anlage. Der Druck am Referenzpunkt heißt Referenzdruck. Dieser hängt nur vom Zustand des

Gaspolsters im Ausdehnungsgefäß ab. Er ist insbesondere unabhängig davon, ob die Pumpe läuft oder still steht. Der Referenzpunkt kann auf der Saugseite oder auf der Druckseite der Pumpe liegen. Die Druckhaltung wird dann entsprechend mit Saugdruckhaltung oder Nachdruckhaltung bezeichnet. Die Art der Einbindung muss stets mit Berücksichtigung des Stagnationsverhaltens des Kollektorfeldes und der Anordnung von Rückschlagventilen festgelegt werden.

3.4.2.1 *Einbindung im Rücklauf zwischen Rückschlagarmatur und Kollektorfeld*

Rückschlagarmaturen müssen bezüglich des Referenzpunktes stets so angeordnet sein, dass der bei Stagnation entstehende Dampf die Flüssigkeit sowohl über die Vorlaufleitung als auch über die Rücklaufleitung aus den Kollektoren verdrängen kann.

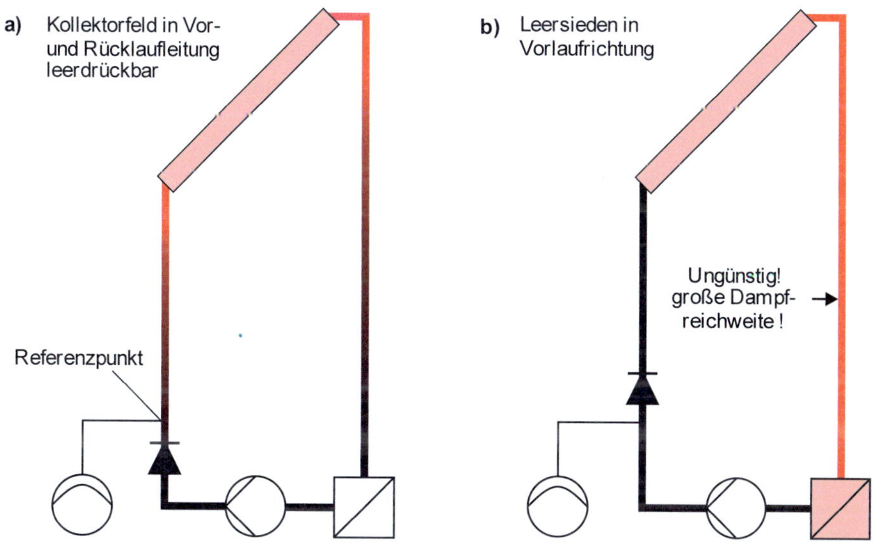

Abbildung 3-11 Solarkreis mit Nachdruckhaltung, mit a) korrekter und b) ungünstiger Anordnung des Rückschlagventils.

Der Referenzpunkt muss daher immer zwischen dem Rückschlagventil und dem rücklaufseitigen Anschluss des Kollektorfeldes liegen. Dies gilt sowohl für die Saugdruckhaltung als auch für die Nachdruckhaltung. Die Abbildung 3-11 zeigt Beispiele eines Solarkreislaufes mit Nachdruckhaltung. In Abbildung 3-11 a) ist das Rückschlagventil korrekt angeordnet. Der Dampf dringt in der Vor- und Rücklaufleitung etwa bis zur selben Höhe über der Armaturengruppe vor. Bei der Anordnung nach Abbildung 3-11 b) kann der Dampf die Flüssigkeit nur über den vorlaufseitigen Kollektoranschluss verdrängen. Dies führt zu einer wesentlich größeren Dampfreichweite in der Vorlaufleitung. Der Dampf kann den Wärmeübertrager erreichen, was zu Kondensationsdruckstößen und/oder zum Sieden auf der Sekundärseite führen kann.

3.4.2.2 Nachdruckhaltung

Bei der Nachdruckhaltung nach Abbildung 3-12 liegt der Referenzpunkt der Anlage auf der Druckseite der Pumpe. Die bei Stagnation über die Rücklaufleitung zurückströmende Flüssigkeit gelangt direkt in die Ausdehnungsleitung. Die Pumpe ist somit vor zu hohen Temperaturen geschützt. Die Maximaltemperatur in der Ausdehnungsleitung ist durch die zulässige Temperatur der Rohrleitungen gegeben, die wesentlich höher liegt als jene der Pumpe. Dadurch ist es möglich, die Ausdehnungsleitung als wirkungsvolle Kühlstrecke zur Kondensation des Dampfes auszubilden. Aufgrund dieser Eigenschaften hat sich die Nachdruckhaltung bei Solaranlagen als Standard durchgesetzt.

Allerdings muss der Referenzdruck gegenüber der Saugdruckhaltung um etwa den Pumpendruck höher sein, damit derselbe Betriebsdruck am Kollektoraustritt erreicht wird. Außerdem ist der Betriebsdruck im Kollektorfeld um den Druckverlust zwischen Referenzpunkt und Kollektoraustritt niedriger als der Ruhedruck. Falls am Hochpunkt freie Gase vorhanden sind, wird nicht nur deren Volumen durch den Druckabfall beim Pumpenstart größer. Weil die Flüssigkeit in der Umgebung der Lufttaschen mit dem Gas gesättigt ist, wird der Druckabfall auch zur Desorption von gelösten Gasen führen. Dadurch wird das Gasvolumen noch weiter zunehmen, was die Durchströmung erheblich beeinträchtigen kann.

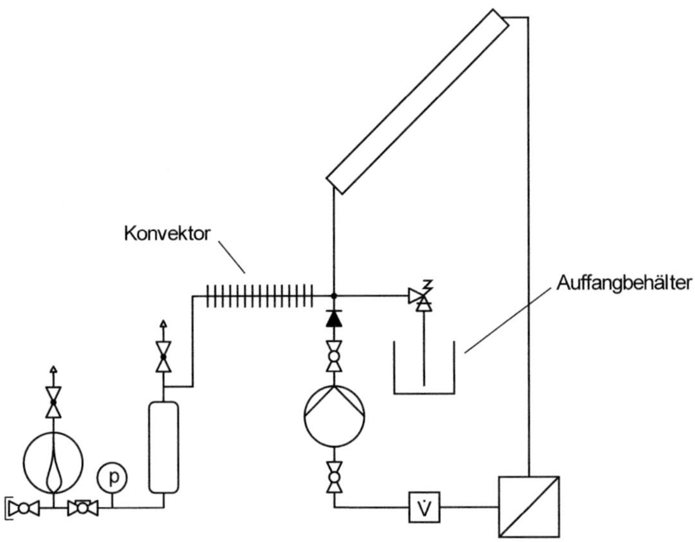

Abbildung 3-12 Nachdruckhaltung mit Konvektor zur Dissipation der Kondensationsenthalpie und Vorschaltgefäß.

3.4.2.3 Saugdruckhaltung

Abbildung 3-13 zeigt das Schema eines Solarkreises mit Saugdruckhaltung sowie allen wesentlichen Armaturen und Kreislaufkomponenten. Die Saugdruckhaltung wird üblicherweise bei Heizungsanlagen eingesetzt. Sie besitzt einige vorteilhafte Eigenschaften. Einerseits ist durch diese Anordnung der Zulaufdruck für die Pumpe stets wohldefiniert und nicht etwa abhängig von deren Förderleistung und den Druckverlusten des Rohrnetzes. Andererseits ist der Betriebsdruck im Kollektorfeld stets höher als der Ruhedruck. Dadurch werden allenfalls vorhandene Gaspolster komprimiert, wodurch ihr Einfluss auf die Strömung reduziert wird. Der Referenzdruck ist gegenüber der Nachdruckhaltung um den Pumpendruck geringer. Entsprechend sind die erforderlichen Gefäßvolumen tendenziell kleiner und damit kostengünstiger.

Die Saugdruckhaltung darf bei Solaranlagen jedoch **nur dann** eingesetzt werden, wenn die bei Stagnation durch die Pumpe in Richtung MAG strömende Flüssigkeit mit Sicherheit kühler ist als die zulässige Betriebstemperatur der Pumpe und deren Anschlussdichtungen. Außerdem muss beachtet werden, dass die Pumpe durch das zurückströmende Medium in Rotation versetzt wird und als Turbine arbeitet. Dies kann bei modernen Pumpen mit Permanentmagneterregung problematisch sein. Ob diese Betriebsweise kurzfristig zulässig ist, muss beim Pumpenhersteller abgeklärt werden.

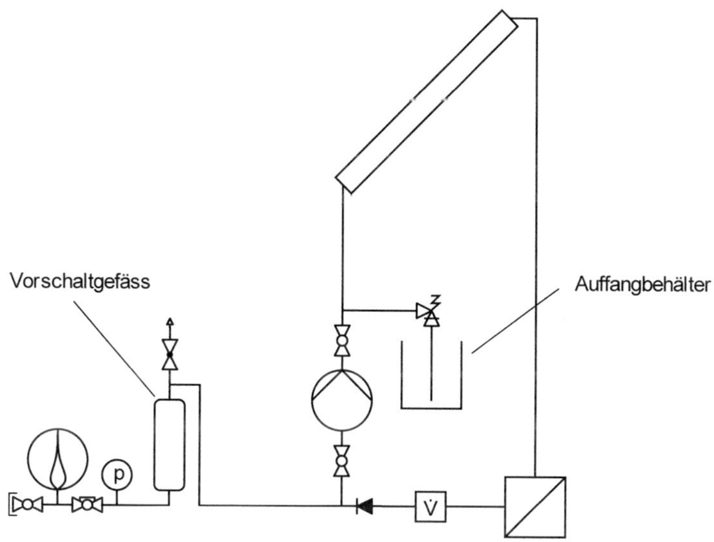

Abbildung 3-13 Saugdruckhaltung mit Membran-Druckausdehnungsgefäß und Vorschaltgefäß.

Die Maximaltemperatur der Flüssigkeit am Eintritt in die Pumpe ist durch deren zulässige Temperatur bestimmt. Diese liegt bei herkömmlichen Inline Pumpen mit Spaltrohr bei 95 bis 110 °C. Bei der Saugdruckhaltung darf das Vorschaltgefäß also nicht zur Kondensation des Dampfes verwendet werden.

3.4.3 Anordnung und Dimensionierung des Sicherheitsventils

Das Sicherheitsventil schützt die Komponenten des Kreislaufes vor unzulässigen statischen Drücken. Diese können mehrere Ursachen haben, wie folgende Auflistung zeigt:

- Unterschätztes Dampfvolumen bei Stagnation.
- Zu hoher Fülldruck.
- Defekte Membran. Nachspeisung bei Druckabfall ohne Prüfung des Vordruckes.
- Überströmen aus einem Netz mit höherem Druck infolge Leck im Wärmeübertrager.
- Temperaturanstieg in den Kollektoren oder im Wärmeübertrager, wenn die Druckhaltung zwecks Prüfung oder Reparatur abgesperrt ist.
- Temperaturanstieg in einem Bereich des Kreislaufs, der zu Kontrollzwecken abgesperrt wurde.

Kritische Komponenten sind die Kollektoren, die als Verbindungselemente eingesetzten Metallbälge, die Pumpe und das Ausdehnungsgefäß. Der Ansprechdruck ist so zu wählen, dass der statische Druck an keiner Stelle des Kreislaufes den zulässigen Druck der jeweiligen Komponente überschreitet. Dieser Nachweis muss für alle möglichen Zustände der Anlage geführt werden.

Die Verbindung zwischen Kollektorfeld und Sicherheitsventil darf nicht absperrbar sein. Damit defekte Komponenten ausgetauscht werden können, ohne dass die Anlage entleert werden muss, sind Teilbereiche des Kreislaufes absperrbar. Falls das Speichervolumen oder großvolumige Wärmeübertrager Teil dieser Bereiche sind, müssen diese durch ein eigenes Sicherheitsventil geschützt werden. Die handelsüblichen, zweistrangigen Pumpengruppen besitzen sowohl im Vorlauf- als auch im Rücklaufstrang Absperrarmaturen. Werden diese geschlossen, ist zwar die Kollektorseite mit dem Ausdehnungsgefäß verbunden und durch das Sicherheitsventil abgesichert, nicht aber der Wärmeübertrager. Kritisch ist dies bei großvolumigen Glattrohrwärmeübertragern, wenn der Speicher und damit auch der Inhalt des Wärmeübertragers durch einen Kessel erwärmt werden. Die Flüssigkeit wird sich dann über das schwächste Glied im abgesperrten Teil des Kreislaufes ausdehnen, den Spalttopf der Pumpe.

Bei großen Solaranlagen macht es Sinn, das Sicherheitsventil zwischen dem Ausdehnungsgefäß und dem Vorschaltgefäß anzuordnen. Dadurch wird erreicht, dass nur relativ kühles Medium entweicht. Der Auffangbehälter kann in diesem Fall aus thermoplastischem Kunststoff bestehen. Andernfalls muss das Auffanggefäß aus Metall sein. Wenn man sich die Frostschutzmischung in Stahlfässern anliefern lässt, kann man eines dieser Fässer als Auffangbehälter verwenden.

3.4.3.1 Ansprechdruck und Schließdruckdifferenz

Wichtig bei der Auswahl des Sicherheitsventils ist nicht nur der Ansprechdruck sondern auch die Schließdruckdifferenz. Ein Sicherheitsventil öffnet beim spezifizierten Ansprechdruck und schließt, nachdem der Druck um die Schließdruckdifferenz gefallen ist. Hochwertige Ventile haben eine kleine Schließdruckdifferenz. Bei der Wahl des Fabrikats muss sichergestellt werden, dass der Ventilkörper und das Dichtungsmaterial gegen Wasser-Glykol-Gemisch beständig ist.

3.5 Systemwahl und Vorgehen bei der Dimensionierung

Die Art der Druckhaltung wird nach wirtschaftlichen Gesichtspunkten und nach dem zur Verfügung stehenden Platz festgelegt. Die Druckhaltung durch MAG ist meist kostengünstiger als eine Kompressordruckhaltung. Letztere benötigt dafür weniger Platz.

3.5.1 Anlagendaten für die Dimensionierung

Bei der Dimensionierung der Druckhaltung müssen die statischen Drücke an bestimmten Stellen des Kreislaufes und in den kritischen Kreislaufkomponenten bekannt sein. Abbildung 3-14 zeigt deren Höhenlage, bezogen auf die Höhe des Gefäßanschlusses am Ausdehnungsgefäß. Bei der Anordnung nach Abbildung 3-14 b) kann es bei Stagnation zu Druckstößen kommen, wenn Sattdampf gegen kühlere Flüssigkeit in der Vorlaufleitung aufsteigt und dabei schlagartig kondensiert. Gegenmaßnahmen werden im Abschnitt 5.2.2 besprochen.

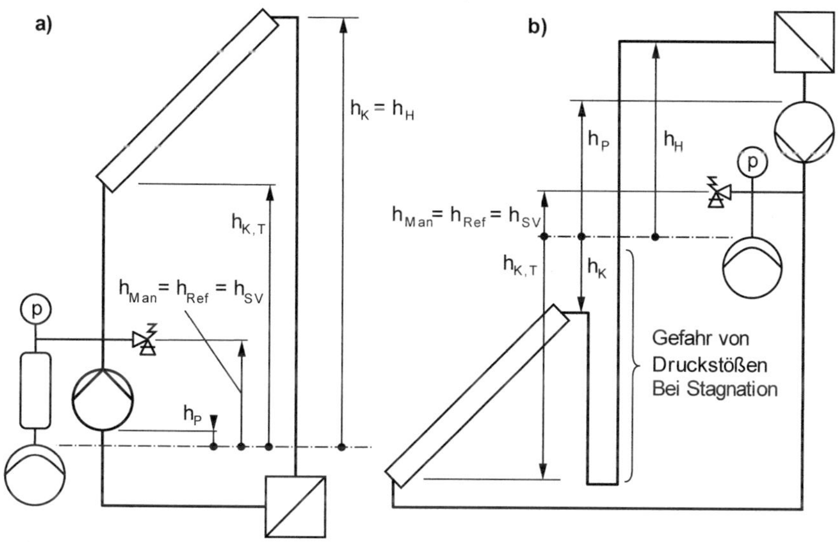

Abbildung 3-14 Höhen kritischer Orte und Komponenten im Solarkreislauf.

Nach der VDI 4708 (2012) ist die Referenzhöhe des Kreislaufes durch den Ort des Gefäßanschlusses bestimmt. Der Druck an dieser Stelle wird als Gasdruck interpretiert, der sich über die Membran auf den Kreislaufinhalt überträgt. Der Einfluss des Flüssigkeitsinhaltes und die Membranelastizität werden nicht berücksichtigt. Der Gasdruck im Füllzustand wird meist nicht direkt gemessen sondern aus der Messung des Systemdrucks berechnet. Dazu liest man den Systemdruck am Manometer ab und addiert die Differenz des Schweredrucks $\rho g(h_{Man}-h_{AG})$ zwischen dem Anschluss des Manometers und dem Anschluss des Ausdehnungsgefaßes.

Die schematische Darstellung von Ausdehnungsgefäßen ist nicht einheitlich geregelt. Daraus ergeben sich nützliche Freiheiten für die Darstellung in Anlagenschemas. Grundsätzlich sollen in der Planung alle Merkmale der Druckhaltung festgelegt und im Ausschreibungstext spezifiziert werden:

- Art der Membran, Membranwerkstoff und Austauschbarkeit.
- Entlüftungsmöglichkeit für den Wasserraum.
- Lage des Gefäßanschlusses (unten, seitlich, oben).
- Saug- oder druckseitige Einbindung.
- Querschnitt und Rohrführung der Ausdehnungsleitung
- Einbauort des Sicherheitsventils und Höhe über dem MAG.
- Ansprechdruck, Schließdruckdifferenz und Abblaseleistung des Sicherheitsventils.

Die meisten Anlagendaten sind bereits aus der vorgängig durchgeführten Rohrnetzberechnung bekannt. Die Temperaturen könnten durch Simulation von extremalen Zuständen berechnet werden. Dadurch wird der Aufwand für die Eingabe der Anlagendaten praktisch eliminiert.

3.5.2 Vorgehen bei der Dimensionierung

Bei der Dimensionierung der Druckhaltung hat sich folgendes Vorgehen bewährt.

1) Ermitteln der Höhen des Kollektor- und Anlagenhochpunktes in Bezug auf den vorgesehenen Ort des MAG. Die maximalen und minimalen Kreislauftemperaturen werden aus der energetischen Dimensionierung übernommen.
2) Die Leerdrückbarkeit des Kollektorfeldes im Stagnationsfall, die Dampfreichweite und das Dampfvolumen werden nach Erfahrung abgeschätzt. Auf dieser Grundlage wird das Vorschaltgefäß bemessen und entschieden, ob die Druckhaltung druckseitig (Standard) oder saugseitig eingebunden wird.
3) Aus den zulässigen Drücken der einzelnen Kreislaufkomponenten werden die entsprechenden zulässigen Drücke am Ort des Sicherheitsventils berechnet.
4) Das Sicherheitsventil wird nach dem kleinsten zulässigen Druck ausgewählt.
5) Das Nennvolumen sowie der Vor- und Fülldruck eines ungeregelten Membran-Druckausdehnungsgefäßes wird nach Abschnitt 3.6.2 oder 0 berechnet.
6) Die Sicherheit bei Stagnationsereignissen wird rechnerisch nachgewiesen. Falls erforderlich, wird der Ort der Einbindung geändert und/oder ein Kühler vorgesehen.
7) Falls ein einzelnes Gefäß keinen Platz findet, kann die Aufteilung in mehrere kleine Gefäße geprüft oder eine Kompressordruckhaltung vorgesehen werden.
8) Falls eine Kompressordruckhaltung vorgesehen wird, muss die Sicherheit bei Stagnationsereignissen erneut nachgewiesen werden, weil die Dampfreichweite wesentlich höher ist als bei einer Druckhaltung mit MAG.

3.6 Dimensionierung von Membran-Druckausdehnungsgefäßen

3.6.1 Grundlagen

Alle Methoden zur Dimensionierung von Membranausdehnungsgefäßen MAG basieren auf dem Modell des idealen Gases. Dieses und weitere Grundlagen werden im Abschnitt 3.6.1 dargestellt. Im Abschnitt 3.6.2 wird die Methode nach VDI 4708 (2012) vorgestellt. Basierend auf der Arbeit von Eismann und von Felten (1998a) wird in Abschnitt 0 ein neues Berechnungsverfahren hergeleitet. Dieses berücksichtigt sowohl die Unsicherheiten bei Druckmessungen als auch den Einfluss der Gefäßtemperatur auf den Druck im Gasraum.

3.6.1.1 Modellvoraussetzungen

Alle in der Literatur dargestellten Berechnungsverfahren basieren auf drei Annahmen, deren Gültigkeit stillschweigend vorausgesetzt wird:

1) Das Gas im Gasraum des MAG verhält sich ideal.
2) Der Einfluss der Membranelastizität auf den Druck im Gasraum ist vernachlässigbar.
3) Der Gasdruck ist identisch mit dem Druck der Flüssigkeit am Ort des Gefäßanschlusses.

Die erste Annahme ist sicher gerechtfertigt. Zustandsänderungen im Gasraum können folglich durch die thermische Zustandsgleichung des idealen Gases beschrieben werden.

$$pV = nRT \tag{3.4}$$

Hierin bedeuten n die Stoffmenge in *mol*, p der absolute Druck in Pascal *Pa* und T die absolute Temperatur in Kelvin *K*. Bei Membran-Druckausdehnungsgefäßen bleibt die Stoffmenge n im Gasraum bei Zustandsänderungen konstant. Zwei Zustände 1 und 2 sind daher durch Beziehungen der folgenden Form verknüpft:

$$\frac{pV}{T} = nR = const \quad \Rightarrow \quad \frac{p_1 V_1}{T_1} = \frac{p_2 V_2}{T_2} \tag{3.5}$$

Die zweite Annahme wurde bisher nicht systematisch untersucht. Der Fehler, der durch den Bezug des Gasdruckes auf den Ort des Gefäßanschlusses entsteht, ist sicherlich von der Bauform der Membran, der Lage des Anschlusses, der vertikalen Ausdehnung des Gefäßes und von der aktuellen Wasservorlage abhängig. Auch hierzu gibt es gegenwärtig keine Untersuchungen.

3.6.1.2 Maßeinheiten für Praxis und Theorie

3.6.1.2.1 Absolute und bezogene Einheiten

Das etablierte Berechnungsverfahren nach VDI 4708 (2012) rechnet mit Überdrücken in *bar*, bezogen auf einen Atmosphärendruck von 1 *bar*. Dies hat einerseits den Vorteil, dass der statische Überdruck einer Wassersäule direkt proportional zu ihrer Höhe angegeben werden kann. Auch die Skalen der in der Heizungs- und Sanitärtechnik verwendeten Manometer beginnen mit null bei Atmosphärendruck. Skalen, die den Druck in Metern Wassersäule *mWs* angeben, sind ebenfalls gebräuchlich. Die Rechnung mit Überdrücken hat jedoch den Nachteil, dass die Umwandlung in das absolute Maßsystem innerhalb der Formel erfolgen muss. Dies führt zu unübersichtlichen Darstellungen. Außerdem ist der Atmosphärendruck abhängig von der Höhe des Anlagenortes über Meer, was bei der Berechnung des Zulaufdrucks der Pumpe berücksichtigt werden muss. Aus diesen Gründen werden die Methoden für absolute Drücke formuliert.

Gastemperaturen und Temperaturdifferenzen werden stets in Kelvin, *K,* angegeben und mit T bezeichnet. Viele Stoffdaten werden jedoch aus praktischen Gründen als Funktion der Temperatur in Grad Celsius, *°C*, angegeben. Diese Temperaturen werden mit ϑ bezeichnet.

3.6.1.2.2 Wahl der Einheiten für Darstellung und Rechnung

In der modernen Planungspraxis sollen Berechnungen jedoch nicht mehr von Hand, sondern mit Hilfe von Dimensionierungsprogrammen ausgeführt werden. Es ist daher ohne weiteres erlaubt, die Anlagendaten in den praktischen Maßeinheiten *bar*, *l/min* und *°C* einzugeben. Die eingegebenen Werte werden anschließend durch das Programm, d. h. ohne Aufwand des Nutzers, in absolute Größen und SI-Einheiten (Système international d'unités) umgerechnet und verarbeitet. Die berechneten Drücke, können dann wieder als Überdrücke in $bar_ü$, bezogen auf den mittleren Atmosphärendruck am Ort der Anlage ausgegeben werden, damit sie mit den Skalen der Manometer kompatibel sind.

Die Wahl der Volumeneinheit hat keinen Einfluss auf die Form der Dimensionierungsgleichungen. Bei der Berechnung von Ausdehnungsvolumen und Fließgeschwindigkeiten kommt es jedoch auf die Volumeneinheit an. Es ist daher auch hier sinnvoll, konsequent in der SI Einheit Kubikmeter zu rechnen.

3.6.1.3 Volumenänderung des Wärmeträgermediums

Das Ausdehnungsgefäß muss die temperaturbedingten Volumenänderungen der Flüssigkeit ausgleichen. Zur Berechnung der Volumenänderungen müssen die Inhalte der Kreislaufkomponenten und deren mittlere Temperaturen bei den jeweiligen Betriebszuständen bekannt sein. Als Referenzzustand wird der Zustand bei minimaler Kreislauftemperatur definiert, in dem der Kreislaufinhalt sein kleinstes Volumen einnimmt. Die Kreislaufkomponenten außerhalb des Gebäudes nehmen die dort herrschende Umgebungstemperatur an. Bei den Komponenten innerhalb des Gebäudes wird mit der entsprechenden Umgebungstemperatur gerechnet. Besitzt der Kreislauf einen Glattrohrwärmeübertrager, so muss für dessen Inhalt eine realistische Minimaltemperatur abgeschätzt werden. In einem beliebigen Betriebszustand X braucht man nicht zwischen Teilen außerhalb oder innerhalb des Gebäudes zu unterscheiden. Für die vor- und rücklaufseitigen Rohrleitungen wird mit der entsprechenden Vorlauf- und Rücklauftemperatur gerechnet. Die mittlere Temperatur der Flüssigkeit in den Kollektoren $T_{K,X}$ und im Wärmeübertrager $T_{WU,X}$ im Betrieb ist gleich dem Mittelwert aus Vorlauf- und Rücklauftemperatur. Die im Speicher integrierten Glattrohrwärmeübertrager werden gleich wie Plattenwärmeübertrager behandelt.

$$T_{K,X} = T_{WU,X} = \frac{1}{2}\left(T_{Vl,X} + T_{Rl,X}\right) \tag{3.6}$$

Bei Stagnation wird der Kreislauf einerseits durch den kondensierenden Dampf aufgeheizt, andererseits aber nur durch Wärmeverluste gekühlt. Die mittlere Temperatur des Kreislaufinhaltes ist daher höher als die maximale mittlere Temperatur im Betrieb. Für die Dimensionierung soll die mittlere Kreislauftemperatur gleich der maximal zulässigen Vorlauftemperatur gesetzt werden.

$$\left\langle T_{A,S}\right\rangle = T_{Vl,zul} \tag{3.7}$$

Als Referenzzustand für die Berechnung der temperaturbedingten Volumenänderung wird der Ruhezustand gewählt, bei dem die Komponenten des Kreislaufes ihre tiefsten zu erwartenden Temperaturen annehmen. Die Volumenänderung bei der Zustandsänderung vom Referenzzustand zu einem beliebigen Zustand X ist proportional zum Volumen aller Kreislaufkomponenten und Rohrabschnitte im Referenzzustand und zur relativen Dichtedifferenz.

$$\Delta V_{l,A,X} = \sum_k V_k \frac{\rho_{T_{k,R}} - \rho_{T_{k,X}}}{\rho_{T_{k,R}}} \tag{3.8}$$

Die Darstellung nach Gleichung (3.8) ist für die Dimensionierung vorteilhaft, falls die Temperaturen und die Volumen der einzelnen Komponenten und Rohrabschnitte aus der vorgängigen Berechnung verfügbar sind. Für die Inbetriebnahme und Wartung ist es jedoch günstiger, die Volumenänderung als Funktion der mittleren Kreislauftemperatur darzustellen, bezogen auf die mittlere Temperatur im Referenzzustand. Dazu muss dem Referenzzustand die entsprechende mittlere Referenztemperatur

$$\left\langle T_{A,R}\right\rangle = \frac{1}{V_{l,A}} \sum_k V_k T_{k,R} \tag{3.9}$$

zugeordnet werden.

Nach Abbildung 3-15 ist der Zusammenhang zwischen Dichte und Temperatur praktisch linear. Daher lässt sich die Volumenänderung des Anlageninhaltes bei der Erwärmung vom Referenzzustand R auf einen beliebigen Betriebszustand X näherungsweise wie folgt berechnen.

$$\Delta V_{l,A,X} \doteq V_{l,A} \frac{\rho_{\left\langle T_{A,R}\right\rangle} - \rho_{\left\langle T_{A,X}\right\rangle}}{\rho_{\left\langle T_{A,R}\right\rangle}} \tag{3.10}$$

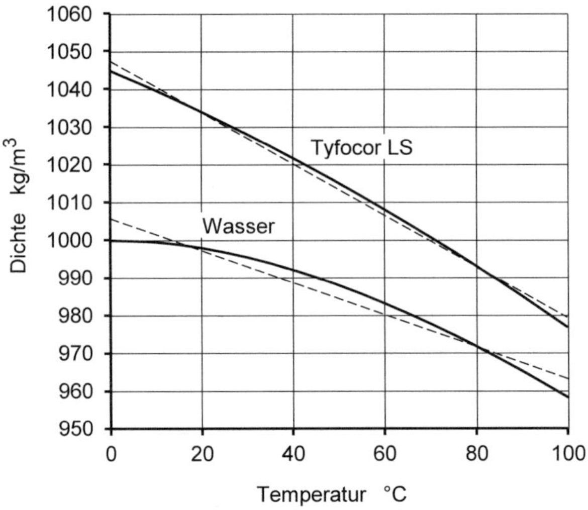

Abbildung 3-15 Raumausdehnungskoeffizient für Wasser und das Wasser-Glykol-Gemisch Tyfocor®LS.

Die Dichte im Betriebszustand X wird für den Mittelwert von Vor- und Rücklauftemperatur berechnet.

$$\langle T_{A,X} \rangle = \frac{T_{Vl,X} + T_{Rl,X}}{2} \tag{3.11}$$

3.6.1.4 Volumenänderung des Kreislaufs

Auch das Volumen der Kreislaufkomponenten nimmt mit steigender Temperatur zu. Das bedeutet, dass ein entsprechender Teil des Ausdehnungsvolumens der Flüssigkeit durch die Volumenzunahme des Kreislaufs kompensiert wird. Das effektive Ausdehnungsvolumen im MAG ist um diesen Teil kleiner. Die Volumenzunahme der Rohre und Behälter eines Kreislaufes ist abhängig von der Temperaturänderung ΔT und vom linearen Ausdehnungskoeffizienten α_t $[1/K]$. Indem man alle Terme in zweiter und dritter Potenz vernachlässigt, erhält man folgenden Ausdruck für die Volumenzunahme.

$$\Delta V_{t,A,X} = 3\alpha_t \left[\langle T_{A,X} \rangle - \langle T_{A,R} \rangle \right] \tag{3.12}$$

Das Gasvolumen des Ausdehnungsgefäßes wird also nur um den Teil

$$\Delta V_{A,X} = \Delta V_{l,A,X} - \Delta V_{t,A,X} \tag{3.13}$$

komprimiert. Die Abbildung 3-16 zeigt, dass die Volumenänderung des Kreislaufes weniger als 10 % gegenüber derjenigen von Wasser-Glykol-Gemischen beträgt. Indem man die Volumenänderung des Kreislaufes vernachlässigt, liegt die Rechnung auf der sicheren Seite.

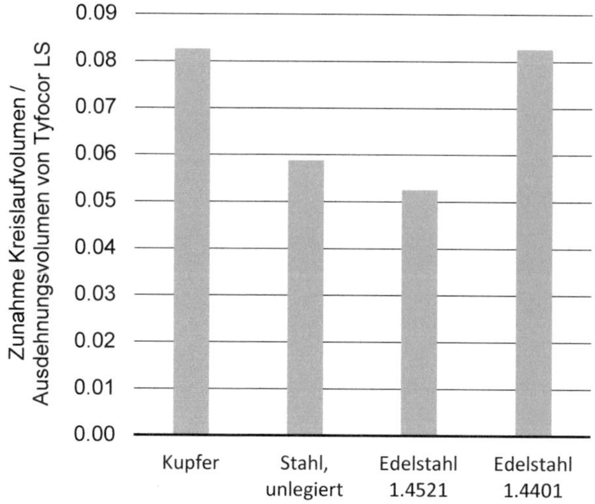

Abbildung 3-16 Zunahme des Ausdehnungsvolumens metallischer Kreislaufkomponenten, bezogen auf das Ausdehnungsvolumen von Tyfocor®LS.

3.6.1.5 Dampfvolumen

Für die Dimensionierung muss das bei Stagnation entstehende Dampfvolumen V_D bekannt sein, beziehungsweise mit den im Kapitel 5 dargestellten Methoden berechnet werden. Durch das entstehende Dampfvolumen wird ein entsprechendes Flüssigkeitsvolumen V_Z in das Ausdehnungsgefäß verdrängt. Dabei dürfen die zulässigen Drücke nicht überschritten werden. Wie im Kapitel 5 gezeigt wird, ist das Dampfvolumen nicht nur abhängig von der hydraulischen Verschaltung der Absorber und der Kollektoren. Auch die Wärmedämmung der Rohrleitungen und der durch die Druckhaltung bedingte Druckverlauf haben einen großen Einfluss.

3.6.1.6 Schweredruck der Flüssigkeit

Eine weitere wichtige Größe für die Dimensionierung ist der Schweredruck $\rho g h_H$ der Flüssigkeitssäule über dem Ausdehnungsgefäß. Hierbei ist h_H die Höhendifferenz zwischen dem Anschluss des MAG und dem Hochpunkt der Anlage. Indem man die Dichte der Flüssigkeit bei der tiefsten mittleren Kreislauftemperatur einsetzt, liegt die Rechnung auf der sicheren Seite.

3.6.2 Dimensionierung nach VDI 4708

Bei der Dimensionierung nach VDI Richtlinie 4708 wird angenommen, dass die Temperaturänderungen im Gasraum des Ausdehnungsgefäßes vernachlässigbar sind und daher mit isothermen Zustandsänderungen gerechnet werden kann. Die Temperatur des Gasraumes tritt daher in den Bestimmungsgleichungen nicht auf. Die Abhängigkeit des Fülldruckes vom Ausdehnungsvolumen bzw. der mittleren Kreislauftemperatur wird hingegen berücksichtigt. Für die Darstellung des Rechenverfahrens wird angenommen, dass der Hochpunkt des Kollektors gleichzeitig der Hochpunkt der Anlage ist.

3.6.2.1 Wasservorlage

Als Referenzzustand wird der Zustand bei minimaler Kreislauftemperatur definiert, in dem der Kreislaufinhalt sein kleinstes Volumen einnimmt. Erreicht eine Anlage nach der Inbetriebnahme diesen Zustand, so muss das MAG ein minimales Flüssigkeitsvolumen enthalten. Dieses Flüssigkeitsvolumen wird mit Wasservorlage V_V bezeichnet. Es dient zur Kompensation von Flüssigkeitsverlusten, die durch Leckage und bei Reparaturarbeiten auftreten können. Die erforderliche Wasservorlage ist daher vom Anlageninhalt abgeleitet. Nach VDI 4708 gelten folgende Minimalwerte.

$$V_V \geq \begin{Bmatrix} 3l & \text{für}\, V_A \leq 600l \\ 0.005 \cdot V_A & \text{für}\, V_A > 600l \end{Bmatrix} \tag{3.14}$$

Dies ist für Heizungsanlagen ausreichend, da diese bei Bedarf verhältnismäßig einfach aus dem Wassernetz nachgefüllt werden können. Bei Solaranlagen erfordert die Nachspeisung nebst passendem Wärmeträgerfluid eine geeignete Pumpe, was die Nachspeisung aufwändiger macht. Außerdem muss aufgrund der geringeren Oberflächenspannung von Wasser-Glykol-Gemischen mit höheren Leckraten gerechnet werden. Aus diesem Grund wird vorgeschlagen, die erforderliche Wasservorlage mindestens zu verdoppeln.

3.6.2.2 Minimaler Anfangsdruck und maximaler Enddruck im MAG

Der Druck am Hochpunkt muss um einen Druckzuschlag $\Delta p_z \geq 0.5\ bar$ höher sein als der Atmosphärendruck p_{Atm} und der Dampfdruck $p_{v,K}$ der Flüssigkeit am Austritt des Kollektorfeldes. Bei stillstehender Pumpe muss der Druck im MAG folglich um den Schweredruck $\rho g h_H$ der Flüssigkeitssäule zwischen MAG und Hochpunkt höher sein. Dies ist der Anfangsdruck im Referenzzustand.

$$p_a \geq p_{a,\min} = \max\left\{p_{Atm} + \rho g h_H + \Delta p_z,\ p_{v,K} + \rho g h_H + \Delta p_z\right\} \tag{3.15}$$

Bei laufender Pumpe hängt der erforderliche Anfangsdruck davon ab, ob das MAG saugseitig oder druckseitig eingebunden ist. Bei der Saugdruckhaltung steigt der Druck am Hochpunkt um die Summe der Druckverluste, die in den vorlaufseitigen Rohrleitungen und Kreislaufkomponenten zwischen Hochpunkt und Referenzpunkt auftreten. Daher liefert der Zustand bei stillstehender Pumpe das maßgebende Kriterium für den minimalen Anfangsdruck.

Bei der Nachdruckhaltung sinkt der Druck am Hochpunkt um die Summe der Druckverluste, die in den rücklaufseitigen Rohrleitungen und im Kollektorfeld zwischen Referenzpunkt und Hochpunkt auftreten. Bei der Nachdruckhaltung ist folglich der Zustand bei laufender Pumpe maßgebend. Indem man zur Bedingung (3.15) den gesamten Pumpendruck addiert, liegt die Bedingung (3.16) für die Nachdruckhaltung auf der sicheren Seite.

$$p_a \geq p_{a,\min} = \max\left\{p_{Atm} + \rho g h_H + \Delta p_P + \Delta p_z,\ p_{v,K} + \rho g h_H + \Delta p_P + \Delta p_z\right\} \tag{3.16}$$

Der Druckzuschlag Δp_z muss mindestens so groß sein, wie die Summe der beiden Teildruckzuschläge Δp_{z1} und Δp_{z2}, die nachfolgend definiert sind.

$$\Delta p_z \geq \Delta p_{z1} + \Delta p_{z2} \tag{3.17}$$

Der Teildruckzuschlag Δp_{z1} dient zur Kompensation von Gasverlusten infolge Diffusion und Leckage. Falls der Gefäßhersteller keinen anderen Wert vorschreibt, soll mit $\Delta p_{z1} = 0.2$ *bar* gerechnet werden. Die Erhöhung des Anlagendruckes um den Teildruckzuschlag $\Delta p_{z2} = 0.3$ *bar* bewirkt, dass Flüssigkeit in den Wasserraum des zuvor leeren Gefäßes einströmt und so die gewünschte Wasservorlage bildet. Falls in (3.17) das Gleichheitszeichen gilt, würde der Druck am Hochpunkt stetig auf Atmosphärendruck bzw. Dampfdruck absinken, wenn beide Teildruckzuschläge gegen null gehen. Aus praktischer Sicht ist es besser, den Minimaldruck am Hochpunkt so zu definieren, dass er um einen endlichen Betrag über dem Atmosphärendruck bzw. dem Dampfdruck liegt. Aus diesem Grund wird vorgeschlagen, einen weiteren Teildruckzuschlag Δp_{z0} einzuführen und die Bedingung (3.17) als Gleichung zu formulieren.

$$\Delta p_z = \Delta p_{z0} + \Delta p_{z1} + \Delta p_{z2} \tag{3.18}$$

Die Bemessung dieses Teildruckzuschlags richtet sich nach den Anforderungen bezüglich Entlüftung, Entgasung und Stagnation, die in den Kapiteln 4 und 5 besprochen werden. In den Beispielen zur Demonstration der Berechnungsverfahren wird mit einem Wert $\Delta p_{z1} = 0.1$ *bar* gerechnet.

Der maximale Enddruck p_e im MAG bei Stagnation darf nicht höher sein als der Ansprechdruck des Sicherheitsventils abzüglich der Schließdruckdifferenz.

$$p_e \leq p_{SV} - \Delta p_{SV} \tag{3.19}$$

3.6.2.3 Erforderlicher Vordruck

Bevor eine Anlage mit Flüssigkeit gefüllt werden darf, muss der Vordruck der Gasfüllung im MAG eingestellt werden. Damit die erforderliche Wasservorlage entsteht, muss dieser um den Druckteilzuschlag Δp_{z2} kleiner sein als der minimale Anfangsdruck.

Bei Saugdruckhaltung gilt

$$p_0 = \max\left\{p_{Atm} + \rho g h_H + \Delta p_{z1},\ p_{v,K} + \rho g h_H + \Delta p_{z1}\right\} , \tag{3.20}$$

und bei Nachdruckhaltung entsprechend

$$p_0 = \max\left\{p_{Atm} + \rho g h_H + \Delta p_P + \Delta p_{z1},\ p_{v,K} + \rho g h_H + \Delta p_P + \Delta p_{z1}\right\} \tag{3.21}$$

3.6.2.4 Bestimmen des Gefäßvolumens

Solange der Wasserraum des MAG keine Flüssigkeit enthält, entspricht das Volumen des Gasraumes dem Volumen des Gefäßes. Das minimal erforderliche Gefäßvolumen $V_{N,\min}$ wird mit Hilfe einer isothermen Zustandsänderung bestimmt. Im Gasraum des leeren MAG herrscht der Vordruck p_0 nach (3.20) bzw. (3.21). Der maximal zulässige Enddruck wird im Zustand der Stagnation erreicht. Dabei wird das anfängliche Gasvolumen $V_{N,\min}$ um die Wasservorlage V_V, das Ausdehnungsvolumen $\Delta V_{A,S}$ und das durch den Dampf verdrängte Flüssigkeitsvolumen V_Z komprimiert.

$$p_0 V_{N,\min} = p_{e,\max}\left(V_{N,\min} - V_V - \Delta V_{A,S} - V_Z\right) \tag{3.22}$$

Durch Auflösen dieser Gleichung erhält man das minimal erforderliche Volumen des MAG.

$$V_{N,\min} = \left(V_V + \Delta V_{A,S} + V_Z\right)\frac{p_e}{p_e - p_0} \tag{3.23}$$

Gewählt wird ein Gefäß mit dem nächstgrößeren Nennvolumen $V_N > V_{N,\min}$ aus der Baureihe des Herstellers. Nun wird geprüft, ob sich bei der Befüllung die erforderliche Wasservorlage nach Gleichung (3.14) einstellt. Beim minimalen Anfangsdruck ergibt sich eine entsprechende Wasservorlage V'_V im Ausdehnungsgefäß.

$$p_0 V_N = p_{a,\min}\left(V_N - V'_V\right) \quad \Rightarrow \quad V'_V = V_N \frac{\Delta p_{z2}}{p_{a,\min}} \tag{3.24}$$

Falls die Wasservorlage V'_V kleiner ist als die minimal erforderliche Wasservorlage nach Gleichung (3.14), muss das nächst größere Gefäß gewählt und die Bedingung (3.24) erneut geprüft werden. Sobald die effektive Wasservorlage gleich oder größer ist als die minimal erforderliche Wasservorlage, ist auch der effektive Enddruck kleiner als der maximale Enddruck. Der Anfangsdruck im Referenzzustand muss nicht geprüft werden, da dieser bereits durch die Bedingungen (3.15) und (3.16) festgelegt ist. Hingegen ist es wichtig zu wissen, wie weit der Enddruck unter dem maximal zulässigen Wert liegt.

Einsetzen des gewählten Nennvolumens und der effektiven Wasservorlage in Gleichung liefert nach Umformen den effektiven Enddruck.

$$p_{e,eff} = \frac{p_0 V_N}{\left(V_N - V'_V - \Delta V_{A,S} - V_Z\right)} < p_{e,eff} \tag{3.25}$$

3.6.2.5 Fülldruck als Funktion des Ausdehnungsvolumens

Im Allgemeinen ist die mittlere Kreislauftemperatur beim Befüllen höher als bei Referenzbedingungen. Aus diesem Grund muss die Ausdehnung der Flüssigkeit $\Delta V_{A,F}$ nach Gleichung (3.10) berücksichtigt werden.

$$p_0 V_N = p_F \left(V_N - \Delta V_{A,F} - V_V'\right) \tag{3.26}$$

Einsetzen der effektiven Wasservorlage im Referenzzustand aus Gleichung (3.24) in Gleichung (3.26) liefert nach Umstellung den Fülldruck als Funktion des Ausdehnungsvolumens.

$$p_F = \frac{p_0 V_N}{V_N \left(1 - \dfrac{\Delta p_{z2}}{p_{a,\min}}\right) - \Delta V_{A,F}} \tag{3.27}$$

Indem man das Ausdehnungsvolumen als Funktion der mittleren Kreislauftemperatur darstellt, kann der Fülldruck natürlich ebenfalls als Funktion der mittleren Kreislauftemperatur angegeben werden. Dies ist für die Inbetriebnahme und für die Wartung sehr praktisch.

► **Beispiel 3-3:** Für eine Solaranlage mit den Anlagendaten nach Abbildung 2-40 und Tabelle 3-4 soll ein MAG zur Nachdruckhaltung dimensioniert werden. Als Wärmeträgerfluid wird das Wasser-Glykol-Gemisch Tyfocor®LS eingesetzt. Damit die Resultate mit anderen Berechnungsverfahren direkt verglichen werden können, wird mit einem Atmosphärendruck von 1 *bar* gerechnet. Es wird außerdem angenommen, dass sich das Manometer, das Sicherheitsventil und der Referenzpunkt auf derselben Höhe wie der Anschluss des MAG befinden.

Tabelle 3-4 Anlagendaten und Zustandsgrößen für die Dimensionierung des MAG nach VDI 4708.

Anlagendaten			Beispiel
Gesamtinhalt der Anlage	V_A	l	64.40
Maximales Dampfvolumen bei Stagnation	V_Z	l	21.75
Maximales Ausdehnungsvolumen der Flüssigkeit	$\Delta V_{A,S}$	l	3.67
Maximale Temperatur am Kollektoraustritt	T_K	°C	95
Dampfdruck bei maximaler Temperatur	p_v	*bar*	0.79
Höhendifferenz zwischen MAG und Hochpunkt der Anlage	h_H	*m*	11.8
Pumpendruck im Betrieb	p_P	*bar*	0.496
Ansprechdruck des Sicherheitsventils	p_{SV}	$bar_ü$	6
Schließdruckdifferenz des Sicherheitsventils	Δp_{SV}	*bar*	0.3
Druckteilzuschlag zum Atmosphären- bzw. Dampfdruck	Δp_{z0}	*bar*	0.1
Druckteilzuschlag zur Kompensation von Gasverlusten	Δp_{z1}	*bar*	0.2
Druckteilzuschlag für die Erzeugung der Wasservorlage	Δp_{z2}	*bar*	0.3

Nach Gleichung (3.14) ist eine Wasservorlage von mindestens $V_V = 3l$ erforderlich. Der Schweredruck der Flüssigkeit am Ort des MAG ist 1.159 *bar*. Mit der Gleichung (3.21) erhält man den Vordruck, 1.955 $bar_ü$. Das minimal erforderliche Gefäßvolumen beträgt nach Gleichung (3.23) 49 *l*. Bei einem Nennvolumen von 80 *l* erhält man nach Gleichung (3.24) eine effektive Wasservorlage von 7.4 *l*, was ausreichend ist.

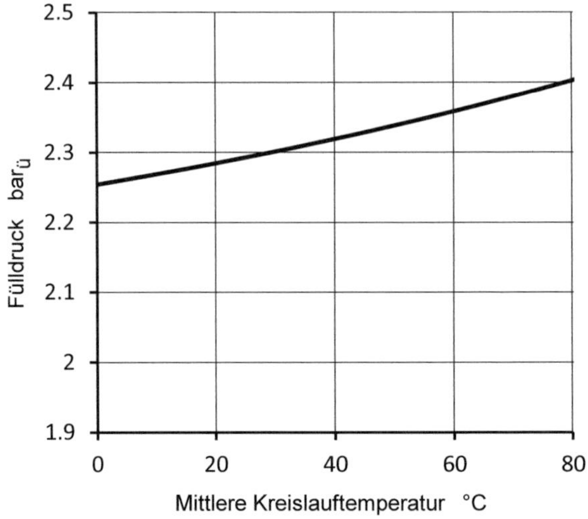

Abbildung 3-17 Fülldruck nach VDI 4708 bei druckseitiger Einbindung.

Der effektive Enddruck ist nach Gleichung (3.25) mit knapp 3.9 $bar_ü$ deutlich unter dem Grenzwert, der durch den Ansprechdruck und die Schließdruckdifferenz des Sicherheitsventils gegeben ist. Abbildung 3-17 zeigt den mit der Gleichung (3.27) berechneten Fülldruck als Funktion der mittleren Kreislauftemperatur. ◀

3.6.3 Dimensionierung mit Berücksichtigung der Unsicherheiten

Bei der Inspektion einer Solaranlage muss der Füllzustand auf der Grundlage der Manometer- und Temperaturablesung beurteilt werden. Es ist daher ein Dimensionierungsverfahren wünschbar, das über folgende Eigenschaften verfügt:

- Die Abhängigkeit des Druckes von der mittleren Kreislauftemperatur soll in Form eines anlagenspezifischen Diagramms so dargestellt werden, dass der Füllzustand direkt abgelesen und beurteilt werden kann.
- Unsicherheiten bei der Druck- und Temperaturmessung sollen berücksichtigt werden.
- Diagramme sollen es dem Installateur ermöglichen, den Einfluss der Gefäßtemperatur bei der Einstellung des Vordrucks und des Systemdrucks zu berücksichtigen.

Motiviert durch diese Überlegungen wurde ein Verfahren hergeleitet (Eismann und von Felten 1998a), das den Betriebszustand der Anlage berücksichtigt und den zulässigen Bereich des Fülldruckes angibt. Eine überarbeitete Version dieses Verfahrens (Eismann 2004b) und die VDI 4708 (2012) bilden die Grundlage für das nachfolgend beschriebene Auslegungsverfahren nach Eismann et al. (2016). Im Unterschied zur VDI 4708 geht die Berechnungsmethode von den erforderlichen Drücken bei drei extremalen Betriebszuständen aus. Die Wasservorlage wird nicht über einen Teildruckzuschlag erzeugt, sondern explizit definiert. Dabei wird zwischen einer minimalen Wasservorlage und dem eigentlichen Reservevolumen unterschieden. Vor- und Fülldruck werden nicht vorgegeben sondern mit Hilfe der entsprechenden Zustandsgleichungen ermittelt. Die Unsicherheiten bei der Einstellung des Vor- und Fülldruckes sowie die Abhängigkeit dieser Drücke von der Temperatur des Gasraumes werden berücksichtigt.

3.6.3.1 *Wasservorlage und Reservevolumen*

Die Wasservorlage muss eine minimale Größe $V_{V,\min}$ haben, damit die Membran arbeitsfähig ist und das Flüssigkeitsvolumen vom Gasraum mit kleinstmöglichem Drucksprung trennt. Die Hersteller machen hierzu keine Angaben. Es ist aber naheliegend, die minimale Wasservorlage im Verhältnis μ zum Nennvolumen des Gefäßes zu definieren.

$$V_{V\min} = \mu V_N \tag{3.28}$$

Ein sinnvoller Anhaltswert ist $\mu = 0.01$. Bei einem Nennvolumen von 100 l würde die minimale Wasservorlage 1 l betragen. Das Reservevolumen V_{Res} wird hingegen nach VDI 4708 im Verhältnis zum Anlageninhalt definiert. Weil Solaranlagen üblicherweise keine Einrichtung zur automatischen Nachspeisung des Wärmeträgers haben, müssen die Verluste allein durch eine statische Reserve kompensiert werden. Es wird vorgeschlagen, 2 % des Anlagenvolumens als Reservevolumen vorzusehen.

$$V_{Res} = \begin{Bmatrix} 3\,l & \text{für } V_A \leq 150\,l \\ 0.02 \cdot V_A & \text{für } V_A > 150\,l \end{Bmatrix} \tag{3.29}$$

Abbildung 3-18 zeigt den Vergleich zwischen der Wasservorlage nach VDI 4708, wie sie bei Heizungsanlagen üblich ist, mit dem Reservevolumen für Solaranlagen nach Gleichung (3.29).

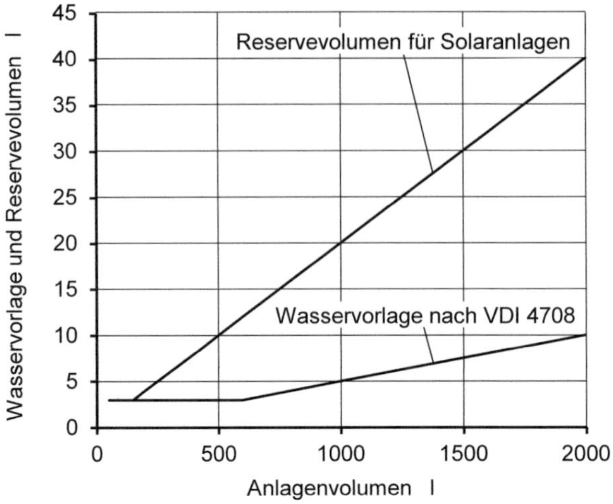

Abbildung 3-18 Wasservorlage nach VDI 4708 (2012) und Reservevolumen als Funktion des Anlageninhaltes.

3.6.3.2 Extremale Zustände einer Solaranlage

Das Feld der möglichen Betriebszustände einer Solaranlage ist durch drei extremale Zustände begrenzt, die wie folgt definiert sind: Im Referenzzustand nehmen die Komponenten k des Kreislaufes ihre tiefstmögliche Temperatur $T_{k,R}$ an. In diesem Zustand sei auch die Temperatur des Ausdehnungsgefäßes T_R am niedrigsten. Der zweite extremale Zustand ist durch den Betrieb bei maximaler der Vorlauf- und Rücklauftemperatur gekennzeichnet. Das MAG habe in diesem Zustand die Temperatur T_B. Der Zustand der Stagnation bei maximalem Dampfvolumen definiert den dritten extremalen Zustand. Die Zustandsgrößen werden entsprechend mit den Indizes R, B und S gekennzeichnet.

Aus diesen drei extremalen Zuständen werden nachfolgend die entsprechenden Randbedingungen für die Drücke an den kritischen Orten des Kreislaufes abgeleitet. Die Obergrenze des Druckes ist allein durch den Zustand bei Stagnation bestimmt. Die Untergrenze des Druckes ist entweder durch den Referenzzustand oder den Betriebszustand bei maximaler Kreislauftemperatur bestimmt. Welcher Zustand maßgebend ist, hängt von der Lage des Kollektorfeldes bezüglich des Referenzpunktes und von den Dampfdrücken des Wärmeträgermediums ab.

Weil die Dichtstellen eines Kreislaufes nie völlig vakuumdicht sind, muss der Druck am Hochpunkt des Kreislaufes über dem Atmosphärendruck liegen. Außerdem darf die Flüssigkeit nicht sieden. Der Druck muss daher über dem Dampfdruck liegen. Der Mindestdruck im Kreislauf soll um einen Sicherheitszuschlag $\Delta p_{z0} \geq 0.1$ *bar* höher sein als der Atmosphärendruck bzw. der Dampfdruck der Flüssigkeit. Der Hochpunkt der Anlage muss nicht unbedingt mit dem

Hochpunkt des Kollektorfeldes identisch sein. Die Zustände an diesen Hochpunkten müssen daher für sich betrachtet werden.

1) Referenzzustand bei minimaler Kreislauftemperatur

Bei ruhender Anlage im Referenzzustand beträgt der Dampfdruck nur einen Bruchteil des Atmosphärendruckes. Die Randbedingung des Druckes ist daher allein durch den Atmosphärendruck definiert.

$$p_{H,R} \geq p_{H,R\min} = p_{Atm} + \Delta p_{z0} \tag{3.30}$$

Bei Solaranlagen zur Prozesswärmeerzeugung kann der Dampfdruck beim Anfahren aus dem Referenzzustand unter Umständen größer sein als der Atmosphärendruck. Dieser Betriebszustand wird mit dem Index A bezeichnet. Die Solarkreispumpe wird eingeschaltet, sobald die Kollektortemperatur den festgelegten Wert $T_{K,A}$ erreicht. In diesem Moment befinden sich die übrigen Teile des Kreislaufes noch auf den tiefsten anzunehmenden Temperaturen. Die Bedingung für den erforderlichen Druck am Hochpunkt des Kollektors lautet daher

$$p_{K,R} \geq p_{K,R\min} = \max\left\{p_v\left(T_{K,A}\right) + \Delta p_{z0}\ ;\ p_{Atm} + \Delta p_{z0}\right\}\ . \tag{3.31}$$

2) Betrieb bei maximaler Kreislauftemperatur

Die maximale zulässige Temperatur am Hochpunkt des Kreislaufes außerhalb des Kollektorfeldes ist gleich der maximal zulässigen Vorlauftemperatur. Für diese Temperatur wird der Dampfdruck berechnet. Der erforderliche Betriebsdruck am Hochpunkt des Kreislaufes ist demnach

$$p_{H,B} \geq p_{H,B\min} = \max\left\{p_v\left(T_{Vl,B}\right) + \Delta p_{z0}\ ,\ p_{Atm} + \Delta p_{z0}\right\}\ . \tag{3.32}$$

Kollektorfelder, deren Kollektoren parallel verschaltet sind, werden nie völlig homogen durchströmt. Weniger gut durchströmte Kollektoren werden schlechter gekühlt. Ihre Austrittstemperatur liegt daher um ΔT_K über der die Vorlauftemperatur. Diese Austrittstemperatur ist für die Berechnung des Dampfdruckes am Hochpunkt des Kollektorfeldes maßgebend. Der erforderliche Betriebsdruck am Hochpunkt des Kollektorfeldes ist entsprechend

$$p_{K,B} \geq p_{K,B\min} = \max\left\{p_v\left(T_{Vl,B} + \Delta T_K\right) + \Delta p_{z0}\ ,\ p_{Atm} + \Delta p_{z0}\right\}\ . \tag{3.33}$$

Zulässige Abweichungen des Massenstromes vom Mittelwert des Kollektorfeldes und die dadurch bedingten Abweichungen der Temperatur wurden im Abschnitt 2.4.3 behandelt. Falls keine Information über die Strömungsverteilung verfügbar ist, soll mit $\Delta T_K = 5\ K$ gerechnet werden. Eine weitere Randbedingung ist durch den erforderlichen Zulaufdruck p_z am Saugstutzen der Pumpe gegeben. Dieser wird nach Gleichung (2.121) als Absolutdruck für die maximal zulässige Rücklauftemperatur berechnet. Die Bedingung für den Druck am Saustutzen der Pumpe lautet folglich

$$p_{P,B} \geq p_z\left(T_{Rl,B}\right)\ . \tag{3.34}$$

3) Maximales Dampfvolumen bei Stagnation

Bei Anlagenstillstand wird die Flüssigkeit durch Dampfbildung aus dem Absorber verdrängt. Das dem Dampfvolumen entsprechende Flüssigkeitsvolumen wird über die Ausdehnungsleitung in das Ausdehnungsgefäß verdrängt und der Druck im Kreislauf steigt über den maximalen Druck bei Normalbetrieb an. Der zulässige Druck der kritischen Kreislaufkomponenten k darf dabei nicht überschritten werden. Der Ansprechdruck des Sicherheitsventils muss kleiner sein oder gleich der Summe aus dem zulässigen Druck der Kreislaufkomponente und der statischen Druckdifferenz zwischen dem Sicherheitsventil und dem Tiefpunkt der entsprechenden Kreislaufkomponente.

$$p_{SV} \leq \min\left\{p_{zul,k} - \Delta p_{SV} + \rho g\left(h_k - h_{SV}\right), \quad k \in 1...n\right\} \tag{3.35}$$

3.6.3.3 Extremale Zustände des MAG

Der Druck im Gasraum des MAG im Referenzzustand unterscheidet sich vom Druck am Austritt der Komponente k des Kreislaufes durch den Schweredruck infolge des Höhenunterschiedes.

$$p_{st,k} = \rho g h_k \tag{3.36}$$

Beim Anfahren aus dem Referenzzustand und im Betrieb werden den statischen Drücken die Druckverluste Δp_k und der Pumpendruck Δp_P überlagert. Diese Beiträge werden, ausgehend vom Referenzpunkt, in Strömungsrichtung summiert. Die Nummer der Komponente, deren Austritt am Hochpunkt des Kreislaufes bzw. des Kollektorfeldes liegt, ist mit m_H bzw. m_K bezeichnet. Bei der Nachdruckhaltung treten zwischen dem Referenzpunkt und dem Hochpunkt der Anlage bzw. dem Hochpunkt des Kollektorfeldes nur Druckverluste auf.

$$\Delta p_K = \sum_{k=0}^{m_K} \left|\Delta p_k\right| \quad ; \quad \Delta p_H = \sum_{k=0}^{m_H} \left|\Delta p_k\right| \tag{3.37}$$

Bei der Saugdruckhaltung muss der Pumpendruck subtrahiert werden. Dadurch werden die erforderlichen Drücke im Ausdehnungsgefäß reduziert.

$$\Delta p_K = \left(\sum_{k=0}^{m_K} \left|\Delta p_k\right|\right) - \Delta p_P \quad : \quad \Delta p_H = \left(\sum_{k=0}^{m_H} \left|\Delta p_k\right|\right) - \Delta p_P \tag{3.38}$$

Im Betrieb unterscheidet sich der Druck im Gasraum des MAG vom Druck am Saugstutzen der Pumpe durch den Schweredruck $\rho h h_P$ infolge Höhenunterschied und durch die Summe aller Druckverluste Δp_R zwischen Referenzpunkt und Saugstutzen der Pumpe. Diese trägt die Komponentennummer m_P.

$$\Delta p_R = \sum_{k=0}^{m_P} \left|\Delta p_k\right| \tag{3.39}$$

Bei der Festlegung der erforderlichen Drücke muss man berücksichtigen, dass der Gasraum des Ausdehnungsgefäßes nie vollkommen dicht abgeschlossen ist. Der Vordruck kann im Laufe der Zeit durch Leckage und Permeation abnehmen, wie im Abschnitt 3.2.2.2 beschrieben wurde. Um den Gasverlust innerhalb eines Wartungsintervalles zu kompensieren, werden die erforderlichen Drücke nach VDI 4708 um einen Zuschlag von $\Delta p_{z1} \geq 0.2\ bar$ erhöht. Aus den erforderlichen Drücken an den Hochpunkten und dem erforderlichen Zulaufdruck der Pumpe werden anschließend die erforderlichen Drücke im Gasraum des Ausdehnungsgefäßes abgeleitet.

1) Referenzzustand bei minimaler Kreislauftemperatur

Im Referenzzustand ist der erforderliche Druck am Hochpunkt bei stehender Pumpe oder beim Anfahren maßgebend. Aufgrund der tiefen Rücklauftemperatur beim Anfahren ist der Dampfdruck klein. Selbst wenn sich die Pumpe am Hochpunkt befindet, ist der erforderliche Zulaufdruck sicher kleiner als der erforderliche Druck am Hochpunkt der Anlage. Der Druck ist daher allein durch die erforderlichen Drücke am Hochpunkt der Anlage bestimmt.

$$p_R = \max \begin{Bmatrix} p_{H,R\min} + \rho g h_H + \Delta p_{z1} \\ p_{H,R\min} + \rho g h_H + \Delta p_H + \Delta p_{z1} \end{Bmatrix} \tag{3.40}$$

2) Betrieb bei maximaler Kreislauftemperatur

Im Betrieb bei maximaler Kreislauftemperatur muss ebenfalls zwischen dem Hochpunkt des Kreislaufes und dem Hochpunkt des Kollektorfeldes unterschieden werden. In diesem Zustand muss auch das Kriterium für den erforderlichen Zulaufdruck p_z berücksichtigt werden, weil der Dampfdruck dann sicher nicht mehr vernachlässigt werden kann.

$$p_B = \max \begin{Bmatrix} p_{K,B\min} + \rho g h_K + \Delta p_K + \Delta p_{z1} \\ p_{H,B\min} + \rho g h_H + \Delta p_H + \Delta p_{z1} \\ p_z + \rho g h_P + \Delta p_R + \Delta p_{z1} \end{Bmatrix} \tag{3.41}$$

Es ist anzunehmen, dass die Temperatur T_B des MAG im Betrieb der Anlage höher ist als seine Temperatur T_R im Referenzzustand. Dies ist sicher dann der Fall, wenn sich das MAG im selben Raum wie der Speicher befindet und durch dessen Abwärme aufgeheizt wird.

3) Maximales Dampfvolumen bei Stagnation

Der zulässige Maximaldruck im Gasraum des Ausdehnungsgefäßes ist durch den Ansprechdruck p_{SV} und die Schließdruckdifferenz Δp_{SV} des Sicherheitsventils bestimmt. Falls der Anschluss des Ausdehnungsgefäßes und das Sicherheitsventil nicht auf derselben Höhe liegen, muss auch noch der Schweredruck der Flüssigkeitssäule zwischen Ausdehnungsgefäß und Sicherheitsventil berücksichtigt werden.

$$p_S = p_{SV} - \Delta p_{SV} + \rho g h_{SV} \tag{3.42}$$

Der zulässige Druck definiert gleichzeitig die erforderliche Belastbarkeit des Gefäßes. Bei Stagnation wird der Flüssigkeitsinhalt des Kreislaufs von der maximalen mittleren Temperatur durch kondensierenden Dampf auf Stagnationstemperatur aufgeheizt. Es wird daher angenommen, dass die mittlere Temperatur des Kreislaufes der maximalen Vorlauftemperatur entspricht. Bei der Beschreibung des Anlagenstillstandes muss außerdem berücksichtigt werden, dass die Temperatur der Flüssigkeit, die aus dem Kreislauf in das Ausdehnungsgefäß verdrängt wird, höher ist als die Temperatur des Ausdehnungsgefäßes im vorangegangenen Betrieb. Dies lässt sich möglicherweise auch durch ein Vorschaltgefäß nicht vollständig vermeiden. Das Gasvolumen wird sich daher bei Stagnation erwärmen und schließlich seine maximale Temperatur T_S erreichen. Es wird weiter angenommen, dass die maximale Temperatur und das größte Dampfvolumen zur selben Zeit erreicht werden. Die Temperaturen müssen bei der Planung zunächst abgeschätzt und nach der ersten Iteration dem Datensatz der thermohydraulischen Simulation entnommen werden.

3.6.3.4 Bestimmung des erforderlichen Gefäßvolumens

Der Referenzzustand des Ausdehnungsgefäßes vor der Befüllung der Anlage ist durch den Vordruck p_{0R} und die Temperatur T_R charakterisiert. Die Zustandsänderungen von diesem Referenzzustand zu den drei extremalen Zuständen der Anlage werden durch drei Gleichungen ausgedrückt. Gesucht ist das erforderliche Volumen $V_{N,\min}$, das diese Gleichungen erfüllt. Die Zustandsänderung vom Referenzzustand des Gefäßes vor der Befüllung zum Referenzzustand der Anlage sei isotherm. Bei vollständig aufgebrauchtem Reservevolumen $V_{V,Res}$ nimmt das Gasvolumen im Ausdehnungsgefäß den Wert $V_{R,\min}$ an. Dabei darf der erforderliche Druck p_R im Referenzzustand der Anlage nicht unterschritten werden.

$$p_{0R} V_{N,\min} \geq p_R V_{R,\min} \tag{3.43}$$

Bei der Zustandsänderung vom Referenzzustand des leeren Gefäßes in den Betriebszustand bei maximal zulässigen Temperaturen wird das Gasvolumen um das Ausdehnungsvolumen $\Delta V_{A,B}$ komprimiert und von T_R auf T_B erwärmt. Dabei darf der minimal erforderliche Betriebsdruck p_B nicht unterschritten werden. Auch diese Bedingung muss erfüllt sein, wenn das gesamte Reservevolumen aufgebraucht ist.

$$\frac{p_{0R} V_{N,\min}}{T_R} \geq \frac{p_B \left(V_{R,\min} - \Delta V_{A,B} \right)}{T_B} \tag{3.44}$$

In diesem Stadium der Rechnung lässt sich noch nicht entscheiden, ob der Referenzzustand oder der Betriebszustand das maßgebende Kriterium ist. Daher muss anstelle der Gleichheitszeichen die schwächere Relation $\geq$ verwendet werden. Je tiefer die Temperatur ist, die man für T_B einsetzt, desto größer muss das erforderliche Gefäßvolumen sein. Indem man den Betriebsdruck bei der Referenztemperatur des Gefäßes definiert,

$$p_{B,R} = p_B \frac{T_R}{T_B}, \tag{3.45}$$

erhält man einen einfacheren Ausdruck, der die weitere Rechnung übersichtlicher macht.

$$p_{0R} V_{N\min} \geq p_{B,R} \left(V_{R\min} - \Delta V_{A,B} \right) \tag{3.46}$$

Mit $T_B = T_R$ erhält man $p_B = p_{B,R}$ und die Rechnung liegt auf der sicheren Seite. Bei Stagnation wird das Gasvolumen $V_{R,\min}$ um die Volumenzunahme der Flüssigkeit und das Dampfvolumen auf sein minimales Volumen V_S beim Stillstandsdruck p_S komprimiert. Der zulässige Druck darf auch dann nicht überschritten werden, wenn das gesamte Reservevolumen noch vorhanden ist.

Die Zustandsänderung vom Referenzzustand des leeren Gefäßes in den Zustand bei Stagnation und maximaler Dampfreichweite lautet

$$\frac{p_{0R} V_{N\min}}{T_R} = \frac{p_{zul}\left(V_{R\min} - V_{Res} - \Delta V_{A,S} - V_Z\right)}{T_S} \quad . \tag{3.47}$$

Indem man den zulässigen Stillstandsdruck bei Referenztemperatur einführt,

$$p_S = p_{zul} \frac{T_R}{T_S} \quad , \tag{3.48}$$

erhält man wiederum einen einfacheren Ausdruck für diese Zustandsänderung.

$$p_{0R} V_{N\min} = p_S V_S = p_S \left(V_{R\min} - V_{Res} - \Delta V_{A,S} - V_Z\right) \tag{3.49}$$

Diese Zustandsänderung muss als Gleichung formuliert werden, weil sie allein die Obergrenze des Druckes definiert. Aus den drei Gleichungen (3.43), (3.46) und (3.49) ergibt sich das minimal erforderliche Gasvolumen im Referenzzustand.

$$V_{R\min} = \max \left\{ \begin{array}{c} \dfrac{p_{S,R}\left(\Delta V_{A,S} + V_{Res} + V_Z\right)}{p_{S,R} - p_R} \\[2ex] \dfrac{p_{S,R}\left(\Delta V_{A,S} + V_{Res} + V_Z\right) - p_{B,R} \Delta V_{A,B}}{p_{S,R} - p_{B,R}} \end{array} \right\} \tag{3.50}$$

Bei vollständig aufgebrauchtem Reservevolumen muss das MAG gerade noch die minimale Wasservorlage enthalten. Damit ist das erforderliche Mindestvolumen des Gefäßes definiert.

$$V_{N\min} = V_{R\min} + V_{V\min} \tag{3.51}$$

Durch Einsetzen des erforderlichen Gefäßvolumens in die Gleichung (3.49) erhält man den zugehörigen Vordruck im Referenzzustand.

$$p_{0R} = \frac{p_{S,R}\left(V_{R\min} - V_{Res} - \Delta V_{A,S} - V_Z\right)}{V_{R\min} + V_{V\min}} \tag{3.52}$$

Dieser Vordruck hat selbst dann keine praktische Bedeutung, wenn ein handelsübliches Gefäß mit dem Volumen $V_{N,\min}$ verfügbar wäre. Man soll ja die Unsicherheit bei der Einstellung des Vordrucks berücksichtigen können.

3.6.3.5 Wahl des Gefäßvolumens und Bestimmung des Vordruckbereichs

Aus der vom Hersteller angebotenen Normreihe wird ein Gefäß mit dem Nennvolumen $V_N > V_{N,\min}$ ausgewählt. Nun ist nicht mehr nur ein einziger Vordruck möglich, sondern ein gewisser Bereich, der durch folgende Bedingungen festgelegt ist: Das Gefäß muss im Ruhezustand und bei vollständigem Verlust des Reservevolumens mindestens noch die minimal erforderliche Wasservorlage enthalten. Aus dieser Bedingung ergibt sich das maximal zulässige Gasvolumen im Referenzzustand,

$$V_{R\max} = V_N - V_{V\min} \tag{3.53}$$

Einsetzen des maximal zulässigen Gasvolumens in die Gleichung (3.49) liefert die theoretische Obergrenze des Vordrucks bei Referenztemperatur.

$$p_{0R\max,\lim} = \frac{p_{S,R}\left(V_N - V_{V\min} - \Delta V_{A,S} - V_Z\right)}{V_N} \tag{3.54}$$

Die theoretische Untergrenze des Vordrucks ergibt sich aus der Forderung, dass der Gasraum im Referenzzustand das minimal erforderliche Volumen nach Gleichung (3.50) annimmt. Einsetzen dieses Ausdruckes in die Gleichung (3.49) liefert nach Umformung

$$p_{0R\min,\lim} = \frac{p_{S,R}\left(V_{R\min} - V_{Res} - \Delta V_{A,S} - V_Z\right)}{V_N} \;. \tag{3.55}$$

Würde man die theoretische Untergrenze des Vordrucks einstellen, wäre ein erheblicher Teil des Gefäßes bereits im Referenzzustand mit Flüssigkeit gefüllt. Das Gefäßvolumen könnte von V_N auf $V_{N,\min}$ reduziert werden, ohne die Funktion der Druckhaltung zu beeinflussen. Würde man die theoretische Ober- bzw. Untergrenze des Vordrucks einstellen, so hätte man außerdem keinen Spielraum für die Einstellung des Fülldruckes bei der Inbetriebnahme. Bei einem beliebigen Vordruck zwischen diesen Extremwerten existiert ein zulässiger Bereich des Fülldrucks. Der Vordruck ist genau dann optimal, wenn die Größe dieses Bereichs sein Maximum erreicht. Der optimale Vordruck ist dadurch definiert, dass das Gefäß im Referenzzustand und bei vollständig aufgebrauchtem Reservevolumen gerade noch die minimal erforderliche Wasservorlage $V_{V,\min}$ enthält und gleichzeitig die Druckrandbedingungen des Referenzzustandes und des Betriebszustandes bei maximalen Temperaturen erfüllt sind. Das Gasvolumen ist in diesem Zustand maximal.

Der Vordruck im Ruhezustand ist also durch die beiden Gleichungen (3.43) und (3.46) bestimmt, wobei das Nennvolumen V_N des ausgewählten Gefäßes eingesetzt werden muss.

$$p_{0R\,\mathrm{opt}} = \max\left\{\frac{p_R\left(V_N - V_{V,\min}\right)}{V_N};\frac{p_{B,R}\left(V_N - V_{V\,\min} - \Delta V_{A,B}\right)}{V_N}\right\} \tag{3.56}$$

3.6.3.6 Zulässiger Bereich des Fülldrucks

Die Zustandsänderung des Gasvolumens vom leeren Gefäß im Referenzzustand zu einem beliebigen Betriebszustand ist durch die Gleichung (3.57) beschrieben. Weil diese Gleichung insbesondere die Bedingungen beim Füllen der Anlage und bei der Funktionskontrolle beschreibt, sind die entsprechenden Zustandsgrößen mit dem Index F gekennzeichnet.

$$\frac{p_{0R}V_N}{T_R} = \frac{p_F V_F}{T_F} = \frac{p_F\left(V_R - \Delta V_{A,F} - V_{\mathrm{Res}}\right)}{T_F} \tag{3.57}$$

Dabei ist berücksichtigt, dass sich die Flüssigkeit des Kreislaufes gegenüber dem Referenzzustand erwärmt und ihr Volumen um den Betrag $\Delta V_{A,F}$ zugenommen hat, und dass sich die Temperatur des Gasvolumens bei Füllbedingungen T_F von der Temperatur im Referenzzustand T_R unterscheiden kann. Ziel ist es, den zulässigen Bereich des Fülldruckes in einem einfachen, praktisch anwendbaren Diagramm darzustellen. Dies gelingt am besten, wenn man die Abhängigkeit des Fülldrucks von der mittleren Kreislauftemperatur und von der Gefäßtemperatur auf zwei abhängige Diagramme aufteilt. Im ersten Diagramm wird der Fülldruckbereich für die Temperatur des Gasraumes im Referenzzustand dargestellt.

$$p_{F,R} = \frac{p_{0R}V_N}{\left(V_R - \Delta V_{A,F} - V_{\mathrm{Res}}\right)} \quad ; \quad p_{F,R} = p_F\frac{T_R}{T_F} \tag{3.58}$$

Ein zweites Diagramm dient dazu, den Fülldruck auf die entsprechende Gefäßtemperatur umzurechnen.

$$p_F = \frac{p_{F,R}\cdot T_F}{T_R} \tag{3.59}$$

Der zulässige Bereich des Gasvolumens V_R im Referenzzustand ist durch die Gleichungen (3.43) (3.46) und (3.49) bestimmt, wobei das Nennvolumen des ausgewählten Gefäßes einzusetzen ist. Der Vordruck wird vorerst nicht näher spezifiziert. Alle anderen Größen sind bereits bekannt.

$$p_{0R}V_N \geq p_R V_R \tag{3.60}$$

$$p_{0R}V_N \geq p_{B,R}\left(V_R - \Delta V_{A,B}\right) \tag{3.61}$$

$$p_{0R}V_N = p_{S,R}\left(V_R - V_{\mathrm{Res}} - \Delta V_{AS} - V_Z\right) \tag{3.62}$$

Die Obergrenze des Fülldrucks ist durch den Zustand bei Stagnation bestimmt. Zunächst wird die Gleichung (3.62) nach dem Volumen des Gaspolsters im Referenzzustand aufgelöst.

$$V_R = \frac{p_{0R} V_N}{p_{S,R}} + V_{\text{Res}} + \Delta V_{AS} + V_Z \tag{3.63}$$

Einsetzen in (3.57) liefert den maximal zulässigen Druck des Gasvolumens bei Referenztemperatur.

$$p_{F,R\,\text{max,lim}} = \frac{p_{S,R}\, p_{0R} V_N}{\left[p_{0R} V_N + p_{S,R}\left(\Delta V_{A,S} + V_Z - \Delta V_{A,F}\right)\right]} \tag{3.64}$$

Bei der Berechnung des minimal erforderlichen Fülldruckes müssen zwei Bereiche des Vordruckes unterschieden werden. Bei einem Vordruck oberhalb des optimalen Vordrucks sind die Bedingungen für die erforderlichen Drücke im Referenzzustand und im Betrieb stets erfüllt. Das Gefäß enthält im Referenzzustand und bei vollständig aufgebrauchtem Reservevolumen gerade die Wasservorlage $V_{V,\min}$. In diesem Fall ist das Gasvolumen im Referenzzustand nach den Gleichungen (3.53) bereits bestimmt. Einsetzen in (3.57) liefert den minimal erforderlichen Fülldruck.

$$p_{F,R\,\text{min,lim+}} = \frac{p_{0R} V_N}{\left(V_N - V_V - \Delta V_{A,F}\right)} \tag{3.65}$$

Ist der Vordruck kleiner als der optimale Vordruck, so muss das erforderliche Gasvolumen im Referenzzustand aus den Gleichungen (3.60) und (3.61) berechnet werden.

$$V_R = \min\left\{\frac{p_{0R} V_N}{p_R}; \frac{p_{0R} V_N}{p_{B,R}} + \Delta V_{A,B}\right\} \tag{3.66}$$

Einsetzen in (3.57) liefert wiederum den minimal erforderlichen Fülldruck.

$$p_{F,R\,\text{min,lim}} = \frac{p_{0R} V_N}{\left(V_R - V_{\text{Res}} - \Delta V_{A,F}\right)} \tag{3.67}$$

Bei den minimalen Fülldrücken nach den Gleichungen (3.65) und (3.67) ist Reservevolumen V_{Res} im Gefäß enthalten. Damit der Füllzustand einer Anlage beurteilt werden kann, muss der minimale Fülldruck bei aufgebrauchtem Reservevolumen ebenfalls bekannt sein. Aus der Gleichung (3.65) erhält man

$$p_{F,R\,\text{min},leer+} = \frac{p_{0,R} V_N}{\left(V_N - V_{V,\min} - \Delta V_{A,F}\right)} \tag{3.68}$$

und aus Gleichung (3.67)

$$p_{F,R\min,leer} = \frac{p_{0,R} V_N}{\left(V_R - \Delta V_{A,F}\right)} . \tag{3.69}$$

Abbildung 3-19 zeigt den Bereich des Systemdruckes als Funktion des Vordruckes für die im ►Beispiel **3-4** auf der Seite 140 definierten Anlagenparameter. Beim optimalen Vordruck ist der zulässige Fülldruckbereich am größten. Unterhalb des optimalen Vordruckes ist der minimal erforderliche Fülldruck nur schwach abhängig vom Vordruck. Oberhalb des optimalen Vordruckes steigt der minimal erforderliche Fülldruck mit zunehmendem Vordruck stark an. Sowohl beim minimal erforderlichem als auch maximal zulässigen Vordruck fallen die minimal erforderlichen und maximal zulässigen Fülldrücke zusammen.

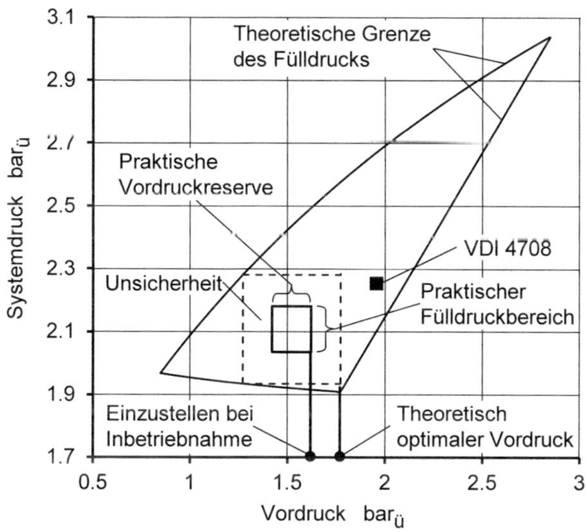

Abbildung 3-19 Systemdruck im Referenzzustand als Funktion des Vordruckes für die Anlage nach Beispiel 3-4.

3.6.3.7 Bezugshöhe für das Manometer

Der Fülldruck bezieht sich auf den Anschluss des Ausdehnungsgefäßes. Für die Praxis ist es jedoch bequemer, den entsprechenden Druck auf der Höhe des Manometers anzugeben.

$$p_{F,R,Man} = P_{F,R} - \rho g h_{Man} \tag{3.70}$$

3.6.3.8 Vor- und Fülldruck mit Berücksichtigung der Unsicherheiten

Damit der Installateur die Anlage erfolgreich und fehlerfrei in Betrieb nehmen kann, müssen das Nennvolumen, der Vordruck sowie der zulässige Bereich des Systemdrucks durch die Planung genau spezifiziert sein. Die Unsicherheiten δp_0 und δp_F bei der Einstellung des Vordrucks und des Fülldrucks müssen dabei so in Rechnung gesetzt werden, dass die Drücke bei den extremalen Zuständen der Solaranlage auf der sicheren Seite liegen. Für die Praxis darf der zulässige Fülldruckbereich nicht abhängig sein vom Vordruck. Der Bereich des Vor- und Fülldrucks muss daher als rechteckiges Gebiet definiert werden, das innerhalb der durch $p_{F,\max,\lim}$ und $p_{F,\min,\lim}$ festgelegten Grenzen liegt. Die Größe des Gebietes ist maximal, wenn der zulässige Bereich des Vordrucks unterhalb des optimalen Vordrucks liegt.

Der praktische Maximalwert des Vordrucks ist um die Unsicherheit kleiner als der optimale Vordruck.

$$p_{0R\max} = p_{0R\,\mathrm{opt}} - \delta p_0 \tag{3.71}$$

Dieser Wert soll eingestellt werden, falls das Gefäß Referenztemperatur T_R hat. Bei der Inbetriebnahme kann das Gefäß natürlich eine beliebige Temperatur T haben. Der einzustellende Vordruck ist dann

$$p_{0\max} = p_{0R\max} \frac{T}{T_R} \,. \tag{3.72}$$

Falls der Vordruck infolge Gasverlust um die Vordruckreserve Δp_{z1} abgenommen hat, erreicht der Vordruck seinen praktischen Minimalwert.

$$p_{0R\min} = p_{0R\,\mathrm{opt}} - \delta p_0 - \Delta p_{z1} \tag{3.73}$$

Der minimal erforderliche Vordruck ist um die Unsicherheit kleiner als der praktisch zulässige Minimalwert.

$$p_{0R\,\mathrm{erf}} = p_{0R\,\mathrm{opt}} - 2 \cdot \delta p_0 - \Delta p_{z1} \tag{3.74}$$

Die Obergrenze des Fülldruckes ist durch $p_{0R\mathrm{erf}}$ bestimmt. Für diesen Vordruck wird die Obergrenze des Fülldrucks als Funktion des Ausdehnungsvolumens berechnet.

$$p_{F,R\max} = p_{F,R\max}\Big|_{p_{0,R\mathrm{erf}}} - \delta p_F \tag{3.75}$$

Die Untergrenze des Fülldrucks ist entweder durch $p_{0R\,\mathrm{erf}}$ oder durch $p_{0R\,\mathrm{opt}}$ bestimmt,

$$p_{F,R\min} = \max\left\{ p_{F,R\min,\lim}\Big|_{p_{0,R\mathrm{erf}}} ; p_{F,R\min,\lim}\Big|_{p_{0,R\mathrm{opt}}} \right\} + \delta p_F \tag{3.76}$$

Die Differenz zwischen der Ober- und Untergrenze des Fülldrucks muss mindestens so groß sein wie die Unsicherheit. Ist dies nicht der Fall, so wird das nächst größere Gefäß gewählt und die Rechnung ab Gleichung (3.56) erneut ausgeführt. Als Hilfsmittel für den Installateur werden die

Fülldrücke jedoch nicht als Funktion des Ausdehnungsvolumens dargestellt, sondern als Funktion der mittleren Kreislauftemperatur, die er durch Ablesen der Thermometer am Vor- und Rücklauf leicht ermitteln kann.

► **Beispiel 3-4:** Das MAG für die Solaranlage nach Abbildung 2-40 und Beispiel 3-3 soll mit Berücksichtigung der Unsicherheiten des Vor- und Systemdrucks ausgelegt werden. Das 6 *bar* Manometer der Güteklasse 1.6 habe eine gut ablesbare Skala mit einem Durchmesser von 100 *mm*. Die Unsicherheiten werden mit $\delta p_0 = 0.015$ und $\delta p_F = 0.1$ *bar* angenommen. Damit die Resultate mit denen nach VDI 4708 vergleichbar sind, wird wiederum mit einem Umgebungsdruck von 1 *bar* und einem Teildruckzuschlag $\Delta p_{z0} = 0.1$ *bar* gerechnet. Weil der Pumpendruck und der Druckverlust berücksichtigt werden, sind die Verfahren zur Dimensionierung des Kreislaufs und des MAG gekoppelt. Die Lösung muss daher iterativ erfolgen. Zuerst wird eine Annahme für den Druck am Referenzpunkt im Referenzzustand getroffen. Die Berechnung des Druckverlaufs liefert den Pumpendruck $\Delta p_P = 0.496$ *bar* und den Druckverlust $\Delta p_H = 0.341$ *bar* zwischen Referenzpunkt und Hochpunkt. Anschließend wird das MAG dimensioniert und dabei der erforderliche Druck am Referenzpunkt im Referenzzustand berechnet. Einsetzen dieses Druckes als Randbedingung für die Berechnung des Druckverlaufes liefert das Resultat nach Abbildung 2-41 im Beispiel 2-9. Bei dieser Rechnung werden alle Daten generiert, die zur Dimensionierung des MAG erforderlich sind. Das Berechnungsverfahren liefert ein Nennvolumen von 80 *l*. Der Vordruck im Referenzzustand ist $p_{0R\max} = 2.68$ bar. Der einzustellende Vordruck $p_{0,\max}$ nach Gleichung (3.72) wird in einem Diagramm nach Abbildung 3-20 als Funktion der Gefäßtemperatur dargestellt.

Die berechneten System- bzw. Fülldrücke werden in zwei gekoppelten, anlagenspezifischen Diagrammen nach Abbildung 3-21 dargestellt. Das linke Diagramm gilt für den Fall, dass sich das MAG auf seiner Referenztemperatur von $T_R = 10$ *°C* befindet. Das rechte Diagramm dient dazu, die Drücke für die aktuelle Gefäßtemperatur umzurechnen.

Würde man ein weniger genaues Manometer der Güteklasse 2.5 und einem Zifferblatt von nur 50 *mm* Durchmesser einsetzen, so müsste man mit einer Unsicherheit von 0.2 *bar* anstelle von 0.1 *bar* rechnen. Die Dimensionierung würde ein Nennvolumen von 100 *l* ergeben. Der Aufpreis für das größere Gefäß übersteigt bei den Aufpreis für ein genaueres Manometer weitem. Es lohnt sich also, qualitativ hochwertige, genaue Manometer einzusetzen. ◄

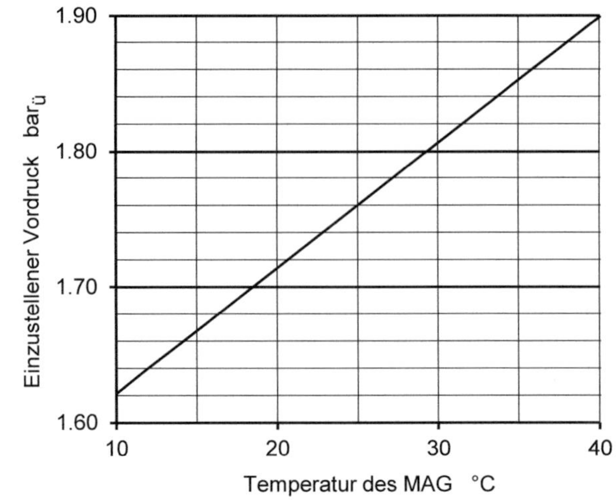

Abbildung 3-20 Einzustellender Vordruck als Funktion der Gefäßtemperatur.

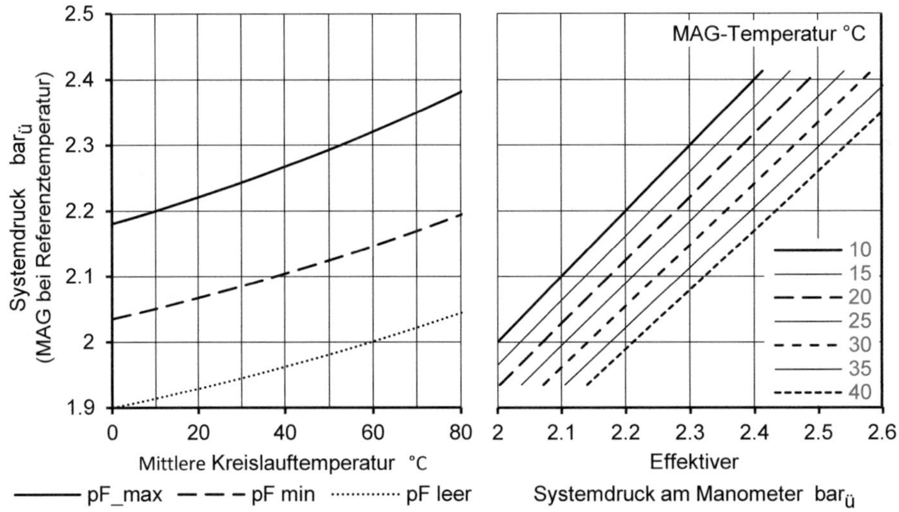

Abbildung 3-21 Zulässiger Bereich des Systemdruckes in Abhängigkeit der mittleren Anlagentemperatur und der Gefäßtemperatur.

Der Nutzen der Diagramme nach Abbildung 3-20 und Abbildung 3-21 wird in den folgenden zwei Beispielen erläutert.

► **Beispiel 3-5:** Der Installateur nimmt das MAG bei einer Temperatur von 25 *°C* in Betrieb. Er liest im Diagramm nach Abbildung 3-20 den Vordruck 1.76 $bar_ü$ ab und stellt diesen am Gefäß ein. Anschließend füllt er den Kreislauf. Am Ende dieses Vorganges betrage die mittlere Kreislauftemperatur 40 *°C*. Die Temperatur des MAG sei unverändert. Er liest zunächst im linken Diagramm in Abbildung 3-21 die Obergrenze $p_{F,R\max} = 2.27$ *bar*$_ü$ des praktisch nutzbaren Fülldruckbereiches ab. Diesen Druck überträgt er auf das rechte Diagramm und liest im Schnittpunkt mit der 25 *°C* Isotherme den einzustellenden Druck 2.38 *bar*$_ü$ ab.◄

►**Beispiel 3-6:** Der Installateur macht eine Funktionskontrolle bei laufender Anlage. Er berechnet die mittlere Kreislauftemperatur $T_F = 60$ *°C* als Mittelwert der Vor- und Rücklauftemperatur, die er von den Thermometern abliest. Die Temperatur des MAG, $T = 25$ *°C*, misst er mit eincm Infrarotthermometer. Das Manometer zeigt einen Systemdruck von 2.4 *bar*$_ü$ an. Diesen Druck trägt er im rechten Diagramm nach Abbildung 3-21 ein. Den Schnittpunkt mit der 25 *°C* Isothermen überträgt er in das linke Diagramm, wo er den Systemdruck $p_{F,R} = 2.28$ *bar*$_ü$ abliest. Der Schnittpunkt dieses Druckes mit der mittleren Kreislauftemperatur von 60 *°C* bezeichnet den aktuellen Füllzustand der Anlage. Aus dessen Lage innerhalb des praktisch nutzbaren Bereiches schließt der Installateur, dass der Füllzustand im zulässigen Bereich liegt und das gesamte Reservevolumen noch verfügbar ist.◄

3.7 Wartung von Membranausdehnungsgefäßen

Weder das Gasfüllventil noch die Abdichtung der Membran gegen die Umgebung bzw. den Kreislauf sind absolut gasdicht. Zudem besitzt die Membran eine gewisse, wenn auch sehr kleine, Permeabilität für Gase. Aus diesen Gründen muss der Vordruck im Gasraum des Ausdehnungsgefäßes periodisch geprüft werden. Außerdem muss man damit rechnen, dass der Kreislauf im Lauf der Zeit durch kleinste Lecks und Permeation der Flüssigkeit durch Dichtungsmaterialien Flüssigkeit verliert. Daher muss auch das Reservevolumen überprüft werden.

3.7.1 Direkte Prüfung

Zur direkten Prüfung des Vordruckes nach VDI 4708 wird das Ausdehnungsgefäß entleert. Die Methode erfordert eine Pumpe, einen Vorratsbehälter und ein Druckprüfgerät. Der Vorratsbehälter muss eine Skala besitzen, damit das Flüssigkeitsvolumen bestimmt werden kann. Eine genauere Bestimmung ist durch Wägen möglich. Die Prüfung nach Abbildung 3-22 umfasst folgende Schritte:

1) Der Entleerhahn wird über Schläuche und die Füllpumpe mit dem Ablauf des Vorratsbehälters verbunden.
2) Die Ausdehnungsleitung zwischen Kreislauf und MAG wird abgesperrt.
3) Der Wasserraum des MAG wird vollständig in einen offenen Vorratsbehälter entleert.
4) Der Vordruck im Gasraum wird mittels Druckprüfgerät am Gasfüllventil gemessen.
5) Falls nötig, wird der Vordruck über eine Stickstoffflasche, einen Kompressor oder eine Pumpe erhöht.
6) Die der mittleren Kreislauftemperatur entsprechende Wasservorlage wird berechnet.
7) Dem Vorratsbehälter wird neue Flüssigkeit desselben Fabrikats zugegeben. Pumpe und Verbindungsschläuche werden so gut wie möglich entlüftet. Die erforderliche Menge Flüssigkeit wird in das Gefäß gepumpt.
8) Der Absperrhahn in der Ausdehnungsleitung wird geöffnet. Die Druckhaltung ist wieder funktionsfähig.

Die Prüfung darf nur bei ruhender Anlage durchgeführt werden, damit während der Prüfzeit keine Volumenänderungen des Wärmeträgers aufgrund von Temperaturänderungen auftreten. Bei absinkender Temperatur würde im Kreislauf Unterdruck entstehen. Weil Dichtstellen außerdem häufig nicht vakuumdicht sind, würde Luft in den Kreislauf gelangen, die im anschließenden Betrieb der Anlage zu Durchflussstörungen führen kann. Bei steigender Temperatur würde der Druck rasch den Ansprechdruck des Sicherheitsventils erreichen.

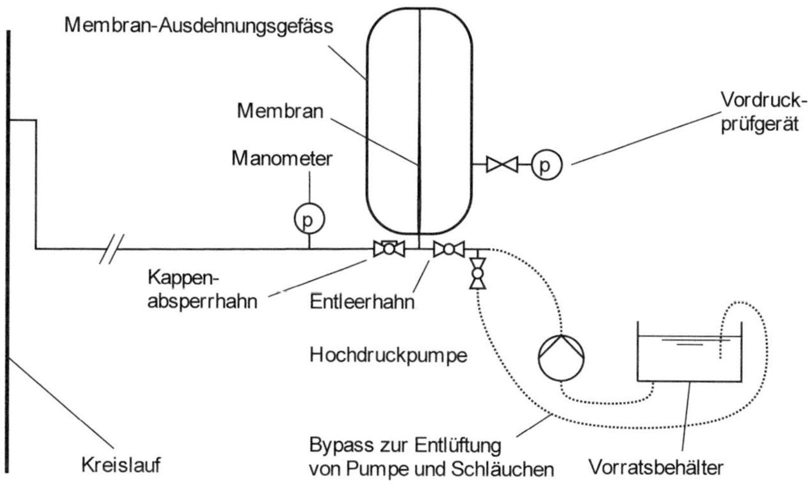

Abbildung 3-22 Membranausdehnungsgefäß im entleerten Zustand, mit Druckprüfgerät und Fülleinrichtung.

In der Praxis lassen sich Temperaturänderungen jedoch oft nicht vermeiden. Es muss außerdem damit gerechnet werden, dass weder die Füllpumpe noch die Füllschläuche und deren Kreislaufanschlüsse vollständig entlüftet werden können. Es ist anzunehmen, dass die im Vorratsbehälter zwischengelagerte Flüssigkeit Atmosphärengase absorbiert, während der Kreislauf selber möglicherweise entgast war. Aus diesen Gründen ist der Gasgehalt des Kreislaufs nach einer Vordruckprüfung in der Regel erhöht. Der Kreislauf ist daher bezüglich Betriebssicherheit in einem schlechteren Zustand als vor der Prüfung. Durch intensives Spülen in Kombination mit einer Vakuumentgasung kann der Gasgehalt wieder reduziert werden. Sowohl die Vordruckprüfung (1-2 h) als auch die nachfolgende Entgasung (>>2 h) sind sehr aufwändig.

Die Vordruckprüfung wird daher meist erst im Rahmen von Reparaturarbeiten ausgeführt, nachdem sich bereits Betriebsstörungen oder Schäden manifestiert haben. Zur Vermeidung von Fehlerkosten ist es dann bereits zu spät. Es ist daher ein Verfahren wünschbar, das in einem beliebigen Betriebszustand der Anlage und ohne Eingriff in den Kreislauf durchgeführt werden kann. Ein solches Verfahren wird im folgenden Abschnitt beschrieben.

3.7.2 Indirekte Prüfung durch Überströmversuch

Bei der indirekten Prüfung verwendet man eine Prüfapparatur nach Abbildung 3-23. Diese ermöglicht nicht nur die Messung des Vordrucks, sondern auch die Bestimmung des Flüssigkeitsinhaltes des Gefäßes, ohne dass dieses entleert werden muss. Dadurch ist die Methode jederzeit anwendbar und unabhängig vom Betriebszustand der Anlage.

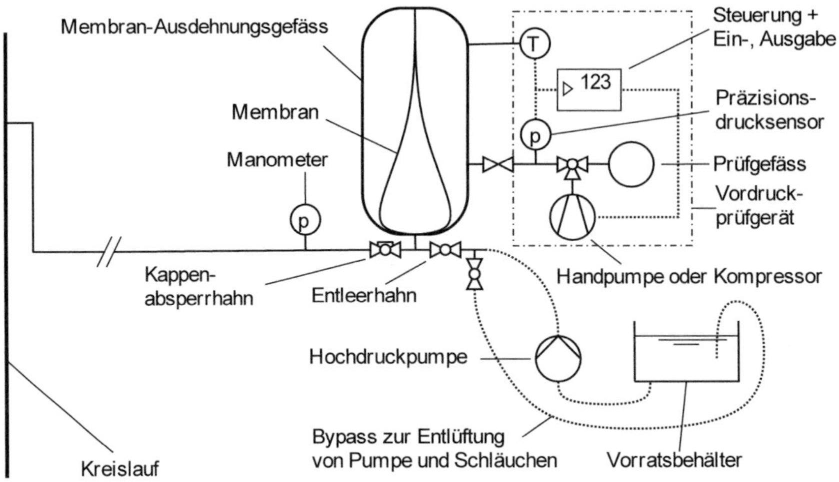

Abbildung 3-23 Membranausdehnungsgefäß mit Vordruckprüfgerät. Füllpumpe und Vorratsbehälter für die fallweise Nachspeisung sind ebenfalls eingezeichnet.

Das Prüfgerät besteht im Wesentlichen aus einem Prüfgefäß mit dem Volumen V_T, einem präzisen Drucksensor, einem Temperatursensor, einem Dreiwegehahn und einer Steuerung, welche die Messdaten und die Eingabeparameter verarbeitet. Die Prüfung des Füllzustandes erfolgt nach dem Prinzip des isothermen Überströmversuches.

Bei der Inbetriebnahme des MAG muss der Vordruck p_{0R} und die zugehörige Temperatur T_R auf dem Gefäß vermerkt werden. Unter der Annahme, dass sich die Gasmenge seit der Inbetriebnahme nicht geändert hat, sind die beiden Zustände 0 (Im Wasserraum des MAG befindet sich noch keine Flüssigkeit) und F (Betriebszustand bei der Funktionsprüfung) des Gasvolumens durch folgende Gleichung verknüpft.

$$\frac{p_0 V_0}{T_0} = \frac{p_F V_F}{T_F} \tag{3.77}$$

Der Inhalt V_T des Prüfgefäßes besitzt vor dem Überströmversuch die Temperatur T_a beim Atmosphärendruck p_a. Das Membranausdehnungsgefäß beinhaltet das Gasvolumen V_F bei der mittleren Betriebstemperatur des Gasraumes T_F. Die Stoffmengen n_F im MAG und n_T im Prüfgefäß sind durch folgende Gleichungen bestimmt.

$$n_F = \frac{p_F V_F}{R T_F} \quad ; \quad n_T = \frac{p_a V_T}{R T_a} \ . \tag{3.78}$$

Nach dem Überströmversuch und einer gewissen Zeit für den Temperaturausgleich zwischen Gas und Gefäßwand herrscht in beiden Gefäßen der Druck p_T. Im Allgemeinen werden sich nach dem Überströmversuch im Membranausdehnungsgefäß und im Prüfgefäß unterschiedliche Gleichgewichtstemperaturen T_F‘ *und* T_T einstellen.

Die Summe der Stoffmengen im MAG und im Prüfgefäß bleibt beim Überströmversuch jedoch konstant.

$$\frac{p_F V_F}{RT_F} + \frac{p_a V_T}{RT_a} = \frac{p_T V_F}{RT'_F} + \frac{p_T V_T}{RT_T} \tag{3.79}$$

Aus obiger Gleichung erhält man zunächst das Gasvolumen des MAG.

$$V_F = V_T \left(\frac{\frac{p_T}{T_T} - \frac{p_a}{T_a}}{\frac{p_F}{T_F} - \frac{p_T}{T'_F}} \right) \tag{3.80}$$

In der Praxis kann man im normalen Anlagenbetrieb $T_F = T'_F = T_T = T_a$ setzen. Anstelle der Gleichung (3.80) erhält man folglich

$$V_F = V_T \left(\frac{p_T - p_a}{p_F - p_T} \right) . \tag{3.81}$$

Das Flüssigkeitsvolumen im Gefäß beträgt $V_l = V_N - V_F$. Dies ist das erste wichtige Resultat des Verfahrens. Durch folgende weitere Rechnungen lässt sich beurteilen, ob dieses Volumen die die Anforderungen an die Wasservorlage V_V und ein hinreichendes Reservevolumen V_{Res} erfüllt. Zunächst wird das Volumen $\Delta V_{A,F}$ berechnet, um welches sich der Anlageninhalt bei der Erwärmung gegenüber dem Referenzzustand $V_{A,R}$ ausgedehnt hat.

$$\Delta V_{A,F} = V_A \frac{\rho_R - \rho_F}{\rho_R} \tag{3.82}$$

Die Dichten ρ_R und ρ_B werden bei den jeweiligen mittleren Kreislauftemperaturen berechnet. Es muss gelten

$$V_V \leq \left(V_l - \Delta V_{A,F} \right) \leq V_{V,\min} + V_{\text{Res}} . \tag{3.83}$$

Falls das Flüssigkeitsvolumen die minimal erforderliche Wasservorlage nur geringfügig übersteigt oder sogar darunter liegt, soll der Flüssigkeitsinhalt um das Volumen ΔV ergänzt werden.

$$\Delta V = V_V + V_{\text{Res}} + \Delta V_{A,F} - V_l \tag{3.84}$$

Nun wird der erforderliche Gasdruck berechnet. Dies ist das zweite wichtige Resultat des Verfahrens. Falls das Flüssigkeitsvolumen nicht ergänzt wurde, beträgt der erforderliche Gasdruck im Zustand der Anlage bei der Funktionskontrolle

$$p_{F,\text{erf}} = \frac{p_0 V_N T_F}{V_B T_0} . \tag{3.85}$$

Falls das Flüssigkeitsvolumen um ΔV ergänzt wurde, hingegen

$$p_{F,\mathrm{erf}} = \frac{p_0 V_N T_F}{\left(V_F - \Delta V\right) T_0} \; . \tag{3.86}$$

Dieser Gasdruck wird durch Zuspeisung über eine Stickstoffflasche, eine manuell betätigte Pumpe oder über einen Kompressor eingestellt.

3.8 Literatur

Bokhoven T. P., Van Dam J., Kratz P. (2001) Recent experience with large solar thermal systems in The Netherlands. Solar Energy 71 (5):347-352. doi:http://dx.doi.org/10.1016/S0038-092X(00)00124-9

Eismann R. (2004b) Neues Verfahren zur Dimensionierung von Membranausdehnungsgefässen. 14. Symposium Thermische Solarenergie, Bad Staffelstein

Eismann R. (2014) Thermohydraulik von Solaranlagen. Dissertation, Eidgenössische Technische Hochschule ETH Zürich, doi: 10.3929/ethz-a-010138185

Eismann R., Rühling K., Thesing C. (2016) Dimensioning of membrane expansion vessels for solar thermal circuits. in Publikation

Eismann R., von Felten P. (1998a) Dimensionierung von Expansionsgefässen, Publikation 195201. Bundesamt für Energie BFE, Bern http://www.bfe.admin.ch/dokumentation/-energieforschung/index.html?lang=de&publication=5217

Fitch M. W., Koros W. J., Nolen R. L., Carnes J. R. (1993) Permeation of several gases through elastomers, with emphasis on the deuterium/hydrogen pair. Journal of Applied Polymer Science 47 (6):1033-1046. doi:10.1002/app.1993.070470610

Panitz F., Rühling K. (2016) Löslichkeit von Stickstoff und Sauerstoff in Wasser-Glykol-Kreisläufen. 26. Symposium Thermische Solarenergie, Bad Staffelstein

Rühling K., Schabbach T. (2006) Eigendruckhaltung und Eigensicherheit kleiner Solaranlagen. Chemisch-physikalische Vorgänge in einem Zweiphasen-Kollektorkreis. 16. Symposium thermische Sonnenenergie, Bad Staffelstein

VDI (2012) VDI 4708: Druckhaltung, Entlüftung, Entgasung, Blatt 1. Beuth Verlag, Berlin

VDI (2014) VDI 6002: Solare Trinkwassererwärmung, Blatt 1: Systemtechnik und Anwendung im Wohnungsbau. Beuth Verlag, Berlin

4 Entlüftung und Entgasung

4.1 Einleitung

Die Ursachen für freie Gase und die Gründe, weshalb man diese aus Kreisläufen entfernen soll, werden anhand praktischer Beispiele erläutert. Dabei werden die Besonderheiten von solarthermischen Anlagen im Vergleich zu anderen flüssigkeitsführenden Kreisläufen diskutiert. Anschließend werden unterschiedliche Methoden zur Entlüftung dargestellt. Die Entlüftung durch strömende Flüssigkeit, die sogenannte Selbstentlüftung, wird ausführlich behandelt. Im Abschnitt 4.3.3 wird eines der wichtigsten Resultate dieses Kapitels dargestellt: Die Korrelation zur Berechnung der Selbstentlüftungsgeschwindigkeit von Wasser und Wasser-Glykol-Gemisch. Schließlich werden Befüllstrategien vorgestellt, die bezüglich Entlüftung besonders vorteilhaft sind. Weil Wasser und Wasser-Glykol-Gemische ein gewisses Gaslösungsvermögen haben, können diese Flüssigkeiten durch Entgasung untersättigt werden. Die Flüssigkeit ist dann ihrerseits in der Lage, freie Gase in nicht entlüftbaren Bereichen des Kreislaufs zu absorbieren und so die dort vorhandenen Gasvolumen zu reduzieren. Zwei Methoden der Entgasung werden vorgestellt, die Vakuumentgasung und die solarthermische Entgasung. Diese Einleitung sowie Teile der Abschnitte 4.3 und 4.4 basieren auf der Dissertation (Eismann 2014, Kap. 4).

4.1.1 Notwendigkeit für die Entfernung von Gasen

Der Kreislauf von Solaranlagen ist so ausgelegt, dass er im Betrieb einphasig durchströmt wird. Sobald neben der Flüssigkeit auch freie Gase vorhanden sind, hat man zweiphasige Strömungszustände, die die Leistungsfähigkeit herabsetzen oder Betriebsstörungen hervorrufen können. Es ist daher sehr wichtig, durch sorgfältiges Entlüften das Volumen freier Gase im Kreislauf zu minimieren. In manchen Fällen reicht die Entlüftung alleine nicht aus. In diesen Fällen muss der Kreislauf entgast werden.

Der Druckverlust einer Flüssigkeitsströmung ist in Gegenwart von freien Gasen stets deutlich höher. Der Durchfluss wird durch freie Gase daher grundsätzlich vermindert. Im günstigsten Fall werden die betroffenen Kollektoren lediglich weniger gut durchströmt und erreichen daher höhere Austrittstemperaturen. Weil dadurch auch die Wärmeverluste erhöht sind, nimmt ihre Leistung geringfügig ab. Betriebsstörungen dieser Art sind selten gravierend und werden daher kaum entdeckt. Falls jedoch einzelne Kollektoren, ausgelöst durch eine anfängliche Strömungsbehinderung, in den Siedezustand und damit in den Zustand der partiellen Stagnation geraten, fällt ihr Beitrag zum Energiegewinn praktisch weg. Das prominenteste Beispiel einer Anlage, bei der partielle Stagnation als eine von mehreren Ursachen für ungenügende Leistung identifiziert wurde, ist die Anlage zur solarthermischen Kühlung des Bundespresseamtes in Berlin. Die TU Berlin hat diese Anlage wissenschaftlich untersucht und in den Arbeiten von Albers (2004), Buchholz und Albers (2007) sowie Buchholz (2009) ausführlich darüber berichtet.

Bei großen Solaranlagen sind oft viele Kollektoren über horizontale Verteil- und Sammelleitungen parallelgeschaltet. Weil diese Leitungen nie perfekt horizontal verlaufen, bilden sich lokale Hochpunkte, in denen sich Gase sammeln. Sobald ein Gasvolumen groß genug und ihr Strömungswiderstand hinreichend angestiegen ist, kann es durch die Strömung mobilisiert und schließlich in die abwärtsführende Leitung befördert werden. Falls das Gasvolumen dort hängen bleibt, behindert es die Strömung im gesamten Kollektorfeld. Der Dampfdruck steigt dann mit zunehmender Austrittstemperatur der Kollektoren rasch an, wodurch das Gasvolumen noch vergrößert wird. Im Extremfall kommt die Strömung ganz zum Erliegen und das Kollektorfeld geht in Stagnation.

4.1.2 Ursache von freien Gasen

4.1.2.1 Nicht entlüftbare Bereiche des Kreislaufes

Freie Gase lassen sich nur dann durch Spülen aus dem Kreislauf entfernen, wenn sie durch die Zwischenphasenreibung in der strömenden Flüssigkeit mitbewegt und in einen Luftabscheider gefördert werden können. Dieser muss an geeigneter Stelle im Kreislauf angeordnet sein. Den Vorgang der Mobilisierung von freien Gasen durch Strömungskräfte nennt man Selbstentlüftung. In den meisten Rohrnetzen gibt es jedoch Bereiche, in denen Selbstentlüftung nicht möglich ist.

4.1.2.2 Desorption von Gasen bei hohen Temperaturen

Wie praktisch alle Flüssigkeiten besitzen Wasser-Glykol-Gemische ein gewisses Gaslösungsvermögen, das von der Temperatur und vom Druck abhängig ist. Freie Gase können daher durch Änderung von Duck und Temperatur im laufenden Betrieb von der Flüssigkeit absorbiert werden und an einem anderen Ort des Kreislaufes wieder aus der Lösung treten, wo sie das Volumen von dort bereits vorhandenen Gastaschen vergrößern. Diese Gasvolumen sind stets mit dem Dampf der Flüssigkeit gesättigt. Falls die Austrittstemperatur in die Nähe der Siedetemperatur kommt und der Dampfdruck nahe beim Betriebsdruck liegt, können Gasvolumen entstehen, die das ursprüngliche Volumen der Gastaschen um ein Vielfaches übersteigen.

4.1.2.3 Gasbildung durch Degradation von Propylenglykol

Neuere Untersuchungen durch Panitz und Rühling (2016) haben gezeigt, dass der in Tyfocor®LS gelöste Sauerstoff bei Temperaturen über 60 *°C* sehr rasch durch Oxidation des Korrosionsinhibitors gebunden wird. Bei guter Entlüftung und diffusionsdichtem Abschluss des Kreislaufes trägt nur die geringe Menge gelösten Sauerstoffs zum oxidativen Abbau bei. Der Einfluss dieses Abbaus auf die Stoffeigenschaften ist vernachlässigbar. Hingegen kann Propylenglykol auch bei einer gut entlüftbaren funktionierenden Anlage durch Stagnationsereignisse thermisch zersetzt werden. In Anlagen mit schlecht entleerenden Vakuumröhrenkollektoren entstehen dabei langkettige, teerartige Zersetzungsprodukte, die in der Flüssigkeit nicht lösbar sind und zu

Ablagerungen und Verstopfung führen können. Diese Erscheinungen wurden durch Hillerns et al. (1999), Hillerns (2001) sowie Scheuren (2008) untersucht und ausführlich dargestellt. Andererseits wurden durch Hausner et al. (2003) auch eine Reihe leichtflüchtiger Verbindungen nachgewiesen, die nachfolgend zusammen mit ihrem Siedepunkt zitiert sind: Acetaldehyd (21 *°C*), Propanal (49 *°C*), Glyoxal (50 *°C*), Aceton (56 *°C*) und Methylglyoxal (72 *°C*). In dieser Arbeit wird auf die Publikation von Clifton et al. (1985) hingewiesen, in welcher die Oxidation von Ethylen- und Propylenglykol bei höheren Temperaturen sowie die katalytische Wirkung von Metallen, insbesondere Kupfer beschrieben ist. In neuen Anlagen bestehen Gasvolumen daher praktisch vollständig aus Stickstoff und dem Dampf der Flüssigkeit. Der Nachweis von leichtflüchtigen Stoffen zeigt aber, dass die nach der Inbetriebnahme vorhandenen, noch unbedeutenden Gasvolumen im Laufe der Betriebszeit anwachsen und Probleme verursachen können.

4.1.3 Solaranlagen im Vergleich zu anderen Rohrnetzen

Es gibt unterschiedliche Methoden, um Kreisläufe zu entlüften. Dabei muss man jeweils die Besonderheiten der Kreisläufe berücksichtigen. Methoden, die sich bei Warmwasserheizungen bewährt haben, müssen nicht unbedingt auch für Solaranlagen geeignet sein. Um dies zu illustrieren werden nachfolgend einige technisch wichtige Fälle diskutiert.

Trinkwasser-, Abwasser- und Kraftwerksdruckleitungen werden so dimensioniert, dass freie Gase allein durch Strömungskräfte mobilisiert und so aus den betreffenden Leitungsabschnitten gespült werden. Dieser Vorgang wird mit Selbstentlüftung bezeichnet.

In Heizungsanlagen, die mit Wasser betrieben werden, sind die Vermeidung von Korrosion und Fließgeräuschen sowie die Limitierung auf wirtschaftlich vertretbare Druckverluste vorrangig. Die Fließgeschwindigkeiten liegen daher oft weit unter der Selbstentlüftungsgeschwindigkeit. Unter der Voraussetzung, dass die Druckhaltung korrekt arbeitet, können Betriebsstörungen (Korrosion, Geräusche, Strömungsblockaden) durch wiederholte manuelle Entlüftung der Heizkörper vermieden werden. Dieses Verfahren ist geeignet für kleine Anlagen unter der Voraussetzung sorgfältiger Rohrführung und geeigneter Anordnung der Entlüftungsventile. Bei großen Anlagen kommen auch Vakuumentgaser zum Einsatz.

Im Unterschied zu Heizungsanlagen sind die Kollektoren praktisch immer an der höchsten Stelle der Anlage angeordnet. Bei Solaranlagen ist außerdem der Spielraum für die Wahl der Rohrquerschnitte verhältnismäßig eng. Einerseits soll die Selbstentlüftungsgeschwindigkeit in horizontalen und fallenden Leitungen möglichst erreicht werden, andererseits soll die Fließgeschwindigkeit aus Rücksicht auf Geräuscharmut und ökonomischen Pumpenbetrieb nicht größer als 1 *m/s* sein. Bei der Parallelschaltung vieler Kollektoren über identische Verteil- und Sammelleitungen ist die Strömungsverteilung stets inhomogen. Die Anordnung von Strangregulierventilen und die Abstufung der Rohrquerschnitte sind aber aus technischen und wirtschaftlichen Gründen oft nicht praktikabel. Dadurch kann es vorkommen, dass in abgelegenen Teilen des Rohrnetzes die Fließgeschwindigkeit weit unter der Selbstentlüftungsgeschwindigkeit liegt, während in anderen Teilen die zulässige Fließgeschwindigkeit bereits erreicht ist.

4.2 Entlüftungsventile und Luftabscheider

4.2.1 Manuell betätigte Entlüftungsventile an Hochpunkten

4.2.1.1 Entlüftungsventile in Rohrleitungen

Aufgrund ihres Auftriebs steigen Luftblasen in ruhender Flüssigkeit auf und vereinigen sich an lokalen Hochpunkten zu Lufttaschen, die man durch manuell betätigte Entlüftungsventile aus dem Kreislauf entfernen kann. Häufig setzt man Entlüftungsventile in die nach oben gerichteten Abzweige von T-Stücken ein, um klar definierte Hochpunkte zu erhalten. Die Entlüftung durch manuell betätigte Ventile kann aber nur bei ruhender Anlage durchgeführt werden. Im Betrieb ist die Fließgeschwindigkeit meist so hoch, dass die in der Strömung geförderten Luftblasen am Entlüftungsventil vorbei gespült werden. Außerdem ist es möglich, dass bereits vorhandene Luft durch Strömungswirbel aus dem T-Stück gespült wird.

Diese Art der Entlüftung ist Standard in Heizungskreisläufen mit Heizkörpern, die einzeln entlüftet werden können. Aufgrund der sehr geringen Fließgeschwindigkeiten bleiben die Lufttaschen auch bei durchströmten Heizkörpern stationär. Daher kann man auch während des Betriebs entlüften. Die nach der Entlüftung verbleibenden Lufttaschen sind so klein, dass sie die Durchströmung nicht nennenswert behindern. In Solaranlagen hingegen sind die Anforderungen an die Entlüftung höher. Wie in Abbildung 4-1 gezeigt, sollte man versuchen, die Rohrleitungen in Fließrichtung leicht ansteigend zu verlegen.

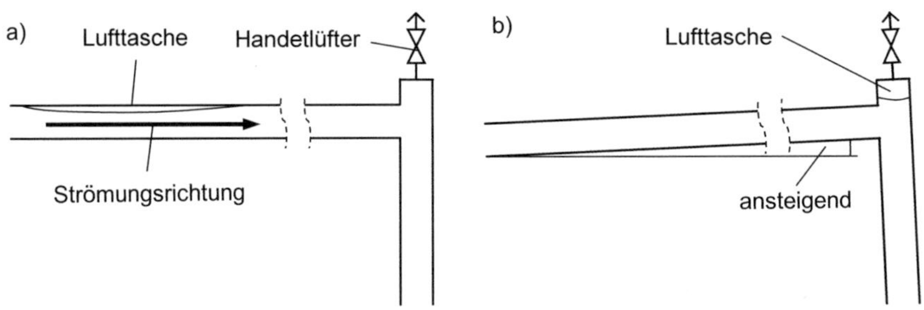

Abbildung 4-1 Handentlüfter im T-Stück bei a) horizontaler Leitung, b) in Fließrichtung steigender Leitung.

Eine ähnliche wie die in Abbildung 4-1 b) gezeigte Situation trifft man häufig am oberen, vorlaufseitigen Anschluss von Glattrohrwärmeübertragern, dargestellt in Abbildung 4-2. Weil diese stets siphoniert werden müssen, hat man einen gut definierten lokalen Hochpunkt. Allerdings verläuft die Rohrwendel in Fließrichtung fallend. Der Glattrohrwärmeübertrager muss daher bei ruhender Anlage entlüftet werden.

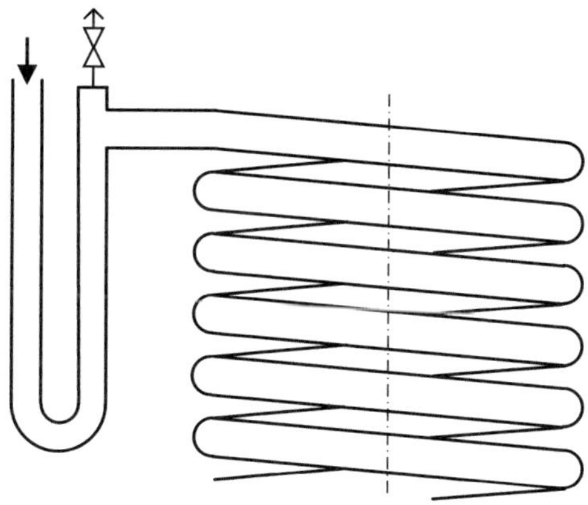

Abbildung 4-2 Glattrohrwärmeübertrager mit Siphon und Handentlüfter.

4.2.1.2 Entlüftungsventile im Kollektorfeld

Bei mehrreihigen Kollektorfeldern muss jede Kollektorreihe durch ein handbetätigtes Entlüftungsventil entlüftet werden können. Das Rohrnetz eines Kollektorfeldes bildet jedoch selten klar definierte Hochpunkte, sondern meist ausgedehnte Hochlinien. Diese können bei ruhender Anlage grundsätzlich nicht vollständig entlüftet werden. Man kann aber auch hier versuchen, die Rohre gemäß Abbildung 4-3 in Fließrichtung mit einer geringen Steigung zu verlegen. Bei der Feldverrohrung, die mehrere Kollektorreihen miteinander verbindet, ist dies häufig ohne Schwierigkeiten möglich.

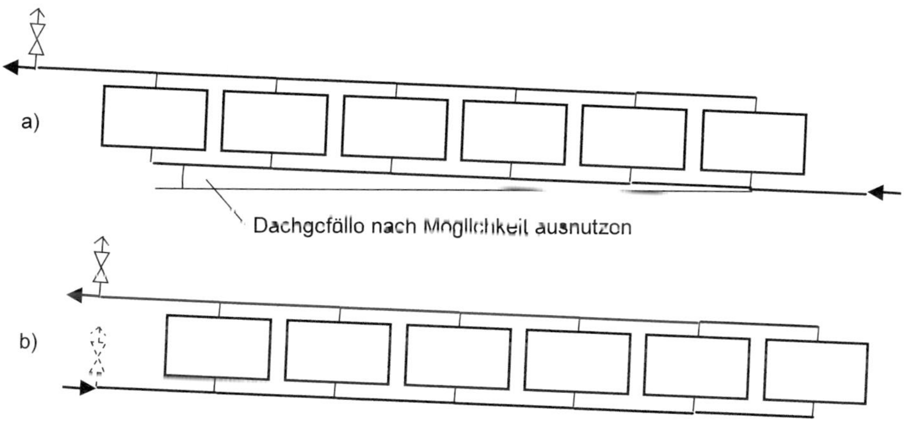

Abbildung 4-3 Manuelle Entlüftungsventile bei parallel geschalteten Kollektorreihen, a) einseitig angeschlossen, b) nach Tichelmann angeschlossen.

Bei Flachkollektoren mit integrierten Verteil- und Sammelleitungen soll die Sammelleitung in Fließrichtung ansteigen. Die Verteilleitung verläuft dann in Fließrichtung fallend. Ein Teil der Luft wird durch die Absorberrohre aus der Verteilleitung entweichen. Der Rest könnte teilweise durch ein Entlüftungsventil am Eintritt in den ersten Kollektor entfernt werden (gestrichelt eingezeichnet in Abbildung 4-3 b). Häufig wird auf diesen Entlüfter aus Kostengründen verzichtet. Aufgrund der Grenzflächenspannung und der unvermeidlichen Vor- und Rücksprünge an den Übergängen zwischen Rohren und Fittings bleiben bei schwach geneigten Rohren jedoch stets gewisse Gasvolumen hängen, die sich grundsätzlich nicht entlüften lassen.

Was in der Abbildung 4-3 einfach aussieht, ist jedoch recht anspruchsvoll in der Montage. Nivelliergeräte mit Laser sind ein wertvolles Hilfsmittel. Wenn möglich, soll das auf einem Flachdach stets vorhandene Gefälle ausgenutzt und die Feldverrohrung entsprechend angeordnet werden. Meist liegt die Oberkante der Kollektoren höher als die Brüstung und ist damit aus der Entfernung sichtbar. Weil ein mit Gefälle verlegtes Kollektorfeld mit der horizontal verlaufenden Brüstung nicht fluchtet, kann das Erscheinungsbild gestört sein. Ob das Kollektorfeld mit Gefälle verlegt werden darf, muss daher bereits in der Planungsphase verbindlich geklärt werden.

Bei dachintegrierten Kollektorfeldern hat man natürlich kaum die Freiheit, ein bestimmtes Gefälle einzustellen. Hier müssen andere Methoden der Entlüftung angewendet werden.

4.2.2 Luftabscheider mit automatischem Entlüftungsventil

Ein Luftabscheider entfernt Luftblasen aus der Strömung und sammelt diese in einem dafür vorgesehenen Volumen. Dieses Volumen kann durch ein manuell betätigtes Entlüftungsventil oder ein automatisch öffnendes Ventil entlüftet werden. Luftabscheider gibt es in den verschiedensten Bauformen. Zwei Varianten sind in der Abbildung 4-4 gezeigt. Der Strömungsquerschnitt im Luftabscheider ist wesentlich größer als der Querschnitt des Rohres. Dadurch ist die Strömungsgeschwindigkeit reduziert und die Luftblasen haben Zeit, innerhalb des Luftabscheiders in dessen Hochpunkt aufzusteigen.

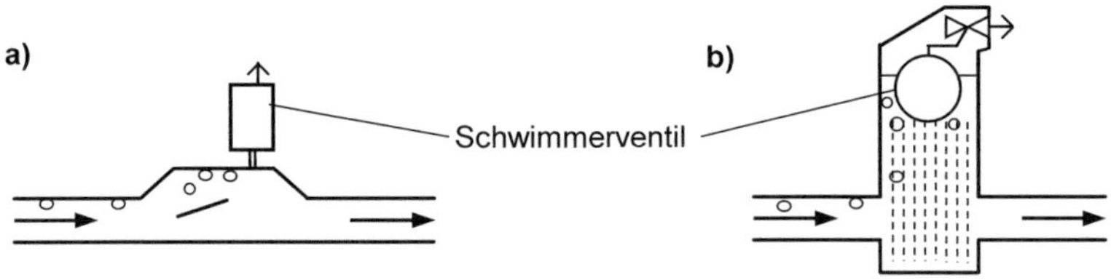

Abbildung 4-4 Luftabscheider mit Schwimmerventil.

Die meisten Luftabscheider haben ein Entlüftungsventil, das durch das Gewicht eines Schwimmers betätigt wird. Auch die Ventilmechanismen gibt es in vielen unterschiedlichen Bauformen.

Wichtig für den Einsatz in Solaranlagen sind folgende Eigenschaften und Anwendungseinschränkungen:

- Es kann nur jener Teil der freien Gase abgeschieden werden, der mit der Strömung in den Luftabscheider transportiert wird.
- Ein Schwimmerventil unterscheidet nicht zwischen Gas und Dampf. Herkömmliche Luftabscheider, die mit im Dampf in Berührung kommen könnten, müssen nach der Inbetriebnahme durch einen temperaturbeständigen Kugelhahn abgesperrt werden können. Ausnahmen sind Konstruktionen, bei denen das Ventil oder der Schwimmer oberhalb einer Grenztemperatur blockiert wird, sodass kein Dampf entweichen kann.

4.3 Selbstentlüftung von Rohren

Unmittelbar nach der Befüllung enthält der Kreislauf immer noch Luft. Diese sammelt sich an lokalen Hochpunkten oder in den Rohrscheiteln langer horizontaler Rohrstrecken. Aufgrund der Grenzflächenspannung können Lufttaschen außerdem an Rohrwänden haften oder durch Sprünge im Querschnitt am Aufsteigen gehindert werden. Man muss daher einen Kreislauf beim Befüllen auch gleichzeitig durch hinreichend hohe Strömungsgeschwindigkeit spülen. Dazu werden leistungsfähige, mobile Kreiselpumpen eingesetzt, die mittels Schläuchen über Füll- und Entleerhahnen mit dem Kreislauf verbunden sind. Das strömende Fluid übt auf die stationären Blasen und Lufttaschen Kräfte aus. Sind diese Kräfte groß genug, so können Lufttaschen und Blasen in Fließrichtung gefördert werden. Die Fließgeschwindigkeit, ab der ein Rohrabschnitt vollkommen freigespült wird, heißt entsprechend Selbstentlüftungsgeschwindigkeit.

4.3.1 Kräfte an Lufttaschen und Luftblasen

Damit die Bewegungen von Luftvolumen im strömenden Fluid einer Rohrleitung physikalisch beschrieben werden können, müssen die an diesen Volumen angreifenden Kräfte und ihre Ursachen mindestens qualitativ bekannt sein.

Folgende Diskussion soll die Komplexität der Strömungsphänomene veranschaulichen. Die Abbildung 4-5 zeigt die beiden Situationen, die in nach unten durchströmten Rohren auftreten. In geneigten Rohren steigen Luftblasen durch ihren Auftrieb an den Rohrscheitel und bilden Lufttaschen nach Abbildung 4-5 a). Die Komponente der Auftriebskraft parallel zur Rohrachse ist der Fließrichtung entgegengesetzt. Wo die Flüssigkeitsoberfläche auf die Rohrwand trifft, sind Grenzflächenkräfte wirksam. Diese hängen von der Oberflächenspannung der Flüssigkeit und von der Benetzbarkeit der Rohrwand ab. Die strömende Flüssigkeit übt auf die Lufttasche Kräfte aus. Maßgebend für die Selbstentlüftung ist die Komponente in Fließrichtung, parallel zur Rohrachse. Als Luftblasen werden Luftvolumen bezeichnet, die nicht im Kontakt mit der Rohrwand stehen. Die Abbildung 4-5 b) zeigt die Kräfte an Luftblasen. Der hydrostatische Auftrieb F_A wirkt dem Strömungswiderstand F_R entgegen. Aufgrund der Auftriebskraft wird sich eine Luftblase in der abwärts führenden Strömung stets weniger schnell fortbewegen als die Flüssigkeit selber. Bezogen auf das Koordinatensystem der Luftblase ist die Strömungsgeschwindigkeit der Flüssigkeit auf der Seite im Bereich der Rohrachse größer als in Wandnähe. Diese Relativbewegung der Flüssigkeit um die Luftblase kann als Überlagerung einer parallelen Strömung und einer Zirkulationsströmung um die Blase herum dargestellt werden. Die Überlagerung dieser Strömungen bewirkt eine dynamische Kraft F_{dyn} in Richtung Rohrmitte. Weil der Auftrieb einer Flugzeugtragfläche auf demselben Prinzip beruht, wird diese Kraft in der englischsprachigen Literatur als „lift force" bezeichnet.

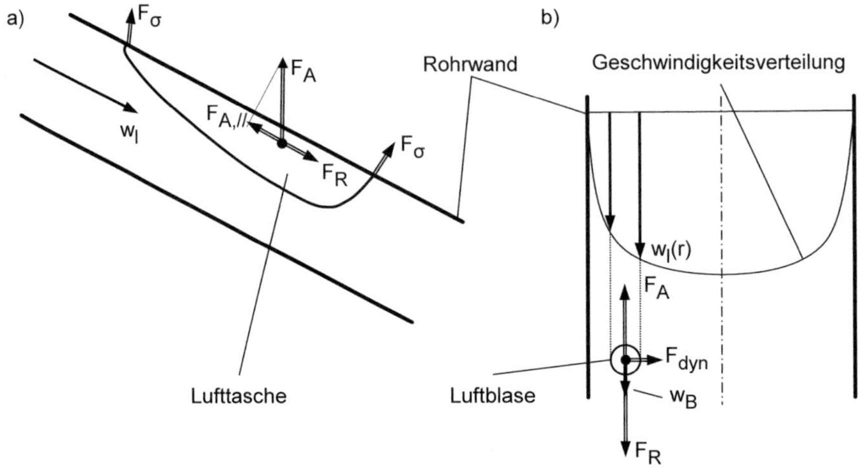

Abbildung 4-5 Kräfte an Lufttaschen und Luftblasen in abwärts durchströmten Rohren.

Diese Auftriebskraft ist in Wandnähe am stärksten, weil dort der Geschwindigkeitsgradient der strömenden Flüssigkeit am größten ist. Kleine, kugelförmige Luftblasen werden daher vorzugsweise in der Mitte des Rohres transportiert. Größere Blasen sind in Richtung der Rohrachse abgeplattet. Gerät eine solche Blase in Wandnähe, wird sie durch die Scherkräfte geneigt. Dadurch treten dynamische Kräfte auf, die in Richtung Rohrwand wirken.

4.3.2 Stand der Technik

Auf den Gebieten der Wasserversorgung, der Abwasserentsorgung und der Wasserkraftwerke ist die Problematik von freien Gasen in Rohrnetzen seit Jahrzehnten bekannt und wurde entsprechend beforscht. Einerseits stellen diese Rohrnetze grundsätzlich keine geschlossenen Kreisläufe dar. Man muss von Vornherein damit rechnen, dass Luft in den Kreislauf gelangt, beispielsweise durch Lufteintrag in Form von kleinen Blasen (entrainment) beim Abflusswirbel über dem Rohreinlauf oder beim Freispiegelabfluss in einer fallenden Leitung. Ervine (1998) gibt einen umfassenden Überblick über die vielfältigen Möglichkeiten des Lufteintrages in Rohrleitungssysteme. Außerdem kann Luft auch durch Belüftungsventile in Rohrleitungen gelangen. Solche Belüftungsventile sind in sehr langen Rohrstrecken und Überleitungen eingebaut, um das Kollabieren von Rohren und Behältern bei Unterdruck zu verhindern.

Mit wenigen Ausnahmen wurden die experimentellen Arbeiten zur Selbstentlüftung an Rohren mit weit größeren Querschnitten durchgeführt, als sie bei Solaranlagen eingesetzt werden. In einer der ersten Arbeiten haben Kalinske und Bliss (1943) die Selbstentlüftungsgeschwindigkeit in Rohren mit 102 *mm* und 152 *mm* Durchmesser untersucht. Die Neigung der nach unten führenden Leitung wurde variiert und betrug maximal 30 Prozent. Die Fließgeschwindigkeit, ab der die Luftblasen aus dem Wechselsprung am unterstromigen Ende der Lufttasche abtransportiert werden, wurde als Selbstentlüftungsgeschwindigkeit interpretiert. In allen folgenden Arbeiten wird als Kriterium der Selbstentlüftung diejenige Geschwindigkeit definiert, ab der die Lufttasche als Ganzes abtransportiert wird. Wisner, Kouwen et al. (1975) haben Versuche an einer Leitung mit 250 *mm* Durchmesser und 18.5° Neigung durchgeführt. Walther und Günthert (1988) haben für ihre Untersuchungen ein biegsames PE-HD-Rohr mit 51.4 *mm* Innendurchmesser verwendet. Durch Biegen des Rohres wurde ein symmetrischer Hochpunkt erzeugt, von dem aus die geraden Rohrstücke in gleichen Winkeln nach unten führen. Das Vorhandensein von Luft wurde durch Leitfähigkeitssensoren festgestellt. Ein Sensor befand sich am Hochpunkt des Rohres. Drei weitere Sensoren waren im absteigenden Rohr angeordnet. Nach dem Einleiten eines vorgegebenen Luftvolumens wurde die Strömungsgeschwindigkeit so lange gesteigert, bis die Lufttasche den vierten und letzten Sensor passiert hat. Die in diesem Moment gemessene Fließgeschwindigkeit wurde als Selbstentlüftungsgeschwindigkeit interpretiert. Aigner (2003b) hat Untersuchungen an einer Leitung mit 190 *mm* Innendurchmesser und einer variablen Neigung des absteigenden Rohres bis 15 % durchgeführt. Neben der Selbstentlüftungsgeschwindigkeit wurde auch die Luftaustragsrate gemessen. Die Ergebnisse wurden auch in einem Merkblatt des Landesamt für Umwelt und Geologie des Freistaates Sachsen (2003a) veröffentlicht. Escarameia (2007) hat entsprechende Experimente an einer Leitung mit 150 *mm* Innendurchmesser mit Neigungen bis 22.5° durchgeführt. Die genannten Autoren korrelieren die Ergebnisse mit der Froude-Zahl, die mit der Selbstentlüftungsgeschwindigkeit w_{SE} und dem Rohrdurchmesser d gebildet wird, Fr = $w_{SE}\ (g{\cdot}d)^{-0.5}$. Ihre Ergebnisse sind zusammenfassend in der Tabelle 4-1 dargestellt.

Tabelle 4-1 Korrelationen für die Selbstentlüftungsgeschwindigkeit.

		d *mm*	ϕ Grad
Wisner et al. (1975)	$w_{SE} = \sqrt{gd}\left(0.25\sqrt{\sin\phi} + 0.825\right)$	250	18.5
Walther et al. (1988)	$w_{SE} = \sqrt{gd}\left(0.28\sqrt{\sin\phi} + 0.68\right)$	51.4	0 – 34
Aigner (2003b)	$w_{SE} = \sqrt{gd}\sqrt{\dfrac{1.5\sin\phi}{1.64\sin\phi + 0.06}}$	190	0 – 12
Escarameia et al. (2007)	$w_{SE} = \sqrt{gd}\left(0.56\sqrt{\sin\phi} + 0.61\right)$	150	0 – 23

Die Abbildung 4-6 zeigt die Selbstentlüftungsgeschwindigkeiten für ein Rohr mit 20 *mm* Innendurchmesser, die mit diesen Korrelationen berechnet wurde. Ausgezogene Linien bezeichnen den durch Experimente abgedeckten Bereich des Neigungswinkels. Bei Neigungswinkeln zwischen 10° und 20° liegen die Resultate recht nahe beieinander, obwohl sich die Rohrdurchmesser erheblich unterscheiden. Offenbar gilt die Skalierung mit der Froude-Zahl über einen weiten Durchmesserbereich. Allerdings erkennt man doch, dass die Rechenwerte umso höher liegen, je größer der Rohrdurchmesser beim entsprechenden Experiment ist. Zum Vergleich sind die Selbstentlüftungsgeschwindigkeiten für Wasser und für das Wasser Glykol

Gemisch Tyfocor®LS dargestellt, die auf eigenen Experimenten beruhen (Dällenbach 2015) und mit der Korrelation (4.6) auf Seite 162 berechnet wurde.

4.3.3 Neue Experimente mit Glattrohren und Ringwellschläuchen

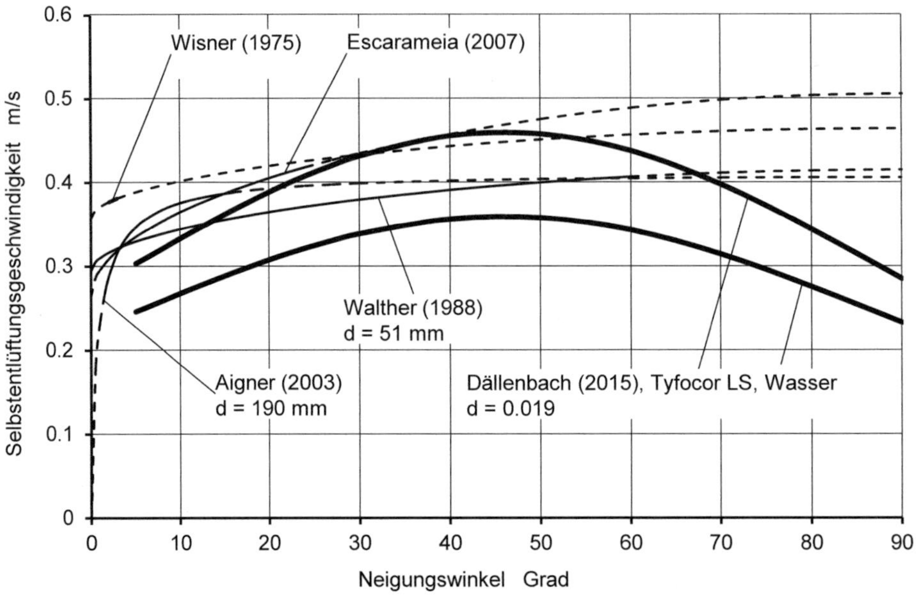

Abbildung 4-6 Selbstentlüftungsgeschwindigkeit für Wasser in einem Glattrohr mit 19 *mm* Innendurchmesser, berechnet mit Korrelationen nach Tabelle 4-1. Dick ausgezogene Kurven zeigen die Selbstentlüftungsgeschwindigkeit für Wasser-Glykol-Gemisch Tyfocor®LS.

Anstelle von Glattrohren werden vermehrt Ringwellschläuche eingesetzt, die sich leichter installieren lassen. In den Wellenbergen von geneigt und horizontal verlaufenden Ringwellschläuchen können sich naturgemäß Gase ansammeln. Außerdem ist es nicht möglich, Ringwellschläuche exakt gerade zu verlegen. Bei Neigungswinkeln unter 5° muss man also von vornherein mit lokalen Hochpunkten rechnen, die beträchtliche Gasvolumen beinhalten können. Über die Selbstentlüftungsgeschwindigkeit in Ringwellschläuchen sind jedoch keine Untersuchungen bekannt. Es ist außerdem anzunehmen, dass die im Vergleich zu Wasser höhere Viskosität und niedrigere Oberflächenspannung von Wasser-Glykol-Gemischen die Selbstentlüftungsgeschwindigkeit beeinflusst. Die Anwendung der verfügbaren Korrelationen ist daher problematisch.

Um den Einfluss von Viskosität und Oberflächenspannung zu untersuchen, wurden Versuche mit Wasser und dem Wasser-Glykol-Gemisch Tyfocor®LS durchgeführt (Dällenbach 2015). Dabei wurde auch der Bereich kleiner Durchmesser berücksichtigt, der bisher nicht vermessen wurde. Außerdem wurde erstmals auch die Selbstentlüftung von Ringwellschläuchen untersucht.

4.3.3.1 Kennzahlen zur Beschreibung der Selbstentlüftung

Die bei der Selbstentlüftung auftretenden zweiphasigen Strömungsphänomene sind sehr komplex. Ob Lufttaschen als Ganzes abtransportiert oder durch den Abriss und Abtransport kleiner Luftblasen am unterstromigen Ende nach und nach abgetragen werden, kann von den Stoffwerten der Flüssigkeit, der Rohrgeometrie und den Strömungsparametern abhängen. Außerdem muss man sich stets bewusst sein, dass die Zweiphasenströmung bei der Selbstentlüftung bei weitem kein stationärer Zustand ist, sondern sehr dynamisch verlaufen kann. Es ist daher nicht möglich, das Phänomen der Selbstentlüftung analytisch, d. h. basierend auf der Lösung entsprechender Differentialgleichungen, zu beschreiben. Es gibt jedoch einen zweiten Weg, der sich in zahlreichen technischen Problemstellungen der Wärme- und Stoffübertragung sowie der Strömungsdynamik hervorragend bewährt hat, die Methode der dimensionslosen Kennzahlen. Dabei identifiziert man die bei der Selbstentlüftung maßgebenden Größen. Einige dieser Größen sind in der Tabelle 4-2 zusammen mit ihrer Einheit und den Dimensionen Masse (M) Länge (L) und Zeit (T) aufgelistet. Mit Hilfe einer Dimensionsanalyse können aus der Beziehung dieser Kräfte die entsprechenden Kennzahlen gewonnen werden. Diese Methode ist in zahlreichen Lehrbüchern dargestellt. Zierep und Bühler (2013) behandeln exemplarisch Beispiele aus der Strömungslehre, Baehr und Stephan (2010) zahlreiche Anwendungen in der Wärme- und Stoffübertragung.

Tabelle 4-2 Für die Selbstentlüftung maßgebende Größen, ihre Einheiten und Dimensionen.

Größe	Symbol	Einheit	Dimension
Dichte	ρ	kg/m^3	ML^{-3}
Kinematische Viskosität	ν	m^2/s	L^2T^{-1}
Oberflächenspannung	σ	N/m	MT^{-2}
Erdbeschleunigung	g	m/s^2	LT^{-2}
Fließgeschwindigkeit	w	m/s	LT^{-1}
Blasenvolumen	V	m^3	L^3
Charakteristische Längen (Rohrdurchmesser, Blasendurchmesser, Länge der Lufttasche, etc.)	l_c	m	L

Nachfolgend sind die Kennzahlen dargestellt, die bei der Beschreibung der Selbstentlüftung eine Rolle spielen. Neben der Gravitationskraft, die den Auftrieb der Luftblasen bewirkt, sind auch die Trägheitskräfte der strömenden Flüssigkeit wirksam. Das Verhältnis dieser Kräfte wird durch die Froude-Zahl ausgedrückt.

$$Fr = \frac{w}{\sqrt{g l_c}} \tag{4.1}$$

Als charakteristische Länge l_c kommen die Länge der Lufttasche, die geringste Tiefe des Gerinnes unter der Lufttasche und der Rohrdurchmesser d in Frage. Die Reynoldszahl beschreibt das Verhältnis der Trägheitskräfte zu den durch die Viskosität hervorgerufenen Scherkräften.

Die Charakteristische Länge l_c bei der Rohrströmung ist der Innendurchmesser d des Rohres. Bei turbulent durchströmten Kanälen mit nicht kreisförmigem Querschnitt ist der hydraulische Durchmesser d durch den Strömungsquerschnitt A und seinen benetzten Umfang U definiert, $d = 4A/U$.

$$\mathrm{Re} = \frac{wd}{\nu} \tag{4.2}$$

Die Weber-Zahl beschreibt das Verhältnis der Trägheitskräfte zu Kräften, die durch Oberflächenspannung verursacht werden.

$$We = \frac{\rho w^2 l_c}{\sigma} \tag{4.3}$$

Die Morton-Zahl charakterisiert den Einfluss der Gravitationskraft (Auftrieb), der Oberflächenkräfte und der Scherkräfte auf die Bewegung von Luftblasen in einer Zweiphasenströmung. Sie kann als Potenzprodukt der Reynolds-, Froude- und Weber-Zahl dargestellt werden. Sie hängt, mit Ausnahme der Erdbeschleunigung, nur von Stoffwerten ab.

$$Mo = \frac{\mathrm{We}^3}{\mathrm{Fr}^2\,\mathrm{Re}^4} = \frac{g \cdot \nu^4 \rho^3}{\sigma^3} \tag{4.4}$$

Das Kriterium der Selbstentlüftung lässt sich auf der Grundlage von experimentellen Daten als Funktion dieser Kennzahlen darstellen.

4.3.3.2 Aufbau und Durchführung der Versuche

Für die Versuche wurde ein Experiment nach Abbildung 4-7 aufgebaut. Die Versuchsanordnung besteht im Wesentlichen aus einem Ausgleichsbehälter, einer geregelten Pumpe, dem zu untersuchenden Versuchsrohr und einem Luftabscheider. Das Versuchsrohr ist über zwei lösbare 90° Winkel mit dem Luftabscheider verbunden. Dadurch kann der Neigungswinkel des Versuchsrohres zwischen 0° und 90° beliebig eingestellt werden. Über einen 90° Winkel ist das obere Ende des Versuchsrohres mit der horizontal liegenden Lufteinlaufstrecke verbunden. Vor dem Versuchsbeginn wird der Kreislauf mit Flüssigkeit gefüllt und sorgfältig entlüftet. Dann wird der Lufteinlaufstrecke ein bestimmtes Luftvolumen zugeführt. Anschließend wird die Pumpe gestartet und bei einem vorgegebenen Volumenstrom betrieben. Die in der Lufteinlaufstrecke ruhende Lufttasche wird durch die Strömungskräfte in das Versuchsrohr geschoben. Ist die Fließgeschwindigkeit hoch genug, so wird die Lufttasche entweder als Ganzes oder in Form einzelner Blasen durch das Versuchsrohr nach unten und in den Luftabscheider gespült. Die abgeschiedene Luftmenge wird aus der Messung des Schweredrucks mit einem Differenzdrucktransmitter Δp_1 bestimmt. Während des Versuchs wird auch die Differenz der statischen Drücke am oberen und unteren Ende des Prüfrohres gemessen. Das Versuchsrohr gilt als entlüftet, wenn 95 % der zugeführten Luft im Luftabscheider angekommen ist. Die Versuche wurden mit jeweils konstanter Fließgeschwindigkeit gefahren. Die kleinste Fließgeschwindigkeit, bei der das Versuchsrohr innerhalb einer Versuchszeit von 20 Minuten entlüftet ist, wurde als Selbstentlüftungsgeschwindigkeit interpretiert. Die Messungen wurden mit Wasser und Tyfocor®LS bei Raumtemperatur durchgeführt.

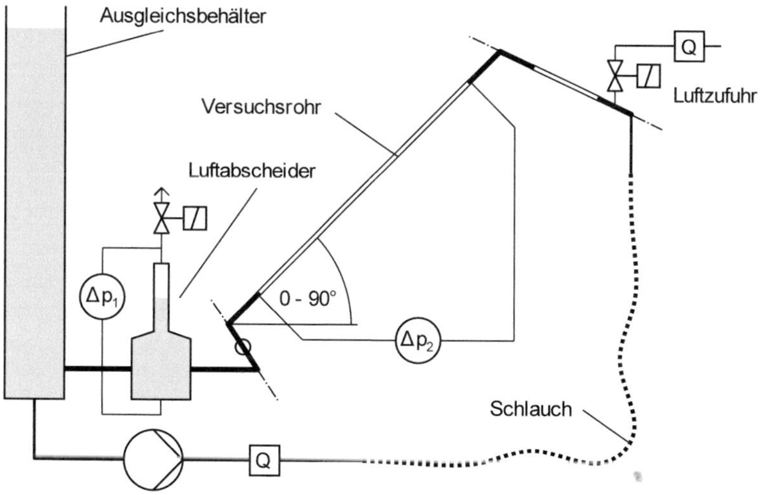

Abbildung 4-7 Versuchsanordnung zur Bestimmung der Selbstentlüftungsgeschwindigkeit nach Dällenbach (2015).

4.3.3.3 Selbstentlüftungsgeschwindigkeit von Wasser in Glattrohren

Die Marker in Abbildung 4-8 zeigen die Resultate der Versuche mit Wasser. Die Kurven wurden mit der Korrelation (4.6) berechnet. Die Resultate für die Durchmesser 19 *mm* und 45.2 *mm* lassen sich folgendermaßen interpretieren:

Bei 5° Neigung liegt die Luft in Form einer langestreckten Lufttasche im Scheitel des Rohres. Die Lufttasche wird mehrheitlich als Ganzes abgeführt. Beim 19 *mm* Rohr beansprucht die Lufttasche einen größeren Anteil des Rohrquerschnittes als beim 45.2 *mm* Rohr. Die erforderlichen Strömungskräfte zum Abtransport der Lufttasche werden daher beim 45.2 *mm* Rohr erst bei höheren Fließgeschwindigkeiten erreicht. Bei Neigungswinkeln über 25° sorgt die Turbulenz am unterstromigen Ende der Luftblase dafür, dass einzelne Blasen abgerissen werden. Auf diese Blasen wirkt einerseits die Auftriebskraft F_A, welche die Blase sowohl in Richtung Rohrwand als auch gegen die Strömung bewegt. Gleichzeitig ist bei kleinen, annähernd kugelförmigen Blasen auch die dynamische Kraft F_{dyn} in Richtung Rohrmitte wirksam. Bei einer Neigung von 45° ist offenbar die Auftriebskraft dominant. Diese hält kleine Blasen in einem Bereich nahe der Rohrwand, wo die Fließgeschwindigkeiten klein und damit auch die Strömungskräfte auf die Blase klein sind. Entsprechend ist die Selbstentlüftungsgeschwindigkeit höher als bei kleinen Neigungswinkeln. Beim vertikalen Rohr hingegen wirkt die Auftriebskraft in Richtung Rohrachse.

Das 10 *mm* Rohr verhält sich völlig anders. Hier füllen auch kleine Luftvolumen den größten Teil des Rohrquerschnittes aus. Entsprechend groß sind die Strömungskräfte auf die Lufttasche. Bei Rohrneigungen unter 30° genügt bereits eine Fließgeschwindigkeit von weniger als 0.2 *m/s* zur Selbstentlüftung. Bei stark geneigten Rohren bilden sich mehrheitlich stabile Luftpfropfen, deren Fortbewegung offenbar höhere Kräfte und damit größere Fließgeschwindigkeiten erfordert.

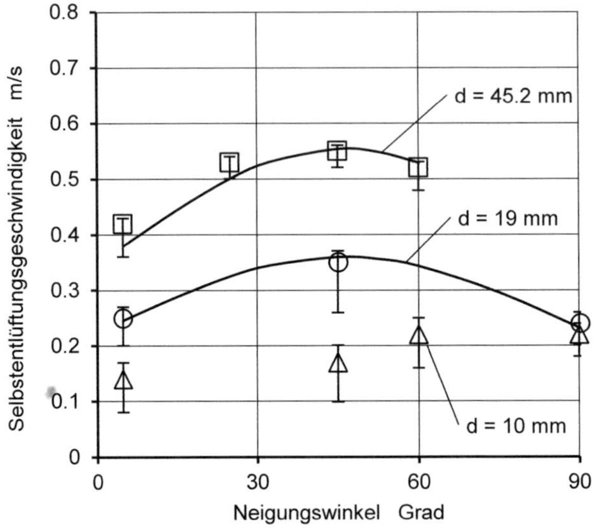

Abbildung 4-8 Selbstentlüftungsgeschwindigkeit von Wasser bei Raumtemperatur in Glattrohren (Dällenbach 2015).

4.3.3.4 Selbstentlüftungsgeschwindigkeit von Tyfocor®LS in Glattrohren

Abbildung 4-9 zeigt die Resultate der Messungen mit Tyfocor®LS. Die Selbstentlüftungsgeschwindigkeit ist durchwegs höher als bei den Messungen mit Wasser.

Das 10 *mm* Rohr verhält sich ähnlich wie bei den Versuchen mit Wasser. Beim 45.2 *mm* Rohr konnte nur beim Neigungswinkel 5° gemessen werden. Bei größeren Neigungen führte Schaumbildung dazu, dass die Luft nicht mehr abgeschieden werden konnte.

Die Anordnung von horizontalen Rohrstrecken, die über Winkel mit fallenden Rohrstrecken verbunden sind, ist in Installationen sehr häufig anzutreffen. Vom rein wissenschaftlichen Standpunkt betrachtet, ist diese Anordnung nicht so günstig, weil die Phänomene, welche die Selbstentlüftung bestimmen, nicht isoliert betrachtet werden können. In den Versuchen wurde beobachtet, dass der kritische Ort der Selbstentlüftung nicht immer das Versuchsrohr ist, sondern sehr wohl auch der Winkel zwischen Lufteinlaufstrecke und Versuchsrohr. Die dominierenden Kräfte im Versuchsrohr sind die Schwerkraft und die Trägheitskräfte der Flüssigkeit, die im Mittel in Richtung der Rohrachse strömt. Im Winkel hingegen treten Trägheitskräfte infolge Umlenkung auf, die zur Separation der Phasen führen: Die Flüssigkeit strömt entlang der Außenseite des Winkels während ein erheblicher Teil des zugeführten Luftvolumens als Lufttasche an der Innenseite im absteigenden Ast hängenbleibt. Daher muss man davon ausgehen, dass die Gesetzmäßigkeiten, nach denen das Kriterium der Selbstentlüftung zu beschreiben ist, für das Versuchsrohr und den Winkel in unterschiedlicher Weise formuliert werden muss. Die Schwierigkeit besteht darin, eine geeignete Längenskala zu finden, in der die entsprechenden Kennzahlen ausgedrückt werden.

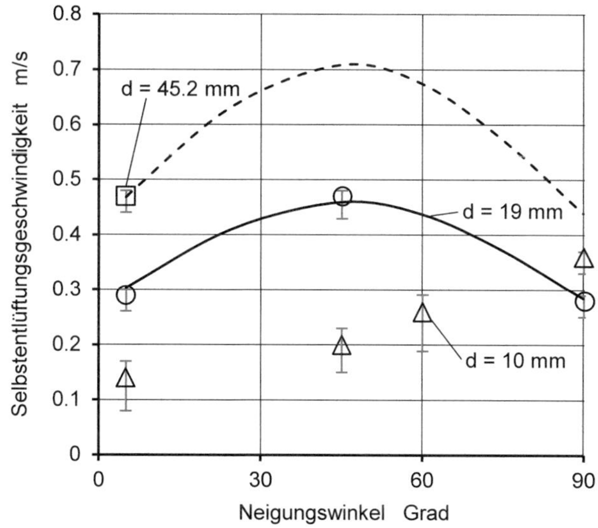

Abbildung 4-9 Selbstentlüftungsgeschwindigkeit von Tyfocor®LS bei Raumtemperatur in Glattrohren (Dällenbach 2015).

Als Längenskala kommen grundsätzlich alle geometrischen Dimensionen in Frage, die sich durch Messung bestimmen oder aus anderen Daten ableiten lassen, beispielsweise der mittlere Blasendurchmesser, die Länge der Lufttasche und der Rohrdurchmesser. Die Dimensionen der Lufttasche und der Blasen existiert jedoch nur, wenn die entsprechende Strömungsform überhaupt auftritt. Glücklicherweise braucht man nicht die ganze Vielfalt an Strömungsformen zu berücksichtigen. Es genügt, die kritischen Strömungszustände zu identifizieren und aus diesen die geeignete Längenskala abzuleiten. Gandenberger (1957) hat in Rohren mit Durchmessern von 10.5 *mm* bis 100 *mm* die Aufstiegsgeschwindigkeit von Blasen gemessen. Dabei hat er festgestellt, dass die Aufstiegsgeschwindigkeit praktisch unabhängig vom Luftvolumen ist, sobald dieses einen kritischen Wert überschreitet. Das kritische Volumen ist durch den Wert 1 des dimensionslosen Blasengrößenparameters n bestimmt.

$$n = \frac{V_g 4}{d^2 \pi} \tag{4.5}$$

Für diesen Fall ist also der Innendurchmesser des Rohres die geeignete Längenskala. Tatsächlich lassen sich die experimentellen Resultate für Rohre mit 19 *mm* und 45.2 *mm* Innendurchmesser durch eine einheitliche Funktion der Froude- und Morton-Zahl für alle Winkel zwischen 5° und 90° in guter Näherung korrelieren.

$$\mathrm{Fr} = \frac{w_{SE,0}}{\sqrt{gd}} = \left[0.8\,\mathrm{Mo}^{0.0392}\sin(1.96\phi) + \mathrm{Mo}^{0.0213} - 0.075\right] \tag{4.6}$$

Für praktische Rechnungen soll die Selbstentlüftungsgeschwindigkeit um einen Sicherheitszuschlag von $s_{SE} = 0.05$ *m/s* erhöht werden. Aufgelöst nach der Selbstentlüftungsgeschwindigkeit lautet die Korrelation

$$w_{SE} = \sqrt{gd}\left[0.8\,\mathrm{Mo}^{0.0392}\sin(1.96\phi) + \mathrm{Mo}^{0.0213} - 0.075\right] + s_{SE} \; . \tag{4.7}$$

Die Gleichung (4.7) wurde für Neigungswinkel zwischen 0° und 90° und unterschiedliche Rohrdurchmesser ausgewertet und in Abbildung 4-10 bis Abbildung 4-12 dargestellt.

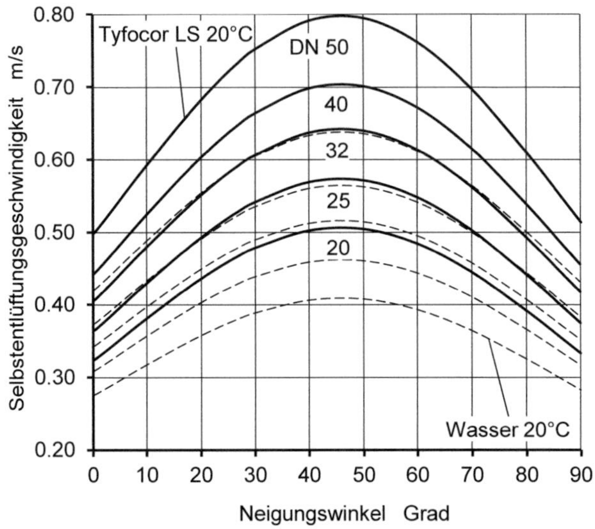

Abbildung 4-10 Selbstentlüftungsgeschwindigkeit in Glattrohren bei 20 *°C*.

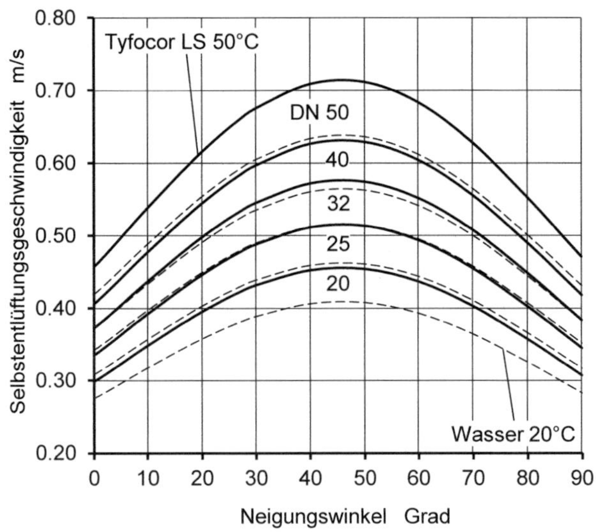

Abbildung 4-11 Selbstentlüftungsgeschwindigkeit in Glattrohren bei 50 *°C*.

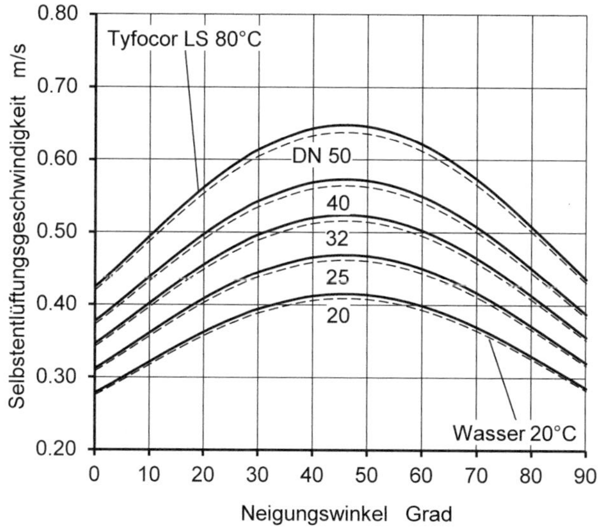

Abbildung 4-12 Selbstentlüftungsgeschwindigkeit in Glattrohren bei 80 °*C*.

Die Versuche wurden mit dem Propylenglykol – Wasser Gemisch Tyfocor®LS durchgeführt. Die Resultate können jedoch gut auf die Mischungen anderer Hersteller übertragen werden, solange die Zusammensetzung nicht allzu stark abweicht. Die Auswertung der Korrelation bei Raumtemperatur zeigt, dass Wasser-Glykol-Gemische höhere Fließgeschwindigkeiten zur Selbstentlüftung erfordern. Dieses Resultat deckt sich mit der praktischen Erfahrung bei der Befüllung von Anlagen. Die Korrelation wurde bisher nicht durch Experimente bei höheren Temperaturen validiert. Es ist aber aus folgenden Gründen anzunehmen, dass die Selbstentlüftungsgeschwindigkeit mit zunehmender Temperatur abnimmt:

- Die Oberflächenspannung sinkt mit zunehmender Temperatur, was die Bildung kleinerer Blasen begünstigt. Für kleine, kugelförmige Blasen sinkt die Aufstiegsgeschwindigkeit mit abnehmendem Durchmesser. Entsprechend sinkt auch die Selbstentlüftungsgeschwindigkeit.
- Mit steigender Temperatur sinkt zwar die Viskosität, wodurch die Aufstiegsgeschwindigkeit kleiner Blasen zunimmt. Andererseits steigen auch die Reynoldszahl und damit der Turbulenzgrad der Strömung, wodurch der Abtrag von Lufttaschen durch die Bildung kleinerer Blasen gefördert wird.
- Kleine, kugelförmige Blasen erfahren in abwärts durchströmten Rohren eine dynamische Kraft in Richtung Rohrmitte, wo die lokale Fließgeschwindigkeit hoch ist.

In der Praxis macht es jedoch wenig Sinn, die Korrelation für Temperaturen über 40 °*C* anzuwenden, weil die Temperatur bei der Befüllung aus Sicherheitsgründen nicht hoher sein darf. Betriebsstörungen durch freie Gase treten in der Regel unmittelbar bei Pumpenstart auf, wenn der Kreislauf noch nicht erwärmt ist.

Für praktische Rechnungen wird empfohlen, die Korrelation für beliebige Rohrdurchmesser zu verwenden. Bei Rohrdurchmessern unter 19 mm liegt man auf tendenziell der sicheren Seite.

4.3.3.5 Selbstentlüftungsgeschwindigkeit in Ringwellschläuchen

In den Versuchen mit Wasser ließen sich horizontal verlaufende oder schwach geneigte Ringwellschläuche wesentlich schlechter entlüften als Glattrohre. Selbstentlüftung konnte erst bei Neigungen ab 45° nachgewiesen werden. Es ist anzunehmen, dass die Selbstentlüftungsgeschwindigkeit bei schwach geneigten Rohren deutlich höher ist als bei Glattrohren. In den Versuchen mit Tyfocor®LS hat die Turbulenz im Ringwellschlauch zur Bildung von Schaum geführt, der im Luftabscheider nicht mehr zuverlässig separiert werden konnte. Daher war die quantitative Bestimmung der Selbstentlüftungsgeschwindigkeit nicht möglich, mit Ausnahme des vertikalen Rohres. Interessant ist, dass die Selbstentlüftungsgeschwindigkeit von Wasser in vertikalen Ringwellschläuchen rund 50 % über derjenigen eines Glattrohres liegt, während die Selbstentlüftungsgeschwindigkeit von Tyfocor®LS in Ringwellschläuchen und Glattrohren recht ähnlich sind. Die Ursache liegt möglicherweise darin, dass in Tyfocor®LS aufgrund der niedrigeren Oberflächenspannung kleinere Blasen gebildet werden, deren Aufstiegsgeschwindigkeit kleiner ist als bei größeren Blasen.

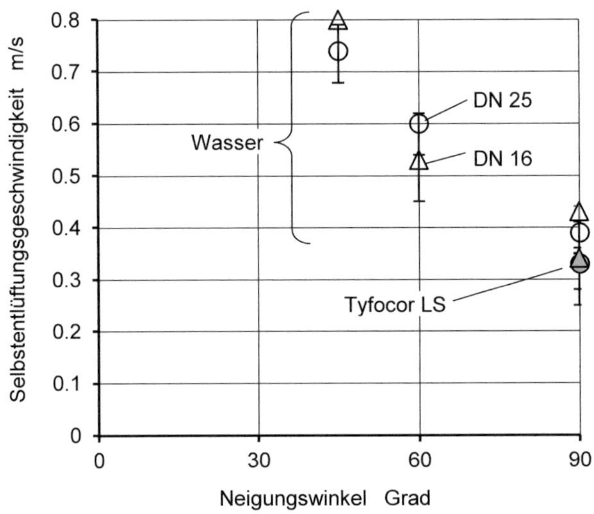

Abbildung 4-13 Selbstentlüftungsgeschwindigkeit von Wasser und Tyfocor®LS bei Raumtemperatur in Ringwellschläuchen (Dällenbach 2015).

4.3.4 Füllen des Kreislaufes

Der Kreislauf von Solaranlagen wird in der Regel aus einem Vorratsbehälter mittels Pumpe befüllt. Damit nach dem Füllen des Kreislaufes möglichst wenig freie Luft im Kreislauf verbleibt, müssen alle Regeln und Methoden angewendet werden, die im Abschnitt 4.2 zur Entlüftung dargestellt sind. Darüber hinaus gibt es einige Regeln, die nur durch Praxiserfahrung und durch systematische Experimente erarbeitet werden können. Rühling et al. (2013a) haben in Feldversuchen an vier Solaranlagen unterschiedliche Befüllmethoden untersucht und bewertet. Dabei wurde außerdem ein Verfahren zur Bestimmung des im Kreislauf verbliebenen freien

Gasvolumens entwickelt und eingesetzt. Die Resultate dieser Untersuchungen werden in den folgenden Abschnitten dargestellt. Die Fülleinrichtung, die Anordnung der Füllarmaturen im Solarkreis und das Vorgehen beim Befüllen müssen auf die Entlüftungseigenschaften der Solaranlage abgestimmt sein.

Die Entlüftungseigenschaften sind durch viele Faktoren beeinflusst. Es ist nicht möglich, diese von der Größe des Kollektorfeldes abzuleiten, weil auch die Anlagenhöhe und die Rohrdimensionen eine Rolle spielen. Dennoch ist es erforderlich, Solaranlagen nach ihrer Entlüftbarkeit zu klassifizieren, weil auch das Festlegen der Befüllmethode und der allfälligen Entgasung zur Anlagenplanung gehört. Eine mögliche Klassifizierung kann anhand der Tabelle 4-3 vorgenommen werden.

Tabelle 4-3 Entlüftungseigenschaften von Solaranlagen und die geeignete Methode der Befüllung.

Selbstentlüftung im Betrieb				
Kollektorfeld	Ja	Nein	Nein	Nein
Vor- und Rücklaufleitung	Ja	Ja	Ja	Nein
Wärmeübertrager	Ja	Ja	Nein	Ja
Entlüfter				
Hochpunkte Kollektorfeld und Kreislauf	–	✓	✓	✓
Eintritt in den Wärmeübertrager, manuell	–	✓	(✓)	✓
Eintritt in den Wärmeübertrager, automatisch	–	(✓)	✓	
Selbstentlüftung beim Spülen				
Ganzer Kreislauf	Ja	Nein	Nein	Nein
Kollektorfeld, Vor- und Rücklaufleitung separat	Ja	Ja	Nein	Ja
Wärmeübertrager separat	Ja	Ja	Ja	Nein
Vorgehen bei der Befüllung				
Befüllen vom Tiefpunkt der Anlage, Spülen des ganzen Kreislaufes	✓	×	×	×
Befüllen vom Tiefpunkt vom Tiefpunkt der Anlage, Kollektorfeld und Wärmeübertrager separat spülen.	✓	✓	✓	✓
Vakuumentgasung	–	–	✓	✓

4.3.4.1 Praktische Hinweise für die Gestaltung von Befülleinrichtungen

Der in Abbildung 4-15 dargestellte Vorratsbehälter wird meist von Hand aus Kanistern befüllt. Es kann leicht passieren, dass dabei kleine Gegenstände in den Vorratsbehälter fallen, beispielsweise Steinchen, die am Kanisterboden kleben oder Schrauben, die in der Griffnische des Kanisters liegengeblieben sind. Diese Teile dürfen weder in die Füllpumpe noch in den Kreislauf gelangen. Aus diesem Grund muss im Ablauf des Vorratsbehälters ein Saugkorb mit einer Maschenweite von maximal 2 *mm* angeordnet sein.

Man muss immer damit rechnen, dass der Kreislauf vor der Inbetriebnahme nicht völlig frei von festen Verunreinigungen ist. Die Innenseite unlegierter Stahlrohre ist meist durch einen Ölfilm konserviert. Späne, die beim Zuschnitt oder beim Gewindescheiden in die Rohre gelangen, bleiben gerne an diesem Film haften. Stößt man beim Hantieren mit dem Rohrende an Mauern oder Boden, können auch Erdreich oder Putz in das Rohren gelangen. Wird bei der Herstellung gehanfter Verbindungen nicht sorgfältig gearbeitet, können Hanffasern in das Rohr gelangen. Diese werden im Betrieb durch den Kreislauf gespült und bleiben an Orten mit geringen Strömungsquerschnitten hängen. Besonders gefährdet sind Absorberrohre, Kanäle von Plattenwärmeübertragern und, wie in Abbildung 4-14 gezeigt, die Strömungskanäle des Pumpenlaufrades und das Rückschlagventil.

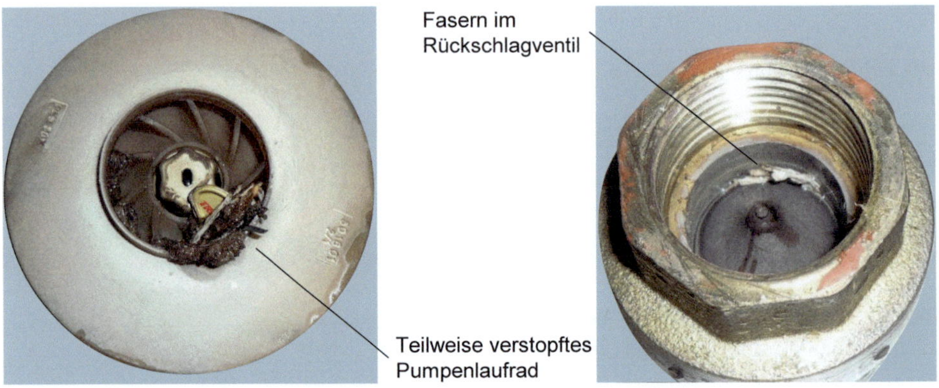

Abbildung 4-14 Teilweise verstopftes Pumpenlaufrad und Rückschlagventil (Ernst Schweizer AG, CH-8908 Hedingen).

Aus diesem Grund muss die über den Entleerschlauch *R* aus dem Kreislauf strömende Flüssigkeit gefiltert werden, bevor sie aus dem Vorratsbehälter erneut in den Kreislauf gepumpt wird. Kleine Filter sind ungeeignet, weil sie rasch zugesetzt werden. Gut geeignet sind große, feinmaschige Körbe aus Draht mit einer Maschenweite von höchstens 0.2 *mm*. Ebenfalls gut geeignet sind Rücklauffilter, wie sie für die Ölhydraulik eingesetzt werden. Der Druckverlust darf bei der maximalen Förderleistung der Füllpumpe (drucklos) nicht mehr als 500 *mbar* betragen.

Der Druckverlust in der Verbindung zwischen Vorratsbehälter und dem Saugstutzen der Pumpe kann in derselben Größenordnung liegen wie der Schweredruck zwischen Flüssigkeitsspiegel und dem saugseitigen Flansch der Pumpe. Es ist dann besonders bei niedrigen Füllständen und hohen Durchflüssen möglich, dass der Druck am Eintritt der Pumpe unter den Atmosphärendruck fällt. Für die Pumpe mag diese Betriebssituation noch zulässig sein. Rohrverbindungen können jedoch nur schwer gegen Unterdruck abgedichtet werden. Es ist dann möglich, dass Luft in die Saugleitung eindringt. Die Pumpe erzeugt eine Zweiphasenströmung mit Mikroblasen, die sich nur sehr schwer abscheiden lassen. Diese Strömungsform dominiert im gesamten Kreislauf, was am milchigen Aussehen der Flüssigkeit, die über den Rücklaufschlauch in den Vorratsbehälter zurückströmt, erkennbar ist. Damit der Druckabfall in der Saugleitung hinreichend klein ist, soll die Verbindung zwischen Vorratsbehälter und Pumpe großzügig bemessen sein. Flachdichtende Verbindungen und Schlauchverbindungen müssen sehr sorgfältig ausgeführt werden. Der Saugschlauch darf kein Fußventil haben. Dieses würde einen zu hohen Druckverlust verursachen. Die Oberfläche des Saugkorbes soll mindestens doppelt so groß sein wie der

Querschnitt des Schlauches. Ein flaches Sieb hätte einen zu hohen Druckverlust zur Folge. Falls die Flüssigkeit auch nach sehr langem Spülen immer noch milchig ist, muss vermutet werden, dass an mindestens einer Stelle im Kreislauf Unterdruck herrscht.

4.3.4.2 Füllen kleiner Solaranlagen ohne Entlüftungsmöglichkeit am Hochpunkt

Bei kleinen Solaranlagen kann man auf den Handentlüfter am Hochpunkt verzichten, falls folgende Bedingungen erfüllt sind:

- Die Druckhöhe der Füllpumpe gegen einen geschlossenen Hahn beträgt mindestens das Doppelte der Anlagenhöhe.
- Beim Spülen mit der Füllpumpe wird die Selbstentlüftungsgeschwindigkeit in jedem Abschnitt des Kreislaufes deutlich überschritten.
- Im Normalbetrieb wird die Selbstentlüftungsgeschwindigkeit in jedem Abschnitt des Kreislaufes überschritten.

Solche Anlagen können mit handelsüblichen Fülleinrichtungen nach Abbildung 4-15 befüllt werden. Diese bestehen aus einem Vorratsbehälter und einer Pumpe, die über ein Rohr oder einen vakuumfesten Schlauch verbunden sind, sowie aus einem Druckschlauch *F* und einem Entleerschlauch *R*.

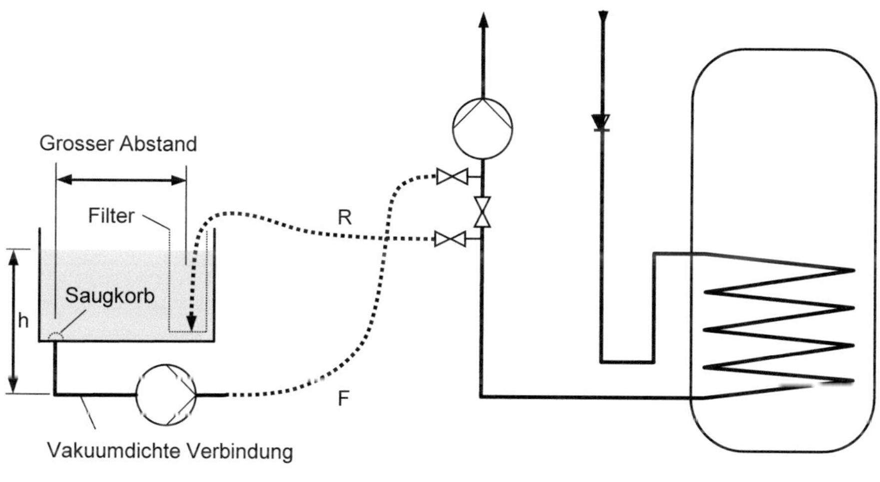

Abbildung 4-15 Einrichtung zur Befüllung über die Rücklaufleitung.

Die Pumpengruppe kleiner Solaranlagen verfügt häufig über eine kompakte Füllarmatur, die zwei Füll- und Entleerhahnen sowie einen Absperrhahn in einem Bauteil vereinigt. In der Regel ist die Füllarmatur auf der Saugseite der Pumpe angeordnet. Das ist günstig, weil dann die Pumpe stets mit frischem, gefiltertem Medium aus dem Vorratsbehälter durchströmt wird. Der Kreislauf wird beim Spülen in der normalen Fließrichtung durchströmt. Bei laufender Kreislaufpumpe wird die Fließgeschwindigkeit beim Spülen weiter erhöht. Es gibt auch zweistrangige Pumpengruppen, bei denen sich der Anschluss für den Füllschlauch auf der Druckseite der Pumpe, der Anschluss für den Entleerschlauch hingegen im Vorlaufstrang befindet. Die Kreislaufpumpe wird dann beim Befüllen nicht durchströmt und muss während des Füll- und Spülvorganges ausgeschaltet bleiben.

Kompakte Füllarmaturen haben meist recht kleine Strömungsquerschnitte und außerdem scharfkantige Umlenkungen. Man muss daher dafür sorgen, dass die Pumpe möglichst keine Zweiphasenströmung mit hohem Volumenstrom in die Anlage fördert. Die Luftblasen würden sonst durch die heftigen Turbulenzen in der Umlenkung in feinste Mikroblasen zerrissen, die sich nur schwer abscheiden lassen. Beim Anschluss des Entleerschlauches ist ein gewisser Druckverlust erwünscht, weil damit auch der Druck am Hochpunkt angehoben wird. Folgende Prozedur bei der Befüllung hat sich bewährt:

1) Schläuche an die Füllarmatur anschließen. Füllhahn schließen, Entleerhahn öffnen, Absperrhahn zwischen Füll- und Entleerhahn schließen.

2) Befüllen des Vorratsbehälters, Fluten und Entlüften der Pumpe.

3) Pumpe starten und Füllhahn wenig öffnen, sodass die Flüssigkeit nur langsam in den Kreislauf einströmt. Damit erreicht man, dass kein Schaum entsteht, der nur schwer zu entgasen ist.

4) Sobald aus dem Entleerschlauch mehrheitlich Flüssigkeit strömt, kann der Füllhahn langsam voll geöffnet werden.

5) Kreislaufpumpe einschalten, falls möglich.

6) Periodisch soll der Entleerhahn bei laufenden Pumpen so lange geschlossen werden, bis der maximale Druck erreicht ist. Dabei sinkt der Flüssigkeitsspiegel im Vorratsbehälter, während das MAG gefüllt und dessen Gasraum komprimiert wird. Durch rasches Öffnen des Entleerhahns wird die Flüssigkeit stark beschleunigt. Dadurch können festsitzende Luftblasen mobilisiert werden. Der Abstand dieser Prozeduren hängt davon ab, wie lange die Reise einer Luftblase vom Hochpunkt in den Vorratsbehälter benötigt. Bei einer Transportgeschwindigkeit von 0.05 m/s und 10 m Leitungslänge sind dies rund 3 Minuten. Praktisch wählt man eine längere Spülsequenz von beispielsweise 5 Minuten.

7) Die Anlage wird so lange gespült, bis während einer Spülsequenz keine einzige Luftblase über den Entleerschlauch in den Vorratsbehälter gelangt.

8) Kreislaufpumpe ausschalten.

9) Entleerhahn schließen bis der Druck deutlich über dem gewünschten Fülldruck liegt.

10) Füllhahn schließen und Füllpumpe ausschalten.

11) Einstellen des gewünschten Fülldrucks durch Ablassen über den Entleerschlauch.

4.3.4.3 Füllen großer Solaranlagen über Vor- und Rücklaufleitung

Große Solaranlagen werden mit Vorteil langsam über Vor- und Rücklaufleitung befüllt und anschließend mit hohem Volumenstrom gespült. Dies zeigen sowohl die systematischen Untersuchungen von Rühling et al. (2013a) als auch die Praxis erfahrener Installateure (Solarline 2008). Ein wichtiger Punkt, der häufig unterschätzt wird, ist die korrekte Bemessung der Füll- und Entleerhahnen und der Schläuche. Sind deren Querschnitte zu klein, so entsteht ein großer Teil des Druckabfalles bereits in der Befülleinrichtung und die gewünschten Fließgeschwindigkeiten im Kreislauf werden nicht erreicht. Die gleichzeitige Befüllung über die Vor- und Rücklaufleitung ist natürlich nur unter folgenden Voraussetzungen möglich:

- Am Hochpunkt des Kreislaufes muss ein automatischer Entlüfter angeordnet sein. Dieser muss absperrbar sein, damit bei Stagnation kein Dampf entweicht.
- Das Rückschlagventil muss aufstellbar sein.

Die Anordnung der Füll- und Entleerhahnen nach Abbildung 4-16 besitzt einige vorteilhafte Eigenschaften. Die Luft aus dem Kollektorfeld muss nicht durch den Wärmetauscher gefördert werden, der sich häufig nur schwer entlüften lässt. Bei geschlossenem Absperrhahn wird der Wärmeübertrager nicht durchströmt und der gesamte Pumpendruck steht für die Durchströmung des Kollektorfeldes zur Verfügung. Dadurch sind die Fließgeschwindigkeiten im Kollektorfeld maximal, und die Entlüftungswirkung ist am größten. Bei geöffnetem Absperrhahn wird der Wärmeubertrager durchströmt. Weil der Druckverlust im Strömungspfad über dem Wärmeübertrager wesentlich kleiner ist als der Druckverlust über das Kollektorfeld, fließt der größte Teil der Flüssigkeit durch den Wärmeübertrager. Dadurch werden hohe Fließgeschwindigkeit und somit gute Voraussetzungen für die Selbstentlüftung geschaffen.

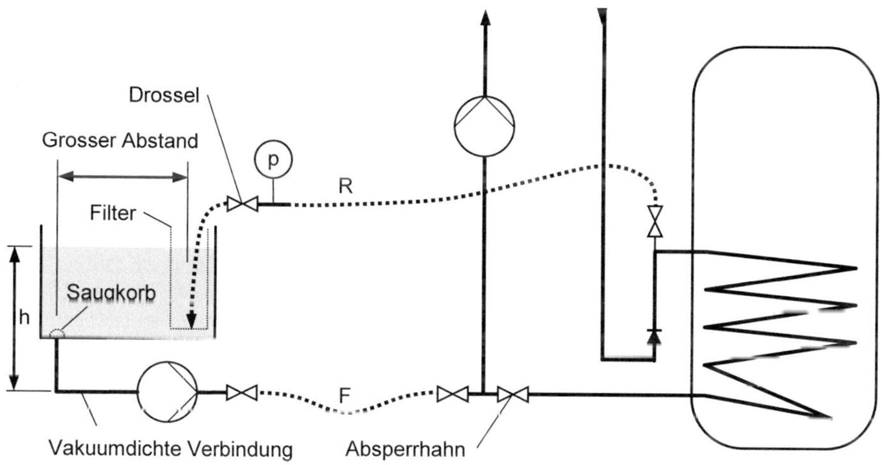

Abbildung 4-16 Fülleinrichtung zur Befüllung über die Vor- und Rücklaufleitung und für separates Spülen von Kollektorfeld und Wärmetauscher.

Bei Glattrohrwärmeübertragern dient der Hahn, an dem der Entleerschlauch angeschlossen ist, gleichzeitig zur Entlüftung des lokalen Hochpunktes, der durch den Siphon gebildet wird. Bei großen Anlagenhöhen und geringem Druckverlust kann der Druck am Anlagenhochpunkt unter den Atmosphärendruck fallen. Wenn die Rohrverbindungen im Bereich des Kollektorfeldes gegenüber Unterdruck nicht vollständig dicht sind, wird beim Spülvorgang laufend Luft eingesogen und die Anlage wird nie hinreichend entlüftet. Aus diesem Grund muss der Auslauf kontrolliert gedrosselt, d. h. durch ein Manometer überwacht werden. Entspricht der angezeigte Druck der Anlagenhöhe, so ist der Druck am Anlagenhochpunkt um den Druckverlust höher als der Atmosphärendruck. Auch in dieser Anordnung wird die Kreislaufpumpe stets mit gefiltertem Medium aus dem Vorratsbehälter versorgt.

Als Füllpumpen werden Ejektorpumpen oder mehrstufige Kreiselpumpen eingesetzt. Deren Kennlinie ist wesentlich steiler als die der üblichen Kreislaufpumpen, wie im Beispiel nach Abbildung 4-17 gezeigt ist. Die Serienschaltung zur Unterstützung des Spülvorganges ist nur dann wirkungsvoll, wenn beide Pumpen eine Druckerhöhung am strömenden Fluid bewirken.

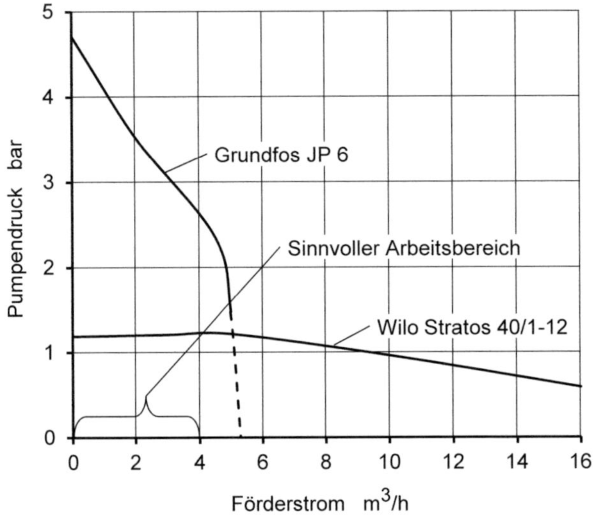

Abbildung 4-17 Sinnvoller Arbeitsbereich bei der Serienschaltung von Jetpumpe und Kreislaufpumpe.

Folgende Vorgehensweise hat sich bei großen Solaranlagen bewährt.

1) Schläuche an Füll- und Entleerhahnen anschließen. Füllhahn öffnen, Entleerhahn öffnen, Absperrhahn zum Wärmeübertrager öffnen. Drossel im Entleerschlauch voll öffnen. Rückschlagventil aufstellen.

2) Vorratsbehälter füllen. Pumpe fluten und entlüften.

3) Hahn auf der Druckseite der Pumpe schließen. Füllpumpe starten. Hahn auf der Druckseite der Pumpe leicht öffnen, und die Flüssigkeit langsam einströmen lassen. Die Flüssigkeit füllt den Wärmeübertrager, während der Flüssigkeitsspiegel im Vorratsbehälter sinkt. Flüssigkeit in den Vorratsbehälter nachfüllen.

4) Die Flüssigkeitssäulen in der Vor- und Rücklaufleitung stellen sich entsprechend der Druckverluste ein. Sobald aus dem Entleerschlauch mehrheitlich Flüssigkeit strömt, ist der Wärmeübertrager zum guten Teil gefüllt.

5) Drossel bei laufender Pumpe schließen. Der Kreislauf wird gleichzeitig über die Vor- und Rücklaufleitung gefüllt. Aufgrund des Druckverlustes im Wärmeübertrager und im geöffneten Rückschlagventil wird das Niveau der Flüssigkeit in der Vorlaufleitung tendenziell höher sein als in der Rücklaufleitung.

6) Der Druck am Manometer wird zunächst den Schweredruck der Flüssigkeitssäule anzeigen. Sobald die Flüssigkeit den automatischen Entlüfter erreicht hat, erhält der Schwimmer Auftrieb. Das Entlüftungsventil wird entlastet und damit geschlossen. Dieser Vorgang ist daran zu erkennen, dass der Druck viel schneller ansteigt.

7) Nun wird die Drossel leicht geöffnet und der Absperrhahn auf der Wärmeübertragerseite geschlossen. Die Flüssigkeit durchströmt nur das Kollektorfeld. Der Hahn auf der Druckseite der Pumpe kann langsam voll geöffnet werden.

8) Kreislaufpumpe zur Unterstützung des Spülprozesses einschalten und mit voller Leistung betreiben.

9) Die Drossel wird so weit geöffnet, bis der gewünschte Druck erreicht ist.

10) Sobald aus dem Entleerschlauch während einiger Minuten nur noch Flüssigkeit strömt und die Flüssigkeit im Vorratsbehälter klar geworden ist, wird der Absperrhahn auf der Wärmeübertragerseite geöffnet. Nun wird mehrheitlich der Wärmeübertrager durchströmt.

11) Der Absperrhahn auf der Wärmeübertragerseite wird wieder geschlossen, sobald aus dem Entleerschlauch nur noch Flüssigkeit strömt.

12) Festsitzende Luftblasen lassen sich mobilisieren, indem durch schließen der Drossel Druck aufgebaut und durch anschließendes Öffnen die Flüssigkeit beschleunigt wird. Dieser Schritt kann sowohl beim Spülen des Kollektorfeldes als auch des Wärmeübertragers durchgeführt werden.

13) Die Schritte 10, 11 und 12 müssen so oft wiederholt werden, bis in der Zeitspanne zwischen den Schritten keine Luft mehr aus dem Entleerungsschlauch tritt und die Flüssigkeit im Vorratsbehälter vollkommen klar ist. Die Dauer der Zeitspanne muss auch wieder über die Reisezeit einer Luftblase vom Hochpunkt in den Vorratsbehälter abgeschätzt werden.

14) Kreislaufpumpe ausschalten.

15) Entleerhahn schließen bis der Druck deutlich über dem gewünschten Fülldruck liegt.

16) Füllhahn schließen und Füllpumpe ausschalten.

17) Durch vorsichtiges Ablassen der Flüssigkeit über den Entleerschlauch den gewünschten Fülldruck einstellen.

In den meisten Fällen sind die Verteil- und Sammelleitungen parallelgeschalteter Kollektoren nicht abgestuft. Es ist dann unvermeidlich, dass im größten Teil dieser Leitungen die Selbstentlüftungsgeschwindigkeit weder beim Spülen noch im Normalbetrieb erreicht wird. Eine elegante Art, um festsitzende Lufttaschen zu mobilisieren, ist in der Abbildung 4-18 dargestellt. Die Verteilleitung ist mit der Sammelleitung durch einen absperrbaren Bypass verbunden. Dieser wird während des Spülvorganges mehrmals für kurze Zeit geöffnet, wodurch der Durchfluss in den Verteil- und Sammelleitungen stark zunimmt. In der Regel genügt ein Querschnitt von rund 8 *mm* um den erforderlichen Durchfluss zu erzeugen. Die Maßnahme ist daher nicht allzu kostspielig. Wo dies nicht möglich ist kann es in ungünstigen Situationen sinnvoll sein, den Kreislauf in entgegengesetzter Richtung zu spülen.

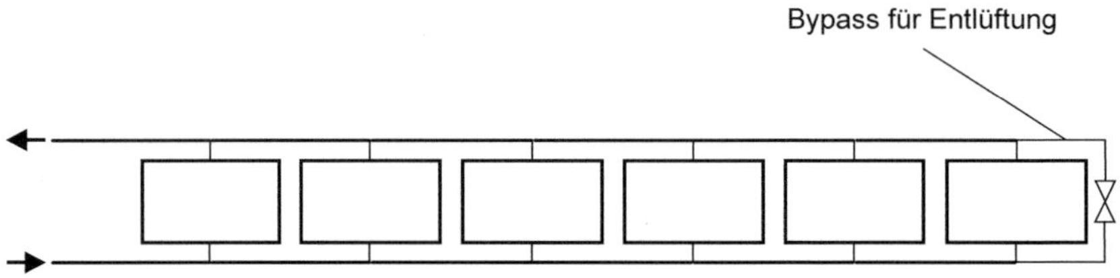

Abbildung 4-18 Bypass am Ende einer Kollektorreihe.

4.4 Entgasung

An dieser Stelle sei nochmals darauf hingewiesen, dass es praktisch nicht möglich ist, einen Kreislauf vollständig zu entlüften. Wie die Untersuchungen durch Rühling et al. (2013a) an einer Modellanlage gezeigt haben, bleiben selbst dann freie Gase im Kreislauf zurück, wenn die Selbstentlüftungsgeschwindigkeit in allen Rohrabschnitten erreicht wird. Es gibt offenbar immer Stellen im Kreislauf, die eine besonders hohe Strömungsgeschwindigkeit zur Selbstentlüftung erfordern, zum Beispiel abwärts führende Winkel sowie Sprünge im Rohrquerschnitt an den Übergängen von Rohren und Fittings. Solange die nicht entlüftbaren Gasvolumen klein genug sind, machen sie sich nicht störend bemerkbar. Bei großen Anlagen jedoch, bei denen einige Rohrabschnitte nicht entlüftbar sind, können die Gasvolumen so groß sein, dass sie Betriebsprobleme verursachen. In diesen Fällen bleibt nur die Entgasung des Kreislaufes. Dabei nutzt man die Eigenschaft der Flüssigkeit, Gase zu lösen. Eine Flüssigkeit kann umso mehr Gas absorbieren, je höher der Druck dieses Gases über der Flüssigkeitsoberfläche ist. Indem man den Druck dieses Gases durch ein geeignetes Verfahren gegen null absenkt, gehen die gelösten Gase wieder aus der Lösung. Die entgaste Flüssigkeit ist dann ihrerseits in der Lage, bei der Durchströmung des Kreislaufes Lufttaschen an nicht entlüftbaren Stellen zu absorbieren. Der Stoffaustausch geschieht umso rascher, je größer die Flüssigkeitsoberfläche und je turbulenter die Strömung ist.

Das Grundprinzip aller Entgasungsmethoden besteht folglich darin, möglichst große Flüssigkeitsoberflächen zu erzeugen und dafür zu sorgen, dass der Druck des zu entfernenden Gases in der Gasphase über diesen Oberflächen möglichst klein ist. Der Druck eines Gases ist gleich der Summe der Drücke seiner Bestandteile. Diese Drücke werden daher Partialdrücke genannt. Je geringer der Partialdruck eines Gases über der Flüssigkeitsoberfläche ist, desto geringer ist die Konzentration des gelösten Gases in der Oberfläche. In dem dadurch entstehenden Konzentrationsgefälle diffundiert das gelöste Gas aus dem Kern der Flüssigphase an deren Oberfläche, wo es schließlich in die Gasphase übertritt. Große Flüssigkeitsoberflächen und geringe Partialdrücke lassen sich auf unterschiedliche Weisen erzeugen. Eine weit verbreitete Methode ist die Vakuumentgasung, bei der die mit Gas beladene Flüssigkeit in ein Vakuum versprüht wird. In thermischen Kraftwerken wird das Kesselwasser in einem Dampfstrom entgast. In diesem ist der Partialdruck des zu entfernenden Gases naturgemäß praktisch null. Eine weitere Möglichkeit besteht darin, die durch einen Wärmeübertrager strömende Flüssigkeit zum Sieden zu bringen. Dabei entweicht das Gas praktisch vollständig aus der Flüssigkeit in die Dampfphase. Anschließend wird der Dampf kondensiert. Ein geringer Teil des Gases geht wieder in Lösung, während der Rest in Form von Blasen in der Flüssigkeit zurückbleibt und durch einen Luftabscheider entfernt werden kann. Dieses Verfahren wird bei der solarthermischen Entgasung angewendet (Eismann 2014).

In den folgenden Abschnitten werden die Methode der Vakuumentgasung und das Prinzip der solarthermischen Entgasung erläutert. Anschließend werden die Theorie der Gaslöslichkeit sowie einige wichtige Stoffgrößen eingeführt, die man zur Beschreibung der Gas- und Flüssigphase von Mehrkomponentengemischen benötigt.

4.4.1 Entgasung durch Sprührohr-Vakuumentgasung

Rühling und Uhlmann (1998) haben die Ursachen freier Gase in Wasserheiznetzen untersucht sowie die Möglichkeiten zu deren Entfernung diskutiert. Dabei wurden nebst den wichtigsten Atmosphärengasen O_2 und N_2, die durch Befüllen, Unterdruck und Nachspeisung in das System gelangen können, auch die Entstehungsbedingungen für biogene Gase wie CH_4, H_2 und CO_2 diskutiert. Im Rahmen dieser Arbeit wurde das Verfahren der Vakuum-Sprührohrentgasung entwickelt und anhand experimenteller Resultate ausführlich diskutiert. Heute ist die Vakuumentgasung als Standardverfahren etabliert. Alle namhaften Firmen, die Komponenten zur Druckhaltung, Entlüftung und Wasserbehandlung anbieten, haben auch entsprechende Geräte zur Vakuumentgasung im Sortiment. Das Verfahren wird anhand der Abbildung 4-19 erläutert.

Geräte zur Vakuumentgasung sind im Bypass zum Hauptkreislauf angeordnet und arbeiten zyklisch. Im ersten Schritt wird Flüssigkeit aus dem Entgasungsgefäß in den Hauptkreislauf gepumpt. Dabei wird ein Vakuum erzeugt, dessen Druck praktisch durch den Dampfdruck der Flüssigkeit bestimmt ist. Der Partialdruck der zu entfernenden Gase in diesem Gefäß ist folglich gering. Gleichzeitig wird Flüssigkeit aus dem Hauptkreislauf in das entstandene Vakuum versprüht. Dabei treten die Gase aus der Lösung in den Gasraum, wodurch sein Druck entsprechend ansteigt. Im zweiten Schritt lässt man die Flüssigkeit von unten her wieder in das Entgasungsgefäß einströmen. Die desorbierten Gase werden dabei auf Atmosphärendruck komprimiert und über ein Entlüftungsventil ausgeschoben. Die Vakuumentgasung muss bei laufender Kreislaufpumpe durchgeführt werden. Damit die entgaste Flüssigkeit nicht unmittelbar nach dem Ausschieben wieder in den Entgaser gelangt, müssen die Anschlüsse des Bypasses hinreichend weit auseinander liegen. Die Vakuumentgasung kann sehr effizient bei tiefen Temperaturen eingesetzt werden. Dadurch bleibt der Flüssigkeitsverlust beim Ausschieben der mit Dampf gesättigten Gase gering. Die Vakuumentgasung wird bei großen Heizungs- und

Nahwärmenetzen eingesetzt, seit einigen Jahren auch bei der Inbetriebnahme von großen Solaranlagen.

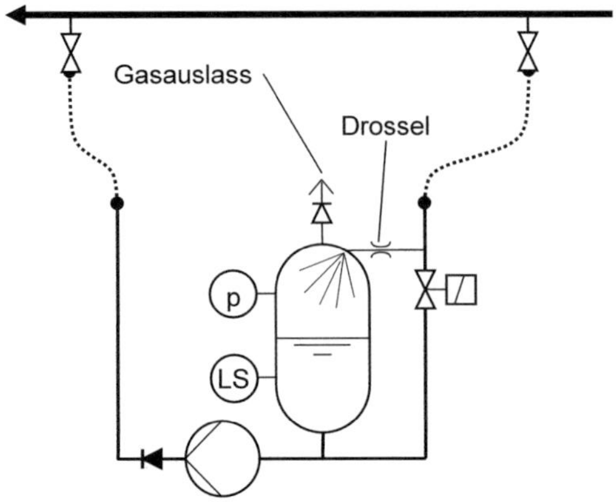

Abbildung 4-19 Prinzipschema eines Vakuum-Sprührohrentgasers.

4.4.2 Solarthermische Entgasung

Die Einrichtung zur solarthermischen Entgasung nach Abbildung 4-20 besteht im Wesentlichen aus einem Sonnenkollektor, einem Kondensator und einem handelsüblichen Gasabscheider. Die Entgasung findet in einem geeignet betriebenen Sonnenkollektor statt, der daher Entgaserkollektor genannt wird. Die Austrittstemperatur des Entgaserkollektors ist wesentlich höher als die Austrittstemperatur der normal betriebenen Kollektoren. Dies lässt sich beispielsweise durch Drosseln des Durchflusses am Kollektoreintritt erreichen. Durch den Betriebsdruck am Kollektoraustritt wird die Siedetemperatur festgelegt. Bei einem Absolutdruck von 1.8 *bar* liegt die Siedetemperatur von Tyfocor®LS mit 120 *°C* weit unter der zulässigen Temperatur des Gemisches. Sobald die Siedetemperatur erreicht wird, arbeitet der Sonnenkollektor als Entgaserkollektor im Siedebetrieb. Es genügt ein sehr kleiner Strömungsdampfgehalt von wenigen Prozenten, um eine Zweiphasenströmung mit hinreichend großer Phasengrenzfläche und einen ausreichenden Gasvolumenanteil zu erzeugen. Der Partialdruck der zu entfernenden Gase ist in der Dampfphase praktisch null. Daher entsteht zwischen dem Kern der Flüssigphase und der Phasengrenze ein entsprechendes Konzentrationsgefälle, durch welches die gelösten Gase ausgetrieben werden. Der Dampf wird im anschließenden Kondensator niedergeschlagen. Die nicht kondensierbaren Gase bleiben als Blasen und Gastaschen in der Strömung zurück und werden durch Zwischenphasenreibung zum Luftabscheider gefördert und an die Umgebung abgegeben.

Die Leistungsfähigkeit des Verfahrens wurde experimentell nachgewiesen (Eismann 2014). Vor dem praktischen Einsatz müssen jedoch geeignete Feldversuche durchgeführt werden, in denen insbesondere die Stagnationssicherheit nachgewiesen wird.

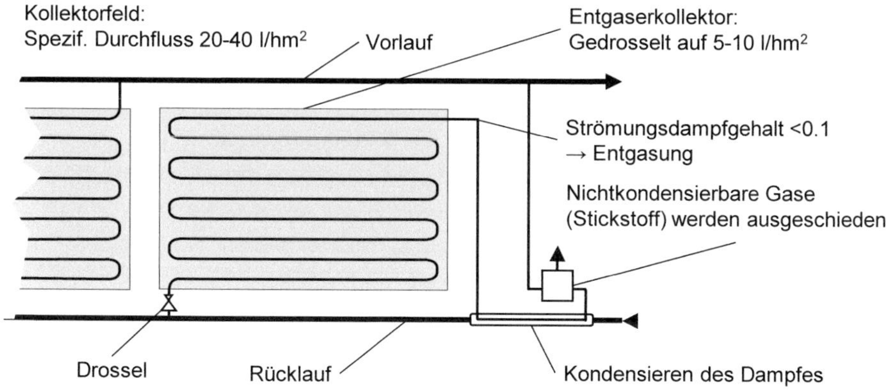

Abbildung 4-20 Solarthermische Entgasung mittels Entgaserkollektor, Kondensator und Luftabscheider.

4.4.3 Gaslösung in Mehrkomponentengemischen

Die für das Gaslösungsvermögen maßgebenden Größen sind die Löslichkeit und der Dampfdruck. Diese und weitere Stoffeigenschaften sowie die für die Modellierung benötigten Zusammensetzungsmaße werden in diesem Abschnitt zusammengestellt und am Beispiel der Mischung Tyfocor®LS illustriert. Die durch Rühling et al. (2013b) durchgeführten Untersuchungen zur Löslichkeit von Tyfocor®LS sowie weiteren Mischungen aus Wasser und Propylenglykol zeigen, dass die für eine spezifische Mischung dargestellten Resultate ohne weiteres auf andere Mischungen übertragbar sind.

Tyfocor®LS ist ein Gemisch aus 55 bis 58 Massenprozenten vollentsalztem Wasser, Monopropylenglykol und ein bis drei Massenprozenten Diisopropanolamin als Korrosionsinhibitor (TYFOROP 2013), (TYFOROP 2011). Alle Betrachtungen beziehen sich auf Monopropylenglykol als Mischungsbestandteil, der im Folgenden kurz mit Glykol bezeichnet wird. Die Dichte, die spezifische Wärme und die kinematische Viskosität sind für Temperaturen zwischen –20 und 120 *°C* tabelliert. Der Dampfdruck ist für Temperaturen zwischen 40 und 200 *°C* tabelliert. Diese Stoffdaten wurden durch geeignete Funktionen in einem Bereich von 0 und 200 *°C* approximiert.

4.4.3.1 Löslichkeit von Stickstoff in Wasser-Glykol-Gemisch

Im thermodynamischen Gleichgewicht ist die Flüssigkeit mit den in der Gasphase vorhandenen Gasen gesättigt. Weder in der Flüssigkeit noch in der Gasphase treten Konzentrationsgradienten auf. Der Sättigungsgehalt von Gasen in Flüssigkeiten kann durch unterschiedliche äquivalente

Maße beschrieben werden, die aus den entsprechenden experimentellen Methoden abgeleitet wurden. Das Henrysche Gesetz verknüpft den Molanteil des gelösten Gases i über den Henry-Koeffizienten H_i mit seinem Partialdruck p_i in der Gasphase.

$$p_i = H_i x_i \tag{4.8}$$

Für die Darstellung der Gaslöslichkeit aus Volumenmessungen ist der technische Löslichkeitskoeffizient λ_i (D'Ans et al. 1998, S. 1269) besser geeignet. Dieser beschreibt das maximale Lösungsvermögen eines Gases i in einem Lösungsmittel L als Funktion der Temperatur ϑ in *°C*, und zwar in Normkubikmetern V_N pro Masse Lösungsmittel m_L für den Fall, dass der Partialdruck des Gases über dem Lösungsmittel gleich dem Normdruck p_i=1.01325 *bar* ist.

$$\lambda_i(\vartheta) = \frac{V_N}{m_L \cdot p_{i,N}} \tag{4.9}$$

Mit der Normdichte $\rho_{i,N}$ des Gases sowie der Kenntnis der Temperatur und des effektiven Partialdruckes p_i kann die Masse des gelösten Gases bei Sättigung für beliebige Zustände berechnet werden.

$$m_{i,L} = V_{i,L,N}\rho_{i,N}p_i / p_{i,N} = \lambda_{i,L,N}(\vartheta) m_L \rho_{i,N} p_i \tag{4.10}$$

Mit Hilfe der Molmassen M_i und M_l des Gases und der Flüssigkeit kann folgende Beziehung zwischen dem Henry-Koeffizienten und dem technischen Löslichkeitskoeffizienten hergestellt werden,

$$x_i = \lambda_i(\vartheta) \cdot \frac{\rho_{i,N} M_l}{M_i} p_i = \frac{1}{H_i} \cdot p_i \tag{4.11}$$

Die Löslichkeitskoeffizienten für Stickstoff in Wasser-Glykol-Gemischen wurden durch Rühling et al. (2013b) experimentell bestimmt und als Polynom zweiten Grades für einen Temperaturbereich zwischen 10 *°C* und 110 *°C* mit den Koeffizienten gemäß Tabelle 4-4 angegeben.

$$\lambda = a_0 + a_1\vartheta + a_2\vartheta^2 \tag{4.12}$$

Tabelle 4-4 Koeffizienten zur Berechnung des technischen Löslichkeitskoeffizienten für Mischungen aus Wasser und Propylenglykol nach Rühling et al. (2013b). Die Mischungsanteile sind in Massenprozenten Propylenglykol angegeben.

		$[a_0] = m^3/kgbar$	$[a_0] = m^3/kgbar°C$	$[a_0] = m^3/kgbar°C^2$
Tyfocor®LS	(42 %)	$9.6 \cdot 10^{-6}$	$2.1 \cdot 10^{-9}$	$0.37 \cdot 10^{-9}$
Propylenglykol	(25 %)	$14.9 \cdot 10^{-6}$	$-135 \cdot 10^{-9}$	$1.03 \cdot 10^{-9}$

Abbildung 4-21 zeigt die mit der Gleichung (4.12) berechneten Löslichkeitskoeffizienten von Stickstoff in Wasser-Propylenglykol Gemischen mit zwei unterschiedlichen Mischungsverhältnissen im Vergleich zum Löslichkeitskoeffizienten von Stickstoff in Wasser. Bei der einen Mischung handelt es sich um das handelsübliche Produkt Tyfocor®LS, das auch in den Experimenten zur solarthermischen Entgasung verwendet wurde.

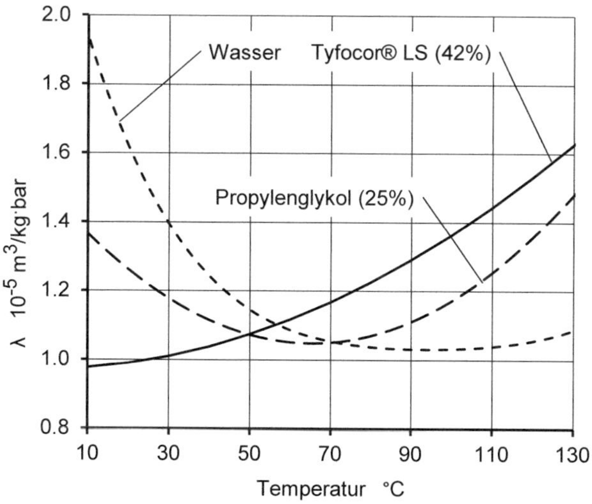

Abbildung 4-21 Löslichkeit von Stickstoff in Wasser und Wasser und Propylenglykol Gemischen, bei einem Partialdruck des Stickstoffs von 1 *bar* (Rühling et al. 2013b).

Die Mischungsverhältnisse sind jeweils in Massenprozenten angegeben. Die Löslichkeitskoeffizienten wurden in dem für thermische Solaranlagen relevanten Bereich zwischen 10 und 110 *°C* ermittelt. Für die Modellierung der solarthermischen Entgasung war es erforderlich, die Löslichkeitskoeffizienten bis 130 *°C* zu extrapolieren.

Durch Experimente mit einer Mischung aus Wasser und reinem Propylenglykol bei gleichem Mischungsverhältnis wie Tyfocor®LS, haben Rühling et al. (2013b) festgestellt, dass die Korrosionsinhibitoren die Löslichkeit praktisch nicht beeinflussen. Bei Wasser sinkt die Löslichkeit für Stickstoff mit zunehmender Temperatur bis 100 *°C* und steigt danach wiederum leicht an. Bei Tyfocor®LS hingegen nimmt die Löslichkeit mit steigender Temperatur zu. Die Löslichkeit in der Mischung mit 25 % Propylenglykol liegt zwischen den Werten für Wasser und Tyfocor®LS.

Zur Beantwortung der Frage, ob und unter welchen Bedingungen freie Gase auftreten können, muss der Partialdruck aller Gase berücksichtigt werden, aus denen sich die Gasphase zusammensetzt. Nachdem der Kreislauf erstmals Betriebstemperaturen von über 60 *°C* erfahren hat, ist der Sauerstoff durch den Korrosionsinhibitor gebunden und tritt in der Gasphase nicht mehr auf. Der Druck in einem freien Gasvolumen wird folglich alleine durch die Partialdrücke des Stickstoffs und des Dampfes gebildet.

Das Lösungsvermögen für Stickstoff wird anschaulich im Henry-Diagramm dargestellt. Dazu wird die Sättigungskonzentration bei der entsprechenden Temperatur über dem Gesamtdruck aufgetragen. Abbildung 4-22 zeigt die Gleichgewichtskonzentration für Stickstoff in Wasser. In dieser Darstellung ist ersichtlich, dass das Lösungsvermögen mit zunehmender Temperatur stets abnimmt. Aufgrund dieser Eigenschaften können Stickstoffvolumen in einem kühlen Bereich des Kreislaufes durch Absorption in der strömenden Flüssigkeit reduziert und in einem wärmeren Bereich wieder desorbiert werden. Dieses Verhalten kann man zur Entgasung benutzen.

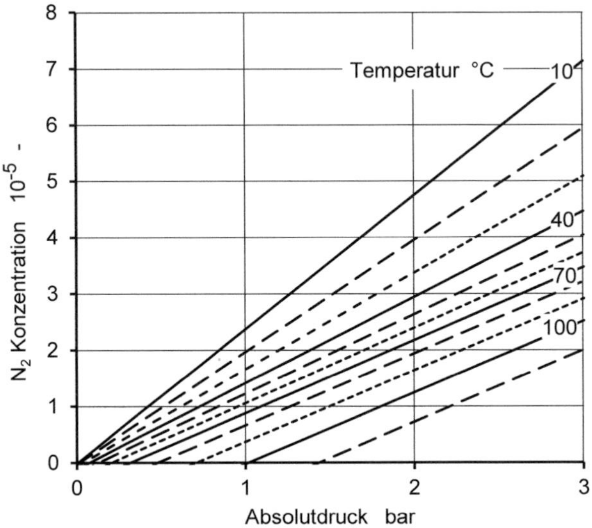

Abbildung 4-22 Stickstoffkonzentration in Wasser für verschiedene Temperaturen als Funktion des Absolutdruckes.

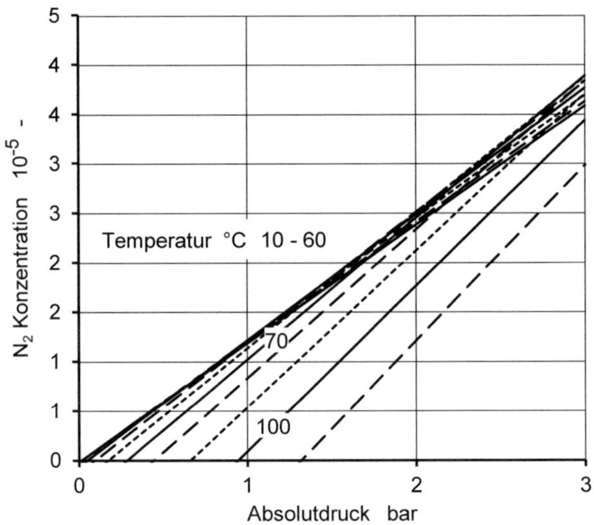

Abbildung 4-23 Stickstoffkonzentration in Tyfocor®LS für verschiedene Temperaturen als Funktion des Absolutdruckes.

In der Abbildung 4-23 ist die Gleichgewichtskonzentration für Stickstoff in Tyfocor®LS dargestellt. In einem Temperaturbereich zwischen 10 *°C* und 70 *°C* ist die Gleichgewichtskonzentration praktisch unabhängig von der Temperatur. Es ist daher deutlich schwieriger, freie Gase im normalen Anlagenbetrieb durch Absorption und Desorption zu mobilisieren.

Der Einfluss des Lösungsverhaltens auf die Entlüftbarkeit wurde durch Rühling et al. (2013b) an der zu diesem Zweck aufgebauten indoor-Solaranlage experimentell untersucht. Die Anlage besteht aus einem Kreislauf mit drei parallel geschalteten Kollektoren mit Mäanderabsorber. Ein Lampenfeld dient als künstliche Sonne. Vor den Experimenten wurde die Anlage jeweils nach einer genau vorgeschriebenen Prozedur gefüllt, gespült und grundentlüftet. Dann wurde eine Nullprobe der Flüssigkeit genommen und deren Stickstoffgehalt bestimmt. Anschließend wurde die Anlage über vier Stunden mit einer Vorlauftemperatur von 90 *°C* gefahren. Nach dem Ausschalten des Lampenfeldes wurde der Kreislaufinhalt so lange weiter umgewälzt, bis sich die Anlage hinreichend abgekühlt hat. Dann wurde eine Endprobe genommen und deren Stickstoffgehalt gemessen. An verschiedenen Stellen des Kreislaufes sind automatische Entlüfter angeordnet, deren Wirksamkeit in zahlreichen Experimenten untersucht wurde. Die Versuche lieferten folgende Erkenntnisse:

1) Nur bei Versuchen mit Vakuumentgasung konnte Tyfocor®LS soweit untersättigt werden, dass am Hochpunkt in allen Betriebszuständen keine freien Gase auftraten.

2) In allen Versuchen hatte die Nullprobe nach dem Füllen und Spülen eine höhere Konzentration als bei Sättigung unter Luftatmosphäre bei Umgebungsbedingungen, sowohl bei Wasser als auch bei Tyfocor®LS. Dies bedeutet, dass nur ein Teil der Luft über die Luftabscheider entweichen konnte und der Rest beim Druckaufbau in Lösung ging.

3) Bei den Versuchen mit Wasser nahm die Stickstoffkonzentration gegenüber der Nullprobe im Laufe der Experimente ab. Offenbar wurde Stickstoff beim Aufheizen im Kollektor desorbiert und teilweise über die Luftabscheider ausgeschieden.

4) Bei den Versuchen mit Tyfocor®LS nahm die Stickstoffkonzentration hingegen zu. Offenbar existierte zum Zeitpunkt der Nullprobe ein freies Gasvolumen, das aufgrund der zunehmenden Löslichkeit bei steigender Temperatur im Verlauf des Versuchs absorbiert wurde.

Das unterschiedliche Verhalten bei den Versuchen mit Wasser und Wasser-Glykol-Gemisch kann mit der unterschiedlichen Abhängigkeit der Löslichkeit von der Temperatur erklärt werden. Eine weitere wichtige Erkenntnis ist, dass es selbst bei kleinen, mit Wasser-Glykol betriebenen Anlagen nicht gelingt, freie Gase durch Spülen vollständig über Luftabscheider zu entfernen.

4.4.3.2 Zusammensetzungsmaße für ideale Gemische

Sowohl das Kondensieren des Dampfes als auch das Absorbieren und Desorbieren von Gasen ist abhängig von der Zusammensetzung der Flüssigkeit und der Gasphase. Geeignete Zusammensetzungsmaße für die Flüssigphase und die Gasphase sind der Massenanteil und der Stoffmengen- oder Molanteil. Bei idealen Gasen ist der Molanteil gleich dem Verhältnis des Partialdrucks zum Gesamtdruck. Bei der Absorption von Gasen ist der übergehende Stoffstrom proportional zum Diffusionskoeffizienten und zur Molkonzentration der Flüssigkeit. Daher muss die Molmasse M_i des Flüssigkeitsgemisches i aus den Molmassen seiner Komponenten k und seiner Zusammensetzung berechnet werden. Aus dem Massenanteil einer Flüssigkeitskomponente

$$x_{m,i} = \frac{m_i}{\sum m_k} \tag{4.13}$$

erhält man zunächst ihren Molanteil.

$$x_i = \frac{\dfrac{x_{m,i}}{M_i}}{\sum \dfrac{x_{m,k}}{M_k}} \tag{4.14}$$

Mit $M = \sum x_i M_i$ folgt für die Molmasse der Mischung.

$$\bar{M} = \left(\sum \frac{x_{m,k}}{M_k} \right)^{-1} \tag{4.15}$$

Die Dichte des Gemisches ist entsprechend

$$\bar{\rho} = \left(\sum \frac{x_{m,k}}{\rho_k} \right)^{-1} . \tag{4.16}$$

Die Molkonzentration ist das Verhältnis der Dichte zur Molmasse der Mischung.

$$\bar{c} = \frac{\bar{\rho}}{\bar{M}} \tag{4.17}$$

Untersuchungen durch Rommel, Siems et al. (2007) wiesen darauf hin, dass sich handelsübliche Wasser–Glykol Gemische in guter Näherung ideal verhalten. Für ideale Gemische ist nach dem Raoultschen Gesetz der Partialdruck der Komponente i proportional zu ihrem Molanteil in der Flüssigphase und zum Dampfdruck der reinen Komponente.

$$p_i = p_{v,i} x_i \tag{4.18}$$

Weil die Drücke mit einigen *bar* recht klein sind, kann auch die Gasphase näherungsweise als ideal betrachtet werden. Der Gesamtdruck ist dann gleich der Summe der Dampfdrücke der Komponenten. Das Verhältnis des Partialdruckes einer Komponente zum Gesamtdruck ist gleich ihrem Molanteil in der Gasphase.

$$y_i = \frac{p_i}{p} = \frac{p_{v,i} x_i}{p} \tag{4.19}$$

Bei einem Zweistoffgemisch können das Mischungsverhältnis und die Zustände der Mischung als Funktion des Molanteils einer Komponente dargestellt werden. Der Index i kann daher entfallen. Für den Gesamtdruck gilt

$$p = p_1 + p_2 = x \cdot p_{v,1} + (1-x)\, p_{v,2} \ . \tag{4.20}$$

Für die Rechnungen ist es praktischer, das Gemischverhältnis als Massen- und Molanteil des Wassers anzugeben, wobei der Index W den Bestandteil Wasser und G den Bestandteil Glykol bezeichnet.

$$x_{m,W} = \frac{m_W}{m_W + m_G} \tag{4.21}$$

Mit Hilfe der Molmassen können der Molanteil und der Massenanteil ineinander umgerechnet werden.

$$x_W = \frac{n_W}{n_W + n_G} \quad \Rightarrow \quad x_W = \frac{\dfrac{x_{m,W}}{M_W}}{\dfrac{x_{m,W}}{M_W} + \dfrac{x_{m,G}}{M_G}} \quad ; \quad x_{m,W} = \frac{x_W M_W}{x_W M_W + x_G M_G} \tag{4.22}$$

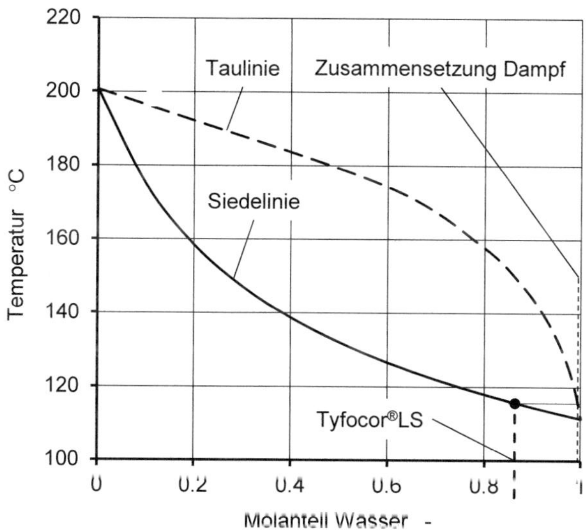

Abbildung 4-24 Phasendiagramm Wasser-Propylenglykol bei einem Absolutdruck von 1.5 *bar*.

Abbildung 4-24 zeigt das Phasendiagramm für einen Gesamtdruck von 1.5 *bar*, basierend auf den Stoffdaten für Wasser (VDI 2013) und reinem Propylenglykol (Steele et al. 2002). Ebenfalls eingezeichnet ist der Molanteil für das in den Experimenten verwendete handelsübliche Gemisch Tyfocor®LS. Die Gasphase besteht praktisch ausschließlich aus dem Dampf des Wassers.

4.5 Literatur

Aigner D. (2003a) LfUG Merkblatt: Hydraulische Bemessung von Freigefälledruckleitungen zum Abwassertransport. Sächsisches Landesamt für Umwelt und Geologie, Dresden https://www.umwelt.sachsen.de/umwelt/wasser/download/FGDL-Merkblatt2.pdf

Aigner D. (2003b) Lufttransport in Rohrleitungen. Wasserbauliche Mitteilungen, Institut für Wasserbau und Technische Hydromechanik der TU Dresden Heft 26

Albers J. (2004) Partielle Stagnation in einem Kollektorfeld zur solar gestützten Kälteerzeugung. 14. Symposium Thermische Sonnenenergie, Bad Staffelstein

Baehr H. D., Stephan K. (2010) Wärme- und Stoffübertragung. 7. Aufl. Springer-Verlag, Heidelberg, Dordrecht, London, New York

Buchholz R. (2009) Messtechnische Untersuchungen zur verringerten Leistungsfähigkeit eines Kollektorfeldes für die solar gestützte Klimatisierung. 19. Symposium Thermische Solarenergie, Bad Staffelstein

Buchholz R., Albers J. (2007) Hydraulische Untersuchungen an einer großen Kollektoranlage zur solarthermischen Kälteerzeugung. 17. Symposium Thermische Solarenergie, Bad Staffelstein

Clifton J. R., Rossiter W. J., Brown P. W. (1985) Degraded aqueous glycol solutions: pH values and the effects of common ions on suppressing pH decreases. Solar Energy Materials 12 (1):77-86. doi:10.1016/0165-1633(85)90026-7

D'Ans J., Lax E., Blachnik R. (1998) Taschenbuch für Chemiker und Physiker: Band 3: Elemente, anorganische Verbindungen und Materialien, Minerale: Bd. III. Springer, Berlin, Heidelberg

Dällenbach M. (2015) Selbstentlüftungsgeschwindigkeit von Wasser und Wasser-Glykol-Gemisch in glatten und gewellten Rohren. Master Thesis, Eidgenössische Technische Hochschule ETH, doi:

Eismann R. (2014) Thermohydraulik von Solaranlagen. Dissertation, Eidgenössische Technische Hochschule ETH Zürich, doi: 10.3929/ethz-a-010138185

Ervine D. A. Air entrainment in hydraulic structures: a review. In: Proceedings of the ICE - Water Maritime and Energy, 1998. pp 142 –153

Escarameia M. (2007) Investigating hydraulic removal of air from water pipelines. Proceedings of the ICE-Water Management 160 (1):25-34

Gandenberger W. (1957) Über die wirtschaftliche und betriebssichere Gestaltung von Fernwasserleitungen. Oldenbourg, München

Hausner R., Fink C., Wagner W., Riva R., Hillerns F. (2003) Entwicklung von thermischen Solarsystemen mit unproblematischem Stagnationsverhalten. Berichte aus Energie- und Umweltforschung. Wien

Hillerns F. (2001) Untersuchungen zur thermischen Dauerbelastbarkeit von Solarflüssigkeiten. Task 26, Solar Combisystems.

Hillerns F., Schrimpf H. (1999) Einsatz von Wärmeträgerflüssigkeiten in Solaranlagen unter Berücksichtigung der Stagnationsbedingungen. 9. Symposium Thermische Solarenergie, Bad Staffelstein

Kalinske A., Bliss P. H. (1943) Removal of air from pipe lines by flowing water. Proceedings of the American Society of Civil Engineers (ASCE) 13 (10):3

Panitz F., Rühling K. (2016) Löslichkeit von Stickstoff und Sauerstoff in Wasser-Glykol-Kreisläufen. 26. Symposium Thermische Solarenergie, Bad Staffelstein

Rommel M., Siems T., Schüle K., Mehnert S., Thoma C. (2007) Schlussbericht zum Teilprojekt: Entwicklung von Techniken zur Beherrschung des Stillstandsbetriebes. Verbundprojekt: Systemuntersuchungen großer solarthermischer Kombianlagen. Fraunhofer Gesellschaft für solare Energiesysteme ISE, Freiburg

Rühling K., Heymann M., Panitz F., Rosemann T. (2013a) Vergleich von Befülltechnologien und Entgasungsszenarien für Solaranlagen. 23. Symposium Thermische Solarenergie, Bad Staffelstein

Rühling K., Heymann M., Panitz F., Rosemann T., Wagner M. (2013b) Entgasung von Solarkreisläufen und Bestimmung der zur Auslegung erforderlichen Stoffdaten. Fakultät Maschinenwesen, Institut für Energietechnik, Dresden

Rühling K., Uhlmann D. (1998) Gase in kleinen und mittleren Wasserheiznetzen. Schlussbericht zum AiF-Forschungsvorhaben 11103/B. TU Dresden, Institut für Energietechnik, Professur für Energiewirtschaft,

Scheuren J. (2008) Untersuchungen zum Stagnationsverhalten solarthermischer Kollektorfelder. Dissertation Universität Kassel, Fachbereich Maschinenbau, doi: http://www.upress.uni-kassel.de/publi/abstract.php?978-3-89958-430-1

Solarline (2008) Solarline Güttinger AG, Zürich: Interview und Teilnehmende Beobachtung bei der Inbetriebnahme von Solaranlagen, Eismann R

Steele W. V., Chirico R. D., Knipmeyer S. E., Nguyen A. (2002) Measurements of Vapor Pressure, Heat Capacity, and Density along the Saturation Line for ε-Caprolactam, Pyrazine, 1,2-Propanediol, Triethylene Glycol, Phenyl Acetylene, and Diphenyl Acetylene. Journal of Chemical & Engineering Data 47 (4):689-699. doi:10.1021/je010085z

TYFOROP (2011) Sicherheitsdatenblatt: TYFOCOR LS. TYFOROP CHEMIE GmbH. http://www.tyfo.de/docs/TI-TYFOCOR-LS_de_2013.pdf.

TYFOROP (2013) Technische Information: TYFOCOR LS. TYFOROP CHEMIE GmbH. http://www.tyfo.de/docs/TI-TYFOCOR-LS_de_2013.pdf.

VDI (2013) VDI-Wärmeatlas. 11. Aufl. Springer-Verlag, Heidelberg, Dordrecht, London, New York. doi:10.1007/978-3-642-19981-3

Walther G., Günthert F. W. (1988) Neue Untersuchungen zur Selbstentlüftungsgeschwindigkeit in Trinkwasserleitungen. GWF Wasser, Abwasser Nr.88

Wisner P. E., Kouwen N., Mohsen F. N. (1975) Removal of air from water lines by hydraulic means. Journal of the Hydraulics Division 101 (2):243-257

Zierep J., Bühler K. (2013) Grundzüge der Strömungslehre : Grundlagen, Statik und Dynamik der Fluide. 9. Aufl. Springer Vieweg, Wiesbaden doi:10.1007/978-3-658-01606-7

5 Stagnation

5.1 Einleitung

Der Zustand einer Solaranlage bei hoher Sonneneinstrahlung und ausgeschalteter Kreislaufpumpe wird mit Stagnation bezeichnet. Der Transport von Nutzenergie aus dem Kollektorfeld ist unterbrochen und die Kollektoren werden auf hohe Temperaturen aufgeheizt, was in der Regel mit Dampfbildung verbunden ist. In den folgenden Abschnitten werden zunächst die Ursachen und die Bedeutung der Stagnation für die Betriebssicherheit der Anlage diskutiert. Basierend auf qualitativen Überlegungen werden Regeln für die stagnationssichere Gestaltung von Solaranlagen definiert. Anhand verschiedener Literaturquellen wird gezeigt, dass außer diesen qualitativen Regeln auch physikalische Modelle erforderlich sind, mit denen sich die beiden für die Dimensionierung wesentlichen Größen quantitativ bestimmen lassen: die Dampfreichweite und das Dampfvolumen. Der empirische Ansatz nach Scheuren (2008) wird vorgestellt. Anschließend wird die thermohydraulische Methode dargestellt, mit der die Stagnation als transientes Zweiphasen-Strömungsphänomen beschrieben und numerisch simuliert werden kann. Schließlich wird die thermohydraulische Betrachtungsweise so weit vereinfacht, dass auch analytische Lösungen möglich sind.

Die häufigste Ursache für Stagnation ist das gewollte Abschalten der Solarkreispumpe, wenn die zulässige Speichertemperatur erreicht ist. Stagnation muss daher als normales Szenario aufgefasst und bei der Anlagenplanung entsprechend berücksichtigt werden. Weitere Ursachen für Stagnation sind Netzausfall, Pumpendefekt, Fühlerdefekt sowie Betriebsstörungen oder Ausfall des Reglers. Der folgende Überblick zeigt, wie sich die Bedeutung der Stagnation im Hinblick auf die Betriebssicherheit und Lebensdauer von Solaranlagen gewandelt hat.

Dieses Kapitel wurde mit inhaltlichen Ergänzungen und Anpassungen aus dem Kapitel 3 der Dissertation (Eismann 2014) übernommen.

5.1.1 Ursachen und Bedeutung der Stagnation

Bis Anfang der 1970er-Jahre besaßen die meisten Kollektoren Absorber, die mit nicht selektiven oder nur schwach selektiven Lacken beschichtet waren. Bereits ein moderater Systemdruck von einigen *bar* reichte aus, um Dampfbildung bei Stagnation zu verhindern. Außerdem lag die Stagnationstemperatur deutlich unterhalb der zulässigen Gebrauchstemperatur der Glykolmischungen, sodass auch keine Gefahr der thermischen Degradation bestand. Aus diesen Gründen musste die Stagnation weder in der Anlagenplanung, noch beim Betrieb der Solaranlagen berücksichtigt werden.

Durch die Entwicklung der Schlüsseltechnologien zur Herstellung von hochtransparentem Glas und selektiven Absorberschichten wurde es jedoch möglich, die Leistungsfähigkeit von Sonnenkollektoren markant zu steigern. Zu Beginn dieser Entwicklung hatten die Beschichtungen aus Schwarzchrom einen Absorptionsgrad von 95 % und einen Emissionsgrad von 12 %. Ein Flachkollektor mit solchen Absorberschichten und einer einfachen Abdeckung aus hochtransparentem Glas erreichte Stagnationstemperaturen bis 180 *°C*, die deutlich über den Siedetemperaturen von Wasser-Glykol-Gemischen bei den bisher üblichen Betriebsdrücken lag. Zu dieser Zeit gab es jedoch keine Richtlinien zur stagnationssicheren Auslegung von Solaranlagen. Man darf annehmen, dass der Anteil Solaranlagen, die nach Stagnation nicht mehr funktionierten, recht hoch war. Das erforderliche Wissen wurde anfänglich nicht von der Wissenschaft, sondern von Praktikern und Ingenieuren der neu entstandenen Solarindustrie aus der praktischen Erfahrung abgeleitet und in mehrheitlich produktbezogenen Handbüchern veröffentlicht. Einige Hersteller propagierten die Vermeidung der Dampfbildung durch den Betrieb mit hoher Glykolkonzentration von 90 *%*, der einen Betriebsdruck im Kollektor von 6 *bar* erforderlich machte. Diese Maßnahme war jedoch kostspielig, erforderte eine höhere Pumpenleistung und führte auch zu Leistungseinbußen aufgrund der geringeren spezifischen Wärmekapazität des Fluides und des schlechteren Wärmeübergangs. Durch verbesserte Schwarzchromschichten mit einem Emissionsgrad von 8 *%* wurden jedoch noch höhere Stagnationstemperaturen erreicht. Damit stieg der zur Vermeidung der Dampfbildung erforderliche Druck in den Bereich des zulässigen Druckes von Kreislaufkomponenten.

Obwohl die zulässige Maximaltemperatur für Wärmeträgermedien auf der Basis von Propylenglykol mit 160 *°C* deutlich unter der maximalen Stagnationstemperatur von Flachkollektoren lag, traten in der Praxis kaum Probleme mit Korrosion oder Verstopfung aufgrund degradierter Glykole auf. Bei Vakuumröhrenkollektoren sah die Situation bereits damals ganz anders aus. Ihre mit Schwarzchrom beschichteten Absorber erreichten ohne weiteres Temperaturen von gegen 300 *°C*. Aufgrund ihres kleinen Marktanteiles und der noch geringen Zahl realisierter Anlagen wurden möglicherweise aufgetretene Schadenfälle nicht öffentlich bekannt. Anfangs der 1990er-Jahre hat Peuser (1993) an der Zentralstelle für Solartechnik ZfS eine Schwachstellenanalyse von Solaranlagen zur Brauchwassererwärmung durchgeführt. Dabei wurden die Erfahrungen aus der messtechnischen Begleitung und Optimierung von über 70 Solaranlagen aus den Jahren 1981 bis 1993 berücksichtigt. Im Zusammenhang mit Anlagenstillstand wurde nur die beschleunigte Alterung der Kreislaufkomponenten erwähnt, nicht aber Schadenfälle, die Reparaturen erforderlich machten. Bis Mitte der 1990er-Jahre wurde Stagnation in den Lehr- und Handbüchern nur oberflächlich behandelt.

Ab Mitte der 1990er-Jahre wurden neue hochselektive Absorberschichten eingeführt, die einen sehr niedrigen Emissionsgrad von typischerweise 5 *%* haben. Dadurch konnte der Wirkungsgrad bei höheren Temperaturen verbessert werden, was Sonnenkollektoren zunehmend auch für die Prozesswärme und für solarthermische Kühlanlagen interessant machte. Flachkollektoren erreichen mit diesen Schichten Stagnationstemperaturen von über 200 *°C*, Vakuumröhrenkollektoren sogar weit über 300 *°C*. Damit tauchte als zusätzliches Problem die beschleunigte Degradation von Wärmeträgerflüssigkeiten auf. Mit dem rasanten Wachstum des Marktes und der vermehrten Realisierung heizungsunterstützender Anlagen, deren Kollektorfelder bezüglich des geringeren Wärmebedarfes in den Sommermonaten stark überdimensioniert sind, häuften sich auch die durch Stagnation bzw. Fehldimensionierungen verursachten Schadenfälle. Die Stagnation ist das Paradebeispiel für einen Problemkreis, der nur bei den heutigen, leistungsfähigen Solaranlagen auftritt, nicht aber in der Heizungstechnik, aus der viele Konstruktions- und Dimensionierungsregeln für die Solarthermie abgeleitet wurden.

5.1.1.1 Betriebsstörungen und Schäden

Dringt der Dampf bis in das Ausdehnungsgefäß vor, kann die Membran geschädigt und undicht werden. Das im Gasraum des Ausdehnungsgefäßes vorhandene Gas gelangt dann in den Kreislauf, wo es Durchflussstörungen verursachen wird. Die in Solaranlagen eingesetzten Pumpen, Druck- und Durchflusssensoren sind nicht für die hohen Dampftemperaturen ausgelegt und überleben ein Stagnationsereignis in der Regel nicht, wenn sie mit Dampf in Berührung kommen. Erreicht der Dampf den Wärmeübertrager des Brauchwasser- oder Heizungskreises, so kann er unter Bildung von heftigen Druckstößen schlagartig kondensieren. Es ist auch möglich, dass die Flüssigkeit auf der Sekundärseite des Kreislaufes zu sieden beginnt.

Wird das Dampfvolumen und der dabei entstehende Druck so groß, dass das Sicherheitsventil anspricht, verliert die Anlage in der Regel erhebliche Mengen Flüssigkeit. Als Folge eines Flüssigkeitsverlustes können eine Reihe von Betriebsstörungen und Folgeschäden auftreten, die nachfolgend skizziert sind.

Meist ist der Systemdruck nach dem Abkühlen der Anlage so tief, dass der Druck im Kollektorfeld unter dem Atmosphärendruck liegt. Dieser Druckabfall führt zur Desorption von Gasen aus der Flüssigkeit und, weil die Rohrverbindungen selten vakuumdicht sind, zum Eintritt von Luft in den Kreislauf.

Der Druckverlust der sich einstellenden Zweiphasenströmung kann so groß sein, dass die Pumpe auch bei ausreichendem Zulaufdruck nur einen Bruchteil des erforderlichen Durchflusses erzeugen kann. Häufig wird ein großer Teil des freien Gasvolumens nach dem Pumpenstart in die absteigende Vorlaufleitung verschoben. Zusätzlich zum dynamischen Anteil des Zweiphasen-Druckverlustes wird Gegendruck durch die Dichtedifferenz wirksam, die den Durchfluss weiter reduziert. Die Kollektortemperatur übersteigt dann schon bei geringen Bestrahlungsstärken den zulässigen Grenzwert, worauf der Regler die Pumpe ausschaltet. Die Anlage geht in Stagnation und fällt für den Rest des Tages aus.

Der Zulaufdruck der Pumpe kann so tief sein, dass Kavitation auftritt und die Pumpenleistung zusammenbricht. Die Anlage läuft dann nicht mehr an und befindet sich folglich permanent in Stagnation.

Bei großen, weitverzweigten Kollektorfeldern können einzelne Kollektoren oder Gruppen von Kollektoren weniger gut durchströmt sein als benachbarte Kollektoren. Die Austrittstemperatur dieser Kollektoren ist dadurch erhöht. Oft befinden sich die betroffenen Kollektoren am Ende einer einseitig angeschlossenen Kollektorreihe mit parallel geschalteten Kollektoren. Die Fließgeschwindigkeit in der zugehörigen Sammelleitung ist dort sehr klein. Bei zu geringem Betriebsdruck geraten diese Kollektoren bereits bei niedrigen Temperaturen in den Siedebetrieb. Diesen Zustand nennt man partielle Stagnation, weil die betroffenen Kollektoren dann kaum noch zum Energiegewinn beitragen. Sobald die in der Sammelleitung anwachsende Dampfblase groß genug ist, kann sie durch Strömungskräfte mobilisiert und in Bereiche gefördert werden, die deutlich unter der Sättigungstemperatur liegen. Dort können die Dampfblasen kollabieren und einen Druckstoß erzeugen. Bereits Druckstöße von >10 *bar* können ausreichen, um die üblicherweise einwandig ausgeführten Metallbalgkompensatoren zum Ausknicken und Bersten zu bringen.

5.1.2 Aufgaben beim Nachweis der Stagnationssicherheit

Beim Nachweis der Stagnationssicherheit stellen sich zwei Aufgaben. Einerseits muss das dem Dampfvolumen entsprechende Flüssigkeitsvolumen im Ausdehnungsgefäß Platz finden, ohne dass der Druck die zulässige Grenze überschreitet. Andererseits darf der Dampf auf keinen Fall Kreislaufkomponenten erreichen, die durch die hohen Temperaturen zerstört werden können. Die wichtigsten Zustandsgrößen für die Dimensionierung sind folglich die Dampfreichweite und das Dampfvolumen. Darüber hinaus muss auch noch die Maximaltemperatur im Ausdehnungsgefäß ermittelt werden, weil diese den Anlagendruck entscheidend mitbestimmt.

Nicht immer reichen die isolierten Rohrleitungen aus, um die Wärmeleistung des kondensierenden Dampfstroms an die Umgebung abzuführen. In diesen Fällen müssen geeignete Kondensatoren dimensioniert werden, die das Dampfvolumen und die Dampfreichweite begrenzen.

5.2 Praktische Regeln für ein günstiges Stagnationsverhalten

Ein günstiges Stagnationsverhalten ist durch folgende Eigenschaften gekennzeichnet:

1) Die Dampfreichweite ist minimal.

In der Regel bedeutet dies, dass sich der Dampf sowohl in der Vorlaufleitung als auch in der Rücklaufleitung ausbreiten darf und so beide Leitungen für die Abfuhr der Kondensationsleistung zur Verfügung stehen.

Die Dampfreichweite ist umso kleiner, je besser die Flüssigkeit durch den entstehenden Dampf aus dem Kollektorfeld verdrängt werden kann. Dazu muss die Flüssigkeit über den unteren Kollektoranschluss abfließen können, sobald sich im oberen Bereich des Absorbers Dampf bildet. Ist diese Bedingung erfüllt, bezeichnet man das Kollektorfeld als leerdrückbar. Entsprechend gering ist dann die Flüssigkeitsmenge, die den Kollektor nur in Form von Dampf verlassen kann und in den Rohrleitungen wieder kondensieren muss.

2) Das Dampfvolumen ist minimal.

Die mit Dampf gefüllten Volumen der Anlagenteile sollen also möglichst klein sind. Dies lässt sich durch einen kleinvolumigen Kondensator erreichen. Dieser muss so dimensioniert sein, dass der eintretende Dampf vollständig kondensiert.

3) Bei der Stagnation treten keine Druckstöße auf.

Dies wird am zuverlässigsten dadurch erreicht, dass der Dampf ein zusammenhängendes Volumen bildet und, indem sich der Dampf ausbreitet, der Flüssigkeitsspiegel im Kollektorfeld und in der Feldverrohrung monoton fällt.

5.2.1 Entleerbarkeit und Leerdrückbarkeit des Kollektorfeldes

Man muss zwischen Entleerbarkeit und Leerdrückbarkeit unterscheiden. Ein Kollektorfeld ist entleerbar, wenn die Flüssigkeit durch Belüften des Hochpunktes ungehindert nach unten abfließen kann. Ein Kollektorfeld ist leerdrückbar, wenn der bei Stagnation entstehende Dampf die Flüssigkeit aus den Kollektoren verdrängen kann. Aufgrund der Grenzflächenspannung zwischen Flüssigkeit und Rohrwand bleiben auch in jenen Rohren, die bereits größtenteils mit Dampf gefüllt sind, Flüssigkeit zurück. Diese Flüssigkeit verdampft und bildet einen Dampfstrom, der Geschwindigkeiten von einigen *m/s* entwickeln kann. Dieser Dampfstrom übt seinerseits Reibungskräfte auf die Flüssigkeitsoberflächen aus. Sind diese Kräfte genügend groß, tragen sie ebenfalls zur Verdrängung der Flüssigkeit bei. Der Begriff der Leerdrückbarkeit ist also allgemeiner, weil er neben der auftriebsbedingten Separation von Flüssigkeit und Dampf durch Schwerkraft auch den Transport der Flüssigkeit durch Zwischenphasenreibung umfasst.

Nicht immer lassen sich ideale Bedingungen für die Leerdrückbarkeit herstellen. Es kann sein, dass Rohrleitungen nicht monoton fallend verlegt werden können, oder dass ein Kollektortyp verwendet werden muss, der bei Stagnation viel Dampf erzeugt. In diesen Fällen kann die Dampfreichweite durch einen Kühler, in dem der Dampf kondensieren kann, reduziert werden. Geeignete Anordnungen wurden in vielen Forschungsarbeiten, die in den folgenden Abschnitten diskutiert werden, experimentell untersucht. Aus den oben definierten Bedingungen für die Leerdrückbarkeit lassen sich bereits allgemeine Regeln ableiten, die zu einem bestmöglichen Stagnationsverhalten führen.

5.2.1.1 Anordnung des Ausdehnungsgefäßes und des Rückschlagventils

Grundsätzlich gilt, dass der im Kollektorfeld entstehende Dampf die Flüssigkeit sowohl über die Rücklaufleitung als auch über die Vorlaufleitung aus dem Kollektorfeld verdrängen kann. Daher muss sich der Referenzpunkt der Anlage, an dem die Ausdehnungsleitung mit dem Kreislauf verbunden ist, stets zwischen dem Rückschlagventil und dem rücklaufseitigen Anschluss des Kollektorfeldes liegen. Die Abbildung 5-1 zeigt drei Anordnungen, die diese Bedingung erfüllen.

Bei der Standardanordnung nach Abbildung 5-1 a) mit Nachdruckhaltung ist die Pumpe durch das Rückschlagventil und den Wärmeübertrager geschützt. Allerdings darf der Dampf auch nicht den Wärmeübertrager erreichen, weil durch rasche Kondensation heftige Druckschläge entstehen können. Falls ein Kühler zur Kondensation des Dampfes erforderlich ist, muss stets auch ein Vorschaltgefäß eingesetzt werden, welches das heiße Kondensat aufnimmt.

Die Anordnung Abbildung 5-1 b) mit Saugdruckhaltung ist nur dann zulässig, wenn rechnerisch nachgewiesen wird, dass der Dampf weder die die Pumpe noch den Wärmeübertrager erreichen kann. Dabei muss auch berücksichtigt werden, dass rund 80 % der bereits heißen Flüssigkeit über die Rücklaufleitung aus dem Kollektorfeld verdrängt wird (Abschnitt 5.2.4.1). Diese Flüssigkeit kann die Pumpe auf dem Weg zum Ausdehnungsgefäß durchströmen.

Bei der Anordnung Abbildung 5-1 c) muss ebenfalls nachgewiesen werden, dass der Dampf die Pumpe nicht erreicht. Das Rückschlagventil muss dampfbeständig sein. Günstig ist eine große Höhendifferenz zwischen Referenzpunkt und Pumpe.

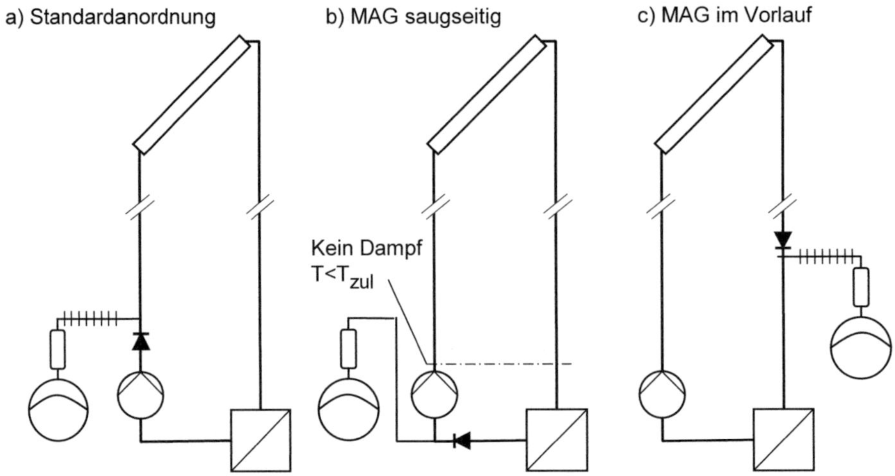

Abbildung 5-1 Drei mögliche Anordnungen der Druckhaltung und des Rückschlagventils.

5.2.1.2 *Kollektorhydraulik und Feldverrohrung*

Kollektorfelder, die aus parallel geschalteten Kollektorelementen aufgebaut sind und deren Mäanderabsorber gemäß Abbildung 5-2 von unten nach oben durchströmt werden, können durch Belüften des Hochpunktes gut entleert werden. Entsprechend gut wird die Flüssigkeit durch den entstehenden Dampf aus den Kollektoren verdrängt. Die Rohrleitungen der Feldverrohrung verlaufen unterhalb der Kollektoren, sodass keine Flüssigkeit in die mit Dampf gefüllten Kollektoren nachfließen kann.

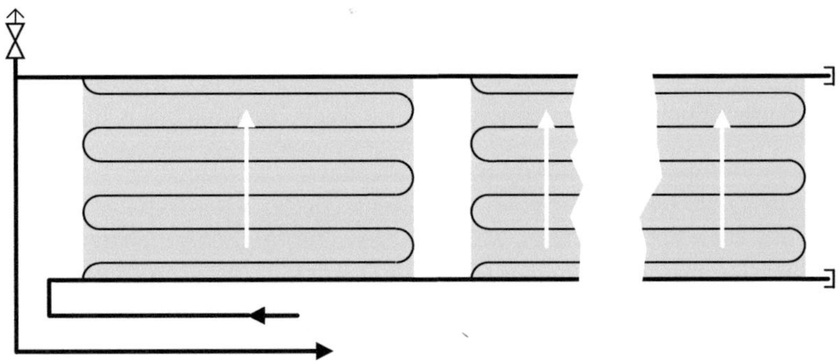

Abbildung 5-2 Parallel geschaltete Flachkollektoren mit von unten nach oben durchströmten Mäanderabsorbern.

Das Kollektorfeld nach Abbildung 5-3 a) gilt ebenfalls als gut entleerbar. Dasselbe Kollektorfeld ist nicht entleerbar, wenn es nach Abbildung 5-3 b) um 90° gedreht angeordnet ist. Allerdings wird der entstehende Dampf auch in diesem Fall dafür sorgen, dass ein Großteil der Flüssigkeit aus den Kollektoren verdrängt wird und folglich keinen Beitrag zum Dampfstrom leistet. Es ist aber eine größere Dampfreichweite zu erwarten als bei der entleerbaren Anordnung nach Abbildung 5-3 a).

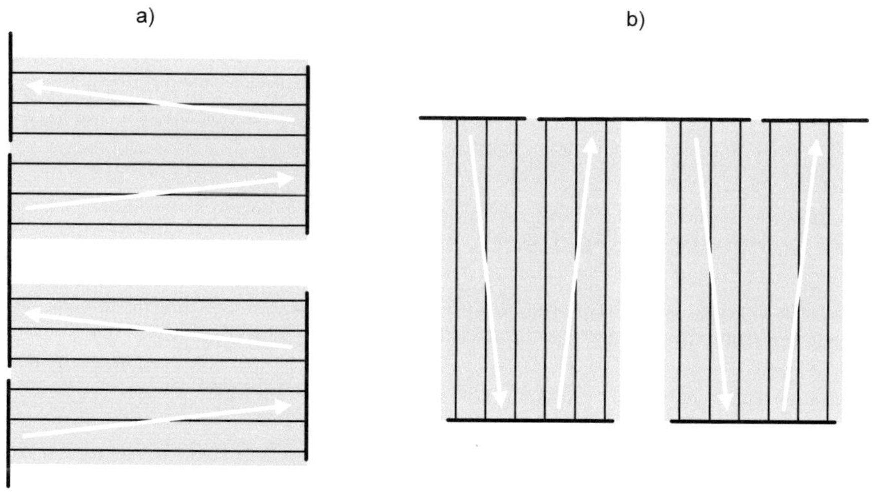

Abbildung 5-3 Kollektorfeld mit parallel durchströmten Absorbern a) entleerbar b) nicht entleerbar.

Abbildung 5-4 zeigt verschiedene Arten der Rohrführung bei direkt durchströmten Vakuumröhrenkollektoren mit U-förmigem Absorberrohr. Zur besseren Übersicht sind nur die Absorberrohre und die Verteil- und Sammelleitungen gezeichnet.

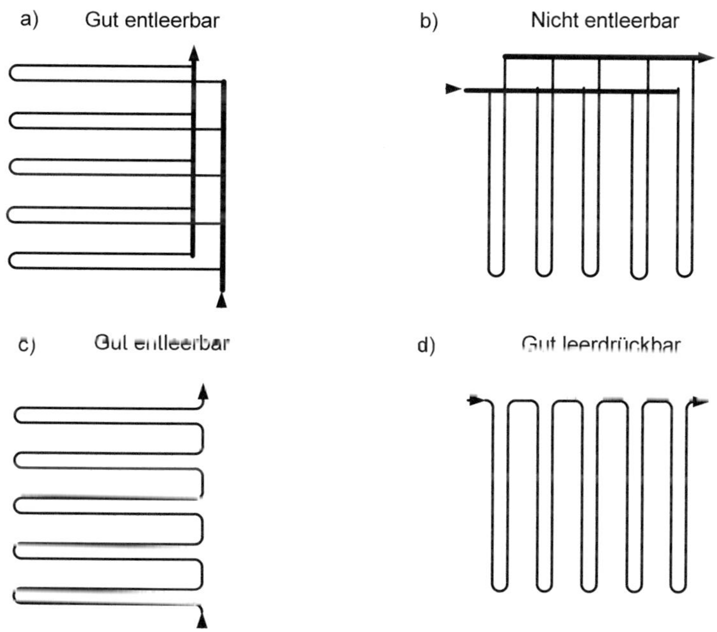

Abbildung 5-4 Kollektorfeldern mit direkt durchströmten Vakuumröhrenkollekoren.

Unproblematisch sind die Anordnungen nach Abbildung 5-4 a) und c), weil die Absorberrohre entleerbar sind. Die parallel durchströmte Variante nach Abbildung 5-4 b) ist nicht entleerbar. Die Serienschaltung nach Abbildung 5-4 d) ist zwar ebenfalls nicht entleerbar. Allerdings wird der entstehende Dampf den größten Teil der Flüssigkeit aus den dünnen Rohren verdrängen. Weil die Dampfgeschwindigkeit entlang des Strömungsweges zunimmt, wird ein Teil der noch verbliebenen Flüssigkeit über die Zwischenphasenreibung aus dem Kollektorelement befördert, sodass diese Anordnung ähnlich gute Eigenschaften hat, wie der von unten nach oben durchströmte Mäanderabsorber nach Abbildung 5-2.

5.2.1.3 Anordnung der Feldverrohrung

Gute Leerdrückbarkeit wird nicht allein durch eine günstige Kollektorhydraulik erreicht, sondern auch durch die Rohrführung der Anschlussleitungen an das Kollektorfeld.

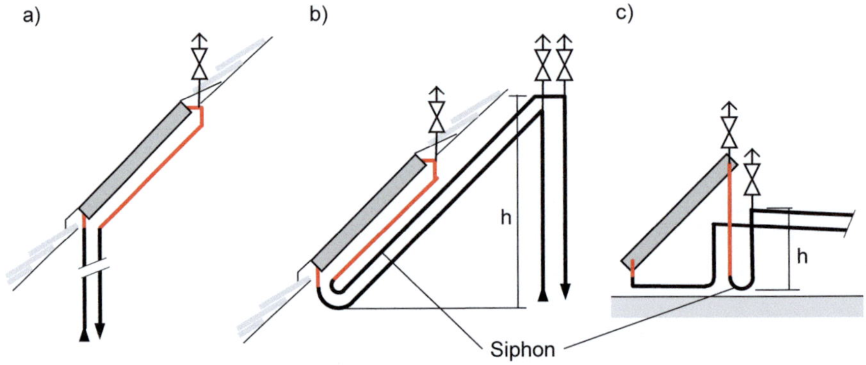

Abbildung 5-5 Beispiele für Feldverrohrungen, welche die Leerdrückbarkeit des Kollektorfeldes erlauben. Rot dargestellt ist der Bereich des Dampfes bei geringer Dampfleistung.

Das Kollektorfeld nach Abbildung 5-5 a) ist gut leerdrückbar, weil die Vor- und Rücklaufleitungen ab den Kollektoranschlüssen monoton fallend verlaufen. Häufig liegen die Hochpunkte der Feldverrohrung auf der Höhe des Kollektorfeldes oder sogar darüber, wie in Abbildung 5-5 b) und c) gezeigt ist. Falls man das Kollektorfeld auf direktem Weg anschließt, so würde bei Stagnation dauernd Flüssigkeit aus der höhergelegenen Leitung in den mehrheitlich dampfgefüllten Kollektor fließen. Weil dabei gleichzeitig Sattdampf gegen kühlere Flüssigkeit aufsteigt, kann es zu heftigen Kondensationsdruckstößen kommen. Dieser Vorgang kommt erst dann zum Stillstand, wenn das Gesamte Leitungsvolumen oberhalb des unteren Kollektoranschlusses mit Dampf gefüllt ist. Das Dampfvolumen kann erheblich reduziert werden, indem man die Leitung vom oberen Kollektoranschluss auf möglichst kurzem Weg auf eine Ebene unterhalb des Kollektorfeldes führt. In dem dadurch gebildeten Siphon können grundsätzlich ebenfalls Kondensationsdruckstöße auftreten, weil auch dort Dampf gegen herabströmende Flüssigkeit aufsteigt. Die Stärke von Druckstößen lässt sich minimieren, indem man die Höhe h und den Rohrquerschnitt des Siphons möglichst klein wählt und die Wärmedämmung lückenlos, ohne Wärmebrücken und mit guter Dämmstärke ausführt.

Die in den obigen Abschnitten dargestellten qualitativen Regeln sind wichtig. Über die Dampfreichweite und das Dampfvolumen können jedoch keine Aussagen gemacht werden. Dazu sind thermohydraulische Modellrechnungen erforderlich, die in den Abschnitten 5.3 und 5.4 dargestellt sind.

5.2.2 Maßnahmen zur Begrenzung der Dampfreichweite

Falls die Verbindungsleitungen zwischen Kollektorfeld sehr kurz sind, beispielsweise bei Dachheizzentralen, kann die zulässige Dampfreichweite auch bei perfekter Leerdrückbarkeit überschritten werden. Es ist auch möglich, dass die baulichen Gegebenheiten keine entleerbare hydraulische Verschaltung zulassen. In diesen Fällen muss die Dampfreichweite durch zusätzliche Maßnahmen beschränkt werden. In der Literatur sind zahlreiche Methoden beschrieben, von denen einige an dieser Stelle qualitativ diskutiert werden.

Hausner und Fink (2001) schlugen vor, die Dampfreichweite durch einen Kühler zu begrenzen, der nahe beim Kollektorfeld in einem Bypass zur Rücklaufleitung angeordnet ist. Diese Situation ist in Abbildung 5-6 a) dargestellt. Zwei Rückschlagventile sorgen dafür, dass der Kühler nur dann durchströmt wird, wenn der Dampf entgegen der normalen Strömungsrichtung aus dem Kollektor in die Rücklaufleitung strömt. Als weitere Variante haben Hausner und Fink (2002) vorgeschlagen, den Anschluss der Druckhaltung in die Nähe des rücklaufseitigen Kollektoranschlusses zu verlegen, wie in Abbildung 5-6 b) dargestellt ist. Die Verbindungsleitung zum Ausdehnungsgefäß ist als Kühler ausgebildet, in welchem der Dampf kondensiert. Scheuren et al. (2007) haben eine Anordnung nach Abbildung 5-6 c) experimentell untersucht, bei welcher die Druckhaltung auf der Vorlaufseite zwischen dem Kollektoraustritt und dem Wärmeübertrager angeschlossen ist. Die Verbindungsleitung zum Ausdehnungsgefäß wurde durch ein beripptes Kupferrohr gebildet, wie es in Konvektoren zur Raumheizung verwendet wird. Die beschriebenen Maßnahmen sind passiv und funktionieren daher ohne Eingriff einer Regelung.

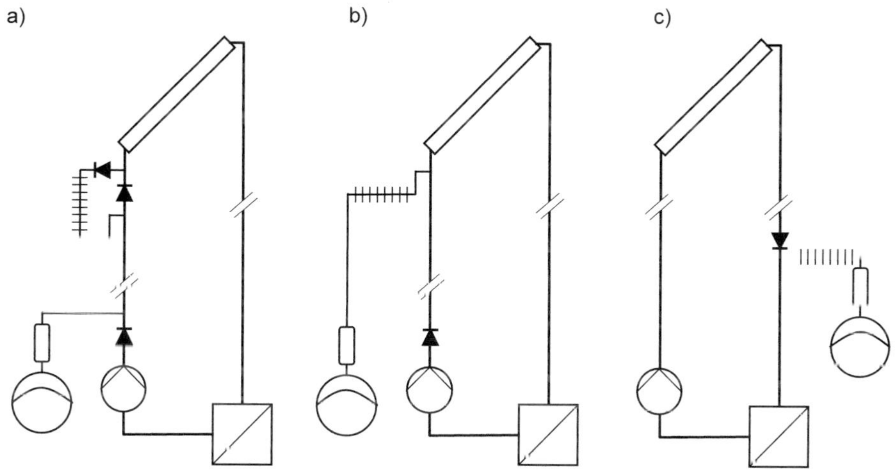

Abbildung 5-6 Anordnung von Stagnationskühlern und Rückschlagventilen im Solarkreis.

Der Inhalt des Vorschaltgefäßes muss dem Dampfvolumen entsprechen, damit dieses das gesamte Flüssigkeitsvolumen puffern kann, das durch den Dampf verdrängt wird.

5.2.3 Ablauf, Phänomene und Kenngrößen der Stagnation

Die erste Arbeit, die das Thema im Detail diskutiert und bereits die wesentlichen Punkte zur Druckhaltung und Entleerbarkeit darstellt, stammt von Klaus-Henning Terschüren (1996). In den frühen Arbeiten zum Stagnationsverhalten lag die Frage im Vordergrund, durch welche Maßnahmen das geringstmögliche Dampfvolumen erreicht werden kann. In einem durch das Bundesamt für Energie BFE finanzierten Forschungsprojekt haben Eismann und von Felten (1998b) das Stagnationsverhalten einer Solaranlage experimentell untersucht. Die Anlage hatte ein Kollektorfeld mit 30 Flachkollektoren, die in einer Reihe angeordnet waren. Je 15 Kollektoren waren nach Tichelmann über integrierte Verteil- und Sammelleitungen parallel geschaltet. Die Absorberfläche betrug insgesamt 52 m^2. Drei unterschiedliche hydraulische Konfigurationen wurden untersucht. In der ersten Konfiguration verhinderte ein Rückschlagventil, dass der entstehende Dampf die Flüssigkeit über die Rücklaufleitung aus den Kollektoren verdrängen konnte. Dadurch blieb eine verhältnismäßig große Restmenge im Kollektor zurück, was zu einem entsprechend großen Dampfvolumen führte. In der zweiten Konfiguration wurde das Rückschlagventil in geöffneter Stellung gehalten. Dadurch konnte die Flüssigkeit sowohl über die Rücklaufleitung als auch über die Vorlaufleitung aus dem Kollektor verdrängt werden, mit dem Resultat, dass der Dampf praktisch auf das Kollektorfeld beschränkt blieb. In der dritten Konfiguration wurde nach dem Abschalten der Pumpe die Vorlaufleitung gesperrt, und der Dampf konnte das Kollektorfeld nur nach unten über die Rücklaufleitung verdrängen. Auch in diesem Fall blieb der Dampf auf das Kollektorfeld beschränkt. Das Dampfvolumen wurde jeweils aus dem Druckverlauf und dem Volumen des Ausdehnungsgefäßes bestimmt.

Aus den experimentellen Resultaten wurden folgende Schlüsse gezogen: Gute Entleerbarkeit des Kollektorfeldes ist eine notwendige Bedingung für ein kleines Dampfvolumen. Ein Kollektorfeld ist entleerbar, wenn die Flüssigkeit bei Dampfentwicklung am Hochpunkt vollständig über den rücklaufseitigen Kollektoranschluss ausfließen kann. Das kleinste Dampfvolumen erhält man, wenn das Dampfvolumen zusammenhängend ist. Die Dampfreichweite ist am kleinsten, wenn die Anschlussleitungen auf möglichst kurzem Weg unter die Unterkante des Kollektors geführt werden. Aufgrund der Resultate wurde außerdem postuliert, dass bei idealer Entleerbarkeit das Dampfvolumen dem Kollektorvolumen inklusive der nicht beheizten Sammel- und Verteilleitungen entspricht. Diese Verallgemeinerung wurde durch spätere Arbeiten, die im nächsten Abschnitt diskutiert werden, überholt. Der Einfluss des Wirkungsgrades auf das Dampfvolumen wurde nicht diskutiert.

5.2.4 Phasen der Stagnation

Heutige Flachkollektoren haben so geringe Wärmeverluste, dass Stagnation stets mit Dampfbildung verbunden ist. Die Absorber von Flachkollektoren können im Verlauf der Stagnation Temperaturen von über 200 *°C* erreichen. Bei typischen Drücken im Kollektorfeld von ein bis zwei *bar* über dem Atmosphärendruck beginnt das Wasser-Glykol-Gemisch jedoch bereits bei 120 bis 140 *°C* zu sieden. Bei dieser Temperatur setzt der Flachkollektor die eintreffende

Strahlungsleistung mit einem Wirkungsgrad von rund η_S=0.2 in Dampfleistung um. Dieser Dampf wird sich in den Rohrleitungen des Kreislaufes ausbreiten und dort kondensieren. Dabei werden die Rohre durch die frei werdende Kondensationsenthalpie aufgeheizt. Ein Teil der Flüssigkeit wird durch den entstehenden Dampf aus dem Kollektor verdrängt oder durch die Reibungskräfte, die der strömende Dampf auf die Flüssigphase ausübt, aus dem Kollektor befördert. Ein entsprechendes Volumen der Flüssigkeit wird dadurch aus dem Kreislauf in das Ausdehnungsgefäß geschoben. Die verbleibende Restmenge Flüssigkeit kann den Kollektor nur in Dampfform verlassen. Bei Solaranlagen mit Membranausdehnungsgefäßen steigt der Druck mit zunehmendem Dampfvolumen. Dadurch nimmt auch die Sättigungstemperatur zu. In den dampfgefüllten Bereichen des Kreislaufes können daher Temperaturen von über 150 °C auftreten.

Hausner und Fink (2000), (2003) haben eine Vielzahl unterschiedlicher Solaranlagen messtechnisch untersucht und fünf charakteristische Phasen identifiziert, die eine Solaranlage bei einem Stagnationsereignis durchläuft:

1) Ausdehnung der Flüssigkeit durch Erwärmung auf Siedetemperatur
2) Verdrängung der Flüssigkeit aus den Kollektoren durch Dampfbildung
3) Leersieden. Sattdampf verlässt den Kollektor. Das Ende dieser Phase fällt mit dem Maximum der Dampfreichweite zusammen.
4) Leersieden. Überhitzter Dampf verlässt den Kollektor. Der Kollektor trocknet nach und nach aus. Der Kollektorwirkungsgrad und die Dampfreichweite nehmen ab.
5) Wiederbefüllen des Kollektors.

Außerdem wurde mit der spezifischen Dampfleistung P_d^* eine neue Größe eingeführt. Sie ist definiert als (stationäre) Verlustleistung der mit Dampf gefüllten Rohrleitungen bei maximaler Dampfreichweite $l_{v,\max}$, bezogen auf die Aperturfläche $A_{KF,A} = n \cdot A_{K,A}$ aller n Kollektoren eines Kollektorfeldes.

$$P_d^* := \frac{\dot{Q}_t}{A_{KF,A}} = \frac{kd\pi \cdot l_{v,\max}\left(T_s - T_a\right)}{A_{KF,A}} \qquad \frac{W}{m^2} \tag{5.1}$$

Der Beginn der Dampfbildung und die Siedetemperatur wurden aus dem Druckverlauf mit Hilfe der Dampfdruckkurve der Flüssigkeit ermittelt. Zur Bestimmung der Verlustleistung wurde der Ort der Dampffront durch Messung der Rohrwandtemperatur festgestellt. Daraus konnte die Länge der Dampf enthaltenden Rohre zum Zeitpunkt der maximalen Dampfreichweite bestimmt werden. Unter Berücksichtigung der Umgebungstemperatur und des rechnerischen oder gemessenen Wärmedurchgangskoeffizienten des Rohres wurde schließlich die Verlustleistung berechnet. Zahlreiche Stagnationsfälle wurden analysiert und in Diagrammen präsentiert, welche die spezifische Dampfleistung anschaulich als Funktion der Bestrahlungsstärke darstellen. Mittels Regressionsanalyse wurden Koeffizienten a_1, a_2 und b ermittelt, welche die maßgebende Bestrahlungsstärke bei Stagnation G_S und den Fülldruck p_f am Ausdehnungsgefäß mit der spezifischen Dampfleistung in Beziehung setzen.

$$P_d^* = a_1 G_S + a_2 p_f + b \tag{5.2}$$

Damit war es erstmals möglich, die Dampfreichweite für gegebene hydraulische Konfigurationen und bestimmte Kollektortypen abzuschätzen. Die für die untersuchten Varianten ermittelten Koeffizienten a_1, a_2 und b unterscheiden sich stark und zeigen dadurch deutlich den Einfluss der Rohrführung und der hydraulischen Verschaltung der Absorber und des Kollektorfeldes. Weil die Einflüsse des Kollektorwirkungsgrades und des Durchmessers der Absorberrohre nicht berücksichtigt sind, können die Ergebnisse nicht ohne weiteres auf beliebige Fälle übertragen werden.

Die Größe P_d^* wird heute nach Rommel et al. (2005) als Dampfproduktionsleistung bezeichnet. Im Rahmen eines Verbundprojektes haben Rommel et al. (2007) ein labortaugliches Verfahren zur Bestimmung der Dampfproduktionsleistung entwickelt. Zur Bestimmung des Dampfvolumens wurde das Gewicht des Ausdehnungsgefäßes mit einer Präzisionswaage gemessen. Scheuren (2008) hat dieses Verfahren zur Charakterisierung größerer, sehr unterschiedlicher Kollektorfelder verwendet. Auf der Basis von Messdaten hat er die nachfolgend dargestellten Korrelationen hergeleitet, mit der das maximale Dampfvolumen als Funktion der kollektorspezifischen Dampfproduktionsleistung abgeschätzt werden kann. Außerdem berücksichtigt er die Tatsache, dass sich zum Zeitpunkt der maximalen Dampfreichweite immer noch eine Restmenge Flüssigkeit im Kollektor befindet. Die Rechnung erfolgt in drei Schritten. Zuerst wird die theoretische Stagnationsleistung des Kollektors berechnet, unter der Annahme, dass sich der gesamte Kollektorinhalt auf Siedetemperatur erwärmt hat und die gesamte Absorberfläche zur Stagnationsleistung beiträgt.

$$P_S^* = G_S \eta_0 - a_1 \left(T_s - T_0\right) - a_2 \left(T_s - T_0\right)^2 \tag{5.3}$$

Scheuren schlägt für die maßgebende Bestrahlungsstärke bei Stagnation ein gewichtetes Mittel der effektiven Bestrahlungsstärke vor.

$$G_S = \frac{\sum_{t=0}^{t_s} G(t) \exp\left(\left(t - t_S\right)/\tau_K\right)}{\exp\left(\left(t - t_S\right)/\tau_K\right)} \tag{5.4}$$

Die Zeitspanne t_S ist die Stagnationsdauer bis zum Erreichen der maximalen Dampfreichweite, und τ_K ist die Zeitkonstante des Kollektors. Damit wird berücksichtigt, dass sich Schwankungen der Bestrahlungsstärke am Anfang des Stagnationsereignisses weniger stark auswirken als Schwankungen kurz vor Erreichen der maximalen Dampfreichweite. Falls mit konstanter Bestrahlungsstärke gerechnet werden darf, ist $G_S = G$. Die Entleerbarkeit wird nach Erfahrung abgeschätzt und einer der drei Klassen A, B und C für gut, mittel und schlecht entleerende Systeme zugeordnet. Die Dampfproduktionsleistung ist nach Gleichung (5.5) eine Funktion der Stagnationsleistung und zweier Parameter a und b, die für jede Klasse unterschiedliche Werte haben.

$$P_d^* = a P_S^* + b \qquad \begin{array}{r|ll} & a\,- & b\ \ W/m^2 \\ \hline A: & 0.15 & 10 \\ B: & 0.20 & 40 \\ C: & 0.25 & 80 \end{array} \tag{5.5}$$

Schließlich kann das spezifische, auf die Aperturfläche bezogene Dampfvolumen berechnet werden:

$$V_g^* = \max\left\{\frac{V_t^*}{\dot{Q}_t^*} P_d^* + V_{g,A}^* \,;\, V_A^*\right\} \tag{5.6}$$

Alle mit * bezeichneten Volumina sind auf die Aperturfläche des Kollektors bezogen. $V^*_{g,A}$ ist das spezifische Dampfvolumen des Kollektors zum Zeitpunkt der maximalen Dampfausbreitung. Dieses ist gleich dem spezifischen Kollektorvolumen V^*_A , abzüglich des spezifischen Restvolumens $V^*_{l,A}$ der im Kollektor verbliebenen Flüssigkeit. Das spezifische Restvolumen der Flüssigkeit wurde für fünf verschiedene Fälle aus den Messdaten ermittelt. Die spezifische, auf eine Längeneinheit bezogene Verlustleistung der Rohrleitungen $\dot{Q}^*_t$ wird aus der Differenz zwischen Siede- und Umgebungstemperatur berechnet, unter Berücksichtigung der Wärmeleitfähigkeit und der Dämmstärke der Isolation. Dieses Verfahren bildet eine neue Grundlage für die Bemessung der Druckhaltung und für die Auslegung von Maßnahmen zum Schutz von Pumpen und anderen Systemkomponenten. Gegenüber dem Verfahren von Hausner et al. (2003) werden zusätzlich die Leistungsfähigkeit des Kollektors und das Dissipationsvermögen der Rohrleitungen berücksichtigt. Weil aber auch bei diesem Verfahren die Abhängigkeit des Dampfvolumens vom Rohrdurchmesser nicht erfasst wird, sind die beiden Modellparameter Klasseneinteilung und Restmenge nur ungenau voraussagbar.

5.2.4.1 Anteile der Verdrängung in Vor- und Rücklaufleitung

Hausner et al. (2003) haben bei allen untersuchten Konfigurationen 2 bis 9 nach Abbildung 5-7 auch die Volumenanteile V_R und V_V der Flüssigkeit gemessen, die durch den Dampf in die Rücklaufleitung bzw. in die Vorlaufleitung verdrängt wurden. Ihre Resultate wurden zusammen mit dem Ergebnis der im Abschnitt 5.3.2 diskutierten Anlage ausgewertet und in der Abbildung 5-8 dargestellt und auf das gesamte, aus den Kollektoren verdrängte Flüssigkeitsvolumen V_R+V_V bezogen. Interessant ist, dass bei allen untersuchten Kollektorfeldern rund 80 % des flüssigen Inhaltes durch den Dampf in die Rücklaufleitung verdrängt wird. Offenbar ist dieser Anteil unabhängig von der Entleerbarkeit. Diese Feststellung soll diskutiert werden. Zunächst werden die Kollektorfelder nach ihrer statischen Entleerbarkeit anhand der Abbildung 5-7 klassifiziert. Als gut entleerbar gelten Kollektorfelder, deren Inhalt durch Belüften des Hochpunktes vollständig ausfließen kann. Zu 50 % entleerbar bedeutet, dass die Hälfte des Feldinhaltes in Flüssigkeitssäcken gefangen bleibt. Als nicht entleerbar werden Kollektorfelder bezeichnet, bei denen die Flüssigkeit nach Belüften aller lokalen Hochpunkte vollständig im Absorber bleibt.

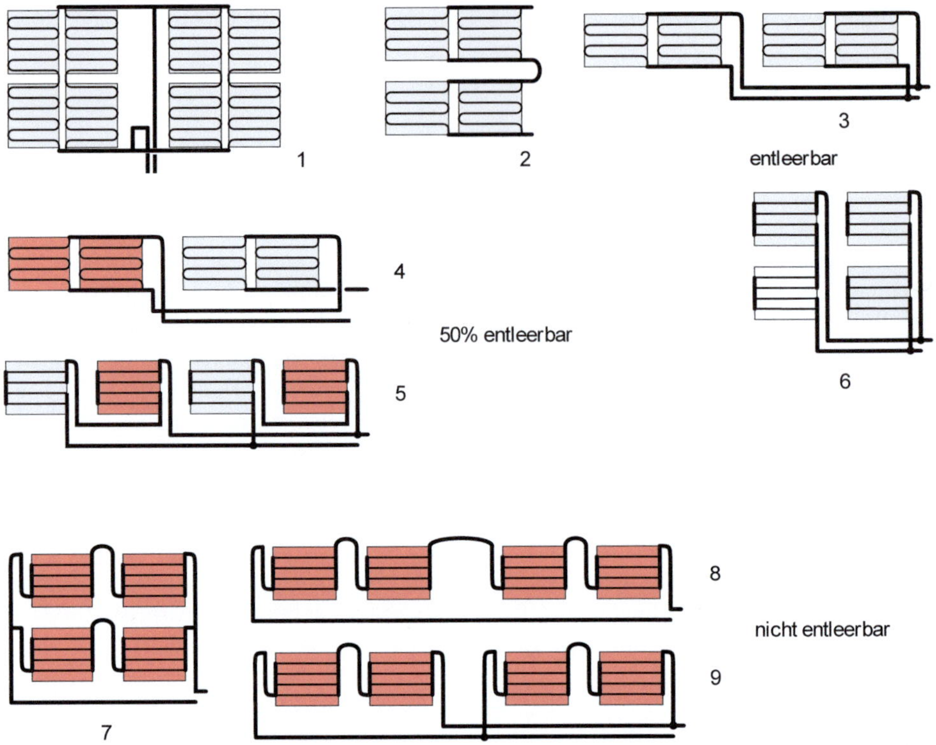

Abbildung 5-7 Schematische Darstellungen des Kollektorfeldes 1 der Anlage „Schmidbergstraße" sowie der von Hausner et al. (2003) untersuchten Kollektorfelder 2 bis 9.

Das Kollektorfeld 1 besteht aus vier parallel geschalteten Strängen mit je zwei Mäanderabsorbern. Es ist gut entleerbar. In den Kollektorfeldern 2, 3 und 4 sind mehrere Kollektoren mit Mäanderabsorbern parallelgeschaltet. Jeweils zwei Kollektoren bilden horizontalen Reihen. Im Kollektorfeld 2 sind zwei Reihen übereinander angeordnet und in Serie geschaltet. Im Kollektorfeld 3 sind zwei Reihen über Feldleitungen parallel geschaltet. Die Kollektorfelder 2 und 3 sind folglich gut entleerbar. Beim Kollektorfeld 4 sind zwei Reihen auf derselben Höhe angeordnet und in Serie geschaltet. Daher kann nur das rechte Teilfeld entleert werden. Bei den Kollektorfeldern 5 und 6 haben die Kollektoren Absorber mit horizontalen Absorberrohren, die über Sammelleitungen parallel geschaltet sind. Die Sammelleitungen verlaufen in Neigungsrichtung der Kollektoren. Die untere Hälfte der Absorberrohre wird parallel nach links, die obere Hälfte parallel nach rechts durchströmt. Je zwei solche Kollektoren sind in Serie geschaltet. Das Kollektorfeld 6 ist gut entleerbar, da die Kollektoren übereinander angeordnet sind. Im Kollektorfeld 5 hingegen sind je zwei Kollektoren auf gleicher Höhe angeordnet und durch eine Verbindungsleitung in Serie geschaltet. Diese bildet einen Flüssigkeitssack. Durch Belüften der Hochpunkte können daher nur zwei der vier Kollektoren entleert werden. Die Kollektoren der Kollektorfelder 7, 8 und 9 haben parallel durchströmte Harfenabsorber, deren horizontale Absorberrohre in derselben Richtung durchströmt werden. Weil beide Kollektoranschlüsse oben liegen, sind weder die einzelnen Kollektoren noch die Kollektorfelder entleerbar.

Die Ursache dafür, dass bei allen Kollektorfeldern rund 80 % der Flüssigkeit in die Rücklaufleitung verdrängt wird liegt in einer Gemeinsamkeit: Alle Kollektoren werden von unten nach oben durchströmt. Die Verdampfung beginnt daher stets in der Nähe des oben liegenden Kollektoraustrittes. Die Dampfbildung führt naturgemäß dazu, dass die Flüssigkeit nach unten in Richtung Rücklaufleitung verdrängt wird. Eine weitere wichtige Erkenntnis ist, dass selbst bei gut entleerbaren Kollektorfeldern Flüssigkeit in die Vorlaufleitung verdrängt wird. Dies kann nicht alleine durch den Entleerungsvorgang erklärt werden, weil dieser nur das Abfließen der Flüssigkeit nach unten beschreibt. Offenbar spielt die Zwischenphasenreibung der Verdrängung der Flüssigkeit eine entscheidende Rolle.

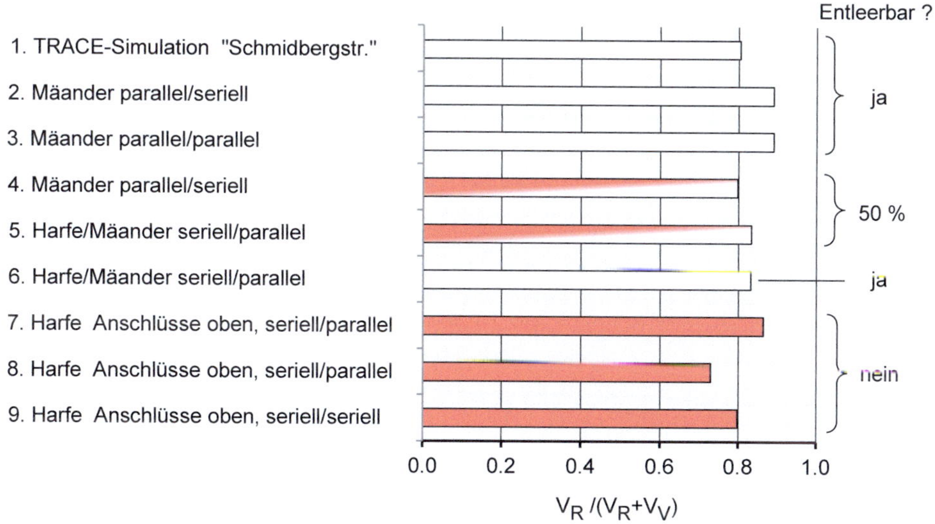

Abbildung 5-8 Anteil des Flüssigkeitsvolumens V_R, das in die Rücklaufleitung verdrängt wird, bezogen auf das gesamte, aus dem Kollektorfeld verdrängte Flüssigkeitsvolumen.

5.2.4.2 Druckstöße bei Stagnation

Stagnation ist ein sehr dynamisches Ereignis. Hausner et al. (2003) haben in ihren Experimenten zum Stagnationsverhalten bei einigen hydraulischen Schaltungsvarianten bei normalen Stagnationsvorgängen Druckstöße festgestellt und durch Mikrophone sowie schnelle Drucksensoren aufgezeichnet. Meist sind diese Druckstöße unkritisch. Streicher (2001) hat verschiedene Szenarien dargestellt, in denen Kondensationsdruckstöße durch Einschluss von Dampf in Rohren, in denen sich die Temperatur der Flüssigkeit unterhalb der Siedetemperatur befindet. Partielle Stagnation ist diesbezüglich besonders gefährlich, weil in dem noch operativen Teil des Kreislaufes die Fließgeschwindigkeiten der untersättigten Flüssigkeit viel höher ist als bei stagnierenden Kollektorfeldern. Es ist daher denkbar, dass es bei der Vereinigung von Strömen in T Verbindungen zum Einschluss größerer Dampfvolumen kommen kann. Kondensationsdruckstöße sind rasche Ereignisse, die bei ihrer Ausbreitung stark gedämpft werden. Sie lassen sich daher nicht durch weit entfernt angeordnete Sicherheitsventile absichern.

Solaranlagen sind in der Regel nicht mit der entsprechenden Messtechnik ausgerüstet. Entsprechend hat man nach dem Stagnationsereignis meist keine Daten zur Verfügung, anhand derer die Ursache für einen Schadenfall ermittelt werden könnte. Es gab jedoch Schadenfälle, bei denen Berstdrücke aufgetreten sein müssen, die weit über dem Ansprechdruck des Sicherheitsventils lagen. In diesen Fällen kann man indirekt auf Druckstöße als Ursache schließen. Derartige Schadenfälle sind jedoch nur Insidern bekannt und wurden bisher nur mündlich überliefert (Streicher 2001).

5.3 Die Methode der thermohydraulischen Simulation

Stagnation ist ein Zweiphasen-Strömungsphänomen, bei dem sowohl langsame als auch sehr schnelle Zustandsänderungen auftreten. Weil durch Verdampfung und Kondensation auch Phasenänderungen mit den entsprechenden Stoff- und Energieströme auftreten, müssen die entsprechenden thermodynamischen Ungleichgewichte berücksichtigt werden. Diese Phänomene rein empirisch zu erfassen wäre einerseits sehr aufwändig. Andererseits ist es kaum möglich, die in einem spezifischen Experiment gewonnenen empirischen Resultate für beliebige Fälle zu verallgemeinern und als praktisch nutzbare Korrelationen darzustellen.

Neben der experimentellen Methode bietet die thermohydraulische Simulation eine weitere Möglichkeit zur Analyse des Stagnationsverhaltens. Dabei können in hoher zeitlicher und örtlicher Auflösung auch solche Zustandsgrößen berechnet werden, die sich messtechnisch nicht oder nur indirekt und mit großem Aufwand erfassen lassen. Verglichen mit einphasigen Strömungen sind Zweiphasenströmungen sehr viel komplexer. Die beiden Phasen können sich mit unterschiedlicher Geschwindigkeit in dieselbe Richtung oder auch gegeneinander bewegen. Außerdem können sich die Phasenanteile durch Verdampfen und Kondensieren ändern. Entsprechend umfangreich ist die Theorie zur Beschreibung dieser Phänomene.

In den folgenden Abschnitten werden verschiedene Modellierungsansätze zur Beschreibung von Mehrphasenströmungen dargestellt. Dabei wird zuerst das sogenannte 6-Gleichungsmodell besprochen, bei dem die Gasphase und die Flüssigphase durch je drei Erhaltungsgleichungen für die Masse, den Impuls und die Energie beschrieben werden. Anschließend wird das Stagnationsverhalten einer Solaranlage unter Verwendung dieses Modells simuliert. Aus den Simulationsergebnissen werden Erkenntnisse abgeleitet, die eine schrittweise Vereinfachung des Modells erlauben. Schließlich wird ein Modell hergeleitet, das sich für die praktische Bewältigung von Dimensionierungsaufgaben eignet.

5.3.1 Charakterisierung von Zweiphasenströmungen

Nachfolgend werden Begriffe und Größen definiert, die zur Beschreibung von Zweiphasenströmungen in Rohren erforderlich sind. Anschließend werden die Erhaltungsgleichungen zur Beschreibung von Zweiphasenströmungen formuliert. Die Herleitungen und Formulierungen beziehen sich größtenteils auf das Lehrbuch von Levy (1999). Neben den deutschen Begriffen werden auch die englischen Begriffe eingeführt, damit der Bezug zur Originalliteratur hergestellt werden kann.

5.3.1.1 Elementare Größen und Beziehungen

Die Flüssigkeit und das Gas bzw. der Dampf werden unabhängig von ihrer Zusammensetzung als Flüssigphase und Gasphase bezeichnet. Der Gasvolumenanteil (void fraction) ε ist definiert als Verhältnis des Gasvolumens V_g zum Gesamtvolumen V eines Rohrabschnittes. Diese Größe wird auch interpretiert als zeitlich gemittelter Anteil des Rohrquerschnittes, den die Gasphase einnimmt. Die komplementäre Größe $(1-\varepsilon)$ bezeichnet den volumetrischen Anteil der Flüssigphase. Im Zusammenhang mit dem flüssigen Fördergut in Pipelines wird diese Größe Flüssigvolumenanteil (holdup) genannt. Gas- und Flüssigvolumenanteile sind also durch die entsprechenden Volumenverhältnisse definiert.

$$\varepsilon := \varepsilon_g = \frac{V_g}{V} = \frac{V_g}{V_l + V_g} \qquad 1 - \varepsilon := \varepsilon_l = \frac{V_l}{V} = \frac{V_l}{V_l + V_g} \tag{5.7}$$

Die Summe aus Gasvolumenanteil und Flüssigvolumenanteil ist $\varepsilon_g + \varepsilon_l = 1$. Der volumetrische Strömungsgasgehalt hingegen ist definiert durch die entsprechenden Verhältnisse der Volumenströme.

$$\dot{\varepsilon} = \frac{\dot{V}_g}{\dot{V}} = \frac{\dot{V}_g}{\dot{V}_l + \dot{V}_g} \qquad 1 - \dot{\varepsilon} = \frac{\dot{V}_l}{\dot{V}} = \frac{\dot{V}_l}{\dot{V}_l + \dot{V}_g} \tag{5.8}$$

Der Strömungsgasgehalt beschreibt das Verhältnis des Massenstroms der Dampf- bzw. Gasphase zum Gesamtmassenstrom.

$$\dot{x} = \frac{\dot{m}_g}{\dot{m}} = \frac{\dot{m}_g}{\dot{m}_g + \dot{m}_l} = \frac{\dot{V}_g \rho_g}{\dot{m}} \qquad 1 - \dot{x} = \frac{\dot{m}_l}{\dot{m}_g + \dot{m}_l} = \frac{\dot{V}_l \rho_l}{\dot{m}} \tag{5.9}$$

Zwischen dem Strömungsgasgehalt und dem volumetrischen Strömungsgasgehalt besteht folgende Beziehung.

$$\dot{x} = \frac{\dot{\varepsilon}\rho_g}{\dot{\varepsilon}\rho_g + (1 - \dot{\varepsilon})\rho_l} \tag{5.10}$$

Die Volumenstromdichte einer Phase ist definiert als Verhältnis ihres Volumenstromes zum Gesamtquerschnitt A_t des Rohres. Sie hat die Dimension einer Geschwindigkeit und wird in der Fachliteratur oft mit *superficial velocity* bezeichnet.

$$j_g = \frac{\dot{V}_g}{A_t} = \frac{\dot{m}_g}{\rho_g A_t} \qquad j_l = \frac{\dot{V}_l}{A_t} = \frac{\dot{m}_l}{\rho_l A_t} \tag{5.11}$$

Die Strömungsgeschwindigkeiten der Gas- und der Flüssigphase können durch die Volumenstromdichte und den Gasvolumenanteil ausgedrückt werden.

$$w_g = \frac{j_g}{\varepsilon} \qquad w_l = \frac{j_l}{(1-\varepsilon)} \tag{5.12}$$

Im allgemeinen Fall, auch bei Stagnation, sind die Strömungsgeschwindigkeiten der beiden Phasen nicht gleich. Das Verhältnis dieser Strömungsgeschwindigkeiten wird mit Schlupf s (slip ratio) bezeichnet. Mit Hilfe der Gleichungen (5.7), (5.8) und (5.9) kann der Schlupf als Funktion des Gasvolumenanteiles, des Strömungsgasgehaltes sowie der Dichten der Gas- und Flüssigphase dargestellt werden.

$$s = \frac{w_g}{w_l} = \frac{\varepsilon(1-\dot{\varepsilon})}{\dot{\varepsilon}(1-\varepsilon)} = \frac{\dot{x}}{(1-\dot{x})} \frac{(1-\varepsilon)}{\varepsilon} \frac{\rho_l}{\rho_g} \tag{5.13}$$

Falls die Unterschiede der Strömungsgeschwindigkeiten vernachlässigbar sind, kann man mit einem Schlupf $s = 1$ rechnen. Die Erhaltungsgleichungen, die auf dieser Voraussetzung beruhen, werden als homogenes Modell bezeichnet. Der Gasvolumenanteil kann dann direkt aus (5.13) berechnet werden. Im Allgemeinen sind die Strömungsgeschwindigkeiten jedoch verschieden. Es ist daher nicht möglich, allein mit den Beziehungen (5.7) bis (5.13) die wichtige Größe des Gasvolumenanteiles zu berechnen. Neben dieser rein geometrischen und kinematischen Beschreibung muss auch die Physik einer Zweiphasenströmung formuliert werden.

5.3.1.2 Strömungsformen

Bei Zweiphasenströmungen können sehr komplexe Strömungsformen auftreten. Die Strömungsform wird klassifiziert nach den Erscheinungsbildern der Gas- oder Flüssigphase. In der Abbildung 5-9 ist eine Auswahl für horizontale und vertikal nach oben gerichtete Strömung dargestellt. Druckverlust, Schlupf und Wärmeübergang hängen stark von diesen Strömungsformen ab. Die folgende Diskussion stellt ihre Abhängigkeit von den maßgebenden Parametern qualitativ dar.

In horizontalen Rohren kann sich bei kleinen Strömungsgeschwindigkeiten und hohem Gasvolumenanteil eine Schichtenströmung mit glatter Phasengrenzfläche ausbilden. Mit zunehmender Strömungsgeschwindigkeit der Gasphase nimmt die Zwischenphasenreibung zu. Zunächst entsteht eine wellige Schichtenströmung. Diese wird bei weiterer Steigerung der Gasgeschwindigkeit instabil und nimmt die Form einer Schwallströmung an. Bei noch höheren Gasgeschwindigkeiten entsteht eine Ringströmung, bei der die Flüssigphase die Rohrwand bedeckt und der Kern der Strömung aus einer Gasphase mit Flüssigkeitstropfen besteht. Wird der Gasvolumenanteil reduziert, so kann aus der Ringströmung eine Schaumströmung entstehen. Bei gleichbleibendem Gasvolumenanteil erhält man mit abnehmender Gasgeschwindigkeit zunächst eine Blasenströmung und schließlich eine Pfropfenströmung, bei der sich einzelne Gastaschen entlang des Rohrscheitels bewegen.

Zur Diskussion der Strömungsformen vertikalen Rohren wird der Strömungszustand betrachtet, in dem beide Phasen von unten nach oben strömen. Ist die Strömungsgeschwindigkeit der Flüssigphase gering und der Gasvolumenanteil klein genug, so wird sich eine Blasenströmung ausbilden. Steigert man den Gasvolumenanteil, so entsteht eine Pfropfenströmung. Indem man die Strömungsgeschwindigkeit der Flüssigphase erhöht, nimmt der Impulsaustausch zwischen den Phasen zu. Die Pfropfen werden durch Scherkräfte in der turbulenten Strömung zerrissen und es entsteht eine Schaumströmung. Steigert man hingegen die Strömungsgeschwindigkeit der Gasphase, so entsteht aus der Pfropfenströmung eine Ringströmung.

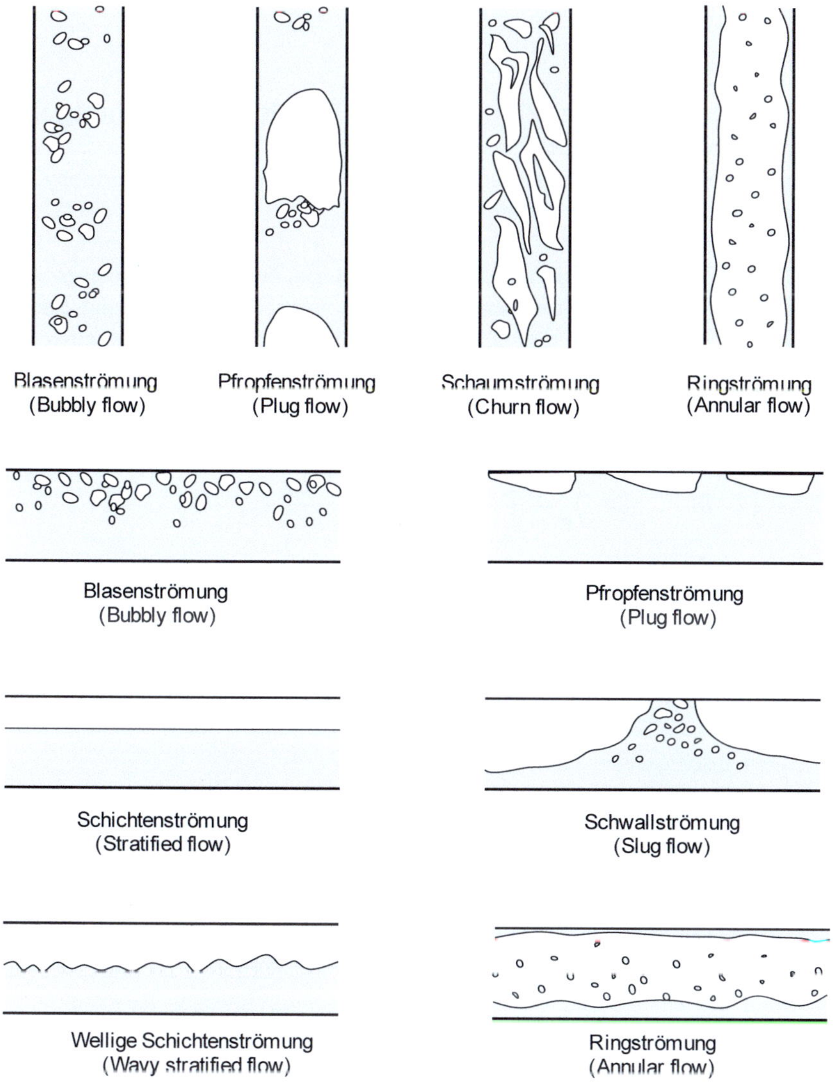

Abbildung 5-9 Strömungsformen bei Zweiphasenströmungen in horizontalen und vertikalen Rohren.

Auch der Neigungswinkel beeinflusst die Strömungsform. Für die Wahl der geeigneten Korrelation, beispielsweise für den Wärmeübergang, muss daher zunächst die Strömungsform ermittelt werden. Dies geschieht entweder mittels sogenannter Strömungsformenkarten, in welchen die Strömungsformen als Gebiete eingezeichnet sind, oder mittels weiterer Korrelationen, welche die Grenzen dieser Gebiete definieren. Bei der Verwendung von Strömungsformenkarten muss beachtet werden, dass diese nur gültig sind für eine bestimmte Fluidkombination und einen bestimmten hydraulischen Fall, zum Beispiel die horizontale, adiabatische Strömung von Wasser und Luft. Ausführliche Darstellungen findet man in zahlreichen Lehrbüchern, beispielsweise jenen von Levy (1999), Baehr und Stephan (2010) oder Kandlikar und Shoji et al. (1999).

5.3.2 Darstellung durch eindimensionale Erhaltungsgleichungen

Nach heutigem Stand werden Zweiphasenströmungen in Rohrnetzen mit thermohydraulischen Rechenprogrammen, sogenannten System-Codes modelliert. Dabei werden die Gasphase und die Flüssigphase nach dem Zweifluidmodell durch je drei eindimensionale Erhaltungsgleichungen für Masse, Impuls und Energie beschrieben. Bei der Herleitung dieses Systems aus sechs nichtlinearen, partiellen Differentialgleichungen nach Yadigaroglu und Lahey (1976) werden alle Zustandsgrößen über den gesamten bzw. den durch eine Phase eingenommenen Rohrquerschnitt gemittelt. Dies wird am Beispiel des Gasvolumenanteiles und der Geschwindigkeit der Gasphase dargestellt. Die Mittelwerte dieser Größen sind durch eckige Klammern gekennzeichnet.

$$\langle \varepsilon \rangle = \frac{1}{A} \int_A \varepsilon \cdot dA \quad ; \quad \langle w_g \rangle_g = \frac{1}{A_g} \int_A w_g \varepsilon \cdot dA = \frac{1}{A \langle \varepsilon \rangle} \int_A w_g \varepsilon \cdot dA \tag{5.14}$$

Durch diese Mittelwertbildung gehen alle Informationen über die Form und die örtliche Verteilung der Phasen, der Phasengrenzflächen und der Phasengeschwindigkeiten über den Rohrquerschnitt verloren. Der Impuls-, Stoff- und Wärmetransport über die Phasengrenzen sowie die Wandreibung und der Wärmetransport über die Rohrwand werden daher durch empirische Korrelationen beschrieben. Die Erhaltungsgleichungen bilden zusammen mit diesen Korrelationen ein geschlossenes Gleichungssystem.

Zur numerischen Lösung dieses Gleichungssystems werden die Rohre des zu berechnenden Rohrnetzes in Zellen unterteilt. Dadurch entsteht ein Netz aus diskreten Knoten, an denen die Zustandsgrößen für jeden Zeitschritt berechnet werden. Aufgrund der ausgeprägten Nichtlinearität und Steifheit des Gleichungssystems erfordert die praktische Bewältigung einer Simulationsaufgabe sehr robuste und effiziente Rechencodes. Durch die Beschränkung auf eine Dimension ist es jedoch möglich, komplexe Rohrnetze mit normalen Arbeitsplatzrechnern zu simulieren. Eines der am weitesten entwickelten thermohydraulischen Rechenprogramme ist TRACE. Es wurde, wie auch seine Vorgänger RELAP und TRAC, von der United States Nuclear Regulation Commission U.S.NRC entwickelt. In den folgenden drei Abschnitten werden die Erhaltungsgleichungen des Zweifluidmodells und des Mischungsmodells vorgestellt. Die Darstellung entspricht weitgehend jener von Levy (1999).

5.3.2.1 Das Zweifluidmodell mit Phasenwechsel

Im Zweifluidmodell werden die Strömung von Wasser und Dampf in Rohren durch eindimensionale Erhaltungsgleichungen für Masse, Impuls und Energie beschrieben, die nachfolgend in vereinfachter Form dargestellt sind. Die Erhaltungsgleichungen für die Massen der beiden Phasen lauten

$$\frac{\partial}{\partial t}\varepsilon\rho_g + \frac{\partial}{\partial x}\varepsilon\rho_g w_g = -\Gamma \ , \tag{5.15}$$

$$\frac{\partial}{\partial t}(1-\varepsilon)\rho_l + \frac{\partial}{\partial x}(1-\varepsilon)\rho_l w_l = \Gamma \ . \tag{5.16}$$

Die Klammern zur Kennzeichnung der Mittelwertbildung wurden weggelassen. Der Term Γ ist der Massenstrom bei Phasenänderung, bezogen auf das Einheitsvolumen. Er beschreibt die Änderung der Masse eines Phasenanteils infolge Verdampfung und Kondensation. Die Erhaltungsgleichung für den Impuls der Gasphase lautet

$$\frac{\partial}{\partial t}\rho_g\varepsilon w_g + \frac{\partial}{\partial x}\rho_g\varepsilon w_g^2 = -\varepsilon\frac{\partial p}{\partial x} - g\rho_g\varepsilon\sin\phi - \tau_g\frac{S_g}{A_t} - \tau_i\frac{S_i}{A_t} + \Gamma\left(w_g - w_l\right) \ . \tag{5.17}$$

Die linke Seite repräsentiert die Trägheitskraft, die rechte Seite die Summe der angreifenden Kräfte. Die ersten beiden Terme auf der rechten Seite sind die volumenbezogenen Kräfte des Druckes und der Gravitation. Der dritte Term beschreibt die Wandreibung, der vierte die Zwischenphasenreibung. Die Größe S_g ist die Länge des Rohrumfanges, der mit der Gasphase in Berührung steht. Die Größe S_i ist die Länge der Phasengrenzfläche. τ_g und τ_i bezeichnen die Schubspannungen der Gasphase zur Rohrwand bzw. zur Phasengrenzfläche. Der letzte Term berücksichtigt die Impulsübertragung durch den Stoffaustausch beim Phasenwechsel. Mit $1-\varepsilon = \varepsilon_l$ lautet die entsprechende Gleichung für den Impuls der Flüssigphase

$$\frac{\partial}{\partial t}\rho_l w_l + \frac{\partial}{\partial x}\rho_l\varepsilon_l w_l^2 = -\varepsilon_l\frac{\partial p}{\partial x} - g\rho_l\varepsilon_l\sin\phi - \tau_l\frac{S_l}{A_t} + \tau_i\frac{S_i}{A_t} - \Gamma\left(w_g - w_l\right) \ . \tag{5.18}$$

Man beachte, dass die Terme der Zwischenphasenreibung und des Impulsaustausches dieselben sind wie bei der Gasphase, jedoch mit umgekehrten Vorzeichen. Die Energiegleichung für die Gasphase lautet

$$\frac{\partial}{\partial t}\rho_g\varepsilon h_g + \frac{\partial}{\partial x}\rho_g\varepsilon h_g w_g = q_g''\frac{S_g}{A_t} + q_{gi}''\frac{S_i}{A_t} + \Gamma h_g \ . \tag{5.19}$$

Die rechte Seite summiert alle zu- und abgeführten Enthalpieströme. Die ersten beiden Terme beschreiben den Transport sensibler Wärme von der Rohrwand an die Gasphase und von der Gasphase an die Phasengrenze. S_g und S_l sind die Anteile des Rohrumfanges, die mit der Gas- bzw. Flüssigphase in Kontakt sind. S_i ist die Länge der Phasengrenze im entsprechenden Rohrquerschnitt. Der dritte Term beschreibt den Austausch von Enthalpie beim Phasenwechsel. Die Beiträge der Wand- und Zwischenphasenreibung sind gegenüber diesen Termen meist vernachlässigbar und daher nicht aufgeführt. Eine weitere Vereinfachung ergibt sich durch die Vernachlässigung der kinetischen und potenziellen Energie, $h_g + w_g^2/2 + gx \cdot \sin\phi \approx h_g$. Die entsprechende Energiegleichung für die Flüssigphase lautet,

$$\frac{\partial}{\partial t}\rho_l\left(1-\varepsilon\right)h_l + \frac{\partial}{\partial x}\rho_l\left(1-\varepsilon\right)h_l w_l = q_l''\frac{S_l}{A_t} + q_{li}''\frac{S_i}{A_t} - \Gamma h_l \tag{5.20}$$

Die sechs freien Variablen dieses Gleichungssystems sind der Druck p, der Gasvolumenanteil ε, die Geschwindigkeiten w_g und w_l sowie die Enthalpien h_g und h_l der beiden Phasen. Damit das Gleichungssystem lösbar ist, müssen alle anderen Größen durch zusätzliche Gleichungen, die sogenannten Schließbedingungen (*closure laws*), beschrieben werden. Im Zweifluidmodell können sowohl die Strömungsgeschwindigkeiten als auch die Temperaturen der Phasen unterschiedlich sein. Dadurch ist es möglich, Reibung zwischen den Phasen zu berücksichtigen. Außerdem können Nichtgleichgewichtszustände beschrieben werden, zum Beispiel unterkühltes Sieden und Kondensation.

5.3.2.2 Das Mischungsmodell

Indem die Gleichungspaare für die Dampf- und Flüssigphase addiert werden, erhält man drei Gleichungen für die Erhaltung der Gesamtmasse, des Gesamtimpulses und der Gesamtenthalpie. Aus Platzgründen wird der Flüssigvolumenanteil nicht wie üblich durch $1-\varepsilon$, sondern durch ε_l ausgedrückt.

$$\frac{\partial}{\partial t}\rho_m + \frac{\partial}{\partial x}\left[\varepsilon\rho_g w_g + \varepsilon_l\rho_l w_l\right] = 0 \tag{5.21}$$

$$\frac{\partial}{\partial t}\left[\rho_g\varepsilon w_g + \rho_l\varepsilon_l w_l\right] + \frac{\partial}{\partial x}\left[\rho_g\varepsilon w_g^2 + \rho_l\varepsilon_l w_l^2\right] = -\frac{\partial p}{\partial x} - g\rho_m\sin\phi - \tau\frac{4}{d_t} \tag{5.22}$$

$$\frac{\partial}{\partial t}\left[\rho_g\varepsilon h_g + \rho_l\varepsilon_l h_l\right] + \frac{\partial}{\partial x}\left[\rho_g\varepsilon h_g w_g + \rho_l\varepsilon_l h_l w_l\right] = q''\frac{4}{d_t} - \Gamma h_v \tag{5.23}$$

Die Dichte der Mischung ist

$$\rho_m = \rho_g\varepsilon + \rho_l\left(1-\varepsilon\right). \tag{5.24}$$

Im Mischungsmodell sind durch die Addition der Gleichungen alle Austauschterme eliminiert. Anstelle der Summe aus Wand- und Zwischenphasenreibung der jeweiligen Phasen tritt die Wandreibung des Gemisches. Weil in der Impulsgleichung der Term der Zwischenphasenreibung nicht mehr auftritt, muss die Information über den Schlupf bzw. den Gasvolumenanteil durch eine entsprechende Schließbedingung beigesteuert werden, beispielsweise durch ein Drift-Flux Modell aus Abschnitt 5.4.1. Die Addition der Energiegleichungen bedeutet, dass mit gleichen Temperaturen der beiden Phasen gerechnet wird. Anstelle der beiden Beiträge des Energieaustausches zwischen der Rohrwand und den einzelnen Phasen tritt der Energieaustausch zwischen Rohrwand und dem Gemisch. Die Integralform dieses Modells wird im Abschnitt 5.4 zur analytischen Beschreibung der Stagnation verwendet.

Falls das Strömungsproblem die Annahme identischer Phasengeschwindigkeiten zulässt, kann man die Gleichungen weiter vereinfachen und man erhält das homogene Modell. Dieses eignet sich jedoch nicht zur Beschreibung der Strömungsphänomene in Solaranlagen.

5.3.3 Simulation des Stagnationsverhaltens mit TRACE

Die hydraulischen Modellelemente in TRACE basieren, mit Ausnahme des Behältermodells, auf dem eindimensionalen Rohrelement. Diesem masselosen Rohrelement kann eine mehrschichtige Wärmeleitungsstruktur zugeordnet werden, in der die geometrischen Dimensionen und die thermophysikalischen Eigenschaften des Rohrwerkstoffes und der Wärmedämmung spezifiziert sind. Die Wärmeleitungsstruktur definiert ein System von zeitabhängigen Wärmeleitungsgleichungen, die numerisch gelöst werden. An den Außen- und Innenflächen der Wärmeleitungsstruktur werden außerdem die thermischen Randbedingungen für das strömende Fluid und die Umgebung definiert. Rohrelemente und Wärmeleitungsstrukturen können in axialer Richtung in Zellen mit unterschiedlicher Länge unterteilt werden.

TRACE rechnet mit den Stoffdaten von Wasser. Die bei Wasser-Glykol-Gemischen auftretende fraktionierte Destillation kann folglich nicht abgebildet werden. Nach Scheuren (2008, p.112) tritt die maximale Dampfprodukionsleistung und damit das maximale Dampfvolumen jedoch in einer relativ frühen Phase der Stagnation auf, in der die Glykolkonzentration in den Kollektoren durch Destillationsvorgänge noch nicht wesentlich angestiegen ist. Dies legt die Hypothese nahe, dass man zur Berechnung des Dampfvolumens den Anstieg der isobaren Siedetemperatur vernachlässigen darf. Es ist aber anzunehmen, dass die Simulationsergebnisse aus der späten Phase des Leersiedens, wenn das Dampfvolumen bereits wieder am Abnehmen ist, vom realen Verhalten abweichen. Der stationäre Wirkungsgrad des Kollektors ist durch dessen mittlere Fluidtemperatur, die Umgebungstemperatur und die Bestrahlungsstärke bestimmt. Damit die Simulation der Stagnation mit TRACE sinnvolle Resultate liefert, muss der Siedebeginn bei derselben Temperatur auftreten wie bei der realen Anlage. Dazu wird der Betriebsdruck so vorgegeben, dass die Sättigungstemperatur von Wasser gleich der Siedetemperatur der Wasser-Propylenglykol Mischung in der realen Anlage ist. Die Simulation des normalen Anlagenbetriebes ist unproblematisch. Bei sehr hohen Ansprüchen an die Genauigkeit, könnten die geringen Unterschiede der Stoffwerte durch entsprechende Anpassung des Massenstromes und des Kollektorvolumens korrigiert werden. Auf diese Anpassungen wurde im Rahmen dieser Arbeit verzichtet. Eismann und Prasser (2012) haben anhand des in den folgenden Abschnitten dargestellten Fallbeispieles gezeigt, dass sich das thermohydraulische Rechenprogramm TRACE zur Simulation der Stagnation sehr gut eignet.

5.3.3.1 Modellierung

Die in der Abbildung 5-10 dargestellte Solaranlage besteht aus zwei Teilfeldern mit je vier Kollektoren des Typs FK1 V2 der Ernst Schweizer AG und einem 1450 *l* Pufferspeicher. Sie dient zur Warmwasserbereitung und Heizungsunterstützung in einem Einfamilienhaus. Die Kollektoren besitzen Mäanderabsorber. Der Innendurchmesser der Absorberrohre beträgt 11 *mm*. Je zwei übereinander angeordnete Kollektoren sind in Serie geschaltet. Der Inhalt der Kollektoren ohne Feldverrohrung beträgt 18.3 *l*. Der Inhalt der Rohrleitungen zwischen Kollektorfeld und der Ebene A oberhalb der Pumpengruppe beträgt 7.6 *l*. Die Höhendifferenz zwischen dem Anschluss des Ausdehnungsgefäßes und dem oberen Kollektoranschluss beträgt 9.63 *m*. Zur Druckhaltung dient ein Membran-Druckausdehnungsgefäß mit einem Nennvolumen von 80 *l* und einem Vordruck von 1.8 *bar*. Dieses ist druckseitig über ein Vorschaltgefäß angeschlossen. Das Vorschaltgefäß hat einen Inhalt von 20 *l*. Bei einer mittleren Kreislauftemperatur von 70 *°C* beträgt der Betriebsüberdruck 2.1 *bar*. Das Rückschlagventil befindet sich auf der Druckseite der Pumpe, zwischen dem Referenzpunkt und dem Eintritt in die Kollektoren. Die durch den Dampf verdrängte Flüssigkeit kann sowohl über die Vorlaufleitung als auch über die Rücklaufleitung in das Ausdehnungsgefäß strömen. Die Anlage wird mit einem spezifischen Durchfluss von 40 l/hm^2 betrieben.

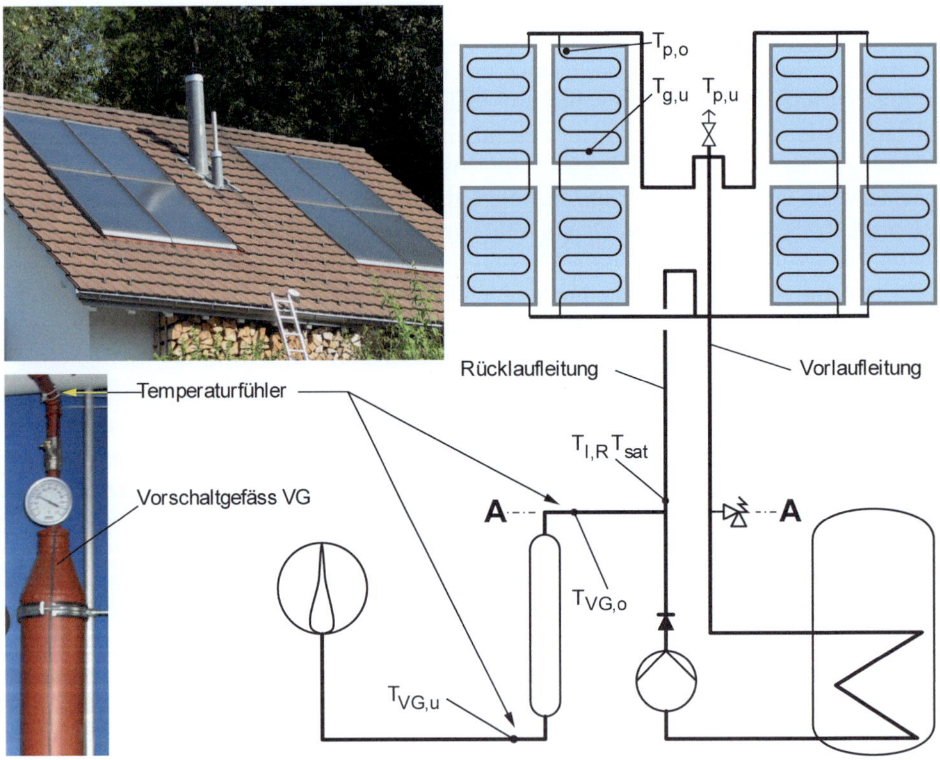

Abbildung 5-10 Kollektorfeld und Kreislauf der Solaranlage „Schmidbergstraße“ in CH-9631 Ulisbach. (Ernst Schweizer AG, CH-8908 Hedingen)

Das Kollektorfeld würde man aufgrund der Kollektorverschaltung als gut entleerbar einstufen. Aus diesem Grund wurde zunächst kein Vorschaltgefäß installiert. Nach der Inbetriebnahme stellte sich jedoch heraus, dass das Stagnationsverhalten dem eines mittelmäßig bis schlecht entleerenden Systems entspricht, das man nach Scheuren (2008) der Klasse B oder C zuordnen müsste. Der Dampf erreichte wiederholt den Glattrohrwärmeübertrager im Pufferspeicher, wo er unter Bildung von heftigen Druckstößen kondensierte. Durch den Einbau eines ungedämmten Vorschaltgefäßes wurde das Dissipationsvermögen des Kreislaufes so weit erhöht, dass der Dampf den Pufferspeicher nicht mehr erreicht. Die thermische Belastung des Kreislaufes blieb aber immer noch sehr hoch. Schlecht kompensierte thermische Dehnungen führten zu Lecks bei gehanften Rohrverbindungen.

Dieses Fallbeispiel zeigt deutlich, dass das Stagnationsverhalten durch Mechanismen beeinflusst wird, die durch bekannte Korrelationen nicht beschrieben werden können. Die Anlage wurde daher sowohl messtechnisch als auch durch Modellierung und Simulation untersucht, mit dem Ziel, diese Mechanismen zu verstehen, zu quantifizieren und durch praxistaugliche Modelle abzubilden.

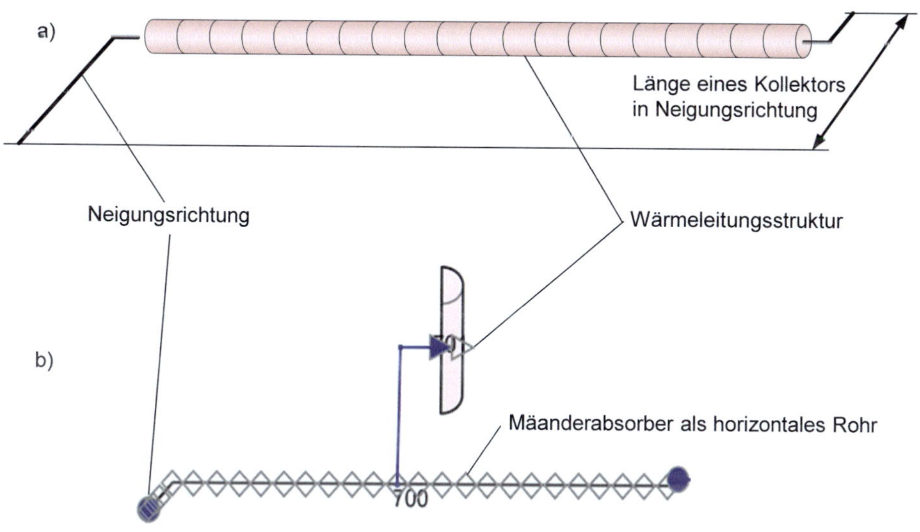

Abbildung 5-11 Eindimensionale Modellelemente des Absorbers in sinnbildlicher Darstellung a) und in der symbolhaften Darstellung b) des Modell-Editors SNAP (SymbolicNuclearAnalysis-Package) von TRACE.

Seit 2010 werden die Temperaturen an mehreren Stellen des Kreislaufs durch einen Regler des Typs Steca TR603mc gemessen und aufgezeichnet. Am 24. August 2011 wurde ein Stagnationsereignis vor Ort beobachtet. Dabei wurden die Bestrahlungsstärke in der Kollektorebene sowie der Druck beim Ausdehnungsgefäß gemessen und von Hand aufgezeichnet. Anhand des Druckverlaufes konnte festgestellt werden, bei welcher Kollektortemperatur erste Dampfbildung auftritt. Dieser Befund wurde zur Interpretation aller anderen Datensätze verwendet, bei denen keine Informationen über den Druckverlauf verfügbar sind. Für die Gegenüberstellung von Messung und Simulation ist der Datensatz des 24. August jedoch schlecht geeignet, da der Strahlungsverlauf wegen vorüberziehender Wolken Einbrüche aufweist. Ausgewählt wurde daher das Stagnationsereignis vom 17. August 2011, bei welchem der Verlauf der Kollektortemperatur einen wolkenlosen Tag vermuten ließ. Mangels gemessener Strahlungsdaten wurde ein Datensatz für den entsprechenden geografischen Ort, die Orientierung und die Neigung des Kollektorfeldes mittels Polysun®5.8 generiert.

Abbildung 5-11 zeigt das Absorbermodell und seine Repräsentation im grafischen Modell-Editor, der zur Entwicklung des Input-Datensatzes für TRACE verwendet wurde. Das Absorberrohr ist als Rohrelement mit 27 Zellen modelliert. Die zwanzig Zellen 6 bis 25 sind je 1 *m* lang und liegen horizontal. Ihnen ist eine Wärmeleitungsstruktur mit ebenfalls zwanzig Zellen und drei radialen Schichten zugeordnet. Die innerste Schicht umgibt das hydraulische Rohrelement. Diese besitzt den Innendurchmesser, das Volumen und die Materialeigenschaften des Absorberrohres. Die äußerste Schicht repräsentiert in entsprechender Weise das Absorberblech. Die Strahlungsrandbedingung wird durch eine Rechenschaltung definiert. Die mittlere Schicht stellt einen Wärmeleitwiderstand dar. Dieser ist so dimensioniert, dass der stationäre Wirkungsgrad mit jenem aus der Leistungsprüfung übereinstimmt. Die Enden des hydraulischen Rohrelementes sind entsprechend der Dachneigung um 45° nach oben bzw. unten abgebogen.

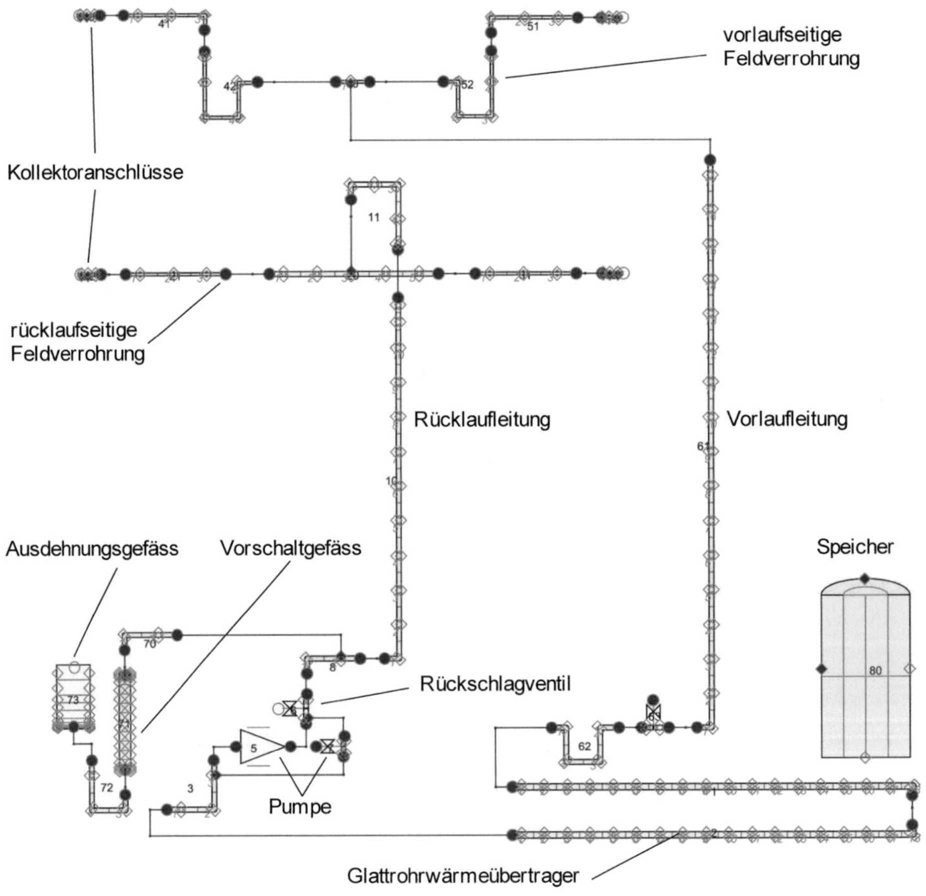

Abbildung 5-12 Darstellung des Kreislaufes im Modell-Editor von TRACE.

Die beiden geneigten Rohrsegmente haben zusammen die Länge des Kollektors inklusive seiner Anschlüsse.

Abbildung 5-12 zeigt die Darstellung des Kreislaufes im Modell-Editor von TRACE. Die Kollektoren und die Wärmeleitungsstrukturen sind zur besseren Übersicht ausgeblendet. Allen Rohrelementen sind Wärmeleitungsstrukturen zugeordnet, mit entsprechend definierten Materialien und Dicken für Rohrwand und Wärmedämmung. Die Rohrlängen, Orientierungen und Höhenkoten wurden, sofern sie bekannt waren, entsprechend abgebildet. Außerdem wurde ein Rückschlagventil mit einem Öffnungsdruck von 2500 Pa modelliert. Zur Darstellung der Kreiselpumpe wurde ein Pumpenmodell verwendet, das den Pumpendruck als Funktion des Volumenstroms vorgibt. Über eine Rechenschaltung kann die Pumpe in Abhängigkeit der Kollektor- bzw. Speichertemperatur ein- und ausgeschaltet werden. Während im Stillstand eine Kreiselpumpe in beiden Richtungen durchströmt werden kann, ist bei dem Pumpenmodell der Massenstrom null. Das Pumpenmodell wurde daher durch ein parallel geschaltetes Ventil überbrückt, das beim Ausschalten der Pumpe geöffnet wird. Für den Speicher wurde ein einfaches, zylindrisches Behältermodell mit je zwei Unterteilungen in axialer, radialer und azimutaler Richtung modelliert. Der Glattrohrwärmeübertrager im unteren Bereich des Speichers ist durch zwei horizontale Rohre mit den entsprechenden Wärmeleitungsstrukturen approximiert. Die innere Oberfläche der Zellen dieser Wärmeleitungsstrukturen steht mit dem Kreislauffluid in Verbindung, während die äußere Oberfläche die thermischen Randbedingungen für das Speicherfluid vorgibt.

5.3.3.2 Vergleich der Simulation mit Messdaten

Abbildung 5-13 zeigt gemessene und simulierte Temperaturverläufe des Stagnationsereignisses vom 17. August 2011. Bei deren Interpretation muss Folgendes beachtet werden: Die Simulation liefert die über ein Zellenvolumen gemittelte Temperatur als Zustandsgröße der Rohrwand bzw. des Rohrinhaltes. Die Messungen hingegen liefern primär die Temperaturen der Sensoren selber, die dann nach Korrekturen als lokale Temperatur des Rohres bzw. Rohrinhaltes interpretiert werden können. Die Kollektortemperatur $T_{p,o}$ wird mit einem 6 mm Anlegefühler gemessen, der beim oberen Kollektoranschluss mittels Klammer auf der Unterseite des Absorberbleches befestigt ist. Dieser Anlegefühler zeigt im Wesentlichen die lokale Temperatur des Absorberbleches. Diese ist im Normalbetrieb höher als die Fluidtemperatur am Kollektoraustritt, bei Stagnation hingegen etwas tiefer als die maximale Absorbertemperatur. Der Beginn der Dampfbildung ist am Anstieg der Sättigungstemperatur T_S zu erkennen. 22 min nach Pumpenstopp kommt es zur Überhitzung des Dampfes im ersten Knoten des beheizten Absorberrohres im oberen Kollektor. Dies ist erkennbar am Anstieg der Dampftemperatur $T_{g,u}$ über die Sättigungstemperatur. Die Temperatur $T_{VG,o}$ am Eintritt des Vorschaltgefäßes wird durch einen 6 mm Anlegefühler auf der Seite der Verbindungsleitung gemessen. Der Anlegefühler ist nicht wärmegedämmt. Aufgrund der Wärmeverluste liegt seine maximale Temperatur rund 15 K unter der maximalen Rohrtemperatur. Dies wurde durch Vergleichsmessungen mit einem empfindlichen Kreuzband-Thermoelement festgestellt. Zwischen dem Dampf und der Rohrwand kann kein thermodynamisches Gleichgewicht herrschen, da der Wärmeverlust an die Umgebung durch den Enthalpiestrom des kondensierenden Dampfes ausgeglichen werden muss. Die Temperatur der Rohrwand $T_{VG,o}$ liegt daher unter der Sättigungstemperatur T_S. Bereits im nächstfolgenden Knoten, der 0.25 m von der Ebene A entfernt im unteren Ende der isolierten Rücklaufleitung liegt, herrscht nahezu Gleichgewicht. Dies ist an der praktischen Übereinstimmung der Sättigungstemperatur T_S und der Temperatur der Flüssigphase $T_{l,R}$ erkennbar.

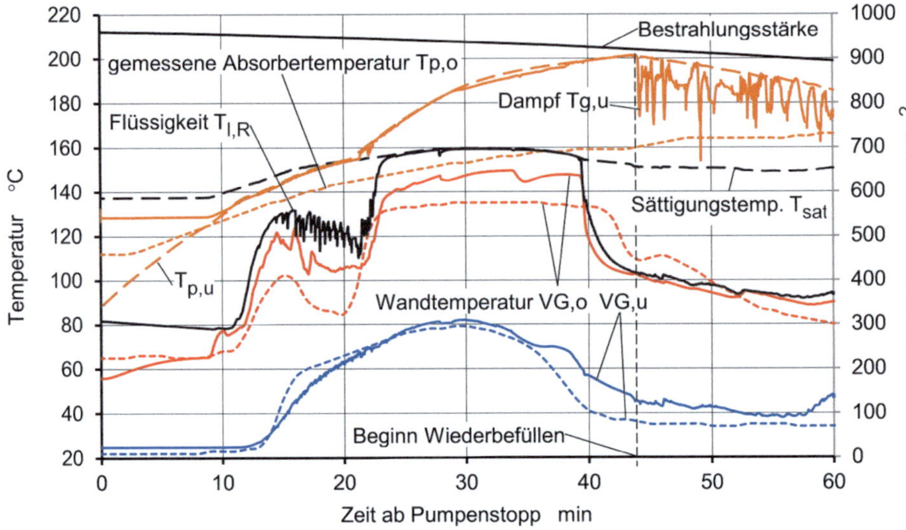

Abbildung 5-13 Verlauf der Temperaturen im Kollektorfeld und im Kreislauf nach Abbildung 5-10.

Aus dem Verlauf der Rohrtemperatur am Eintritt des Vorschaltgefäßes $T_{VG,o}$ kann man schließen, dass die Ausbreitung des Dampfes nicht monoton erfolgt. Der berechnete Temperaturverlauf $T_{VG,o}$ zeigt, dass die Simulation dieses Verhalten gut wiedergibt. In Wirklichkeit erfährt das Vorschaltgefäß über etwas längere Zeit hohe Temperaturen, was auf ein größeres Dampfvolumen im Rücklaufstrang hindeutet. Als Ursache dieser Abweichung kommen mehrere modelltechnische Unsicherheiten in Frage. Den größten Einfluss haben sicher die Bestrahlungsstärke, die ja nicht gemessen wurde, sowie die Modellierung der Rohrisolation und ihrer Randbedingungen. Auch die Vereinfachung durch die Verwendung der Stoffeigenschaften von Wasser anstelle des Wasser-Glykol-Gemisches ist eine Quelle möglicher Abweichungen. Zieht man diese Unsicherheiten in Betracht, stimmt die Simulation mit dem realen Verhalten sehr gut überein. Man darf daher erwarten, dass alle relevanten Größen aus dem Datensatz der Simulation für die Diskussion der auftretenden Phänomene verwendet werden können.

5.3.3.3 Dampfleistung, Druck, Dampfvolumen und Dampfreichweite

Eine wichtige Größe ist die Dampfleistung des Kollektorfeldes. Diese ist definiert als Enthalpiestrom des Dampfes, der aus den Kollektoranschlüssen in die vor- bzw. rücklaufseitigen Feldverrohrungen tritt.

$$P_v(t) = \dot{m}_v(t) h_v \tag{5.25}$$

Im Unterschied zur Dampfproduktionsleistung, die als stationäre Verlustleistung der Rohre bei maximaler Dampfreichweite definiert ist, ist der Enthalpiestrom des Dampfes zeitabhängig und ausschließlich durch die Eigenschaften des Kollektorfeldes, die Umgebungsbedingungen und die Druckrandbedingungen an den Kollektoranschlüssen bestimmt. In der Abbildung 5-14 ist die Dampfleistung des Kollektorfeldes dargestellt sowie die Abnahme des Kollektorinhaltes aller acht Kollektoren. Zur besseren Gegenüberstellung ist die rücklaufseitige Dampfleistung mit negativem Vorzeichen aufgetragen.

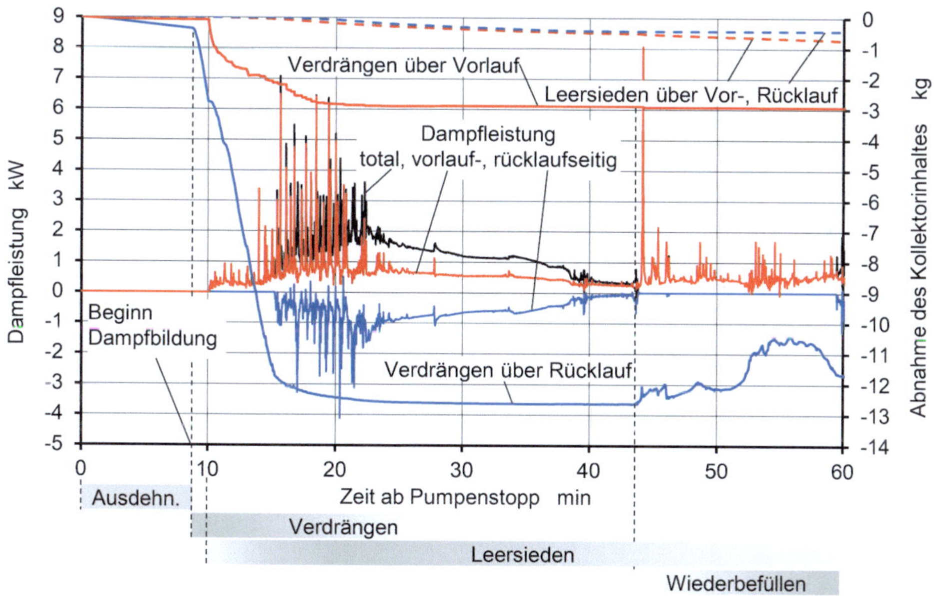

Abbildung 5-14 Dampfleistung des Kollektorfeldes und Abnahme des Kollektorinhaltes als Funktion der Zeit.

In den ersten 9 Minuten nach dem Pumpenstopp wird der Kollektorinhalt bis zur Sättigungstemperatur erwärmt und dehnt sich dabei entsprechend aus. Die Ausdehnung der Flüssigkeit ist an der leichten Abnahme des Kollektorinhaltes erkennbar. Dann beginnt die Verdampfung im Absorberrohr. Der Öffnungsdruck des Rückschlagventils von 2500 *Pa* bewirkt, dass die Flüssigkeit vorerst nur über die Rücklaufleitung ausgeschoben wird. Erst 10 Minuten nach Pumpenstopp erreicht der Dampf den oberen, vorlaufseitigen Kollektoranschluss. In den folgenden 5 Minuten werden rund 2 *kg* Flüssigkeit durch den Dampfstrom in die vorlaufseitige Feldverrohrung gefördert, während in derselben Zeit etwa 12 *kg* durch das zunehmende Dampfvolumen in die Rücklaufleitung verdrängt werden. 15 Minuten nach Pumpenstopp tritt auch Dampf in die rücklaufseitige Feldverrohrung ein. Nach weiteren 7 Minuten wird das Maximum der Dampfleistung erreicht. In dieser Zeitspanne wird durch Zwischenphasenreibung je ein weiteres Kilogramm Flüssigkeit über den vor- und rücklaufseitigen Kollektoranschluss in die Anschlussleitungen befördert. Mit fortschreitender Verdampfung nehmen der Fluidinhalt und die Dampfleistung ab. 44 Minuten nach Pumpenstopp tritt Flüssigkeit aus der Rücklaufleitung in die untere Kollektorreihe ein. Dies ist einerseits erkennbar am Verschwinden der rücklaufseitigen Dampfleistung, andererseits aber auch am sprunghaften Absinken der Temperatur des überhitzten Dampfes $T_{g,u}$ in Abbildung 5-13, verursacht durch Einströmen von Sattdampf aus dem unteren Kollektor.

Bereits in den oben diskutierten experimentellen Arbeiten wurde klar, dass die Entleerbarkeit bzw. die Leerdrückbarkeit die Dampfreichweite maßgeblich bestimmt. Diese qualitative Eigenschaft kann durch die Restmenge Flüssigkeit quantifiziert werden, die den Kollektor nur in Dampfform verlassen kann.

Abbildung 5-15 zeigt den Druck vor und nach dem Rückschlagventil sowie den Fluidinhalt (Dampf und Flüssigkeit) der vor- und rücklaufseitigen Rohrleitungen. Ebenfalls dargestellt sind das Symbol und die schematische Darstellung des federbelasteten Rückschlagventils. 30 Minuten nach Pumpenstopp, also erst 8 Minuten nach Erreichen der maximalen Dampfleistung, erreicht der Druck und damit das Dampfvolumen sein Maximum. Danach nimmt das Dampfvolumen erst langsam, dann immer rascher ab.

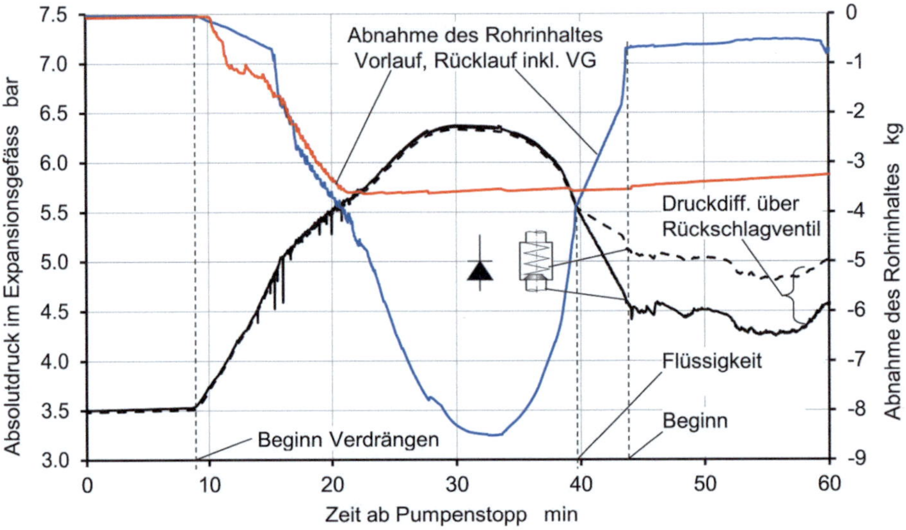

Abbildung 5-15 Druckverlauf ober- und unterhalb des Rückschlagventils sowie Abnahme des Inhaltes der Vor- und Rücklaufleitung.

Das Rückschlagventil sorgt dafür, dass die aus dem Ausdehnungsgefäß strömende Flüssigkeit nur über die Rücklaufleitung in den Kreislauf gelangt. Dies ist am Differenzdruck über dem geschlossenen Rückschlagventil erkennbar. Aus diesem Grund bleibt das Dampfvolumen in der Vorlaufleitung auch bei abnehmender Dampfleistung noch lange erhalten. 44 Minuten nach Pumpenstopp ist die Rücklaufleitung bis zu den Anschlüssen der Kollektoren praktisch dampffrei, die Vorlaufleitung hingegen nicht.

Abbildung 5-16 und Abbildung 5-17 zeigen die Entwicklung des Dampf- bzw. Gasvolumenanteils in der Rücklaufleitung und im Vorschaltgefäß sowie in der Vorlaufleitung. 16 Minuten nach Pumpenstopp erreicht der Dampf praktisch zeitgleich die oberen Enden der Vor- und Rücklaufleitung. 7 *min* später steht der Dampf etwa 3 *m* vor dem Eintritt in den Glattrohrwärmeübertrager. 34 *min* nach Pumpenstopp hat der Dampf seine größte Ausbreitung in der Rücklaufleitung erreicht und füllt den oberen Bereich des Vorschaltgefäßes. Danach überwiegt die Dissipationsleistung die Dampfleistung, und das Gaspolster im MAG schiebt die Flüssigkeit gegen das allmählich abnehmende Dampfvolumen in die Rücklaufleitung zurück.

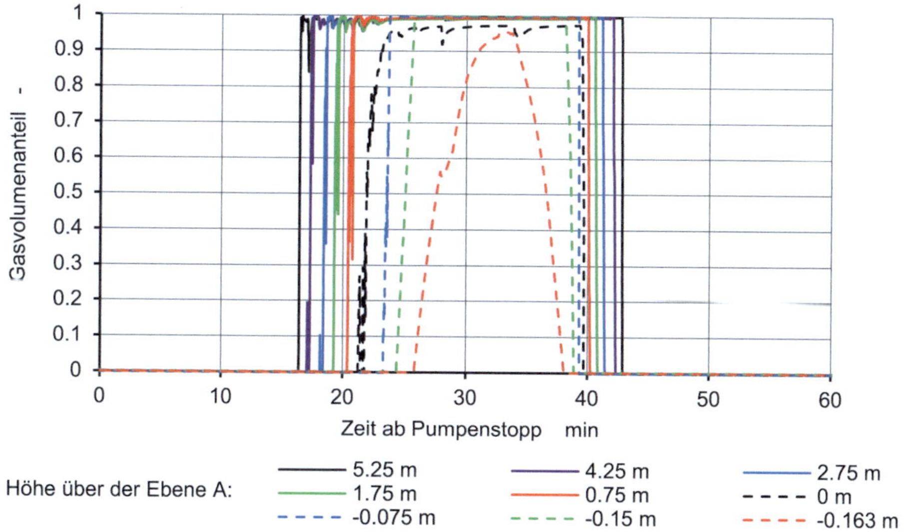

Abbildung 5-16 Gasvolumenanteil in der Rücklaufleitung und im Vorschaltgefäß. Die Zahlenwerte sind die Höhen in *m* über der Ebene A nach Abbildung 5-10.

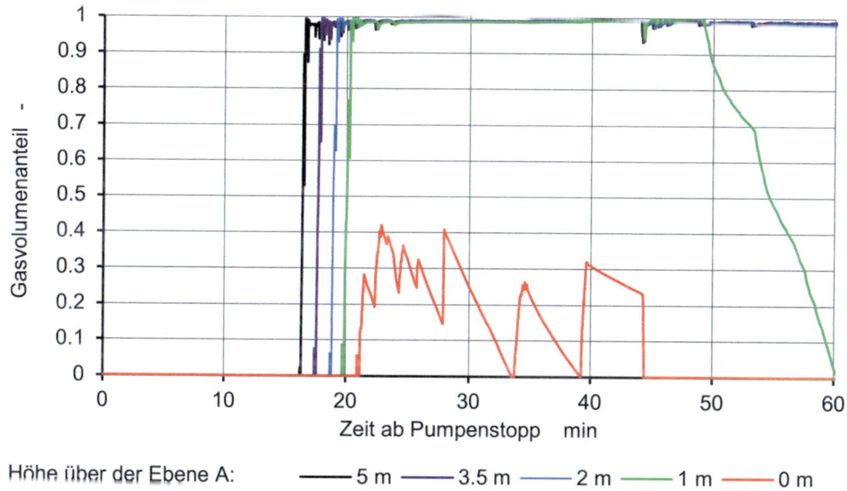

Abbildung 5-17 Gasvolumenanteil in der Vorlaufleitung. Die Zahlenwerte sind die Höhen in *m* über der Ebene A nach Abbildung 5-10.

5.3.3.4 *Einfluss von Änderungen an der Anlage*

Auf der Basis dieses Modells können mit verhältnismäßig geringem Aufwand Varianten durchgerechnet werden, um deren Einfluss auf die zeitliche Entwicklung und die Größe des Dampfvolumens und anderer Parameter zu studieren. Abbildung 5-18 zeigt beispielhaft die Auswirkung zweier Maßnahmen a) und b). Die Maßnahme a) besteht darin, den Systemdruck um 1 *bar* zu erhöhen. Dadurch produziert der Kollektor Dampf bei höherer Temperatur und folglich bei schlechterem Wirkungsgrad. Das Vorschaltgefäß bleibt unter sonst gleichen Bedingungen dampffrei. Allerdings produziert das Kollektorfeld über längere Zeit Dampf, was auf eine größere Restmenge hindeutet. Hingegen führt die Maßnahme b), das Absperren der Vorlaufleitung nach Pumpenstopp, zu einem höheren Druck bei Stagnation und über längere Zeit hohe Temperaturen im Vorschaltgefäß. Dies ist im Widerspruch zu den von Eismann und von Felten (1998b) dargestellten Messungen und zeigt, dass experimentelle Befunde nicht ohne weiteres verallgemeinert werden dürfen.

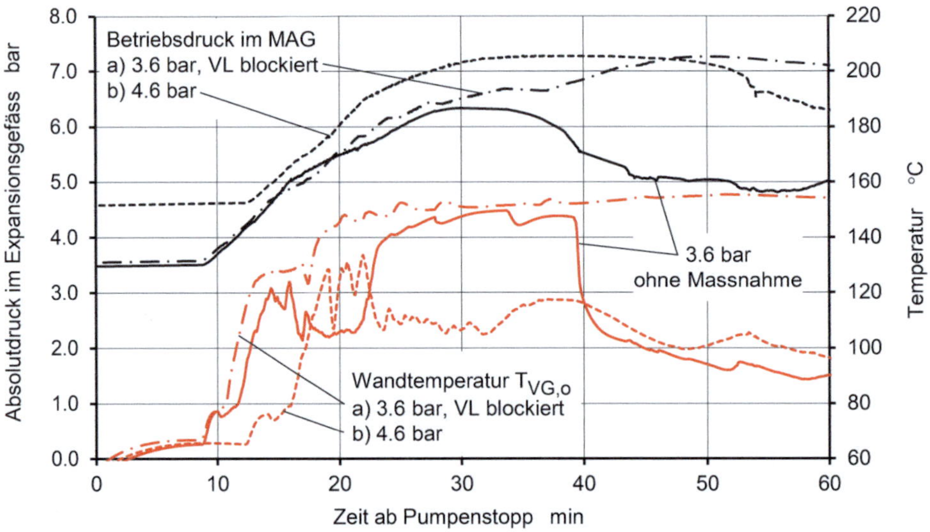

Abbildung 5-18 Auswirkungen verschiedener Maßnahmen zur Beeinflussung des Stagnationsverhaltens: Maßnahme a) Erhöhen des Betriebsdruckes um 1 bar. Maßnahme b) Vorlaufleitung blockiert.

5.3.4 Erkenntnisse aus der Simulation mit TRACE

Der Vergleich der Simulationsergebnisse mit den Messdaten zeigt, dass die thermohydraulische Modellierung von Solaranlagen mit TRACE sehr realitätsnahe Resultate liefern kann. Aufgrund der gemachten Erfahrungen lassen sich folgende Schlüsse ziehen.

- Das thermohydraulische Modell auf der Grundlage von TRACE gibt das Stagnationsverhalten von Solaranlagen mit gut entleerenden Kollektoren qualitativ richtig wieder. Die quantitative Übereinstimmung mit Messwerten ist gut. Die Abweichungen entsprechen den Erwartungen im Hinblick auf die getroffenen Vereinfachungen.
- Das thermohydraulische Modell ist deshalb sehr gut geeignet, um Varianten- und Sensitivitätsuntersuchungen durchzuführen.
- Vereinfachte Modelle, die sich als Werkzeug zur Auslegung von Solaranlagen eignen, können anhand der mit TRACE gewonnenen Simulationsergebnisse validiert werden.

Es wird bestätigt, dass die Dampfleistung einerseits von den Umgebungsbedingungen und vom Wirkungsgrad abhängig ist, andererseits aber auch von der Restmenge Flüssigkeit, die den Kollektor nur als Dampf verlassen kann. Der Verlauf der Zustandsgrößen zeigt hingegen, dass von den im Abschnitt 5.2.4 beschriebenen Stagnationsphasen nur die Flüssigkeitsausdehnung allein auftritt. Abbildung 5-13 und Abbildung 5-14 zeigen, dass die Verdrängung der Flüssigkeit durch das Leersieden begleitet ist. Nachdem der größte Teil der Flüssigkeit aus dem Kollektor verdrängt ist, kommt es bereits zur lokalen Überhitzung des Absorbers. Nach dem hinreichenden Abfall der Dampfleistung tritt Flüssigkeit über den unteren Kollektoranschluss ein, worauf die Dampfleistung auf der Vorlaufseite wieder zunimmt.

Der Verlauf der Dampfleistung in Abbildung 5-14 zeigt außerdem, dass die Verdrängung der Flüssigkeit und das Leersieden sehr unstetig erfolgen. Dies ist in Übereinstimmung mit den direkten Beobachtungen des Siedezustandes, die Rommel et al. (2007) an gläsernen Absorberrohren von Vakuumröhrenkollektoren vorgenommen haben. Offenbar ist der Impulsaustausch zwischen den Phasen signifikant. Nach Abbildung 5-15 ändert der Druck hingegen mehrheitlich stetig.

Aus den Simulationsergebnissen lässt sich ablesen, dass die maximale Dampfleistung etwa mit dem Ende der Verdrängungsphase zusammenfällt. Der Betrag der maximalen Dampfleistung entspricht etwa derjenigen Leistung des Kollektors, die nach dem empirischen Modell bei der Sättigungstemperatur als mittlerer Fluidtemperatur berechnet wird. Danach fällt die Dampfleistung zuerst rasch, dann immer langsamer ab. Dampfvolumen und Dampfreichweite erreichen ihr Maximum nicht zeitgleich mit dem Maximum der Dampfleistung, sondern deutlich später. Das Maximum der Dampfreichweite ist einerseits abhängig von der Restmenge, die den Kollektor als Dampfstrom verlässt, andererseits aber auch vom Dissipationsvermögen der Rohrleitungen.

Die Restmenge Flüssigkeit ist nicht allein durch das Ausfließen unter dem Einfluss der Schwerkraft bestimmt. Die Zwischenphasenreibung hat offenbar erheblichen Einfluss darauf, in welchem Maße und in welcher Zeit die Flüssigkeit aus dem Kollektor befördert wird. Die Zwischenphasenreibung ist wiederum von der Dampfgeschwindigkeit und damit von der kollektorinternen Verschaltung abhängig. Es darf daher nicht erwartet werden, dass die Dampfreichweite oder das Dampfvolumen für beliebige Fälle durch lineare Korrelationen mit wenigen Parametern mit ausreichender Genauigkeit berechnet werden kann.

Die Modellierung und Simulation von Solaranlagen mit TRACE ist jedoch aufwändig und damit für den praktischen Einsatz nicht geeignet. Für die Auslegung von Solaranlagen werden außerdem nur die Dampfreichweite und das maximale Dampfvolumen benötigt. Die Kenntnis des genauen zeitlichen Verlaufes ist in diesem Zusammenhang unwichtig.

5.3.4.1 Voraussetzungen für ein vereinfachtes Modell

Aus den mit TRACE gewonnenen Simulationsergebnissen können folgende Voraussetzungen für eine vereinfachte Modellierung abgeleitet werden:

- Im gesamten Kreislauf erfolgt die Druckänderung so langsam, dass mit quasistatischen Verhältnissen gerechnet werden kann. Anstelle der Impulsgleichungen für die Gas- und Flüssigphase darf daher eine einfache Druckbilanz gesetzt werden, welche die hydrostatische Höhe der Flüssigkeitssäulen und den Druck des Ausdehnungsgefäßes berücksichtigt.
- Mit dem Verzicht auf die Impulsgleichungen ist es jedoch nicht mehr möglich, die Verdrängung der Flüssigkeit durch die Zwischenphasenreibung zu beschreiben. Die Restmenge soll daher mit Hilfe von geeigneten Drift-Flux Korrelationen für den Gasvolumenanteil sowie Korrelationen für die Gegenstrombegrenzung berechnet werden. Diese Korrelationen beinhalten die Volumenstromdichte des Dampfes als Parameter. Weil diese bei einem stagnierenden Kollektor entlang des Strömungsweges zunimmt, wird auch der Gasvolumenanteil zunehmen. Damit einerseits die Formulierung von Bilanzgleichungen mit lokal konstanten Zustandsgrößen möglich ist und andererseits Änderungen der Rohreigenschaften entlang der Pfade des Kreislaufes berücksichtigt werden können, soll das Grundprinzip der Nodalisierung aus TRACE übernommen und in dem vereinfachten Modell angewendet werden.
- Der zeitliche Ablauf der Stagnation soll vereinfacht als Abfolge der folgenden Phasen abgebildet werden: 1) Aufheizen bis zur Dampfbildung. 2) Verdrängen der Flüssigkeit aus den Kollektoren durch den entstehenden Dampf, wobei eine bestimmte Restmenge zurückbleibt. 3) Verdampfen der Restmenge. Aus den Kollektoranschlüssen tritt nur noch Dampf. In dieser Phase breitet sich der Dampf in den Rohrleitungen aus, erreicht seine maximale Reichweite und zieht sich mit abnehmender Dampfleistung wieder zurück.
- Der zeitliche Verlauf der Dampfausbreitung soll als Funktion der Restmenge und der Dampfleistung beschrieben werden, unter Berücksichtigung der Anfangs- und Randbedingungen, die durch die Rohrleitungen und die Druckhaltung gegeben sind.
- Die Phasengrenzen der Dampfausbreitung seien durch Ebenen senkrecht zur Rohrachse definiert. Es soll möglich sein, in der Sohle horizontal verlaufender Rohre eine gewisse Restmenge Flüssigkeit zu berücksichtigen, die während der Dampfausbreitung stationär bleibt.

Die oben genannten Vereinfachungen machen es möglich, den Stagnationsvorgang durch analytisch lösbare Differentialgleichungen zu beschreiben. Dadurch werden einerseits Schwierigkeiten mit Stabilität und Konvergenz vermieden, die bei numerischen Lösungsverfahren auftreten können, andererseits wird der Rechenaufwand erheblich reduziert, was für den praktischen Einsatz vorteilhaft ist.

Die Grundlagen dieser Theorie sollen für Kollektoren mit beliebiger hydraulischer Verschaltung gelten. Bei der konkreten Umsetzung in ein praxistaugliches Modell beschränkt sich die Herleitung jedoch auf Kollektoren mit Mäanderabsorber, die von unten nach oben durchströmt werden und deren Absorberrohre horizontal verlaufen.

5.4 Analytische Beschreibung der Stagnation

Nach Abschnitt 5.3.2.3 kann die Eigenschaft der Leerdrückbarkeit durch die Restmenge Flüssigkeit quantifiziert werden, die nach der Verdrängungsphase im Kollektor bleibt und diesen nur in Dampfform verlassen kann. Im nächsten Abschnitt wird gezeigt, dass die Restmenge durch geeignete Drift-Flux Modelle für den Gasvolumenanteil berechnet werden kann. Anschließend wird eine Korrelation für den Verlauf der Dampfleistung hergeleitet. Schließlich wird ein Modell für den zeitlichen Verlauf der Dampfausbreitung hergeleitet und an Beispielen illustriert.

5.4.1 Drift Flux Modelle für den Gasvolumenanteil

Bei Stagnation hat man nach der Verdrängungsphase einen Strömungsdampfgehalt von $\dot{x} = 1$ im Absorberrohr, weil die Restmenge den Kollektor nur in Dampfform verlassen kann. Der Dampf durchströmt Rohrabschnitte, in denen die Restmenge im Zeitmittel ortsfest ist. Der Schlupf s ist dann unendlich groß und der Gasvolumenanteil kann nicht mehr aus Gleichung (5.13) bestimmt werden. Dieser Gasvolumenanteil wird aber zur Berechnung der Restmenge benötigt.

In allen anderen Fällen sind die Strömungsgeschwindigkeiten der beiden Phasen größer als null und unterschiedlich. Der Schlupf hat einen endlichen Wert, ist aber vorerst unbekannt. Meist ist nur der Strömungsgasgehalt $\dot{x}$ bekannt bzw. im Falle einer Dampfphase aus einer Energiebilanz ableitbar. Damit die Gleichung (5.13) gelöst werden kann, sind geeignete Modelle erforderlich, die den Schlupf oder den Gasvolumenanteil als Funktion bekannter Größen und empirischer Parameter darstellen.

5.4.1.1 Die Korrelation nach Zuber und Findlay (1965)

Einer der erfolgreichsten Ansätze zur Lösung dieses Problems ist die Beschreibung der Zweiphasenströmung durch das Drift-Flux Modell nach Zuber und Findlay (1965). In diesem Modell werden die beiden Phasen separat berücksichtigt. Anstelle der zeitlich und über den Strömungsquerschnitt gemittelten Geschwindigkeiten der beiden Phasen treten jedoch die lokalen, nur zeitlich gemittelten Geschwindigkeiten. Dadurch ist es möglich, die Verteilung der Geschwindigkeiten und des Gasvolumenanteils über dem Strömungsquerschnitt formal zu berücksichtigen. Die nachfolgende Herleitung folgt im Wesentlichen der Darstellung in Levy (1999, p.118). Ausgangspunkt sind die lokale, zeitlich gemittelte Geschwindigkeit der Gasphase

$$w_g = \frac{j_g}{\varepsilon} \tag{5.26}$$

und die lokale, zeitlich gemittelte Summe der Volumenstromdichte beider Phasen

$$j = j_g + j_l \ . \tag{5.27}$$

Die Driftgeschwindigkeit der Gasphase w_{gj} ist definiert als Differenz dieser beiden Größen.

$$w_{gj} = w_g - j = \frac{j_g}{\varepsilon} - j \tag{5.28}$$

Diese Driftgeschwindigkeit wird beidseitig mit dem lokalen, ebenfalls zeitlich gemittelten Gasvolumenanteil multipliziert. Durch Integration über den Strömungsquerschnitt und Division durch die Querschnittsfläche erhält man den Mittelwert des Produktes aus Gasvolumenanteil und Driftgeschwindigkeit.

$$\left\langle \varepsilon w_{gj} \right\rangle = \left\langle j_g \right\rangle - \left\langle \varepsilon j \right\rangle \tag{5.29}$$

Dieser Mittelwert ist nur im Falle der homogenen Strömung gleich dem Produkt der Mittelwerte. Nun werden zwei Korrekturfaktoren C_0 und U_{gj} definiert, welche die Mittelwerte der Produkte mit dem Produkt der Mittelwerte in Beziehung setzen.

$$\left\langle \varepsilon \right\rangle U_{gj} = \left\langle \varepsilon w_{gj} \right\rangle \qquad C_0 \left\langle \varepsilon \right\rangle \left\langle j \right\rangle = \left\langle \varepsilon j \right\rangle \tag{5.30}$$

Durch Einsetzen der Korrekturfaktoren in die Gleichung (5.28) folgt schließlich für den zeitlichen, über den Querschnitt gemittelten Gasvolumenanteil,

$$\left\langle \varepsilon \right\rangle = \frac{\left\langle j_g \right\rangle}{C_0 \left\langle j \right\rangle + U_{gj}} \tag{5.31}$$

Der Faktor C_0 beschreibt die Abweichung des normierten Profils $\varepsilon/\langle\varepsilon\rangle$ des Gasvolumenanteils vom normierten Profil $j/\langle j\rangle$ der Volumenstromdichte. U_{gj} ist die mittlere Driftgeschwindigkeit. Tabelle 5-1 zeigt die entsprechenden Korrelationen für die vertikal nach oben gerichtete, adiabate Luft-Wasser Strömung in zylindrischen Rohren nach Zuber und Findlay (1965).

Tabelle 5-1 Korrekturfaktoren in der Drift-Flux Korrelation nach Zuber und Findlay (1965), für adiabate, vertikale nach oben gerichtete Strömung.

Strömungsform	C_0	U_{gi}
Blasenströmung	1.2	$1.53\left(\frac{\sigma g\left(\rho_l - \rho_g\right)}{\rho_l^2}\right)^{1/4}$
Pfropfenströmung	1.2	$0.35\left(\frac{g d_t\left(\rho_l - \rho_g\right)}{\rho_l}\right)^{1/2}$

Seither wurden zahlreiche Drift-Flux Modelle für unterschiedliche Geometrien, Strömungsparameter und thermische Randbedingungen entwickelt. Die Anwendung dieser Korrelationen erfordert die Kenntnis der Strömungsform, deren Bereiche wiederum durch Grenzbedingungen definiert sind. Ihre Anwendung ist daher aufwändig. Auch sind die Übergänge zwischen den Korrelationen verschiedener Bereiche nicht unbedingt stetig, was zwar der Realität entsprechen mag, aber in der Anwendung zu Instabilitäten und Konvergenzproblemen bei Simulationsrechnungen führen kann. Coddington und Macian (2002) geben einen vergleichenden Überblick über die gängigsten Korrelationen. In ihrer Aufstellung wird deutlich, dass die meisten Korrelationen auf Messungen mit adiabaten Wasser-Luft Strömungen unter Umgebungsbedingungen basieren. In diesen Fällen ist der Massenstrom des Gases entlang des Strömungsweges konstant, was bei verdampfender Flüssigkeit im Absorberrohr nicht der Fall ist. Außerdem wird in der Strömung einer verdampfenden Flüssigkeit die Verteilung des Gasvolumenanteils über dem Rohrquerschnitt anders sein als bei einer adiabaten Wasser-Luft Strömung, was durch unterschiedliche Verteilungsparameter C_0 auszudrücken wäre. Die experimentelle Anordnung, auf deren Grundlage eine Korrelation hergeleitet wurde, stimmt jedoch nur selten mit der meist viel komplexeren praktischen Situation überein. Man hat daher oft keine andere Wahl, als Korrelationen - mit der gebührenden Vorsicht - auch außerhalb des experimentell gesicherten Bereiches anzuwenden.

5.4.1.2 Die Korrelation nach Choi et al. (2012)

Choi et al. (2012) haben eine Drift-Flux Korrelation für adiabate Strömung entwickelt, die für beliebige Neigungswinkel zwischen 0° und 90° gilt und damit den gesamten Bereich zwischen horizontaler und vertikal nach oben gerichteter Strömung abdeckt. Der Verteilungsfaktor

$$C_0 = \frac{2}{1+\left(\mathrm{Re}/1000\right)^2} + \frac{1.2-0.2\sqrt{\rho_g/\rho_l}\left(1-\exp\left(-18\varepsilon\right)\right)}{1+\left(1000/\mathrm{Re}\right)^2} \tag{5.32}$$

ist eine Funktion der Reynoldszahl, die mit den Stoffdaten der Flüssigkeit und der Volumenstromdichte der Mischung gebildet wird.

$$\mathrm{Re} = \frac{jd}{\nu_l} \tag{5.33}$$

Für die Driftgeschwindigkeit haben die Autoren eine modifizierte Version nach Zuber und Findlay (1965) angesetzt, die den Neigungswinkel ϕ als Parameter enthält.

$$U_{gj} = 0.0246\cdot\cos\phi + 1.606\cdot\sin\phi\left[\frac{\left(\rho_l-\rho_g\right)\sigma g}{\rho_l^2}\right]^{1/4} \tag{5.34}$$

Durch die Einführung der Reynoldszahl kann auch die Abhängigkeit vom Rohrdurchmesser und der Viskosität berücksichtigt werden. Abbildung 5-19 zeigt die Gasvolumenanteile nach Zuber und Findlay (1965) und nach Choi et al. (2012) für eine Dichte des Gases von $\rho_g = 1.96$ kg/m^3 und eine kinematische Viskosität der Flüssigkeit von $\nu = 5.1\cdot10^{-8}$ m^2/s, was den Stoffdaten für Dampf bzw. Wasser im Sättigungszustand bei 140 °C entspricht. Bei Neigungswinkeln zwischen $\phi = 45°$ und 90° sind die Gasvolumenanteile nach Choi et al. (2012) praktisch identisch mit denen nach Zuber und Findlay (1965). Für kleinere Neigungswinkel werden nach Choi et al. (2012) größere Gasvolumenanteile berechnet.

Einfache Drift-Flux Korrelationen sind stetige Funktionen der Volumenstromdichte. Sie liefern daher nur in jenem Gebiet physikalisch sinnvolle Resultate, in dem die Strömung stabil ist und sich ihre Eigenschaften stetig ändern. Sobald Instabilitäten auftreten, müssen Drift-Flux Korrelationen erweitert oder durch andere Korrelationen ersetzt werden, die diese Instabilitäten abbilden. Die Gegenstrombegrenzung ist ein Stabilitätskriterium, das bei der Stagnation eine wichtige Rolle spielt.

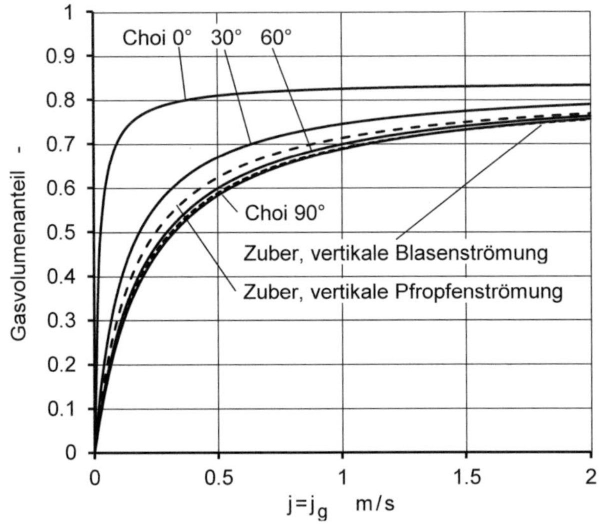

Abbildung 5-19 Gasvolumenanteile nach Zuber und Findlay (1965) sowie Choi, Pereyra et.al. (2008).

5.4.2 Das Kriterium der Gegenstrombegrenzung

Weil sich die Beiträge der verdampfenden Flüssigkeit zum Dampfstrom entlang des Strömungsweges kumulieren, nimmt die Dampfgeschwindigkeit in Richtung der Kollektoranschlüsse zu. Erreicht die Dampfgeschwindigkeit einen kritischen Wert, so tritt ein Strömungsphänomen auf, das Gegenstrombegrenzung genannt wird. In der englischsprachigen Literatur heißt dieses Strömungsphänomen entsprechend *counter-current flow limitation*, dessen Kurzbezeichnung CCFL als Index im Formelsatz dieses Buches verwendet wird. Ausgangspunkt ist eine gegenläufige Zweiphasenströmung, bei der die Gasphase gegen die Fließrichtung der Flüssigkeit strömt. Die Flüssigkeit fließt dabei als Ringströmung oder, in geneigten oder horizontalen Rohren, auch als Schichtenströmung entlang der Rohrwand. Erreicht die Gasströmung eine Geschwindigkeit, bei der die in der Flüssigkeit induzierten Wellen instabil werden, können ihre Kämme die gegenüberliegende Rohrwand berühren. Die Zwischenphasenreibung steigt dann stark an, mit der Folge, dass ein Teil der Flüssigkeit gegen die Hauptströmung gefördert wird, während der andere Teil weiterhin gegen die Gasströmung nach unten fließt. Im Extremfall kommt es zur Strömungsumkehr und die Flüssigkeit strömt in gleicher Richtung des Dampfstromes.

In verfahrenstechnischen Apparaten, beispielsweise in Füllkörper- und Bodenkolonnen oder in Rieselfilmverdampfern, führt Gegenstrombegrenzung zu Qualitäts- und Leistungseinbußen und muss daher vermieden werden. Bei der Notkühlung des Druckwasserreaktors eines Kernkraftwerks kann Gegenstrombegrenzung dazu führen, dass zu wenig Kühlwasser in den Reaktorkern gelangt. Dies kann die Beschädigung der Brennelemente und im schlimmsten Fall eine Kernschmelze zur Folge haben. Gegenstrombegrenzung lässt sich durch Dimensionierung mit Hilfe geeigneter Korrelationen vermeiden. Bei stagnierenden Sonnenkollektoren hingegen ist Gegenstrombegrenzung sehr erwünscht, weil bei Überschreiten dieses Kriteriums der Kollektorinhalt den Kollektor in flüssiger Form verlässt. Aufgrund seiner sicherheitstechnischen und wirtschaftlichen Bedeutung wird dieses Phänomen seit Jahrzehnten intensiv beforscht, wenn auch nicht im Zusammenhang mit solarthermischen Anlagen. In den folgenden Abschnitten werden die für Kollektorfelder bedeutsamen Korrelationen zur Gegenstrombegrenzung zusammengestellt.

5.4.2.1 Vertikale Rohre

Die Bedingungen, unter denen Gegenstrombegrenzung auftritt, sind von der Rohrneigung abhängig. Bei der Strömung in vertikalen Rohren sind die Zwischenphasenreibung und die Schwerkraft gegenüber der Wandreibung dominant. Auf der Basis dieser Überlegung hat Wallis (1969) das Kriterium der Gegenstrombegrenzung durch Korrelationen der folgenden Form beschrieben und erfolgreich auf eigene Messdaten sowie Daten anderer Autoren angewandt.

$$\sqrt{j_g^*} = C - m\sqrt{j_l^*} \tag{5.35}$$

Die Wallis-Parameter der Gas- und Flüssigphase sind definiert als dichtekorrigierte Froude-Zahlen der folgenden Form.

$$j_g^* = \frac{j_g}{\sqrt{gd_t}}\sqrt{\frac{\rho_g}{(\rho_l-\rho_g)}} \qquad j_l^* = \frac{j_l}{\sqrt{gd_t}}\sqrt{\frac{\rho_l}{(\rho_l-\rho_g)}} \tag{5.36}$$

Die Parameter m und C werden durch Regression aus den Messdaten der jeweiligen experimentellen Situation gewonnen. Die Korrelation nach Wallis ist sehr universell und sowohl für vertikale als auch geneigte Rohre geeignet. Die Kennzahlen werden mit den Volumenstromdichten der jeweiligen Phase gebildet. Ihre Bedeutung wird anhand des Wallis-Diagramms nach Abbildung 5-20 erlautert, in dem eine klassische, experimentelle Situation dargestellt ist. Einem vertikalen Rohr wird auf einer bestimmten Höhe über einen ringförmigen Kanal Flüssigkeit zugeführt. Gleichzeitig wird das Rohr von unten nach oben mit Gas oder Dampf durchströmt. Dabei können die Strömungsgeschwindigkeit der Gasphase und der Massenstrom der Flüssigkeit variiert werden.

Im ganzen Gebiet unterhalb der durch die Korrelation (5.35) definierten Geraden und im Bereich $0 < j^*_l < C/m$ tritt reine, gegenläufige Zweiphasenströmung auf. Der gesamte Flüssigkeitsstrom, der dem Rohr über Öffnungen in der Rohrwand zugeführt wird, fließt nach unten. Bei allen Wertepaaren auf der Geraden, welche durch die Korrelation definiert ist, tritt Gegenstrombegrenzung auf. Dabei wird ein Teil der Flüssigkeit im Gasstrom nach oben transportiert, während der Rest der Flüssigkeit nach unten fließt. Im Grenzfall des verschwindenden Flüssigkeitsstromes $j^*_l \rightarrow 0$ fließt keine Flüssigkeit mehr nach unten, falls j^*_g den Wert C erreicht. In der Literatur wird dieser Punkt auch *hanging film intercept* genannt, weil das Gewicht eines allenfalls vorhandenen Flüssigkeitsfilms durch die Kräfte der Zwischenphasenreibung kompensiert wird. Jede weitere Erhöhung von j^*_g würde den Wasserfilm in Richtung der Gasströmung bewegen. Dieser Fall tritt bei stagnierenden Sonnenkollektoren in der Verdrängungsphase auf. Bei $j^*_l = C/m$ ist die Fließgeschwindigkeit der Flüssigkeit hingegen so hoch, dass der Aufstieg des Gases zum Erliegen kommt. Meist beobachtet man dann Gaspfropfen, die in der abwärts gerichteten Flüssigkeitsströmung stationär gehalten werden. In der Literatur wird dieser Punkt daher als *plug-flow intercept* bezeichnet. Interessanterweise liefert die Gegenstrombegrenzung in diesem Fall auch ein Kriterium für die Selbstentlüftung. Allerdings gibt es nur wenige Untersuchungen, beispielsweise jene von Ghiaasiaan et al. (1997), in denen Experimente bei verschwindender Gasströmung durchgeführt wurden.

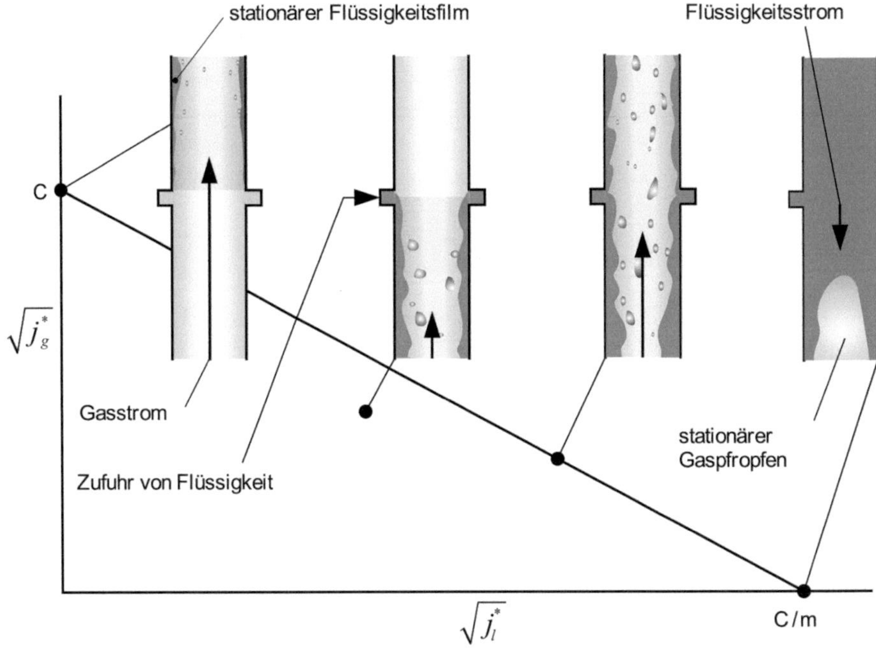

Abbildung 5-20 Diagramm zur Gegenstrombegrenzung nach Wallis (1969) für vertikale Rohrströmung.

Der Parameter C berücksichtigt Größen, welche die Stabilität des Flüssigkeitsfilms beeinflussen, insbesondere die Rohrneigung, die Rohrgeometrie am Gaseintritt, die Oberflächenspannung sowie die Art, in der die Flüssigkeit zugeführt wird. Der Parameter m berücksichtigt hauptsächlich den Einfluss der Viskosität auf die Strömungsform (laminar oder turbulent). Sein Einfluss muss für abnehmenden Zustrom der Flüssigkeit mit $j^*_l \rightarrow 0$ verschwinden, was nach

Messungen mit unterschiedlich konzentrierten Wasser-Glycerin Mischungen (Wallis 1969 S. 342, Fig. 11.16) und unterschiedlichen Ölen (Ghiaasiaan et al. 1997) näherungsweise zutrifft.

Die meisten Experimente zur Bestimmung der Parameter *m* und *C* wurden mit Rohrdurchmessern um 50 *mm* durchgeführt. Mouza et al. (2002) haben aber durch Versuche an vertikalen Rohren mit Innendurchmessern von 6 bis 9 *mm* gezeigt, dass die Korrelation auch für dünne Rohre, wie sie in Absorbern von Sonnenkollektoren eingesetzt werden, anwendbar ist. Ihre vergleichenden Experimente mit Wasser und Kerosin nach Abbildung 5-21 zeigt einen zwar messbaren, aber geringen Einfluss der Oberflächenspannung, die bei Kerosin immerhin rund dreimal geringer ist als bei Wasser. Das unterschiedliche Verhalten bei Wasser und Kerosin kann wie folgt erklärt werden: Die Oberflächenspannung stabilisiert die Flüssigkeitsoberfläche. Im Vergleich zu Wellen auf einem Kerosinfilm werden die Wellen auf einem Wasserfilm erst bei höheren Gasgeschwindigkeiten instabil. Daher erfordert die Gegenstrombegrenzung bei Wasser höhere Werte des Wallis-Parameters j^*_g als bei Kerosin.

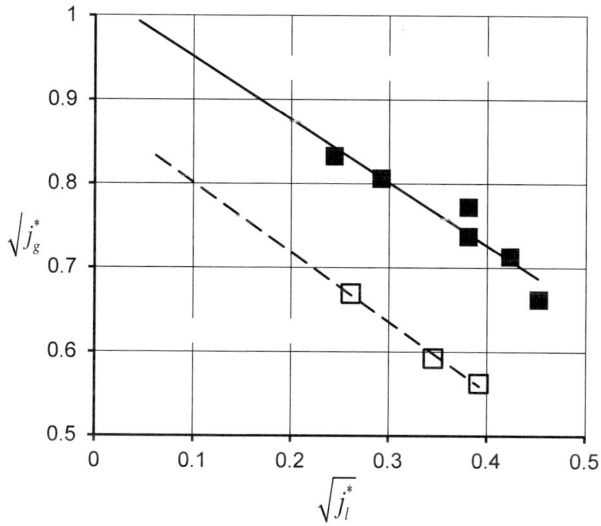

Abbildung 5-21 Gegenstrombegrenzung bei Luft-Wasser und Luft-Kerosin in einem vertikalen Rohr mit 7 *mm* Innendurchmesser nach Mouza et.al. (2002).

Die Tabelle 5-2 zeigt die Oberflächenspannung von Wasser-Glykol-Gemischen mit drei verschiedenen Konzentrationen bei 30 °*C* im Vergleich zu den Werten für Wasser und Kerosin bei 20 °*C*. Es wird angenommen, dass die Oberflächenspannung der üblicherweise eingesetzten Wasser-Glykol-Gemische bei Stagnationsbedingungen im Bereich des Wertes für Kerosin liegt. Für Wasser-Glykol-Gemische in vertikalen Rohren wird daher mit dem Wert $C_{90°} = 0.88$ gerechnet.

Tabelle 5-2 Oberflächenspannung von Wasser, Wasser-Propylenglykol und Kerosin.

Medium	σ 10^{-3} *N/m*	Literatur
Wasser 20 *°C*	71.15	Mouza et al. (2002)
30 % Propylenglykol-Wasser 30 *°C*	50.56	Nakanishi et al. (1971)
50 % Propylenglykol-Wasser 30 *°C*	44.46	"
70 % Propylenglykol-Wasser 30 *°C*	38.64	"
Kerosin 20 *°C*	28	Mouza et al. (2002)

5.4.2.2 Geneigte Rohre

Absorberrohre, die in der Neigungsrichtung der Kollektoren verlaufen, haben einen Neigungswinkel von typischerweise 30° bis 90° gegenüber der Horizontalen. Die zuvor dargestellten Korrelationen von Wallis (1969) und Mouza et al. (2002) gelten aber nur für vertikale Rohre. Daher muss noch der Einfluss des Neigungswinkels auf den Parameter *C* modelliert werden. Barnea et al. (1986) haben gerade Rohre mit unterschiedlichen Neigungswinkeln zwischen 1° und 90° untersucht, mit Wasser und Luft bei Raumtemperatur und Umgebungsdruck. Das Wasser wurde entweder über einen gesinterten, durchlässigen Rohrabschnitt in der Mitte des Rohres zugeführt oder über ein dünnes Röhrchen, das über eine kurze Strecke entlang der Innenwand des Rohres nach unten geführt wird.

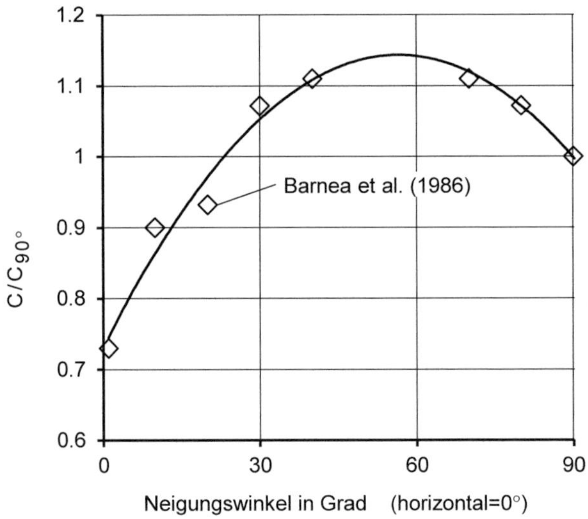

Abbildung 5-22 Einfluss des Neigungswinkels auf den Parameter *C* der Gegenstrombegrenzung.

Ziel der Experimente war, den Einfluss unterschiedlicher Geometrien der Wassereinspeisung auf die Gegenstrombegrenzung zu untersuchen. Damit Gegenstrombegrenzung nicht bereits am unteren Rohrende durch die dort einströmende Luft auftrat, wurde die Einlaufstrecke konisch gestaltet. Das obere Ende wurde mit einem Überlauf und einer Luftabfuhr so gestaltet, dass die

Strömungsverhältnisse am Austritt ohne Einfluss auf den Beginn der Gegenstrombegrenzung im Bereich der Wassereinspeisung sind. Bei hohen Volumenstromdichten des Wassers erfordert die Gegenstrombegrenzung bei der Einspeisung über das Röhrchen eine höhere Volumenstromdichte der Luft als bei der Einspeisung über die gesinterte Rohrwand. Mit abnehmender Volumenstromdichte des zugeführten Wassers werden die Unterschiede immer kleiner, bis sie schließlich praktisch ganz verschwinden. In der Abbildung 5-22 sind die Trends der Messwerte für den Grenzwert des Wallis-Parameters $j^*_l \rightarrow 0$ dargestellt, bezogen auf seinen Wert $C_{90°}$ beim vertikalen Rohr. Auf der Basis dieser Werte und der Resultate von Mouza et al. (2002) wurde die Korrelation nach Gleichung (5.37) hergeleitet. Diese erlaubt die Berechnung des Parameters C für die Gegenstrombegrenzung von Wasser-Glykol-Gemischen in vertikalen und geneigten Rohren.

$$C = 0.88 \cdot \left(0.7304 + 0.0147 \cdot \phi - 0.00013 \cdot \phi^2\right) \tag{5.37}$$

5.4.2.3 Horizontale Rohre

Die horizontal verlaufenden Absorberrohre in Mäanderabsorbern münden in Rohrbogen, während die horizontal verlaufenden Absorberrohre parallel durchströmter Absorber meist um einen kleinen Betrag in die Verteil- und Sammelleitung hineinragen, mit der sie durch Hartlöten verbunden sind. Horizontal verlaufende Sammelleitungen sind mit einem nach unten führenden Winkel verbunden. Diese Rohre erfordern daher eine getrennte Betrachtung.

a) Horizontale Absorberrohre in Mäanderabsorbern

Das Absorberrohr eines Mäanderabsorbers kann man sich als Serienschaltung von Elementen gemäß Abbildung 5-23 vorstellen. Die Anwendung der Korrelation von Choi et al. (2012) liefert einen Gasvolumenanteil von höchstens 0.84, was bei hohen Dampfgeschwindigkeiten unrealistisch ist. Bei Absorberrohren mit einem Innendurchmesser von 10 *mm* und mehr, würde man die Restmenge Flüssigkeit signifikant überschätzen. Bei Innendurchmessern kleiner als 10 *mm* kann dies vernachlässigt werden.

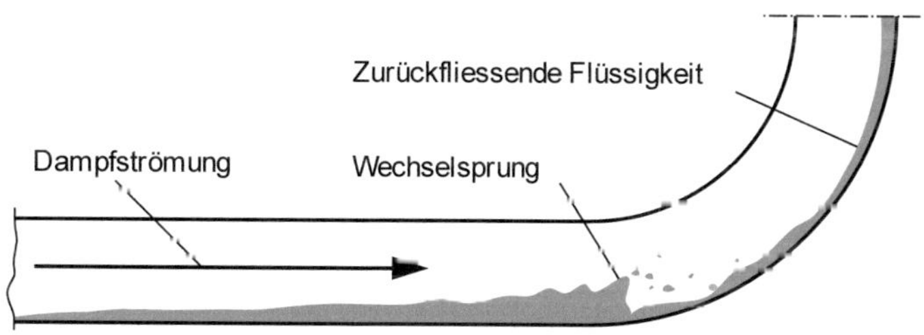

Abbildung 5-23 Gegenstrombegrenzung in dem nach oben führenden Bogen eines Absorberrohres.

Die Restmenge Flüssigkeit in den horizontalen Abschnitten kann aus der zusätzlichen Bedingung abgeleitet werden, dass die im Bogen vorhandene Flüssigkeit nicht mehr gegen die Dampfströmung nach unten fließen kann. Experimente, die dieser Situation am nächsten kommen, wurden durch Siddiqui et al. (1986) an Rohren mit Durchmessern zwischen 36.5 *mm* und 47 *mm* durchgeführt. Die Gegenstrombegrenzung tritt dabei am Ort eines Wechselsprungs am Eintritt in den Rohrbogen auf. Aus den Messdaten wurde eine Beziehung zwischen dem lokalen Gasvolumenanteil und dem Wallis-Parameter j^*_g für die Gasphase hergeleitet.

$$j_g^* = j_{g,crit}^* \varepsilon^{3/2} \qquad j_{g,crit}^* = 0.2 \tag{5.38}$$

Die experimentellen Daten zeigen, dass der Einfluss unterschiedlicher Rohrlängen zwischen 1.82 *m* und 2.36 *m* und unterschiedlicher Radien der Rohrbogen zwischen 0 *mm* und 225 *mm* unbedeutend ist. Diese Korrelation ist unabhängig von j^*_l und gilt also auch dann, wenn keine Flüssigkeit aus dem nach oben führenden Bogen in das horizontale Rohr läuft. Diese Korrelation darf jedoch nur mit Einschränkungen auf die Situation in Mäanderabsorbern angewendet werden. Einerseits sind die Innendurchmesser von Absorberrohren rund drei- bis viermal kleiner als die in den Experimenten verwendeten Rohre. Andererseits wurden die Experimente mit Luft und Wasser unter adiabaten Bedingungen durchgeführt, während im Absorberrohr eine Strömung von Dampf und Wasser-Glykol-Gemisch bei Siedebedingungen vorliegt.

b) Horizontale Verteil- und Sammelleitungen

Verteil- und Sammelleitungen dienen dazu, mehrere Kollektoren, bzw. deren Absorber, parallel zu schalten. Falls diese Leitungen außerhalb der Kollektorgehäuse angeordnet sind, kann der Gasvolumenanteil mit den Korrelationen nach Choi et al. (2012) berechnet werden. Falls die Leitungen in die Kollektorgehäuse integriert, aber nicht mit dem Absorber wärmeleitend verbunden sind, kann der Gasvolumenanteil auf dieselbe Art berechnet werden. Die Wärmeverluste sind bereits im Absorbermodell enthalten und müssen daher nicht zusätzlich berücksichtigt werden. Solange die Verteil- und Sammelleitungen nicht Teil des Absorbers sind, trägt die in ihnen vorhandene Flüssigkeit nicht zur Dampfleistung bei. Die Wahl der Korrelation ist in diesen Fällen unkritisch.

c) Horizontale Verteil- und Sammelleitungen mit Verbindung zum Absorberblech

Bei vielen modernen Kollektoren sind die in den Kollektor integrierten Verteil- und Sammelleitungen mit dem Absorberblech wärmeleitend verbunden. Bei praktisch gleicher Leistung können dadurch zwei gerade Abschnitte eines Mäanders mit den zugehörigen Rohrbogen eingespart werden. Weil der Querschnitt der Verteil- bzw. Sammelleitung stets ein Mehrfaches des Absorberrohrquerschnittes beträgt, ist die Restmenge in solchen Absorbern entsprechend größer. Der Absorber wird daher über längere Zeit Dampf produzieren. Die maximale Dampfleistung ist zwar unabhängig davon, ob die Verteil- und Sammelleitungen Teile des Absorbers sind oder nicht, aber die Dampfleistung wird etwas weniger rasch abnehmen. Auch in diesen Leitungen kann der Gasvolumenanteil mit den Korrelationen nach Choi et al. (2012) berechnet werden. Bei der Berechnung der Dampfleistung als Funktion der Restmenge nach Abschnitt 5.4.3 müssen jedoch Absorberrohre und Sammelleitungen getrennt betrachtet werden.

5.4.3 Dampfleistung von Kollektoren

Vom Standpunkt der Anlagenplanung ist die Dampfreichweite die maßgebende Größe, die bei der Dimensionierung einer Solaranlage bestimmt werden muss. Diese Größe legt fest, an welcher Stelle im Kreislauf Pumpen, Durchflussmesser und andere empfindliche Bauteile angeordnet werden dürfen und ob ein Kondensator erforderlich ist. Das Dampfvolumen, das zur

Dimensionierung des Ausdehnungsgefäßes benötigt wird, kann aus der Dampfreichweite und den Rohrquerschnitten berechnet werden. Die Dampfreichweite selber ist sowohl von den Rohrleitungen und ihrer Wärmedämmung abhängig, als auch vom zeitlichen Verlauf der Dampfleistung. Das Modell zur Berechnung der Dampfleistung wird auf folgenden Hypothesen aufgebaut:

1) Die maximale Dampfleistung des Kollektorfeldes ist unabhängig von der Restmenge und entspreche derjenigen Kollektorleistung, bei der die mittlere Kollektortemperatur gleich der Siedetemperatur bei der ersten Dampfbildung ist. Dies ist gleichbedeutend mit der Annahme, dass bei maximaler Dampfleistung der ganze Absorber benetzt ist.

2) Mit abnehmender Restmenge nehmen der benetzte Anteil des Absorbers und damit auch die Dampfleistung ab. Bei verschwindender Restmenge wird die Dampfleistung null. Der Beitrag der überhitzten Teile des Absorbers zur Dampfleistung wird vernachlässigt.

3) Weil die maximale Dampfreichweite und das maximale Dampfvolumen in einer frühen Phase der Stagnation auftreten, bei der die Dampfphase praktisch ausschließlich aus Wasserdampf besteht, kann auf die Modellierung der fraktionierten Destillation des Wasser-Glykol-Gemisches verzichtet werden.

Die Hypothesen 1) und 2) legen nahe, die Dampfleistung in Abhängigkeit Restmenge m_r zu definieren, die ihrerseits im Verlauf der Stagnation abnimmt.

$$P_v = GA_{KF}\eta_s \left(\frac{m_r}{m_{r0}}\right)^{\alpha} \tag{5.39}$$

Der Exponent α ist vorerst unbekannt. Die Restmenge unmittelbar nach der Verdrängungsphase ist mit m_{r0} bezeichnet. Der Wirkungsgrad η_s bei Sättigungstemperatur T_s wird aus der linearisierten Wirkungsgradkennlinie des Kollektors berechnet. Anstelle der Verlustkoeffizienten a_1 und a_2 tritt der Verlustkoeffizient U_L. Dieser wird für die empirisch ermittelte Stagnationstemperatur T_S berechnet, die sich auf die Bestrahlungsstärke G_S von 1000 W/m^2 bei einer Umgebungstemperatur von $T_{a,S}$ bezieht.

$$\eta_s = \eta_0 - \frac{U_L}{G}\left(T_s - T_a\right) \quad \text{mit} \quad U_L = \frac{G_S \eta_0}{\left(T_S - T_{a,S}\right)} \tag{5.40}$$

Für die Energiebilanz an einem leersiedenden Kollektorfeld mit dem Volumen V_{KF} eignet sich am besten das Mischungsmodell in Integralform.

$$\begin{aligned}\frac{\partial}{\partial t}\iiint_{V_{KF}}\left[\varepsilon_g \rho_g u_g + \varepsilon_l \rho_l u_l\right]dV + \iint_S\left[\varepsilon \rho_g u_g \vec{w}_g + \varepsilon_l \rho_l u_l \vec{w}_l\right]d\vec{S} \\ = P_v - \iint_S p\left(\varepsilon_g \vec{w}_g + p\varepsilon_l \vec{w}_l\right)d\vec{S}\end{aligned} \tag{5.41}$$

Die Größen u_g und u_l sind die spezifischen inneren Energien in J/kgK der Gas- und Flüssigphase. Der erste Term auf der linken Seite beschreibt folglich die zeitliche Änderung der inneren Energie der gesamten im Volumen V_{KF} befindlichen Masse. Der zweite Term auf der linken Seite beschreibt die Änderung der inneren Energie durch das Ausströmen des Dampfes. Der erste Term auf der rechten Seite ist die Leistung, die vom Absorberrohr an den Absorberinhalt übergeht. Der zweite Term auf der rechten Seite beschreibt die Verdrängungsleistung des Dampfes an den Anschlussrohren des Kollektors. Die volumetrischen Anteile des Dampfes und der Flüssigkeit am Kollektorvolumen können durch die Restmenge Flüssigkeit ausgedrückt werden.

$$\varepsilon_l = \frac{m_r}{\rho_l V_{KF}} \quad ; \quad \varepsilon_g = 1 - \frac{m_r}{\rho_l V_{KF}} \tag{5.42}$$

Weil nach Voraussetzung nur Sattdampf aus dem Kollektor strömt, reduziert sich der zweite Term auf der linken Seite der Gleichung (5.41) zu $\dot{m}_g u_g$ und der zweite Term auf der rechten Seite zu $\dot{m}_g p/\rho_g$. Damit erhält man,

$$\frac{\partial}{\partial t}\left[\rho_g V_{KF}\left(1 - \frac{m_r}{\rho_l V_{KF}}\right)u_g + m_r u_l\right] + \dot{m}_g u_g = G A_{KF} \eta_s \left(\frac{m_r}{m_{r0}}\right)^{\alpha} - \dot{m}_g \frac{p}{\rho_g} \tag{5.43}$$

Der Dampfmassenstrom $\dot{m}_g$ wird durch die Abnahme der Restmenge $\dot{m}_g = -\dot{m}_r$ ausgedrückt. Außerdem werden mit $u = h - \rho/p$ die spezifischen inneren Energien durch die spezifischen Enthalpien ausgedrückt. Anstelle der Enthalpiedifferenz der Gas- und Flüssigphase $h_g - h_l$ wird die spezifische Verdampfungsenthalpie h_v eingesetzt. Nach Umstellen folgt die Differentialgleichung für die Abnahme der Restmenge.

$$\dot{m}_r + m_r^{\alpha} \frac{G A_{KF} \eta_s}{h_s m_{r0}^{\alpha}} = 0 \quad ; \quad h_s = \left(h_v + \frac{\rho_g}{\rho_l} h_g\right) \tag{5.44}$$

Für die praktische Berechnung der Dampfreichweite ist es vorteilhaft, diese Differentialgleichung nicht ab Beginn des Leersiedens sondern über beliebige Zeitintervalle zu integrieren. Ihre Lösung lautet für den Exponenten $\alpha = 1$,

$$m_r(t) = m_{r,t_0} \exp\left(-\frac{G A_{KF} \eta_s}{h_s m_{r0}}(t - t_0)\right) \tag{5.45}$$

Für $\alpha < 1$ trennt man die Gleichung (5.44) nach den Variablen m_r und t. Die anschließende Integration liefert die allgemeine Lösung.

$$\int m_r^{-\alpha} dm_r = -\int \frac{G A_{KF} \eta_s}{h_s m_{r0}^{\alpha}} dt \quad \Rightarrow \quad m_r(t) = \left[A - \frac{(1-\alpha) G A_{KF} \eta_s}{h_s m_{r0}^{\alpha}}(t - t_0)\right]^{\frac{1}{1-\alpha}} \tag{5.46}$$

Durch Einsetzen der Restmenge zur Zeit $t = t_0$ erhält man die Integrationskonstante.

$$A = m_{r,t_0}^{1-\alpha} \tag{5.47}$$

Schließlich folgt der zeitliche Verlauf der Restmenge.

$$m_r(t) = \left[m_{r,t_0}^{1-\alpha} - \frac{(1-\alpha) G A_{KF} \eta_s}{h_s m_{r0}^{\alpha}} (t - t_0) \right]^{\frac{1}{1-\alpha}} \tag{5.48}$$

Die zeitlichen Verläufe des Dampfmassenstromes und der Dampfleistung betragen für den Fall $\alpha = 1$

$$\dot{m}_g = -\dot{m}_r = \frac{m_{r,t_0}}{m_{r0}} \frac{G A_{KF} \eta_s}{h_s} \exp\left(-\frac{G A_{KF} \eta_s}{h_s m_{r0}} (t - t_0) \right) \quad ; \quad P_v = \dot{m}_g h_v \ . \tag{5.49}$$

Für den Fall $\alpha < 1$ gilt allgemein

$$\dot{m}_g = -\dot{m}_r = \frac{G A_{KF} \eta_s}{h_s m_{r0}^{\alpha}} \left[m_{r,t_0}^{1-\alpha} - \frac{(1-\alpha) G A_{KF} \eta_s}{h_s m_{r0}^{\alpha}} (t - t_0) \right]^{\frac{\alpha}{1-\alpha}} \quad ; \quad P_v = \dot{m}_g h_v \ . \tag{5.50}$$

Für den Spezialfall $\alpha = 0.5$ gilt

$$P_v = \dot{m}_g h_v = \frac{h_v G A_{KF} \eta_s}{h_s} \left[\sqrt{\frac{m_{r,t_0}}{m_{r0}}} - \frac{G A_{KF} \eta_s}{2 h_s m_{r0}} (t - t_0) \right] . \tag{5.51}$$

Die Größe $h_s m_{r0} / G A_{KF} \eta_s$ kann als Zeitkonstante des Leersiedens aufgefasst werden.

5.4.3.1 Dauer des Leersiedens der Kollektoren

Die maximale Dampfreichweite und das maximale Dampfvolumen werden in einer relativ frühen Phase des Leersiedens ab $t_0 = 0$ erreicht. Daher kann man annehmen, dass diese Größen weniger durch die Dauer des Leersiedens bestimmt sind, sondern eher durch den Verlauf der Dampfleistung in dieser Phase. Andererseits lässt sich mit Hilfe der Leersiedezeit prüfen, ob die Gleichungen (5.49) und (5.50) korrekt und fehlerfrei im numerischen Modell implementiert sind. Die gesamte, durch den Dampfstrom übertragene Wärmemenge, darf nämlich nicht vom Exponenten α abhängen. Für den Fall $\alpha = 1$ ist die Leersiedezeit unendlich, was unrealistisch ist. Die gesamte, durch Verdampfen umgesetzte Enthalpie wird jedoch nach Gleichung (5.52) korrekt berechnet.

$$Q_v = \int_0^{\infty} P_v dt = m_{r0} h_v \tag{5.52}$$

Für $\alpha < 1$ erhält man eine endliche Zeit für das vollständige Leersieden.

$$\tau_e = \frac{h_s m_{r0}}{(1-\alpha) G A_{KF} \eta_s} \tag{5.53}$$

Das Integral der Dampfleistung berechnet man mit Hilfe der Substitutionen

$$\begin{aligned} a &= \frac{G A_{KF} \eta_S}{h_S m_{r0}^{\alpha}} \\ x &= m_{r0}^{1-\alpha} - (1-\alpha) a t \quad \Rightarrow \quad dt = \frac{dx}{a(1-\alpha)} \quad ; \quad x_e = m_{r0}^{1-\alpha} - (1-\alpha) a \tau_e \end{aligned} \tag{5.54}$$

Auch hier erhält man durch Integration der Dampfleistung,

$$\begin{aligned} Q_v &= \int_0^{\tau_e} P_v dt = \int_0^{x_e} \frac{h_v}{(1-\alpha)} x^{\frac{\alpha}{1-\alpha}} dx = h_v x^{\frac{1}{1-\alpha}} \Big|_0^{x_e} \\ &= h_v \left(m_{r0}^{1-\alpha} - (1-\alpha) \frac{G A_{KF} \eta_s}{h_s m_{r0}^{\alpha}} \frac{h_s m_{r0}}{(1-\alpha) G A_{KF} \eta_s} \right)^{\frac{\alpha}{1-\alpha}} = h_v m_{r0} \end{aligned} \tag{5.55}$$

Abbildung 5-24 zeigt die Verläufe der Dampfleistung für verschiedene Exponenten α als Funktion der dimensionslosen Zeit $t' = (G A_F \eta_s / h_v m_{r0}) t$.

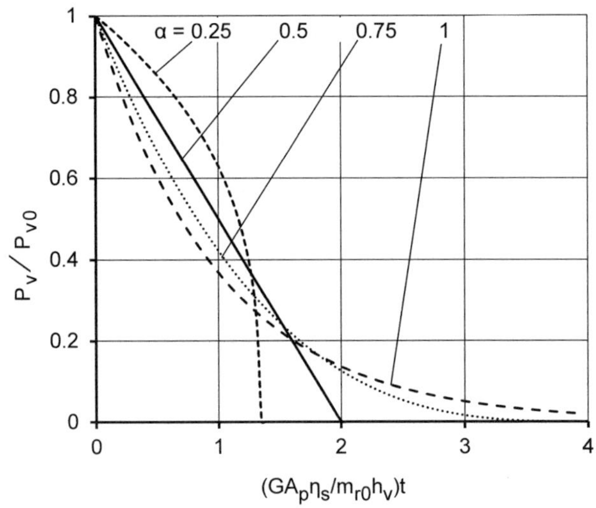

Abbildung 5-24 Verlauf der Dampfleistung als Funktion der dimensionslosen Zeit, bei unterschiedlichen Exponenten α unter folgenden Bedingungen: $\eta_S = 0.1$, $A_{KF} = 20\ m^2$, $m_{r0} = 2\ kg$, $h_s = 2 \cdot 10^6\ J/kg$, $G_S = 1000\ W/m^2$.

Bei Solaranlagen mit Kompressordruckhaltung bleiben der Druck und damit auch die Siedetemperatur innerhalb enger Grenzen. Der Wirkungsgrad ist dann in guter Näherung konstant und die obigen Gleichungen können direkt verwendet werden. In den meisten Fällen hat man aber Membran-Druckausdehnungsgefäße, in denen durch die Zunahme des Dampfvolumens ein Gaspolster entsprechend komprimiert wird. Mit zunehmendem Druck steigt die Siedetemperatur an und der Kollektorwirkungsgrad sinkt entsprechend. Weil diese Änderungen nur langsam erfolgen, können die Koeffizienten der Differentialgleichungen über hinreichend kurze Zeitintervalle als Konstante betrachtet werden. In den schrittweisen Lösungen muss dann natürlich die Restmenge aus dem vorhergehenden Zeitschritt eingesetzt werden.

5.4.4 Restmenge Flüssigkeit in einem Mäanderabsorber

Zur Charakterisierung der Entleerbarkeit von Kollektorfeldern werden folgende Hypothesen aufgestellt:

1) Die Restmenge, die den Kollektor nur in Form von Dampf verlassen kann, ist als Maß für die Leerdrückbarkeit geeignet.
2) Diese Restmenge ist durch die Bedingungen bei maximaler Dampfleistung bestimmt, die sich am Ende der Verdrängungsphase einstellt. Ab dem Ende der Verdrängungsphase verlasse nur noch Dampf den Kollektor.
3) Die Restmenge ist durch geeignete Korrelationen für den Gasvolumenanteil und für die Gegenstrombegrenzung berechenbar.

Die Restmenge Flüssigkeit in einem Kollektorstrang wird unter den folgenden Annahmen bestimmt: Flüssigkeit und Dampf können sowohl über den rücklaufseitigen als auch den vorlaufseitigen Anschluss aus dem Absorber entweichen. Der Dampf erreicht stets zuerst den oberen Kollektoranschluss. Sobald der Dampf auch den unteren Kollektoranschluss erreicht, entstehen im Absorber zwei Bereiche, deren Ausdehnungen sich im Verlauf der Verdrängungsphase und des Leersiedens stark ändern können. Diese beiden Bereiche erfordern eine getrennte Behandlung. Die Verteil- und Sammelleitungen müssen ebenfalls gesondert betrachtet werden. Vorerst wird angenommen, dass die Dampfströmung stationär sei und die Gasvolumenanteile durch Korrelationen für adiabate Strömung beschrieben werden können.

5.4.4.1 Flüssigvolumenanteil in dem nach oben durchströmten Bereich

Zur Bestimmung des Gasvolumenanteils wird die Drift-Flux Korrelation nach Choi et al. (2012) und, für Absorberrohre mit einem Innendurchmesser größer als 10 *mm*, die Korrelation zur Gegenstrombegrenzung nach Siddiqui et al. (1986) verwendet.

Im oberen Bereich des Absorberstranges strömt der Dampf im Zeitmittel nach oben zum oberen, vorlaufseitigen Kollektoranschluss. Der Kollektorstrang mit der Fläche A_{KS} besitze eine gerade Zahl N horizontaler Absorberrohre. Vereinfachend wird angenommen, dass die Hälfte der Absorberrohre in Richtung des oberen Kollektoranschlusses durchströmt wird. Jedes dieser Absorberrohre k trägt zum Zeitpunkt $t = 0$ gleichermaßen zur Dampfleistung bei.

Der über ein kurzes Zeitintervall τ gemittelte Massenstrom des Dampfes im k-ten Absorberrohr ist

$$\left\langle \dot{m}_k \right\rangle_\tau = \frac{G A_{KS} \eta_s k}{N h_s} \quad . \tag{5.56}$$

Weil nach Voraussetzung die Flüssigkeit nur in Dampfform aus dem Kollektor entweichen kann, ist die Volumenstromdichte des Dampfes mit der gesamten, ebenfalls zeitlich gemittelten Volumenstromdichte identisch.

$$\left\langle j_{g,k} \right\rangle_\tau = \left\langle j_k \right\rangle_\tau = \frac{4 \dot{m}_k}{\rho_g d_t^2 \pi} = \frac{4 G A_{KS} \eta_s k}{N h_s \rho_g d_t^2 \pi} \tag{5.57}$$

Nun kann der Gasvolumenanteil $\varepsilon_{k,DF}$ nach der Drift-Flux Korrelation (5.32) berechnet werden. Den Gasvolumenanteil $\varepsilon_{k,CCFL}$ nach dem Kriterium der Gegenstrombegrenzung erhält man durch Einsetzen des Wallis-Parameters

$$j_{g,k}^* = \frac{4 G A_{KS} \eta_s k}{N h_s \rho_g d_t^2 \pi} \sqrt{\frac{\rho_g}{g d_t \left(\rho_l - \rho_g\right)}} \tag{5.58}$$

in die Korrelation (5.38).

$$\varepsilon_{CCFL,0} = \left(\frac{j_{g,k}^*}{j_{g,crit}^*} \right)^{2/3} \quad \text{mit} \quad j_{g,crit}^* = 0.2 \tag{5.59}$$

Unter der Annahme, dass die Höhe des Flüssigkeitsspiegels in einem horizontalen Rohrabschnitt linear von null auf seinen durch (5.59) definierten Maximalwert am Austritt zunimmt, kann der mittlere Gasvolumenanteil näherungsweise nach folgender Gleichung berechnet werden.

$$\varepsilon_{k,CCFL} = 1 - 0.42\left(1 - \varepsilon_{k,CCFL,0}\right) \tag{5.60}$$

Im oberen Teil des Kollektorstranges beträgt der Flüssigvolumenanteil im k-ten Abschnitt

$$\varepsilon_{l,k} = \left(1 - \varepsilon_{g,k}\right) = 1 - \max\left\{\varepsilon_{k,CCFL} ; \varepsilon_{k,DF}\right\} \quad . \tag{5.61}$$

►**Beispiel 5-1:** Der volumetrische Anteil der Flüssigphase in einem nach oben durchströmten Mäanderrohr soll als Funktion der Volumenstromdichte des Dampfstromes berechnet werden. Die Gasphase bestehe aus Wasserdampf bei einer Sättigungstemperatur von 140 *°C*. Der Innendurchmesser betrage 11 *mm*.

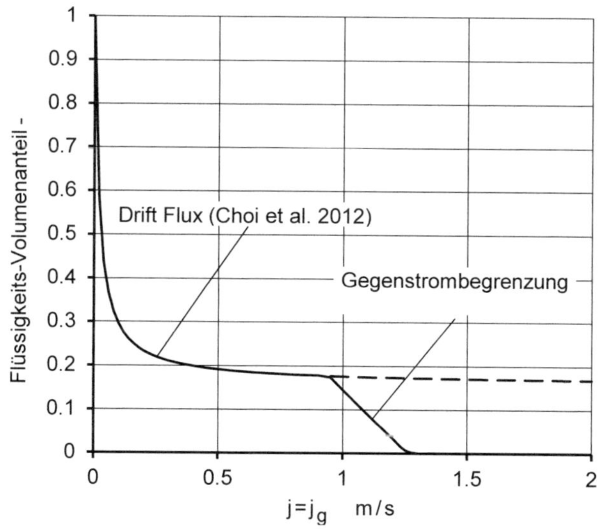

Abbildung 5-25 Flüssigkeits-Volumenanteil, berechnet aus den Gasvolumenanteilen nach Choi (2012) und Siddiqui (1986) bei einer Sättigungstemperatur von 140 *°C*, für ein Absorberrohr mit 11 *mm* Innendurchmesser.

Die Gleichung liefert den Flüssigvolumenanteil nach Abbildung 5-25. Offenbar gibt es einen Grenzwert für die Volumenstromdichte des Dampfes, oberhalb der die Restmenge null wird.◄

5.4.4.2 Flüssigvolumenanteil in dem nach unten durchströmten Bereich

Weil im unteren Bereich des Absorberstranges die Rohrbogen nach unten durchströmt werden, kann sich an deren Ende naturgemäß kein Wechselsprung und folglich auch keine Bedingung der Gegenstrombegrenzung einstellen. Der Flüssigkeitsinhalt dieser Rohre würde allein durch die Wirkung der Zwischenphasenreibung im Laufe der Zeit gegen null streben. Allerdings sind die Dampfgeschwindigkeiten mit rund 2 *m/s* recht klein. Es wird davon ausgegangen, dass die Zeit zwischen dem Ende der Verdrängungsphase und dem Erreichen der maximalen Dampfreichweite deutlich kleiner ist als die Zeit, die der Dampfstrom für das „Leerblasen" der Rohre benötigen würde. Unter diesen Voraussetzungen soll auch für die Absorberrohre des unteren Bereichs die Korrelation für den Gasvolumenanteil nach Choi et al. (2012) verwendet werden. Drift-Flux Korrelationen dieser Form erreichen jedoch auch bei hohen Volumenstromdichten nie einen Gasvolumenanteil von eins, was aber unrealistisch ist. In Wirklichkeit werden ab einer bestimmten Dampfgeschwindigkeit die Wellen auf der Flüssigkeit instabil, indem die Wellenhöhe und damit auch die Zwischenphasenreibung schlagartig anwachsen. Weil keine Korrelationen verfügbar sind, die diesen Fall abbilden, wird die Korrelation nach Siddiqui et al. (1986) verwendet. Um der Tatsache Rechnung zu tragen, dass im unteren Bereich höhere

Gasvolumenanteile auftreten, werden die Werte beider Kriterien mit einem empirischen Faktor $\mu_1 = 0.5$ multipliziert, der ebenfalls durch den Vergleich mit den TRACE-Simulationen abgeschätzt wurde. Der lokale Flüssigvolumenanteiles ist folglich

$$\varepsilon_{l,k} = \mu_1 \left(1 - \varepsilon_{g,k}\right) = \mu_1 \left[1 - \max\left\{\varepsilon_{CCFL,k}; \varepsilon_{DF,k}\right\}\right] . \tag{5.62}$$

5.4.4.3 Sammelleitungen

Bedeutsam für das Stagnationsverhalten ist außerdem der Hysterese-Effekt, der bei Gegenstrombegrenzung auftritt: Liegt die Flüssigkeit, die den Kollektor verlassen hat, in der Sammelleitung über dem Absorber, so darf j^*_g gemäß Wallis (1969, S. 339) auf rund 0.5 abfallen, ehe die Flüssigkeit gegen die Dampfströmung in die Absorberrohre zurückfließen kann. Diese Bedingung ist erst erreicht, nachdem die Dampfleistung entsprechend abgenommen hat und die Dampfausbreitung ihr Maximum längst überschritten hat.

5.4.4.4 Restmenge Flüssigkeit im Kollektorfeld

Der Flüssigvolumenanteil in einem Kollektorstrang ist durch die Summe aller Beiträge aus (5.61) und (5.62) definiert.

$$\varepsilon_{l,KS} = \sum_{k=1}^{N/2} \left(1 - \varepsilon_{g,k}\right)\left(1 + \mu_1\right) \tag{5.63}$$

Würde man die Restmenge auf der Basis dieses Flüssigvolumenanteiles berechnen, erhielte man zu große Dampfreichweiten und zu lange Phasen der Dampfausbreitung. Dies hat folgende Gründe:

1) In der Simulation mit TRACE steigt die Dampfleistung über eine gewisse Zeit an und fällt dann etwas langsamer ab. Die vereinfachte Modellierung nach Abschnitt 5.4.3 geht davon aus, dass die Dampfleistung bei ihrem Maximalwert beginnt und dann langsam abfällt. Daher wird die maximale Dampfreichweite in einer kürzeren Zeitspanne erreicht als in der realistischen Simulation mit TRACE. Entsprechend geringer ist die Energiemenge, die in dieser Zeit durch Wärmeverluste an die Umgebung abfließen kann. Es ist daher eine größere Dampfreichweite zu erwarten.

2) Die Anwendung der Korrelationen nach Choi et al. (2012) und Siddiqui et al. (1986) wurden durch die Annahme einer stationären, adiabaten Strömung gerechtfertigt. Die Analyse der TRACE-Simulation zeigt in den einzelnen Abschnitten des Absorberrohres jedoch stark fluktuierende Dampfmassenströme, was auf eine starke Kopplung der Impuls- und Energiegleichung hindeutet. Dies ist erkennbar am Verlauf der Dampfleistung nach Abbildung 5-14. Die Spitzenwerte der Volumenstromdichte werden daher über dem Mittelwert liegen, der mit aus der Leistungsbilanz (5.39) folgt. Es ist anzunehmen, dass der Einfluss der Spitzenwerte zu einem etwas höheren Gasvolumenanteil führt.

Durch Vergleichsrechnungen mit TRACE wurde ein Korrekturfaktor μ_2 = 0.625 für die Restmenge ermittelt, der zu ähnlichen Verläufen der Dampfleistung und der Dampfreichweite führt. Die maßgebende Restmenge Flüssigkeit in einem Kollektorstrang kann wie folgt berechnet werden.

$$m_{r,KS,0} = \mu_2 \cdot \varepsilon_{l,KS} \cdot m_{l,KS} \tag{5.64}$$

Bei der Verdrängung der Flüssigkeit durch den entstehenden Dampf treten entsprechende Druckverluste auf. Weil die Druckverluste in den Kollektorsträngen gegenüber den Druckverlusten in den Verteil- und Sammelleitungen dominieren, darf man annehmen, dass der Ablauf der Verdrängungsphase in allen n Kollektorsträngen des Kollektorfeldes gleich ist und folglich die Restmenge im Kollektorfeld proportional zur Anzahl n der Kollektorstränge ist.

$$m_{r,0} = m_{r,KS,0} \cdot n \tag{5.65}$$

5.4.5 Zeitspanne für die Aufheiz- und Verdrängungsphase

Die Dampfreichweite wird von der Temperatur der Rohrleitungen am Ende der Verdrängungsphase beeinflusst. Es ist daher erforderlich, die Zeitspannen der Aufheiz- und Verdrängungsphase abzuschätzen, in der sich die Rohrleitungen abkühlen können.

5.4.5.1 Zeitspanne zwischen Pumpenstopp und erster Dampfbildung

Die Zeitspanne zwischen Pumpenstopp und dem Beginn der ersten Dampfbildung ist näherungsweise durch die Zeit für das Aufheizen des Kollektors von dessen Austrittstemperatur $T_{f,\omega}$ auf Sättigungstemperatur T_S bestimmt. Die Differentialgleichung für das Aufheizen des nicht durchströmten Absorbers lautet

$$c_K \dot{T} + U_L \left(T - T_a \right) = G\eta_0 \ . \tag{5.66}$$

Hierin ist η_0 der Konversionsfaktor, U_L der Verlustkoeffizient aus der linearisierten Kennlinie nach Gleichung (5.40) und c_K die flächenbezogene Wärmekapazität des Kollektors. Diese drei Größen müssen sich auf dieselbe Fläche beziehen. Ob man die Absorberfläche, die Aperturfläche oder die Bruttofläche zugrunde legt, spielt keine Rolle. Hier stellt sich die Frage, wie diese Wärmekapazität zu bestimmen sei. Die im Prüfbericht angegebene effektive Wärmekapazität bezieht sich auf die mittlere Fluidtemperatur im Ein-Knoten Modell. Sie wird im Rahmen der Leistungsprüfung ermittelt. Beim durchströmten Absorber ist die mittlere Absorbertemperatur jedoch höher als die mittlere Fluidtemperatur. Der Absorber hat daher eine größere Wärmekapazität als man durch Summieren aller Absorberkapazitäten berechnet. Bei Stagnation hingegen ist der Kollektor nicht durchströmt. Nach dem Pumpenstopp gleichen sich die Temperaturunterschiede allmählich aus, während die mittlere Absorbertemperatur zunimmt. Das Aufheizen bei Stagnation wird daher besser mit der rechnerischen Wärmekapazität beschrieben, die auch zu realistischeren Aufheizzeiten führt.

Nach Umformen erhält man die Differentialgleichung

$$c_K \dot{T} + U_L T = G\eta_0 + U_L T_a \ . \tag{5.67}$$

Die Lösung der homogenen Gleichung lautet

$$T_h = A \exp\left(-\frac{U_L}{c_K} t \right) . \tag{5.68}$$

Mit dem Ansatz $T = B + Ct$ erhält man durch Einsetzen und Koeffizientenvergleich die Lösung der inhomogenen Gleichung.

$$U_L B = G\eta_0 + U_L T_a \quad \Rightarrow \quad C = 0 \quad ; \quad B = \frac{G\eta_0}{U_L} + T_a \tag{5.69}$$

Die Konstante A wird durch Einsetzen der Anfangsbedingung $T(0)=T_m$ in die allgemeine Lösung ermittelt.

$$T_m = A + B \quad \Rightarrow \quad A = T_m - T_a - \frac{G\eta_0}{U_L} \tag{5.70}$$

Schließlich erhält man für den zeitlichen Verlauf der mittleren Kollektortemperatur

$$T = \left(T_m - T_a - \frac{G\eta_0}{U_L} \right) \exp\left(-\frac{U_L}{c_K} t \right) + \left(T_a + \frac{G\eta_0}{U_L} \right) , \tag{5.71}$$

und für die Zeitspanne bis zur ersten Dampfbildung

$$\tau_{s0} = \ln\left(\frac{U_L (T_s - T_a) - G\eta_0}{U_L (T_\omega - T_a) - G\eta_0} \right) \frac{c_K}{U_L} \ . \tag{5.72}$$

5.4.5.2 Dauer der Verdrängungsphase

Im Anschluss an die erste Dampfbildung werden nach und nach alle Teile des Absorbers auf Siedetemperatur erwärmt. Parallel dazu findet das Verdrängen der Flüssigkeit statt. Die Verdrängungsphase wird vereinfachend als Summe dieser beiden Vorgänge beschrieben. Bei Pumpenstopp herrscht eine Temperaturdifferenz zwischen Ein- und Austritt des Kollektors von $\Delta T_K = T_{f\omega} - T_{f\alpha}$. Unter der Annahme, dass diese Temperaturdifferenz bis zur ersten Dampfbildung erhalten bleibt, kann die Zeitspanne des Aufheizens mit der Gleichung (5.72) berechnet werden.

$$\tau_{s1} = \frac{c_K}{U_L} \ln\left(\frac{U_L (T_s - T_a) - G\eta_0}{U_L (T_s - \Delta T_K - T_a) - G\eta_0} \right) \tag{5.73}$$

Die Energiebilanz für die Verdrängung der Flüssigkeit wird nach denselben Überlegungen wie die Energiebilanz beim Leersieden aufgestellt. Dabei wird berücksichtigt, dass die gesamte Leistung des Kollektors zur Verdrängungsleistung beiträgt. Die Siedetemperatur wird für den Druck am Ende der Verdrängungsphase berechnet.

$$\begin{aligned}\frac{\partial}{\partial t}\iiint_V\left[\varepsilon_g\rho_g u_g+\varepsilon_l\rho_l u_l\right]dV+\iint_S\left[\varepsilon\rho_g u_g\vec{v}_g+\varepsilon_l\rho_l u_l\vec{v}_l\right]d\vec{S}\\ =GA_{KF}\eta_s-\iint_S p\left(\varepsilon_g\vec{v}_g+p\varepsilon_l\vec{v}_l\right)d\vec{S}\end{aligned} \tag{5.74}$$

Wenn man vereinfachend annimmt, dass in der Verdrängungsphase nur Flüssigkeit das Kollektorfeld verlässt, lautet die Energiebilanz

$$\dot{\varepsilon}V_{KF}\left(\rho_g u_g-\rho_l u_l\right)+\dot{m}_l u_l=GA_{KF}\eta_s-\frac{p}{\rho_l}\dot{m}_l\ . \tag{5.75}$$

Die Massenbilanz

$$\dot{\varepsilon}V_{KF}\left(\rho_g-\rho_l\right)+\dot{m}_l=0 \tag{5.76}$$

wird nach dem volumetrischen Strömungsdampfgehalt aufgelöst und in die Energiegleichung eingesetzt. Indem man wiederum durch $h = u + p/\rho$ die innere Energie durch die Enthalpie ausdrückt erhält man schließlich folgende Gleichungen für den Massenstrom der verdrängten Flüssigkeit und die Dauer der Verdrängungsphase.

$$\dot{m}_l=\frac{GA_{KF}\eta_s}{\rho_g h_v\left(\rho_l-\rho_g\right)} \tag{5.77}$$

$$\tau_{s2}=\frac{V_{KF}\rho_l-m_{r,0}}{\dot{m}_l}=\frac{\rho_g h_v\left(V_{KF}\rho_l-m_{r,0}\right)}{GA_{KF}\eta_s\left(\rho_l-\rho_g\right)} \tag{5.78}$$

Die Dauer der Verdrängungsphase kann als Summe der beiden Zeitintervalle, $\tau_e = \tau_{s1} + \tau_{s2}$, abgeschätzt werden.

5.4.6 Modellierung der Rohrleitungen

Der Enthalpiestrom des Dampfes, der aus dem Kollektorfeld in die Rohrleitungen tritt, bewirkt drei Vorgänge, die durch entsprechende Modelle abgebildet werden müssen. Erstens wird die Flüssigkeit durch den Dampf verdrängt. Zweitens werden das Rohr und die möglicherweise im Rohr zurückgebliebene Flüssigkeit auf Sättigungstemperatur erwärmt. Drittens deckt der verbleibende Rest des Enthalpiestromes die Wärmeverluste an die Umgebung. Die Dampfreichweite ist daher abhängig von der Anfangstemperatur und von der Wärmekapazität der Rohre sowie von der Verlustleistung der Rohre. Weil die Siedetemperatur vom Druck abhängt, muss der zeitliche Verlauf der Dampfleistung und der Dampfreichweite von der Art und der Auslegung der Druckhaltung abhängen.

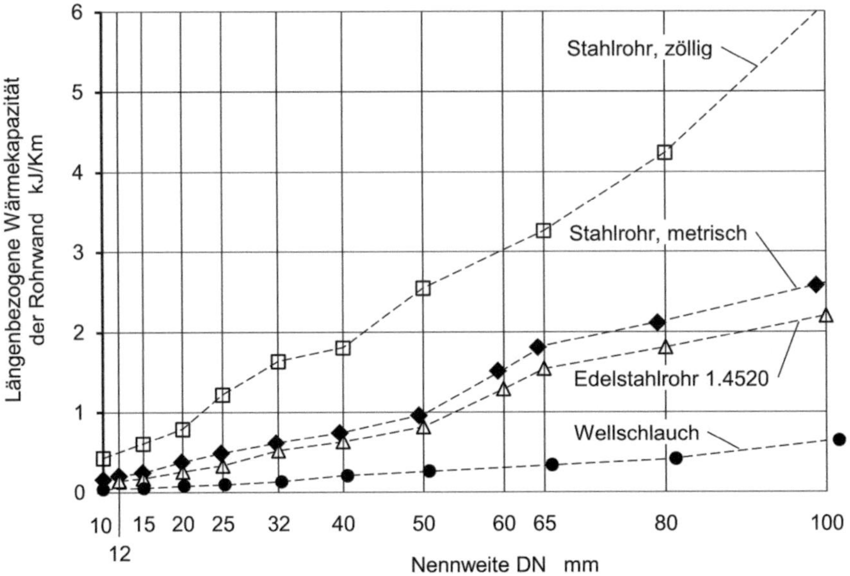

Abbildung 5-26 Längenbezogene Wärmekapazität der Rohrwand als Funktion der Nennweite für ausgewählte Rohrtypen.

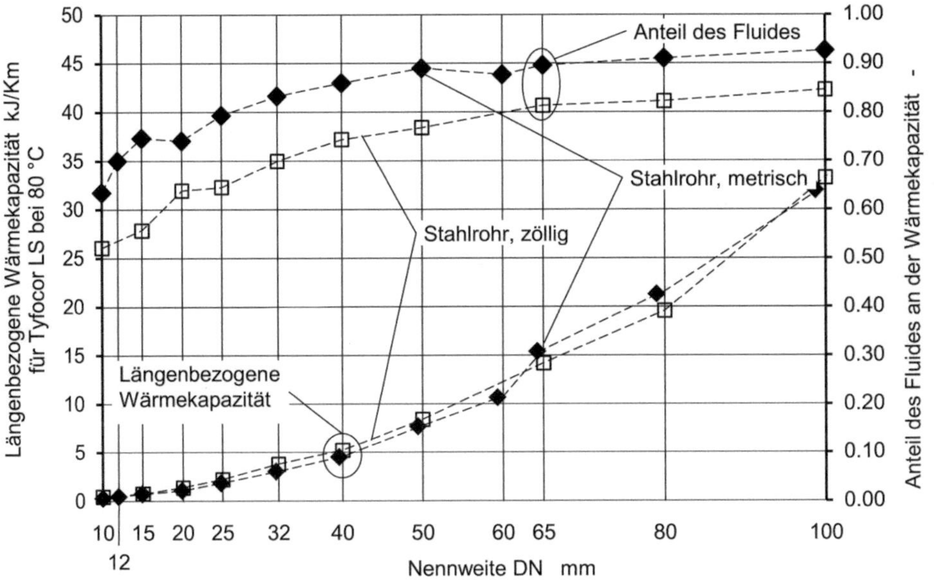

Abbildung 5-27 Längenbezogene Wärmekapazität des Fluidinhaltes und relativer Anteil des Fluidinhaltes an der gesamten Wärmekapazität für Tyfocor®LS bei 80 °C.

Bei Temperaturänderungen der Rohrleitungen muss nicht nur die Wärmekapazität des Fluides, sondern auch die der Rohrwand berücksichtigt werden. Diese ist für einige ausgewählte Rohrtypen in der Abbildung 5-26 dargestellt. Die Unterschiede zwischen zölligen Stahlrohren, metrischen Rohren und Wellschläuchen sind in erster Linie durch die unterschiedlichen Wanddicken bedingt, zu einem geringeren Teil auch durch die unterschiedlichen spezifischen Wärmekapazitäten der Werkstoffe. In der Abbildung 5-27 ist neben der längenbezogenen Wärmekapazität für Tyfocor®LS bei 80 *°C* auch der Anteil des Fluides an der gesamten Wärmekapazität dargestellt.

5.4.6.1 Abkühlen der Rohrleitungen zwischen Pumpenstopp und dem Beginn der ersten Dampfbildung

Unmittelbar nach dem Pumpenstopp sind die Vor- und Rücklaufleitungen praktisch isotherm, mit den Temperaturen $T_{Vl,0}$ und $T_{Rl,0}$. Die Zeitspanne zwischen dem Pumpenstopp und der ersten Dampfbildung kann so groß sein, dass die Abkühlung der in diesem Stadium nicht durchströmten Rohre berücksichtigt werden muss. Der zeitliche Verlauf der als homogen angenommenen Rohrtemperatur wird durch folgende Differentialgleichung beschrieben,

$$C_t\dot{T} + d_t\pi k_t\left(T - T_a\right) = 0 \ , \tag{5.79}$$

Die längenbezogene Wärmekapazität C_t des Rohres setzt sich zusammen aus den Wärmekapazitäten der Rohrwand und des Rohrinhaltes.

$$C_t = A_{tw}\rho_t c_t + A_t\rho_l c_l \tag{5.80}$$

Hierin sind A_{tw} der Querschnitt der Rohrwand, A_t der lichte Querschnitt sowie ρ_t, ρ_l, c_t und c_l die Dichten und die spezifischen Wärmekapazitäten des Rohres und der Flüssigkeit. Ihre Lösung lautet

$$T = \left(T_0 - T_a\right)\exp\left(-\frac{d_t\pi k_t}{C_t}t\right) + T_a \ . \tag{5.81}$$

Die Dampfreichweite ist umso größer, je besser die Rohrleitungen isoliert sind. Die Isolationswirkung wird durch den stationären, auf den inneren Rohrdurchmesser bezogenen Wärmedurchgangskoeffizient k_t beschrieben. Dieser beinhaltet neben den Wärmeleitfähigkeiten der Rohrwand und der Wärmedämmung auch die Wärmeübergangskoeffizienten der Kondensation und der Konvektion an die Umgebung.

$$k_t = \left(\frac{1}{\alpha_{cd}} + \frac{d_t}{2\lambda_t}\ln\frac{d_{i,i}}{d_t} + \frac{d_t}{2\lambda_i}\ln\frac{d_{i,a}}{d_{i,i}} + \frac{d_t}{\alpha_{c,a}d_{i,a}}\right)^{-1} \tag{5.82}$$

Vereinfachend wird mit einem konstanten Wärmeübergangskoeffizient bei Kondensation von $\alpha_{cd} = 10^4$ W/m^2K gerechnet. Bei wärmegedämmten Rohren dominiert der Wärmeleitwiderstand der Isolation ohnehin alle anderen Beträge, sodass diese Vereinfachung sicher zulässig ist.

5.4.6.2 Aufheizen der Rohrabschnitte durch die verdrängte Flüssigkeit

Die Dampfreichweite ist umso kleiner, je größer die längenbezogenen Wärmekapazitäten der Rohrleitungen und der evtl. darin zurückbleibenden Flüssigkeitsmengen sind und je größer die Differenz zwischen der anfänglichen Rohrtemperatur und der Sättigungstemperatur bei Kondensation ist. Weil die Dampfgeschwindigkeit in der Nähe der Dampffront gering ist, kann die Restmenge der in den Rohren zurückbleibenden Flüssigkeit allein aus der Geometrie der Rohrführung abgeschätzt werden. Die Rohrtemperatur am Ende der Verdrängungsphase ist von der Temperaturverteilung im Kollektorfeld zum Zeitpunkt der ersten Dampfbildung und von der Dauer der Verdrängungsphase abhängig.

Während der Verdrängungsphase wird aus wärmeren Rohrabschnitten ständig Flüssigkeit in benachbarte, kühlere Rohrabschnitte verdrängt. Die Rohrwand des kühleren Rohrabschnittes und ein Teil ε_m der im Rohr befindlichen Flüssigkeit, mit dem sich die eintretende Flüssigkeit vermischt, werden dabei erwärmt. Am Ende der Verdrängungsphase werden die Rohre nicht mehr isotherm sein. Weil die Verdrängungsphase relativ kurz ist, kann man die Wärmeverluste der Rohre an die Umgebung vernachlässigen. Außerdem wird mit isothermen Rohrabschnitten gerechnet. Die Temperaturen der einzelnen Rohrabschnitte werden rekursiv durch Massen- und Energiebilanzierung über die Zellvolumen bestimmt, wobei die Anzahl Iterationen durch die Gesamtmasse der in die Vor- bzw. Rücklaufleitung verdrängten Flüssigkeit bestimmt ist. Bei der n-ten Verdrängung des Fluidelements ΔV aus dem Rohrelement k-1 in das Rohrelement k ergibt sich die neue Temperatur Tk,n des Rohrelementes k wie folgt.

$$T_{k,n} = T_{k,n-1} + \frac{\rho_l c_l \left[\left(V_k - \Delta V \right) T_{k,n-1} + \Delta V \cdot T_{k-1} \right]}{\rho_l c_l V_k + \rho_t c_t V_{t,k}} \tag{5.83}$$

Das Volumen des Fluidelements entspricht dem Volumen des kleinsten Rohrelements. Als Resultat dieser Rechnung erhält man auch die Temperatur der Flüssigkeit, die in das Ausdehnungsgefäß strömt. Die zur Berechnung des Druckes maßgebende Temperatur des Gaspolsters T_S bei Stagnation wird nach dem einfachen Ansatz (5.84) als Funktion der Flüssigkeitstemperatur T_{Al} im Anschluss des Ausdehnungsgefäßes und der Umgebungstemperatur berechnet.

$$T_S = T_a + 0.25 \left[T_{Al}(t) - T_a \right] \tag{5.84}$$

Es wird angenommen, dass das Ausdehnungsgefäß dieselbe Zeitkonstante für die Abkühlung hat wie die nicht isolierte Ausdehnungsleitung.

5.4.7 Modellierung von Rippenrohrkühlern

Rippenrohrkühler lassen sich genau gleich modellieren wie wärmegedämmte Rohre. Im Wärmedurchgangskoeffizient nach Gleichung (5.82) muss lediglich der entsprechende Wärmeübergangskoeffizient für die Konvektion an die Umgebung eingesetzt werden.

Diesen berechnet man näherungsweise aus der Leistung beim entsprechenden Temperaturgefälle.

$$\alpha_{c,a} = \frac{\dot{Q}}{\left(\langle T \rangle - T_a\right) d_t \pi l} \tag{5.85}$$

Genauere Korrelationen für unterschiedliche Geometrien sind im VDI Wärmeatlas (2013) zu finden. Günstig ist, wenn man den Rippenrohrkühler geneigt anordnet, wie in Abbildung 5-28 gezeigt. Einerseits wird dadurch gute Entlüftbarkeit erreicht, andererseits bleibt keine Restflüssigkeit im dampfgefüllten Rohr, die den Wärmedurchgang behindern würde. Dadurch wird der Wärmeübergang bei Kondensation maximiert.

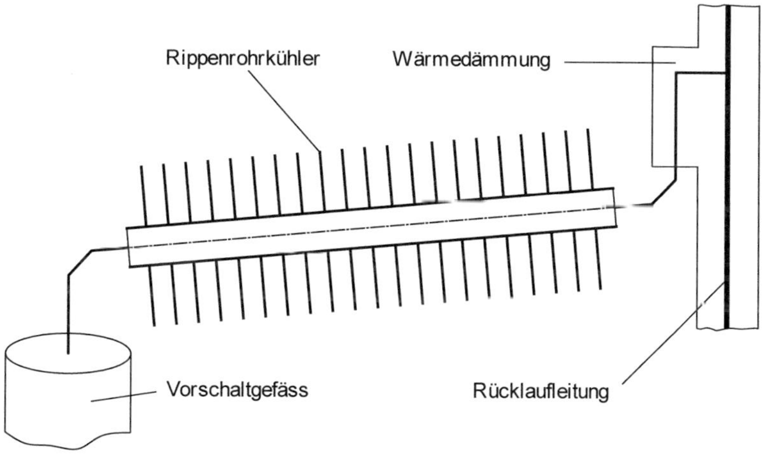

Abbildung 5-28 Rippenrohrkühler zwischen Rücklaufleitung und Vorschaltgefäß.

5.4.8 Dampfreichweite und Dampfvolumen

Für den zeitlichen Verlauf der Dampfreichweite wird ein Modell hergeleitet, das auf folgenden Voraussetzungen beruht.

1) Zwischen der Rohrwand, der Dampf- und der Flüssigphase herrscht thermodynamisches Gleichgewicht.

2) Falls sich der Dampf gleichzeitig über die Vor- und Rücklaufleitung ausbreiten kann, ist das Niveau der Dampffront in beiden Leitungen gleich. Die Vorlauf- und Rücklaufleitungen verlaufen entweder parallel oder senkrecht zueinander. In parallel verlaufenden Leitungen ist die Geschwindigkeit der Dampffront gleich groß. Verläuft beispielsweise einzig die Vorlaufleitung horizontal, so ist die Geschwindigkeit der Dampffront in der senkrecht zu dieser verlaufenden Rücklaufleitung gleich null.

Zur Lösung des Problems wird, wie bei der Herleitung der Dampfleistung, das Mischungsmodell in Integralform verwendet. Sowohl in der Vorlaufleitung als auch in der Rücklaufleitung können

Abschnitte mit unterschiedlichen Rohrquerschnitten und Dämmstärken vorkommen. Im dampfgefüllten Bereich ist die Temperatur der Rohrwand und der allenfalls vorhandenen Restflüssigkeit gleich der Sättigungstemperatur des Dampfes. Die Temperatur des mit Flüssigkeit gefüllten Bereiches ist von der Vorgeschichte abhängig und liegt unter der Sättigungstemperatur. Bei regulären Stagnationsvorgängen treten keine Druckstöße durch kollabierende Dampfblasen auf. Abgesehen von den moderaten Druckstößen, verursacht durch geringe Flüssigkeitsmengen, die in überhitzte Absorberrohre gelangt, erfolgt die Druckänderung sehr langsam und die Druckverluste in den mit Dampf durchströmten Rohrleitungen sind gering. Es ist daher zulässig, auf die explizite Lösung der Impulsgleichung zu verzichten. Es genügt, den Druck in den mit Dampf gefüllten Bereichen durch die vereinfachte Druckbilanz (5.86) zu beschreiben,

$$p = p_{AG} - \rho_l g z(x) \tag{5.86}$$

wobei p_{AG} den Druck im Ausdehnungsgefäß bezeichnet und z die Höhe des Flüssigkeitsspiegels über dem Anschluss des Ausdehnungsgefäßes. Bei einer Kompressordruckhaltung ist der Druck, bis auf eine kleine Hysterese, konstant. Bei Membran-Druckausdehnungsgefäßen MAG wird das darin befindliche Gaspolster durch die einströmende Flüssigkeit komprimiert und der Druck steigt entsprechend an. Aus obiger Gleichung wird auch deutlich, dass der Druck im Kollektorfeld auch dadurch zunimmt, dass sich der Dampfbereich nach unten ausdehnt. Dies muss bei der Bemessung des Sicherheitsventils berücksichtigt werden.

Die Energiegleichung beschreibt die zeitliche Änderung der Gesamtenergie im Kontrollvolumen V als Folge der zu- und wegfließenden Massenströme sowie der mit dem Kontrollvolumen ausgetauschten Wärme- und Arbeitsleistung.

$$\begin{aligned} &\frac{\partial}{\partial t}\iiint_V \left[\varepsilon\rho_g e_g + (1-\varepsilon)\rho_l e_l\right] dV + \iint_S \left[\varepsilon\rho_g e_g \vec{w}_g + (1-\varepsilon)\rho_l e_l \vec{w}_l\right] d\vec{S} \\ &= \sum \dot{Q} - \sum \dot{W} \end{aligned} \tag{5.87}$$

Das Kontrollvolumen wird durch einen endlichen Abschnitt der Vor- bzw. Rücklaufleitung gebildet. In der spezifischen Gesamtenergie $e = u + w^2/2 + gz$ können die Anteile der kinetischen und potenziellen Energie gegenüber der spezifischen inneren Energie u vernachlässigt werden. Die Wärmeleitung in Richtung der Rohrachse und die Dissipation durch Reibung wird ebenfalls vernachlässigt. Durch die Querschnittflächen des Rohres, die das Kontrollvolumen begrenzen, tritt entweder nur Dampf oder nur Flüssigkeit. Der dampfgefüllte Bereich geneigter und vertikaler Rohre hat einen Gasvolumenanteil gleich eins. Im dampfgefüllten Bereich horizontaler Rohre kann eine ruhende Restmenge Flüssigkeit berücksichtigt werden, die den Anteil ε_r des Rohrquerschnittes beansprucht. Dadurch wird der Strömungsquerschnitt des Dampfes und der Flüssigkeit auf $A(1-\varepsilon_r)$ reduziert. Mit Ausnahme des Gasvolumenanteils sind alle Zustandsgrößen über den Rohrquerschnitt bzw. über das Volumen des Rohrabschnittes gemittelt. Der Gasvolumenanteil wird mit $\varepsilon = x/l_k$ als Ort einer virtuellen Dampffront interpretiert.

Mit diesen Vereinfachungen lautet die linke Seite der Energiegleichung

$$\begin{aligned}&\frac{\partial}{\partial t}\iiint\limits_V\left[\varepsilon\rho_g u_g+(1-\varepsilon)\rho_l u_l\right]dV+\iint\limits_S\left[\varepsilon\rho_g u_g\vec{w}_g+(1-\varepsilon)\rho_l u_l\vec{w}_l\right]d\vec{S}\\&=A_k\dot{x}(1-\varepsilon_r)\left(\rho_g u_g-\rho_l u_l\right)-A_k(1-\varepsilon_r)\left(u_g\rho_g\vec{w}_g-u_l\rho_l\vec{w}_l\right)\end{aligned}\quad. \tag{5.88}$$

Die rechte Seite der Energiegleichung beinhaltet folgende Beiträge: Der erste Term beschreibt die Erwärmung der durch die fortschreitende Dampffront freigelegten Rohrwand und der darin verbliebenen Restmenge Flüssigkeit auf Sättigungstemperatur. Die Wärmekapazität der Wärmedämmung wird vernachlässigt. Der zweite Term beschreibt den Wärmestrom aus dem dampfgefüllten Bereich durch die Rohrwand und die Wärmedämmung an die Umgebung.

$$\sum\dot{Q}=-\dot{x}\left(A_{k,w}\rho_t c_t+A_k\varepsilon_r\rho_l c_l\right)\left(T_s-T_k\right)-x\cdot d_k\pi k_k\left(T_s-T_a\right) \tag{5.89}$$

Weil die Abkühlung der Rohrbereiche, die sich noch außerhalb der Dampfreichweite befinden, sehr langsam erfolgt und während der Ausbreitungsphase des Dampfes nur wenige Grade ausmacht, kann der Wärmestrom an die Umgebung durch eine separate Gleichung gemäß Abschnitt 5.4.5 beschrieben werden. Den ersten Term auf der rechten Seite kann man wiederum zu einer gesamten, längenbezogenen Wärmekapazität des Rohres mit der darin verbliebenen Flüssigkeit zusammenfassen.

$$C_{L,k}=\left(A_{k,w}\rho_t c_t+A_k\varepsilon_r\rho_l c_l\right) \tag{5.90}$$

Dieser Term liefert nur für positive Geschwindigkeiten der Dampffront $\dot{x}>0$ einen Beitrag. Schließlich wird noch die Verdrängungsleistung beschrieben, die der Dampfstrom am Inhalt der Rohre verrichtet:

$$-\sum\dot{W}=-\iint\limits_S p\vec{w}d\vec{S}=A_k\left(1-\varepsilon_r\right)p\left(w_g-w_l\right) \tag{5.91}$$

Die Energiebilanz lautet nun

$$\begin{aligned}&A_k(1-\varepsilon_r)\dot{x}\left(\rho_g u_g-\rho_l u_l\right)-A_k(1-\varepsilon_r)\left(u_g\rho_g w_g-u_l\rho_l w_l\right)\\&=-\dot{x}C_{L,k}-d_k\pi k_k\left[x\left(T_s-T_a\right)+\left(l_k-x\right)\left(T_k-T_a\right)\right]+A_k(1-\varepsilon_r)\left(pw_g-pw_l\right)\end{aligned}\quad. \tag{5.92}$$

Die Verdrängungsleistung kann in den zweiten Term auf der linken Seite integriert werden, indem anstelle der ein- und ausströmenden Energien die entsprechenden Enthalpien $h=u+p/\rho$ eingesetzt werden. Indem mit $\dot{m}g=A_t\rho w$ auch noch die Strömungsgeschwindigkeiten durch die Massenströme ausgedrückt werden, folgt für die Energiebilanz

$$\begin{aligned}&A_k(1-\varepsilon_r)\dot{x}\left(\rho_g u_g-\rho_l u_l\right)-\dot{m}_{g,k}h_g+\dot{m}_{l,k}h_l\\&=-\dot{x}C_{L,k}\left(T_s-T_0\right)-xd_k\pi k_k\left(T_s-T_a\right)\end{aligned}\quad. \tag{5.93}$$

Diese Gleichung enthält nebst dem Ort der Dampffront x auch den Massenstrom $\dot{m}_l$ der Flüssigkeit, die aus dem Kontrollvolumen austritt, als Unbekannte. Zu ihrer Lösung ist als weitere Gleichung die Erhaltungsgleichung der Masse erforderlich.

$$A_k\left(1-\varepsilon_r\right)\dot{x}\left(\rho_g-\rho_l\right)-\dot{m}_g+\dot{m}_l=0 \tag{5.94}$$

Diese wird nach dem Massenstrom der Flüssigkeit aufgelöst und in die Energiegleichung eingesetzt.

$$\begin{aligned} &A_k\left(1-\varepsilon_r\right)\dot{x}\left(u_g-\rho_g h_l-\rho_l u_l-h_l\right)-\dot{m}_{g,k}\left(h_g-h_l\right) \\ &=-\dot{x}C_{L,k}\left(T_s-T_k\right)-xd_k\pi l_k k_k\left(T_s-T_a\right) \end{aligned} \tag{5.95}$$

Mit $h_v = h_g - h_l$, $h_g = u_g + p/\rho_g$ und $h_l = u_l + p/\rho_l$ folgt

$$A_k\left(1-\varepsilon_r\right)\dot{x}\rho_g h_v-\dot{m}_{g,k}h_v=-\dot{x}C_{L,k}\left(T_s-T_k\right)-xd_k\pi k_k\left(T_s-T_a\right)\ . \tag{5.96}$$

Der Enthalpiestrom $\dot{m}_{g,k}h_v$ am Eintritt in den k-ten Rohrabschnitt ist gleich der Dampfleistung des Kollektors am entsprechenden Anschluss, abzüglich der Leistung, die durch Kondensation in den davorliegenden Rohren an die Rohrwände übertragen wird.

$$\dot{m}_{g,k}h_v=P_v-\sum_{n=1}^{k-1}d_n\pi l_n k_n\left(T_s-T_a\right) \tag{5.97}$$

Einsetzen in die Energiegleichung liefert die Differentialgleichung für die Bewegung der Dampffront im k-ten Rohrabschnitt:

$$\begin{aligned} &\dot{x}\left[A_k\left(1-\varepsilon_r\right)\rho_g h_v+C_{L,k}\left(T_s-T_k\right)\right]+xd_k\pi k_k\left(T_s-T_a\right) \\ &=P_v-\sum_{n=1}^{k-1}d_n\pi l_n k_n\left(T_s-T_a\right) \end{aligned} \tag{5.98}$$

Die Rohrtemperatur sinkt im Anschluss an die Verdrängungsphase bis zum Zeitpunkt des Dampfeintritts nur langsam ab. Außerdem sind die Druckabhängigkeiten der Verdampfungsenthalpie und der Sättigungstemperatur gering. Daher kann die Gleichung über kurze Zeitintervalle als gewöhnliche Differentialgleichung mit konstanten Koeffizienten aufgefasst werden. Aufgrund der oben beschriebenen Eigenschaften des Modells ist es günstig, die Form (5.98) der Differentialgleichung beizubehalten.

$$\dot{x}a+xb=P_v-c \tag{5.99}$$

Die Koeffizienten a, b und c sind abhängig von den Eigenschaften und der Orientierung der Rohre. Falls sich der Dampf nur über die Vor- oder über die Rücklaufleitung ausbreiten kann, wird die Bewegung der Dampffront durch die Differentialgleichung (5.98) beschrieben. Falls sich der Dampf gleichzeitig in den Abschnitten k_{Vl} der Vorlaufleitung und k_{Rl} der Rücklaufleitung ausbreiten kann, sind nach Voraussetzung die Geschwindigkeiten der Dampffronten in beiden Rohren gleich. Daher können die entsprechenden Differentialgleichungen für die Vor-

und Rücklaufleitung addiert werden. Die Form der Differentialgleichung bleibt dabei erhalten. Die Koeffizienten sind hingegen durch die Kenngrößen beider Rohre gebildet. Außerdem kann es vorkommen, dass sich der Dampf beispielsweise nur in der horizontal verlaufenden Vorlaufleitung ausbreiten kann, während die Dampffront in der senkrecht zur Vorlaufleitung verlaufenden Rücklaufleitung stationär bleibt.

Die Koeffizienten a, b und c können durch Einführen der Parameter $\delta_{kVL} = 0;1$ und $\delta_{kRL} = 0;1$ so definiert werden, dass sie für alle drei Fälle gelten.

$$\begin{aligned} a &= \delta_{k_{Vl}}\left[A_{k_{Vl}}\left(1-\varepsilon_r\right)\rho_g h_v + C_{L,k_{Vl}}\left(T_s - T_{k_{Vl}}\right)\right] \\ &\quad + \delta_{k_{Rl}}\left[A_{k_{Rl}}\left(1-\varepsilon_r\right)\rho_g h_v + C_{L,k_{Rl}}\left(T_s - T_{k_{Rl}}\right)\right] \\ b &= \delta_{k_{Vl}} d_{k_{Vl}} \pi k_{k_{Vl}}\left(T_s - T_a\right) + \delta_{k_{Rl}} d_{k_{Rl}} \pi k_{k_{Rl}}\left(T_s - T_a\right) \\ c &= \sum_{n=1}^{kv-1} d_{n_{Vl}} \pi l_{n_{Vl}} k_{n_{Vl}}\left(T_s - T_a\right) + \sum_{n=1}^{kr-1} d_{n_{Rl}} \pi l_{n_{Rl}} k_{n_{Rl}}\left(T_s - T_a\right) \end{aligned} \tag{5.100}$$

Die Lösung der homogenen Gleichung $\dot{x}a + xb = 0$ lautet

$$x_h = A\exp\left(-\frac{b}{a}t\right) . \tag{5.101}$$

Bei der Lösung der inhomogenen Gleichung müssen die beiden Hypothesen für den Exponenten α in der Differentialgleichung berücksichtigt werden, die zu unterschiedlichen zeitlichen Verläufen der Dampfleistung führen.

5.4.8.1 Exponentielle Abnahme der Dampfleistung, $\alpha = 1$

Nach dem Superpositionssatz für inhomogene, gewöhnliche Differentialgleichungen können die partikulären Lösungen der Gleichung für jeden Summanden der Inhomogenität separat ermittelt werden. Der erste Term ist die Dampfleistung des Kollektorfeldes

$$\begin{aligned} &P_v = d\exp\left(-\gamma\left(t-t_0\right)\right) \\ &\quad \text{mit} \quad d = m_{r,t_0} G A_{KF} \eta_s h_v / h_s m_{r0} \quad \text{und} \quad \gamma = G A_{KF} \eta_s / m_{r0} h_s \end{aligned} . \tag{5.102}$$

Für die Lösung der inhomogenen Gleichung führt folgender Ansatz zum Ziel.

$$x_{p1} = B\exp\left(-\gamma\left(t-t_0\right)\right) \tag{5.103}$$

Einsetzen des Ansatzes und Koeffizientenvergleich ergibt für die Konstante *B*

$$-\gamma a B + Bb = d$$
$$\Rightarrow \quad B = -\frac{d}{\gamma a - b} \quad . \tag{5.104}$$

Für den zweiten Term, die Konstante c, setzt man ein Polynom ersten Grades an.

$$x_{p2} = C\left(t - t_0\right) + D \tag{5.105}$$

Nach Einsetzen und Koeffizientenvergleich erhält man

$$Ca + C\left(t - t_0\right)b + Db = -c$$
$$\Rightarrow \quad C = 0 \quad ; D = -\frac{c}{b} \quad . \tag{5.106}$$

Die Konstante *A* wird bestimmt, indem man die Anfangsbedingung x_k an der Stelle (t-t_0) für den Ort der Dampffront in die allgemeine Lösung einsetzt.

$$x\left(t_0\right) = x_h\left(0\right) + x_{p1}\left(0\right) + x_{p2} = A - \frac{d}{\gamma a - b} - \frac{c}{b} = x_{t_0}$$
$$\Rightarrow \quad A = \frac{c}{b} + \frac{d}{\gamma a - b} + x_{t_0} \tag{5.107}$$

Schließlich erhält man für den Ort und die Geschwindigkeit der Dampffront

$$x(t) = \left(\frac{c}{b} + \frac{d}{\gamma a - b}\right)\exp\left(-\frac{b}{a}\left(t - t_0\right)\right) - \frac{d}{\gamma a - b}\exp\left(-\gamma\left(t - t_0\right)\right) - \frac{c}{b} \tag{5.108}$$

$$\dot{x}(t) = -\frac{b}{a}\left(\frac{c}{b} + \frac{d}{\gamma a - b}\right)\exp\left(-\frac{b}{a}\left(t - t_0\right)\right) + \frac{\gamma d}{\gamma a - b}\exp\left(-\gamma\left(t - t_0\right)\right) \tag{5.109}$$

5.4.8.2 Linearer Abfall der Dampfleistung, α = 0.5

Für $\alpha = 0.5$ hat die Differentialgleichung (5.99) die Form

$$\dot{x}a + xb = e - f\left(t - t_0\right)$$
$$\text{mit} \quad e = \frac{h_v G A_{KF} \eta_s}{h_s}\sqrt{\frac{m_{r,t_0}}{m_{r0}}} - c \quad \text{und} \quad f = \frac{h_v}{2m_{r0}}\left(\frac{G A_{KF} \eta_s}{h_s}\right)^2 \tag{5.110}$$

Die Koeffizienten *a*, *b* und *c* sind durch die Gleichungen (5.100) definiert.

Zur Lösung der inhomogenen Gleichung macht man den Polynomansatz

$$x_p = E + F\left(t - t_0\right) \tag{5.111}$$

und erhält durch Koeffizientenvergleich die beiden Konstanten E und F.

$$F = -\frac{f}{b} \tag{5.112}$$

$$E = \frac{1}{b}\left(e + \frac{fa}{b}\right) \tag{5.113}$$

Den Koeffizienten A der homogenen Lösung erhält man durch Einsetzen der Anfangsbedingung in die allgemeine Lösung.

$$\begin{aligned} & x\left(t_0\right) = x_h\left(0\right) + x_p\left(0\right) = A + E = x_{t_0} \\ & \Rightarrow \quad A = x_{t_0} - E \end{aligned} \tag{5.114}$$

Schließlich erhält man für den Ort und die Geschwindigkeit der Dampffront.

$$x\left(t\right) = A\exp\left(-\frac{b}{a}\left(t - t_0\right)\right) - \frac{f}{b}\left(t - t_0\right) + E \tag{5.115}$$

$$\dot{x}\left(t\right) = -\frac{b}{a}A\exp\left(-\frac{b}{a}\left(t - t_0\right)\right) - \frac{f}{b} \tag{5.116}$$

5.4.9 Simulation des Stagnationsverhaltens mit dem analytischen Modell

Zur Prüfung des analytischen Modells wurde das Computerprogramm SimStag entwickelt. Weil bereits analytische Lösungen der Differentialgleichungen vorliegen, sind die Simulationen nicht rechenintensiv. Die in Abschnitt 5.3.2 beschriebene Solaranlage wurde mit dem analytischen Modell unter denselben Randbedingungen simuliert. Aufgrund der guten Übereinstimmung von Simulation und Messung, werden die mit TRACE gewonnenen Daten aus der Simulation der Solaranlage „Schmidbergstraße" als Benchmark verwendet. Abbildung 5-29 zeigt den zeitlichen Verlauf der Dampfleistung und der Dampfreichweite beim entsprechenden Stagnationsereignis.

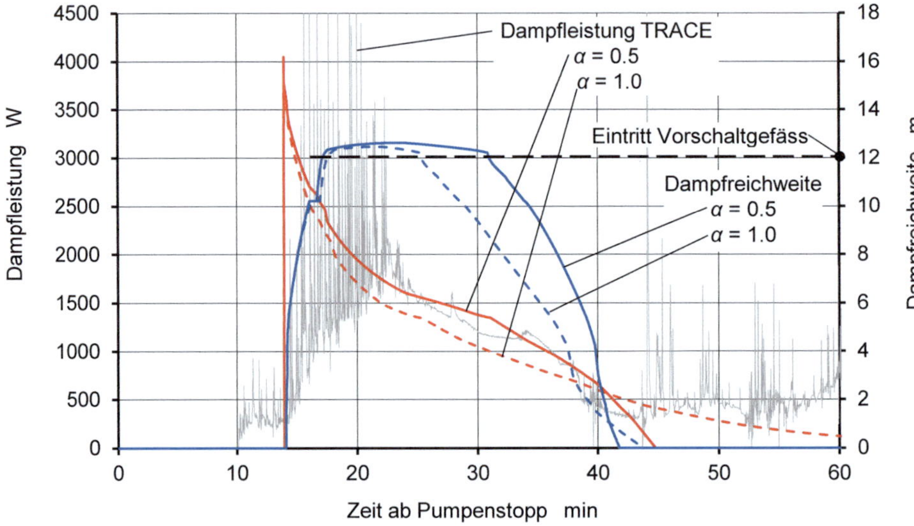

Abbildung 5-29 Dampfleistung und Dampfreichweite für unterschiedliche Exponenten α in Gleichung (5.39) für die Dampfleistung, berechnet mit dem analytischen Modell.

Die Zeit der Aufheizphase wird durch die Gleichung (5.72) unter Verwendung der rechnerischen Wärmekapazität des Absorbers recht gut approximiert. Mit der gemessenen Wärmekapazität nach Prüfbericht würde man eine etwa 5 *min* längere Aufheizzeit erwarten. Die mit SimStag berechnete Dampfleistung folgt in groben Zügen dem Verlauf aus der Simulation mit TRACE. Weil in SimStag der Impulsaustausch nicht berücksichtigt wird, ist der Verlauf der Dampfleistungen glatt. Die beiden im Abschnitt 5.4.3 aufgestellten Hypothesen für die Abhängigkeit der Dampfleistung von der Restmenge, ausgedrückt durch die Exponenten $\alpha = 1$ bzw. $\alpha = 0.5$, unterscheiden sich deutlich. Mit $\alpha = 1$ fällt die Dampfleistung, entsprechend dem exponentiellen Verlauf, nie auf null ab. Bei $\alpha = 0.5$ fällt die Dampfleistung in endlicher Zeit auf null, was der Realität entspricht. In der späteren Phase der Stagnation ab 40 *min* sind die Simulationen mit TRACE und SimStag nicht mehr vergleichbar, weil sich dann der Einfluss des Rückschlagventils bemerkbar macht, das in SimStag nicht modelliert wurde. Bei der Simulation mit TRACE beginnt ab 44 *min* die Wiederbefüllung über die Rücklaufleitung, während die Dampfleistung in Vorlaufrichtung wieder zunimmt.

Abbildung 5-30 zeigt den Verlauf des Druckes im Ausdehnungsgefäß und des Dampfvolumens in den Leitungen. Der Vergleich zeigt, dass der Verlauf der Dampfleistung mit dem Exponenten $\alpha = 0.5$ in Gleichung (5.39) besser beschrieben wird als mit $\alpha = 1$. Die etwas höheren Werte für den Druck und das Dampfvolumen bei der Simulation mit SimStag im Vergleich zur Simulation mit TRACE sind hauptsächlich auf den Beginn des Leersiedens mit maximaler Dampfleistung zurückzuführen, während die Dampfleistung bei der Simulation mit TRACE erst nach 10 min ihr Maximum erreicht.

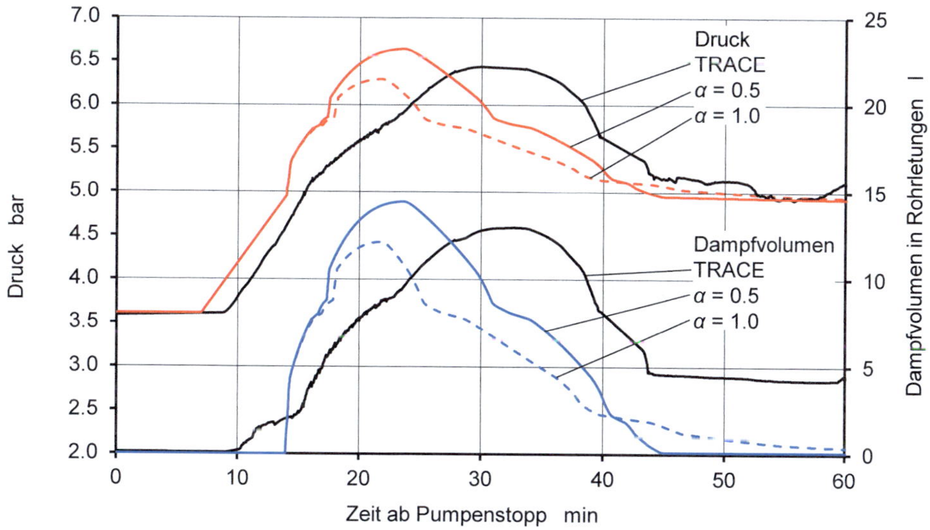

Abbildung 5-30 Zeitliche Verläufe des Druckes sowie des Dampfvolumens in den Rohrleitungen außerhalb des Kollektorfeldes, berechnet mit dem analytischen Modell und mit TRACE.

5.4.9.1 Einfluss der Druckhaltung auf das Dampfvolumen

Die Solaranlage „Schmidbergstraße" wurde mit unterschiedlichen Varianten der Druckhaltung simuliert, um deren Einfluss auf die Dampfreichweite zu untersuchen. In Abbildung 5-31 und Abbildung 5-32 sind die Dampfleistungen und die Dampfvolumen dargestellt.

Bei einer Kompressordruckhaltung ist die Dampfleistung zu Beginn generell höher als bei einer Druckhaltung durch ein Membran-Druckausdehnungsgefäß MAG, was bei gleichem Anfangsdruck zu größeren Dampfvolumen führt. Bei höherem Druck ist die Zeitspanne ab Pumpenstopp bis zur ersten Dampfbildung länger. Die Dampfleistung ist aufgrund der höheren Sättigungstemperatur und des dadurch geringeren Wirkungsgrades kleiner. Das Dampfvolumen kann also reduziert werden, indem der Druck erhöht wird. Allerdings nimmt dadurch die Restmenge im Kollektor zu. Außerdem geschieht das Leersieden bei höherer Temperatur und damit schlechterem Wirkungsgrad des Kollektors. Beide Einflüsse führen zu einer längeren Leersiedephase.

Bei einer Kompressordruckhaltung ist das Dampfvolumen generell deutlich höher, weil die Leistung zu Beginn des Leersiedens weniger stark abfällt. Die Erhöhung des Anfangsdrucks wirkt sich nicht so stark aus wie bei der Druckhaltung durch MAG.

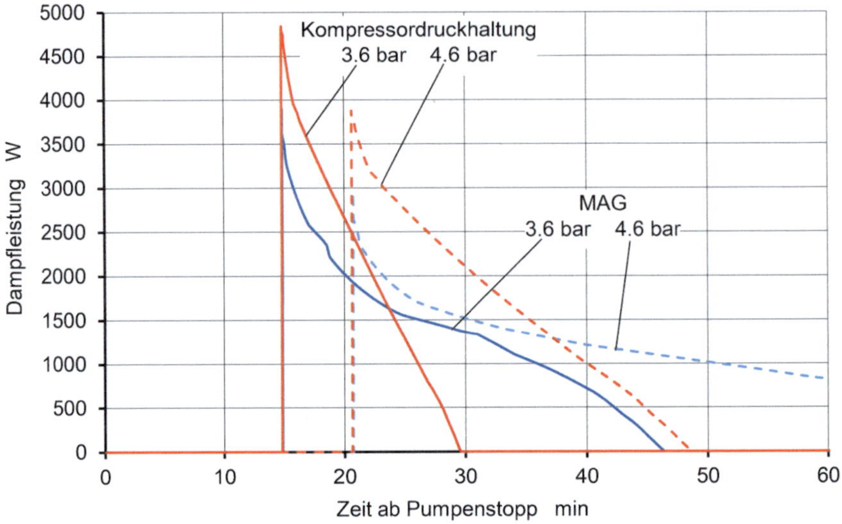

Abbildung 5-31 Verlauf der Dampfleistung bei Kompressordruckhaltung bzw. MAG bei unterschiedlichen Anfangsdrücken, berechnet mit dem analytischen Modell.

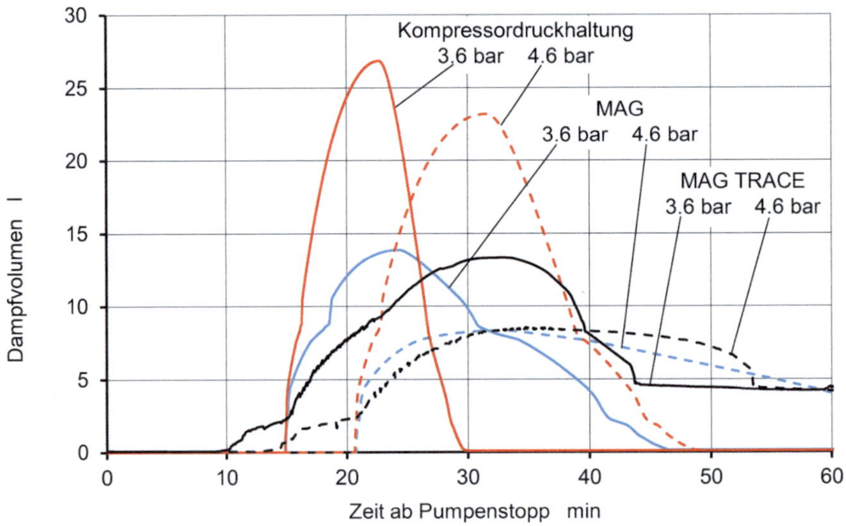

Abbildung 5-32 Verlauf des Dampfvolumens bei Kompressordruckhaltung bzw. MAG bei unterschiedlichen Anfangsdrücken, berechnet mit dem analytischen Modell und mit TRACE.

Abbildung 5-33 zeigt die entsprechenden Auswirkungen auf die Dampfreichweite. Bei einer Kompressordruckhaltung bleibt nach Druckerhöhung um 1 *bar* die Dampfreichweite praktisch unverändert. Beim Einsatz eines MAG bei einem Anfangsdruck von 4.6 *bar* erreicht der Dampf das Vorschaltgefäß nicht. Diese Feststellung stimmt mit der TRACE-Simulation nach Abbildung 5-18 überein.

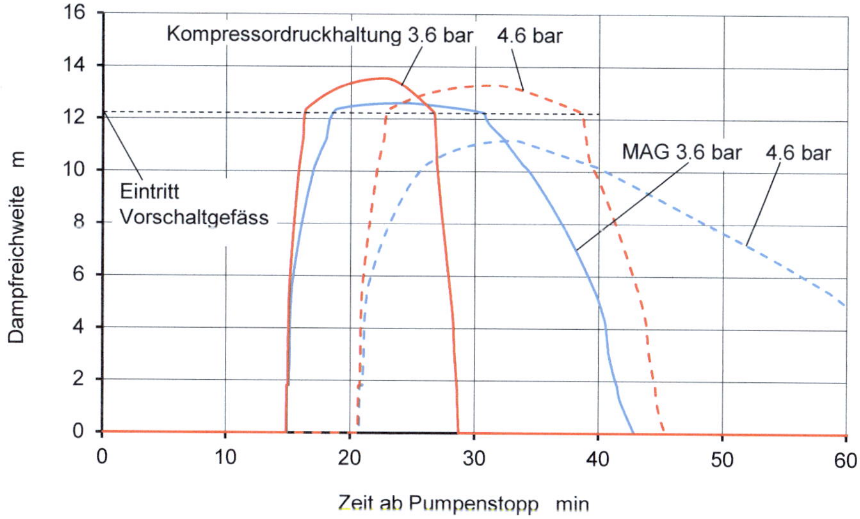

Abbildung 5-33 Einfluss des Anfangsdruckes und der Art der Druckhaltung auf die Dampfreichweite.

Abbildung 5-34 zeigt den Einfluss der Druckhaltung auf die Restmenge. Bei einer Kompressordruckhaltung bleibt der Druck praktisch konstant. Da die Simulationsrechnungen mit den Stoffwerten von Wasser durchgeführt wurden, ändern sich auch die Siedetemperatur und damit der Kollektorwirkungsgrad nicht. Bei einem MAG hingegen nimmt der Druck in der Verdrängungsphase zu. Entsprechend nimmt auch die Siedetemperatur zu und der Kollektorwirkungsgrad verschlechtert sich. Druckzunahme und Wirkungsgradverschlechterung führen zu geringeren Dampfgeschwindigkeiten und damit zu geringerer Zwischenphasenreibung.

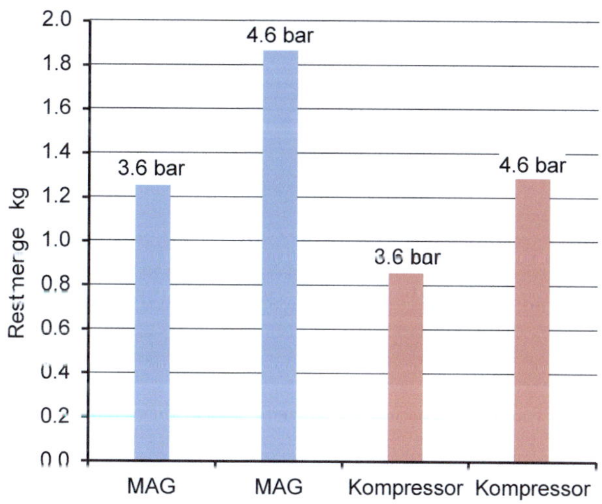

Abbildung 5-34 Einfluss des Anfangsdruckes und der Art der Druckhaltung auf die Restmenge.

Bei gleichem Anfangsdruck ist daher die Restmenge bei einer Druckhaltung mit MAG größer als bei Kompressordruckhaltung. Weil die maximale Dampfreichweite bereits in einer frühen Phase des Leersiedens erreicht wird, lassen sich die Resultate auch auf Anlagen übertragen, die mit Wasser-Glykol-Gemisch betrieben werden.

5.5 Literatur

Baehr H. D., Stephan K. (2010) Wärme- und Stoffübertragung. 7. Aufl. Springer-Verlag, Heidelberg, Dordrecht, London, New York

Barnea D., Yoseph N. B., Taitel Y. (1986) Flooding in inclined pipes — Effect of entrance section. The Canadian Journal of Chemical Engineering 64 (2):177-184. doi:10.1002/cjce.5450640202

Choi J., Pereyra E., Sarica C., Park C., Kang J. (2012) An Efficient Drift-Flux Closure Relationship to Estimate Liquid Holdups of Gas-Liquid Two-Phase Flow in Pipes. Energies 5 (12):5294-5306 http://www.mdpi.com/1996-1073/5/12/5294

Coddington P., Macian R. (2002) A study of the performance of void fraction correlations used in the context of drift-flux two-phase flow models. Nuclear Engineering and Design 215 (3):199-216. doi:http://dx.doi.org/10.1016/S0029-5493(01)00503-9

Eismann R. (2014) Thermohydraulik von Solaranlagen. Dissertation, Eidgenössische Technische Hochschule ETH Zürich, doi: 10.3929/ethz-a-010138185

Eismann R., Prasser H.-M. (2012) Thermohydraulische Simulation einer Solaranlage zur Warmwasserbereitung und Heizungsunterstützung. 22. Symposium Thermische Solarenergie, Bad Staffelstein

Eismann R., von Felten P. (1998b) Stillstandsverhalten von Solaranlagen, Publikation 195200. Bundesamt für Energie BFE, Bern http://www.bfe.admin.ch/dokumentation/-energieforschung/index.html?lang=de&publication=5216

Ghiaasiaan S. M., Wu X., Sadowski D. L., Abdel-Khalik S. I. (1997) Hydrodynamic characteristics of counter-current two-phase flow in vertical and inclined channels: effects of liquid properties. International Journal of Multiphase Flow 23 (6):1063-1083. doi:10.1016/s0301-9322(97)00027-x

Hausner R., Fink C. (2000) Stagnation Behaviour of Thermal Solar Systems. ISES Europe Solar Congress, Copenhagen

Hausner R., Fink C. (eds) (2001) Das Verhalten von Solaranlagen im Stagnationsfall. 11. Symposium Thermische Solarenergie. Ostbayerisches Technologie Transfer Zentrum OTTI, Bad Staffelstein

Hausner R., Fink C. (2002) Stagnation Behaviour of Thermal Solar Plants. Eurosun 2002, Bologna

Hausner R., Fink C., Wagner W., Riva R., Hillerns F. (2003) Entwicklung von thermischen Solarsystemen mit unproblematischem Stagnationsverhalten. Berichte aus Energie und Umweltforschung. Wien

Kandlikar S. A., Shoji M., Dhir V. K. (eds) (1999) Handbook of Phase Change: Boiling and Condensation. Taylor & Francis, Philadelphia

Levy S. (1999) Two-phase flow in complex systems. John Wiley & Sons, New York

Mouza A. A., Paras S. V., Karabelas A. J. (2002) The influence of small tube diameter on falling film and flooding phenomena. International Journal of Multiphase Flow 28 (8):1311-1331. doi:10.1016/s0301-9322(02)00033-2

Nakanishi K., Matsumoto T., Hayatsu M. (1971) Surface tension of aqueous solutions of some glycols. Journal of Chemical & Engineering Data 16 (1):44-45. doi:10.1021/je60048a010

Peuser F. A. (1993) Schwachstellenanalyse an ausgeführten Solarsystemen zur Brauchwassererwärmung. 3. Symposium Thermische Solarenergie, Bad Staffelstein

Rommel M., Siems T., Schüle K., Mehnert S., Becker R. (2005) Wieviel Dampf produziert ein Kollektor im Stillstandsfall? 15. Symposium Thermische Solarenergie, Bad Staffelstein

Rommel M., Siems T., Schüle K., Mehnert S., Thoma C. (2007) Schlussbericht zum Teilprojekt: Entwicklung von Techniken zur Beherrschung des Stillstandsbetriebes. Verbundprojekt: Systemuntersuchungen großer solarthermischer Kombianlagen. Fraunhofer Gesellschaft für solare Energiesysteme ISE, Freiburg

Scheuren J. (2008) Untersuchungen zum Stagnationsverhalten solarthermischer Kollektorfelder. Dissertation Universität Kassel, Fachbereich Maschinenbau, doi: http://www.upress.uni-kassel.de/publi/abstract.php?978-3-89958-430-1

Scheuren J., Hommeyer M., Siodla R., Eisenmann W. (2007) Schäden durch Stagnation und mögliche Schutzstrategien. 17. Symposium Thermische Solarenergie, Bad Staffelstein

Siddiqui H., Banerjee S., Ardron K. H. (1986) Flooding in an elbow between a vertical and a horizontal or near-horizontal pipe: Part I: Experiments. International Journal of Multiphase Flow 12 (4):531-541. doi:http://dx.doi.org/10.1016/0301-9322(86)90058-3

Streicher W. (2001) Minimising the risk of water hammer and other problems at the beginning of stagnation of solar thermal plants — a theoretical approach. Solar Energy 69, Supplement 6 (0):187-196. doi:10.1016/s0038-092x(01)00018-4

Terschueren K.-H. (1996) Solaranlagen zur Brauchwassererwärmung, Anlagenkomponenten, Installation, Inbetriebnahme, Betriebsverhalten, Teil 2. IKZ-Haustechnik Ausgabe 4

VDI (2013) VDI-Wärmeatlas. 11. Aufl. Springer-Verlag, Heidelberg, Dordrecht, London, New York. doi:10.1007/978-3-642-19981-3

Wallis G. B. (1969) One-dimensional Two-phase Flow. McGraw-Hill Book Company, New York

Yadigaroglu G., Lahey Jr R. T. (1976) On the various forms of the conservation equations in two-phase flow. International Journal of Multiphase Flow 2 (5–6):477-494. doi:http://dx.doi.org/10.1016/0301-9322(76)90011-2

Zuber N., Findlay N. A. (1965) Average Volumetric Concentration in Two-Phase Systems. Transactions of the ASME Ser C, Journal of Heat Transfer 87:453-468

6 Anhang

6.1 Das Reynoldssche Transporttheorem

Im Abschnitt 2.2.1 wurde die Kontinuitätsgleichung und die Eulergleichung aus der Stromfadentheorie durch eine differenzielle Betrachtungsweise hergeleitet. In diesem Abschnitt wird mit dem Reynoldsschen Transporttheorem ein integraler Ansatz vorgestellt, der sowohl anschaulicher als auch allgemeiner ist. Ausführliche Darstellungen finden sich in vielen Lehrbüchern, beispielsweise in Kundu et al. (2004) und Massoud (2005). Einerseits lässt sich die Eulergleichung über diesen Ansatz herleiten, andererseits können auch Strömungsprobleme gelöst werden, in denen die Stromfadentheorie nicht anwendbar ist.

In der Stromfadentheorie wird die Bewegungsgleichung eines Flüssigkeitselementes direkt durch die Newtonsche Bewegungsgleichung ausgedrückt. Die Bewegungsgleichung beschreibt die Bahn des Flüssigkeitselements in Raum und Zeit. Dies nennt man die Betrachtungsweise nach Lagrange. Die Transformation zur Eulerschen Betrachtungsweise, in der die Durchströmung eines ortsfesten, infinitesimalen Ausschnitts des Stromfadens beschrieben wird, geschieht durch die totale Ableitung der Strömungsgeschwindigkeit nach Ort und Zeit. Das Reynoldssche Transporttheorem geht von den fundamentaleren Erhaltungsgrößen der Masse, des Impulses und der Energie aus. Dabei werden die zeitlichen Änderungen dieser Größen in einem endlichen Volumen betrachtet. Die Anwendung des Reynoldsschen Transporttheorems wird am Beispiel der Massen- und der Impulserhaltung demonstriert.

6.1.1 Erhaltung der Masse

Weil endliche Volumen betrachtet werden, tritt die Masse als Volumenintegral der Dichte ρ auf. Um die zeitliche Änderung der Masse zu beschreiben, differenziert man das Integral nach der Zeit. Falls das Volumen ortsfest und unveränderlich ist, sind die Integrationsgrenzen konstant und man darf nach dem Leibniz-Theorem die Reihenfolge von Integration und Differentiation vertauschen.

$$\frac{d}{dt}\iiint_V \rho \, dV = \iiint_V \frac{\partial}{\partial x} \rho \, dV \tag{6.1}$$

Bei strömenden Medien ist in der Lagrangeschen Betrachtungsweise das Volumen beweglich und seine Integrationsgrenzen daher zeitabhängig. Mit Hilfe des generalisierten Leibniz Theorems wird die Transformation auf ein feststehendes Kontrollvolumen durchgeführt. Das Volumen des Kontrollvolumens wird mit CV, seine Oberfläche mit CA bezeichnet. Auf der rechten Seite kommt noch ein Oberflächenintegral hinzu, weil das Fluid mit der Geschwindigkeit w durch die Oberfläche des Kontrollvolumens strömt.

Damit lautet der Massenerhaltungssatz nach der Eulerschen Betrachtungsweise in drei Dimensionen

$$\frac{d}{dt}\iiint_V \rho\, dV = \iiint_{CV} \frac{\partial}{\partial t}\rho\, dV + \oiint_{CA} \rho\vec{w}\vec{n} dA = 0 \ . \tag{6.2}$$

Die rechte Seite stellt die Massenbilanz am Kontrollvolumen dar: Die Änderungsrate der Masse innerhalb des Kontrollvolumens *CV* muss gleich sein wie der Massenstrom über die Oberfläche des Kontrollvolumens *CA*. Dies ist das Reynoldssche Transporttheorem, angewandt auf den Massenerhaltungssatz. Sofern das Strömungsfeld und dessen erste Ableitungen stetig sind, kann das Oberflächenintegral nach dem Satz von Gauß in ein Volumenintegral transformiert werden.

$$\oiint_{CA} \rho\vec{w}\vec{n} dA = \iiint_{CV} \nabla\cdot\left(\rho\vec{w}\right) dV \tag{6.3}$$

Einsetzen in Gleichung (6.2) liefert

$$\frac{d}{dt}\iiint_V \rho\, dV = \iiint_{CV} \left[\frac{\partial}{\partial t}\rho + \nabla\cdot\left(\rho\vec{w}\right)\right] dV = 0 \ . \tag{6.4}$$

Der Massenerhaltungssatz ist genau dann erfüllt, wenn der Integrand verschwindet.

$$\frac{\partial}{\partial t}\rho + \nabla\cdot\left(\rho\vec{w}\right) = 0 \tag{6.5}$$

Dies ist die differentielle Form des Massenerhaltungssatzes. Sowohl die differentielle als auch die integrale Form beschreiben das System exakt, sofern es gelingt, das Strömungsfeld exakt darzustellen. Dies ist jedoch nur in wenigen Ausnahmen möglich. In der Thermohydraulik bildet man daher Mittelwerte über den Strömungsquerschnitt und stellt das Strömungsfeld eindimensional dar. Damit resultiert die differentielle Form des Massenerhaltungssatzes wie in Gleichung (2.2) im Abschnitt 2.2.1.1.

$$\frac{\partial}{\partial t}\rho + \frac{\partial}{\partial t}\rho w = 0 \tag{6.6}$$

Die Integrale und differentielle Formen der Erhaltungsgleichungen sind äquivalent.

6.1.2 Erhaltung des Impulses

Die Darstellung des Impulserhaltungssatzes durch das Reynoldssche Transporttheorem liefert

$$\frac{d}{dt}\iiint_V \rho\vec{w}\, dV = \frac{\partial}{\partial t}\int_{CV} \rho\vec{w}\, dV + \oiint_{CA} \rho\vec{w}\left(\vec{w}\cdot\vec{n}\right) dA = \sum F_{CV} + \sum F_{CA} \tag{6.7}$$

mit der Impulsdichte $\rho\vec{w}$ und der Impulsstromdichte $\rho\vec{w}\left(\vec{w}\vec{n}\right)$

Die linke Seite beschreibt die Änderung des Impulses innerhalb des Materievolumens V nach Lagrange. Die rechte Seite beschreibt die Änderung des Impulses in einem endlichen, ortsfesten und unveränderlichen Kontrollvolumen nach Euler. Das erste Integral auf der rechten Seite beschreibt die Änderung der Impulsdichte innerhalb des Kontrollvolumens. Das zweite Integral auf der rechten Seite beschreibt die über die Oberfläche ein- bzw. ausströmende Impulsstromdichte. Sofern das Vektorfeld der Impulsstromdichte und dessen erste Ableitungen stetig sind, kann wiederum das Oberflächenintegral nach dem Satz von Gauß in ein Volumenintegral transformiert werden. Der Impulssatz beschreibt totale Änderung der Impulsdichte als Folge der Volumenkräfte, die an den Flüssigkeitsteilchen angreifen und der Kräfte, die an den Oberflächen des Kontrollvolumens wirksam sind. Wenn man sich auf reibungsfreie Strömungen beschränkt, sind nur die Schwerkraft und die Druckkräfte zu berücksichtigen. Der Impulssatz lautet mit diesen Vereinfachungen

$$\int_{CV}\left[\frac{\partial}{\partial t}\rho\vec{w}+\nabla\cdot\left(\rho\vec{w}\vec{w}\right)\right]dV=\int_{CV}\rho\vec{g}dV+\int_{CA}p\vec{n}\,dA\ . \tag{6.8}$$

Das erste Integral auf der rechten Seite beschreibt die Volumenkraft der Gravitation. Das zweite Integral beschreibt die Oberflächenkraft des Druckes. Dieses lässt sich nach dem Satz von Gauß ebenfalls in ein Volumenintegral transformieren.

$$\int_{CA}p\vec{n}\,dA=\int_{CV}\nabla p dV \tag{6.9}$$

Für inkompressible Medien vereinfacht sich der zweite Integrand auf der linken Seite.

$$\nabla\cdot\left(\rho\vec{w}\vec{w}\right)=\rho\nabla\cdot\left(\vec{w}\vec{w}\right) \tag{6.10}$$

Schließlich lassen sich alle Integrale auf die linke Seite bringen und zusammenfassen.

$$\int_{CV}\left[\frac{\partial}{\partial t}\rho\vec{w}+\rho\nabla\cdot\left(\vec{w}\vec{w}\right)+\rho\vec{g}+\nabla p\right]dV=0 \tag{6.11}$$

Im eindimensionalen Fall lautet das Integral

$$\int_{CV}\left[\frac{\partial}{\partial t}\rho w+\rho\frac{\partial}{\partial x}\cdot w^2+\rho g\frac{\partial}{\partial x}z+\frac{\partial}{\partial x}p\right]dV=0 \tag{6.12}$$

Dieses Integral verschwindet genau dann, wenn der Integrand selber null ist. Indem man die am Kontrollvolumen wirksamen Kräfte auf die rechte Seite bringt, erhält man

$$\frac{\partial}{\partial t}\rho w+\rho\frac{\partial}{\partial x}w^2=-\frac{\partial}{\partial x}p-\rho g\frac{\partial}{\partial x}z \tag{6.13}$$

Dies ist eine Bewegungsgleichung, in der die Bewegungsgröße der Impuls ist. In der Eulergleichung hingegen ist die Bewegungsgröße die Geschwindigkeit. Wie folgender Beweis zeigt, sind beide Formen äquivalent.

Zunächst wird die linke Seite ausdifferenziert

$$
\begin{aligned}
&\frac{\partial}{\partial t}\rho w+\rho\frac{\partial}{\partial x}w^2=\rho\frac{\partial w}{\partial t}+w\frac{\partial}{\partial t}\rho+2\rho\frac{\partial w}{\partial x}\frac{\partial x}{\partial t}\\
&=\rho\frac{\partial w}{\partial t}+w\underbrace{\left(\frac{\partial}{\partial t}\rho+\rho\frac{\partial w}{\partial x}\right)}_{=0}+w\rho\frac{\partial w}{\partial x}
\end{aligned}
\tag{6.14}
$$

Der Ausdruck in der Klammer ist identisch mit der linken Seite der Massenerhaltungsgleichung (6.6). Die Summe ihrer Terme ist null, und es folgt die bekannte Form der Eulergleichung.

$$
\rho\frac{\partial w}{\partial t}+\rho w\frac{\partial w}{\partial x}=-\frac{\partial}{\partial x}p-\rho g\frac{\partial}{\partial x}z \tag{6.15}
$$

Die Stetigkeit des Vektorfeldes der Impulsstromdichte war die entscheidende Voraussetzung in dieser Herleitung. Dadurch wurde die Anwendung des Integralsatzes von Gauß möglich, und alle Terme konnten als Integranden eines einzigen Volumenintegrals dargestellt werden. Unter dieser Voraussetzung ist also auch die Stromfadentheorie anwendbar.

6.1.3 Anwendung des Reynoldsschen Transporttheorems in Integralform

Das Reynoldssche Transporttheorem ist ein hervorragendes Werkzeug, um Erhaltungsgleichungen in differenzieller Form herzuleiten. Seine Leistungsfähigkeit kommt aber auch in der ursprünglichen Form zum Ausdruck. Es lässt sich auch in Fällen anwenden, wo die Voraussetzungen der Stromfadentheorie nicht gegeben sind. Dies soll an den Beispielen des verlustfreien Bernoulli-Diffusors und des verlustbehafteten Carnot-Diffusors nach Abbildung 6-1 veranschaulicht werden.

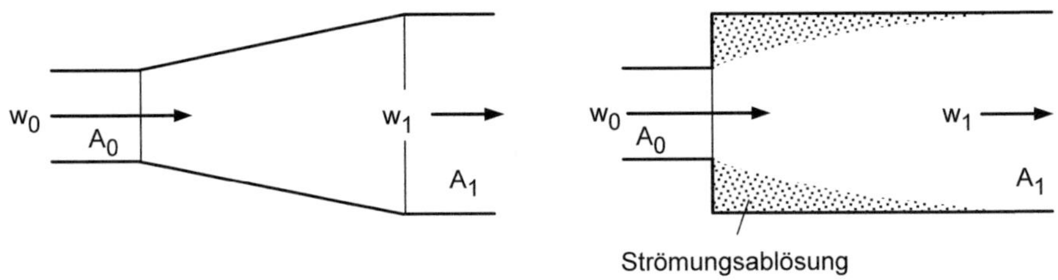

Abbildung 6-1 Schematische Darstellungen eines verlustfreien Bernoulli-Diffusors (links) und eines Carnot-Diffusors (rechts).

6.1.3.1 Verlustfreier Bernoulli-Diffusor

Bei einer allmählichen Querschnittserweiterung mit gerundeten Kanten lassen sich die Strömungsablösung und ein damit verbundener Druckverlust vermeiden. In praktischen Berechnungen würde man den Druckverlust durch Wandreibung im Diffusor nicht berechnen, sondern durch einen entsprechenden Längenzuschlag im zylindrischen Anschlussrohr berücksichtigen. Weil keine Strömungsablösungen auftreten, sind die Stromfadentheorie und damit auch die Bernoulligleichung anwendbar.

Im reibungsfreien Fall eines horizontalen Bernoulli-Diffusors beträgt der Druckgewinn durch die Verzögerung der Strömung

$$\left(p_1 - p_0\right)_{Bernoulli} = \frac{\rho}{2}\left(w_0^2 - w_1^2\right) = \frac{\rho}{2} w_0^2 \left(1 - \frac{A_0^2}{A_1^2}\right). \tag{6.16}$$

Kinetische Energie kann also vollständig in Druckenergie umgewandelt werden.

6.1.3.2 Stoßverlust im Carnot-Diffusor

Eine sprunghafte Querschnittserweiterung in zylindrischen Rohren wird als Carnot-Diffusor bezeichnet. An den scharfen Kanten des Überganges löst sich die Strömung ab. Die Wirbelbildung führt zu einem entsprechenden Druckverlust. Die kinetische Energie kann nicht mehr vollständig in Druckenergie umgewandelt werden. Der Carnot-Diffusor ist eines der wenigen Beispiele, das analytisch berechnet werden kann. Dazu wird angenommen, dass der statische Druck in der Grenzschicht über der Ringfläche der Rohrerweiterung gleich dem statischen Druck am Ende des kleineren Rohres ist. Nun konstruiert man ein Kontrollvolumen, welches durch die Eintrittsöffnung des kleineren Rohres, die Ringfläche der Rohrerweiterung, ein Stück der zylindrischen Mantelfläche des größeren Rohres sowie dessen Querschnittsfläche gebildet ist. Auch hier wird der Druckverlust durch Wandreibung nicht berechnet, sondern durch einen entsprechenden Längenzuschlag im zylindrischen Anschlussrohr berücksichtigt. Bei stationärer Strömung liefert das Oberflächenintegral über die Impulsstromdichte folgenden einfachen Ausdruck für die Reaktionskraft, die über die Oberfläche auf das Kontrollvolumen einwirkt:

$$\oiint_{CS} \rho \vec{w}\left(w \cdot n\right) dS = -\rho w_0^2 A_0 + \rho w_1^2 A_1 = p_1 A_1 + p_0\left(A_1 - A_0\right) - p_1 A_1 \tag{6.17}$$

Mit Hilfe der Kontinuitätsgleichung (2.5) kann die Fließgeschwindigkeit im größeren Querschnitt durch jene im kleineren Querschnitt ausgedrückt werden.

$$w_1 = w_0 \frac{A_0}{A_1} \tag{6.18}$$

Diese Kraft ist im Gleichgewicht mit den einwirkenden Druckkräften.

$$\rho w_0^2 \frac{A_0^2}{A_1} - \rho w_0^2 A_0 = p_0 A_0 + p_0 \left(A_1 - A_0\right) - p_1 A_1 = A_1 \left(p_0 - p_1\right) \tag{6.19}$$

Der Druckgewinn durch die Verzögerung der Strömung ist kleiner als beim Bernoulli-Diffusor. Er beträgt

$$\left(p_1 - p_0\right)_{Carnot} = \rho w_1^2 \frac{A_0}{A_1} - \rho w_1^2 \frac{A_0^2}{A_1^2} = \frac{\rho}{2} w_0^2 \cdot 2 \frac{A_0}{A_1}\left(1 - \frac{A_0}{A_1}\right). \tag{6.20}$$

Bezieht man den Druckgewinn auf die kinetische Energiedichte am Eintritt, so erhält man einen dimensionslosen Druckgewinn, der als Funktion des Flächenverhältnisses in Abbildung 6-2 dargestellt ist.

$$\frac{p_1 - p_0}{\frac{\rho}{2} w_0^2} \tag{6.21}$$

Der Stoßverlust ist die Differenz zwischen dem Druckgewinn des Bernoulli-Diffusors und jenem des Carnot-Diffusors. Dieser Stoßverlust kann als Produkt der kinetischen Energiedichte am Eintritt mit einem Druckverlustbeiwert ζ ausgedrückt werden.

$$\Delta p_{\text{Carnot}} = \xi \frac{\rho}{2} w_0^2 \quad \text{mit} \quad \xi = \left(1 - \frac{A_0}{A_1}\right)^2 = \left(1 - \frac{d_0^2}{d_1^2}\right)^2 \tag{6.22}$$

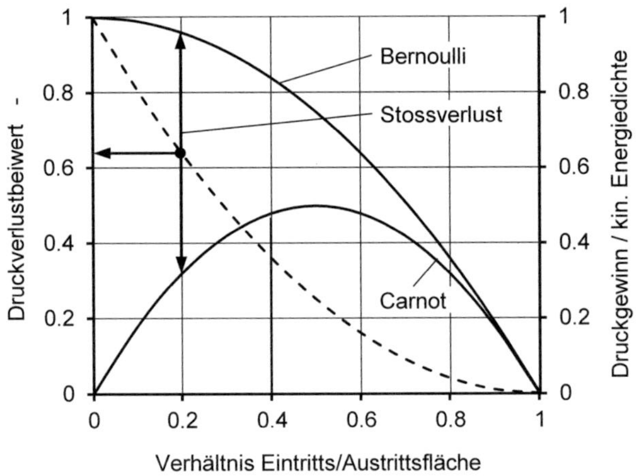

Abbildung 6-2 Druckverlustbeiwert des Carnot-Diffusors sowie Druckgewinn in Bernoulli- und Carnot-Diffusor.

Der Stoßverlust des Carnot-Diffusors kann in der Bernoulligleichung berücksichtigt werden. Für die praktische Berechnung nimmt man an, dass der Stoßverlust entlang einer sehr kurzen Strecke auftritt, sodass die Differenz der Schweredrücke vernachlässigbar ist.

$$p_2 + \frac{\rho}{2} w_2^2 = p_1 + \frac{\rho}{2} w_1^2 + \xi \frac{\rho}{2} w_1^2 \tag{6.23}$$

6.2 Stoffdaten

Stoffdaten werden in der Fachliteratur meist als Zahlenwerte in Tabellen oder in Diagrammform angegeben. Im VDI Wärmeatlas (2013) sind die Stoffdaten für Wasser und weitere Fluide mit Hilfe der neuesten Modelle berechnet und in umfangreichen Tabellen dargestellt. In den Datenblättern der Hersteller sind die technisch wichtigen Stoffdaten meist in Diagrammen angegeben. Diese beruhen auf Laborversuchen. Einige Hersteller bieten auch Programme an, mit denen die Stoffdaten berechnet und als Tabellen ausgegeben werden können. Sowohl die eigenen Experimente als auch die an der TU Dresden durchgeführten Untersuchungen zur Gaslöslichkeit wurden mit Tyfocor®LS durchgeführt, einem Gemisch aus 55 bis 58 Massenprozenten vollentsalztem Wasser, Monopropylenglykol und ein bis zwei Massenprozenten Diisopropanolamin als Korrosionsinhibitor (TYFOROP 2011), (TYFOROP 2013). Die Stoffdaten der Wasser-Propylenglykol Gemische verschiedener Hersteller unterscheiden sich praktisch nicht, sofern sie denselben Wasseranteil aufweisen.

Für numerische Rechenverfahren ist es zweckmäßig die Stoffwerte durch mathematische Funktion zu approximieren. Die nachfolgend dargestellten Funktionen basieren auf den im VDI Wärmeatlas und im Datenblatt für Tyfocor®LS dargestellten Werten. Sie gelten nur in dem spezifizierten Temperaturbereich. Die mit diesen Korrelationen berechneten Werte stimmen mit den Tabellenwerten und dem Datenblatt nicht exakt überein, was für praktische Berechnungen tolerierbar ist. Die Funktionen dürfen nur in dem angegebenen Temperaturbereich und für die Mischung aus 55–58 % Wasser und Propylenglykol verwendet werden. Für andere Mischungsverhältnisse, Fluidkombinationen und Temperaturbereiche lassen sich entsprechende Funktionen sehr einfach mit Hilfe von EXCEL oder Matlab ermitteln.

6.2.1 Dichte

Die Dichten von Wasser im Sättigungszustand und Tyfocor®LS nach Abbildung 6-3 können durch die Polynome (6.24) und (6.25) dargestellt werden.

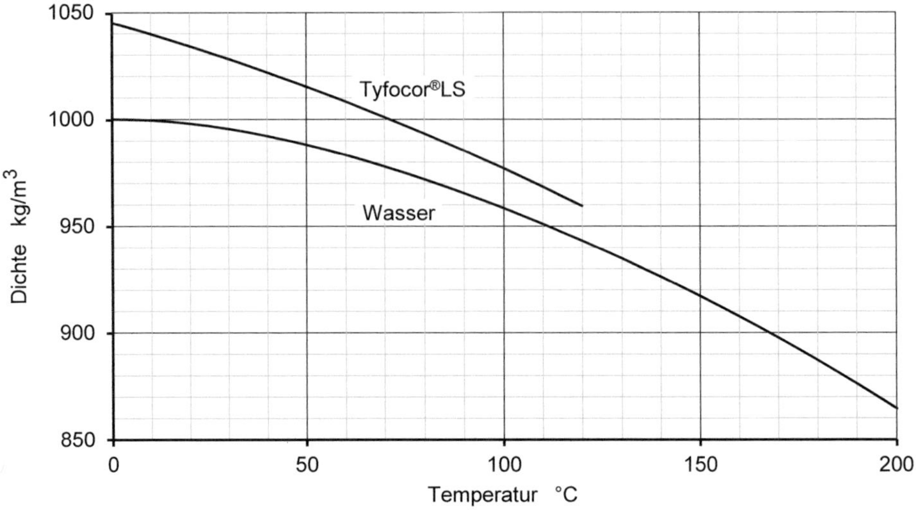

Abbildung 6-3 Dichte von Wasser im Sättigungszustand sowie von Tyfocor®LS.

$$\rho_W = \begin{array}{l} 999.99 + 10.692 \cdot 10^{-3}\, \vartheta - 5.8765 \cdot 10^{-3}\, \vartheta^2 \\ +19.923 \cdot 10^{-6}\, \vartheta^3 - 38.635 \cdot 10^{-9}\, \vartheta^4 \end{array} \tag{6.24}$$

$$\rho_G = 1045 - 0.50997 \cdot \vartheta - 16.984 \cdot 10^{-3}\, \vartheta^2 \tag{6.25}$$

Polynome dürfen keinesfalls außerhalb ihres Gültigkeitsbereiches verwendet werden. Die berechneten Funktionswerte können stark vom realen Verhalten abweichen.

6.2.2 Kinematische Viskosität

Abbildung 6-4 zeigt die kinematischen Viskositäten Wasser im Sättigungszustand und von Tyfocor®LS.

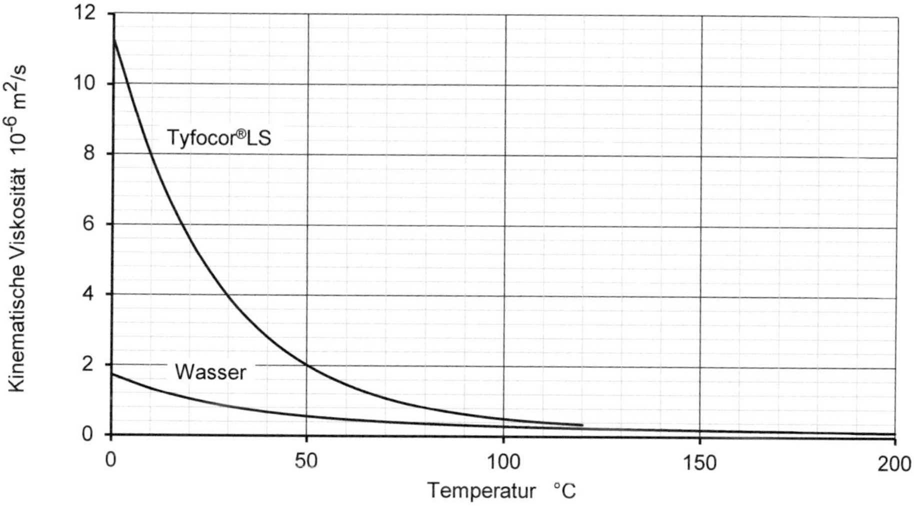

Abbildung 6-4 Kinematische Viskosität von Wasser im Sättigungszustand sowie von Tyfocor®LS.

$$\nu_W = 1.346 \cdot 10^{-6} \exp\left(-33.41 \cdot 10^{-3} \vartheta\right) + 0.3907 \cdot 10^{-6} \exp\left(-4.963 \cdot 10^{-6} \vartheta\right) \tag{6.26}$$

$$\nu_G = 11.06 \cdot 10^{-6} \exp\left(-36.23 \cdot 10^{-3} \vartheta\right) + 0.2186 \cdot 10^{-6} \exp\left(-0.6668 \cdot \vartheta\right) \tag{6.27}$$

Mit Hilfe der Funktionen (6.26) und (6.27) werden die kinematischen Viskositäten in m^2/s berechnet. Die Extrapolation zu höheren Temperaturen ist unkritisch.

6.2.3 Spezifische Wärme

Abbildung 6-5 stellt die spezifische Wärme von Wasser im Sättigungszustand sowie von Tyfocor®LS dar.

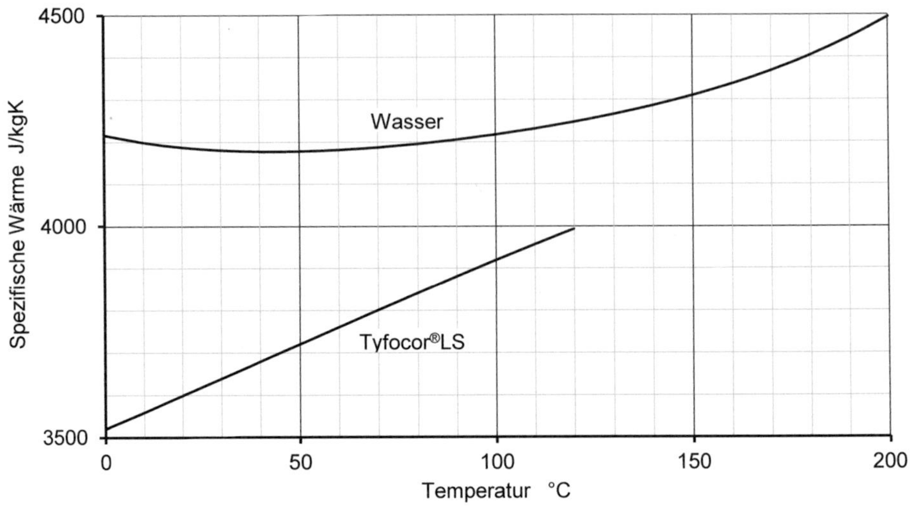

Abbildung 6-5 Spezifische Wärme von Wasser im Sättigungszustand sowie von Tyfocor®LS.

$$c_{l,W} = \begin{array}{l} 4216.5 - 2.0156 \cdot \vartheta + 31.838 \cdot 10^{-3}\,\vartheta^2 \\ -157.98 \cdot 10^{-6}\,\vartheta^3 + 420.03 \cdot 10^{-9}\,\vartheta^4 \end{array} \tag{6.28}$$

$$c_{l,G} = 3520.9 + 3.8329 \cdot \vartheta + 4.6703 \cdot 10^{-3}\,\vartheta^2 - 32.051 \cdot 10^{-6}\,\vartheta^3 \tag{6.29}$$

Mit den Polynomen (6.28) und (6.29) werden die spezifischen Wärmen in *J/kgK* berechnet.

6.2.4 Spezifische Enthalpie und Verdampfungsenthalpie

Abbildung 6-6 zeigt die spezifischen Enthalpien von Wasser und Wasserdampf im Sättigungszustand sowie die spezifische Verdampfungsenthalpie als Differenz dieser beiden Enthalpien.

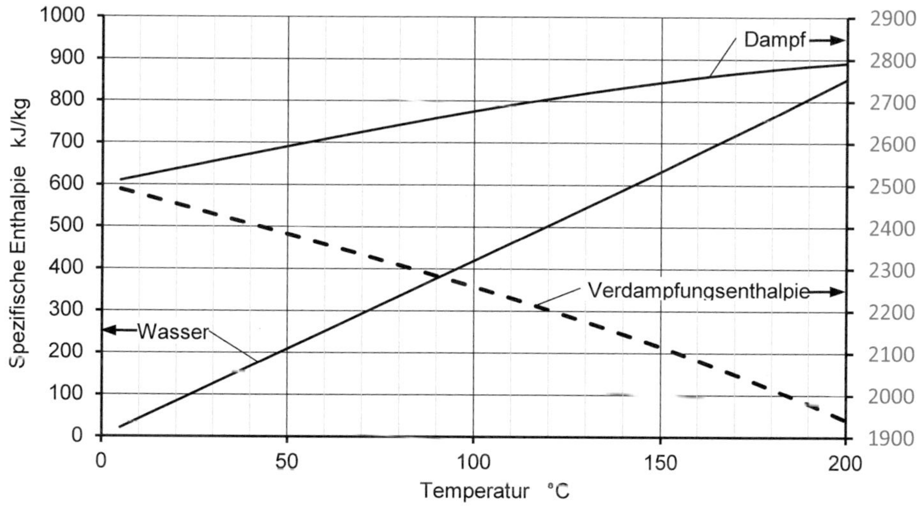

Abbildung 6-6 Spezifische Verdampfungsenthalpie und spezifische Enthalpie von Wasser und Dampf im Sättigungszustand.

$$h_g = 2501.4 \cdot 10^3 + 1787.6 \cdot \vartheta + 0.76591 \cdot \vartheta^2 - 12.159 \cdot 10^{-3} \vartheta^3 \tag{6.30}$$

$$h_l = 4206.5 \cdot 10^3 \vartheta - 59.039 \cdot \vartheta^2 + 4.3268 \cdot 10^{-3} \vartheta^3 \tag{6.31}$$

$$h_v = h_g - h_l = 2501.4 \cdot 10^3 - 2418.9 \cdot \vartheta + 1.3563 \cdot \vartheta^2 - 16.486 \cdot 10^{-3} \vartheta^3 \tag{6.32}$$

Die Polynome (6.30) - (6.32) berechnen die Enthalpien in *J/kg*.

6.2.5 Dampfdruck

Abbildung 6-7 stellt den Dampfdruck von Wasser und Tyfocor®LS dar.

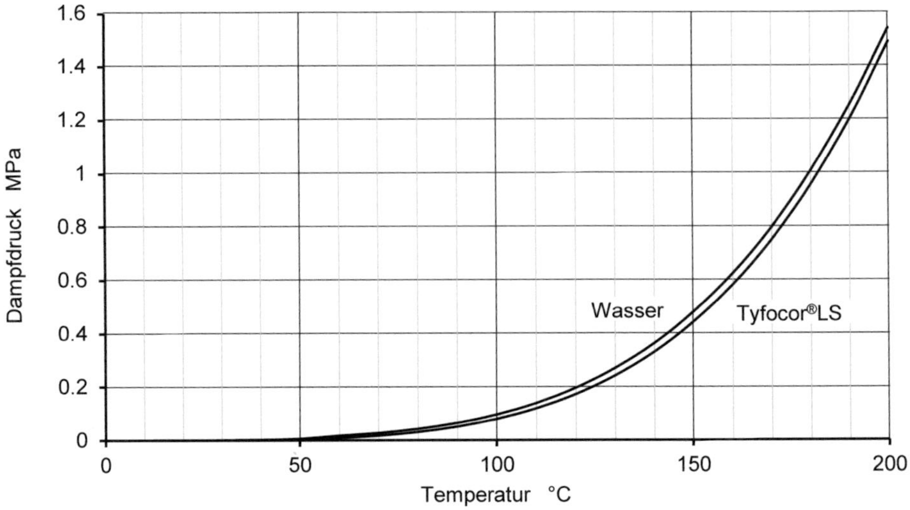

Abbildung 6-7 Dampfdruck von Wasser und Tyfocor®LS, einer Wasser-Propylenglykol Gemisch mit 55–58 % Wasser.

$$p_{v,W} = 0.7517 \cdot 10^{-3} \vartheta^{4.047} \tag{6.33}$$

$$p_{v,G} = 0.2787 \cdot 10^{-3} \vartheta^{4.228} \tag{6.34}$$

Die Potenzfunktionen (6.33) und (6.34) liefern den Dampfdruck in Pa. Der Dampfdruck von Tyfocor LS liegt nur wenig unter dem von Wasser. Dies ist der Grund, weshalb man mit der thermohydraulischen Simulation unter Verwendung der Stoffdaten von Wasser realitätsnahe Ergebnisse erzielt. Um dieselbe Siedetemperatur zu erreichen, braucht man bei Wasser lediglich den Druck etwas zu erhöhen.

6.2.6 Oberflächenspannung

Abbildung 6-8 stellt die von Nakanishi et al. (1971) gemessenen Werte für Gemische aus Wasser und Propylenglykol bei einer Temperatur von 30 $°C$ dar. Die Messdaten können durch folgende Funktion korreliert werden.

$$\sigma = 0.04861 \cdot \exp\left(-1.394 \cdot x_m^{0.75}\right) + 0.02281 \qquad N/m \tag{6.35}$$

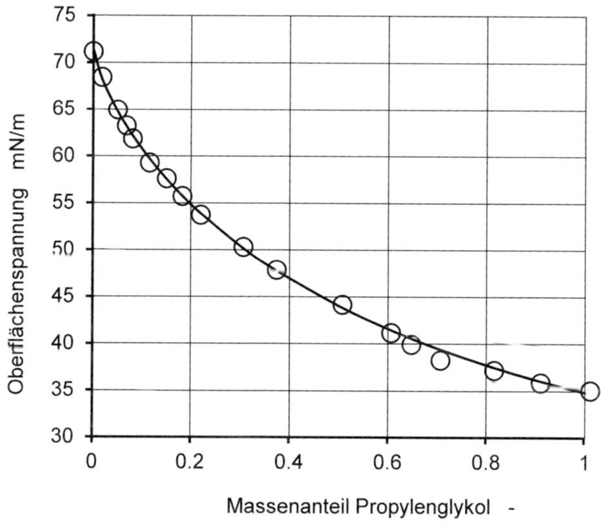

Abbildung 6-8 Oberflächenspannung von 1,2 Propylenglykol-Wasser Gemischen bei 30 °C nach Nakanishi et al. (1971).

Der Zusammenhang zwischen Konzentration und Oberflächenspannung ist nicht linear. In der Regel dominiert die Komponente mit der geringeren Oberflächenspannung. Die Temperaturabhängigkeit der Oberflächenspannung nach Jasper (1972) ist für Wasser, Ethylenglykol und 1,3 Propylenglykol in Abbildung 6-9 dargestellt. Die Temperaturabhängigkeit lässt sich durch lineare Funktionen mit den Koeffizienten nach Tabelle 6-1 darstellen. Der Wert für 1,3 Propylenglykol bei 30 $°C$ stimmt praktisch mit dem Wert für 1,2 Propylenglykol – Wasser bei einem Glykolanteil von $x_m = 0.45$ überein

Tabelle 6-1 Temperaturabhängigkeit der Oberflächenspannung nach Jasper (1972).

$\sigma = a - b \cdot T$	a mN/m	b mN/Km
Wasser	75.38	0.1477
Ethylenglykol	47.43	0.0903
1,3 Propylenglykol	50.21	0.0890

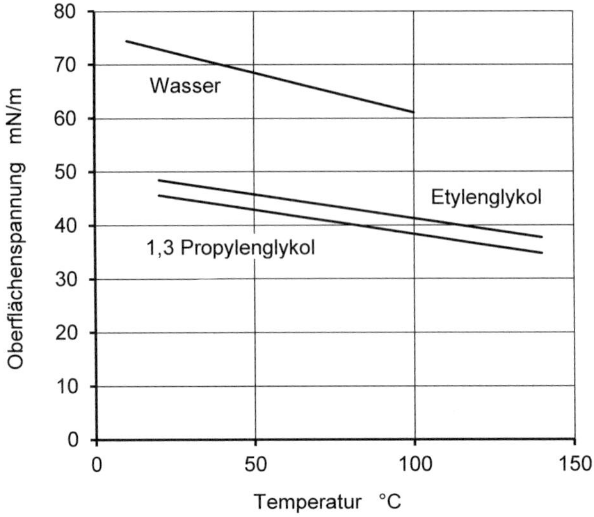

Abbildung 6-9 Temperaturabhängigkeit der Oberflächenspannung nach Jasper (1972).

Unter der Annahme, dass der Einfluss der Korrosionsinhibitoren auf die Oberflächenspannung vernachlässigbar ist, kann diese für Tyfocor®LS durch die Gleichung für 1,3Propylenglykol dargestellt werden.

$$\sigma = 0.05021 - 8.9 \cdot 10^{-5}\,\vartheta \tag{6.36}$$

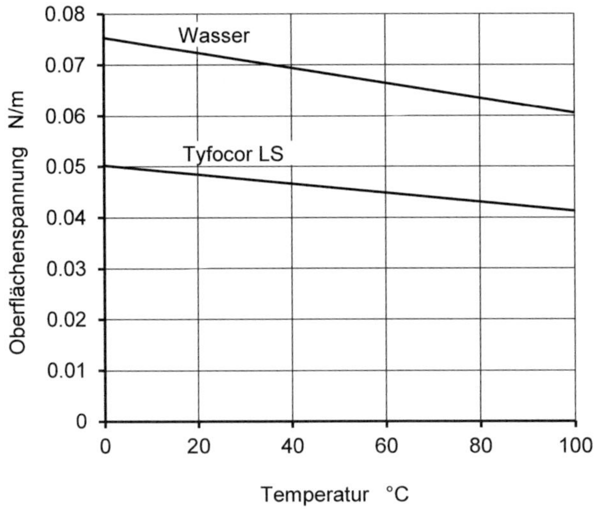

Abbildung 6-10 Oberflächenspannung für Wasser und Tyfocor®LS als Funktion der Temperatur.

6.3 Literatur

Jasper J. J. (1972) The Surface Tension of Pure Liquid Compounds. Journal of Physical and Chemical Reference Data 1:841. doi:10.1063/1.3253106

Kundu P. K., Cohen I. M., Hu H. H. (2004) Fluid mechanics. 3rd ed. Aufl. Academic Press, San Diego

Massoud M. (2005) Engineering Thermofluids. Springer-Verlag, Berlin, Heidelberg, New York

Nakanishi K., Matsumoto T., Hayatsu M. (1971) Surface tension of aqueous solutions of some glycols. Journal of Chemical & Engineering Data 16 (1):44-45. doi:10.1021/je60048a010

TYFOROP (2011) Sicherheitsdatenblatt: TYFOCOR LS. TYFOROP CHEMIE GmbH. http://www.tyfo.de/docs/TI-TYFOCOR-LS_de_2013.pdf.

TYFOROP (2013) Technische Information: TYFOCOR LS. TYFOROP CHEMIE GmbH. http://www.tyfo.de/docs/TI-TYFOCOR-LS_de_2013.pdf.

VDI (2013) VDI-Wärmeatlas. 11. Aufl. Springer-Verlag, Heidelberg, Dordrecht, London, New York. doi:10.1007/978-3-642-19981-3

6.4 Symbolverzeichnis

Symbol	Bedeutung	*Einheit*
A	Fläche	m^2
A_K	Fläche eines Kollektorelementes, allgemein	m^2
$A_{K,G}$	Bruttofläche eines Kollektorelementes (G = gross area)	m^2
$A_{K,A}$	Aperturfläche eines Kollektorelementes (A = aperture)	m^2
$A_{K,P}$	Absorberfläche eines Kollektorelementes (P = plate)	m^2
A_{KS}	Fläche eines Kollektorstranges, allgemein	m^2
A_{KR}	Fläche einer Kollektorreihe, allgemein	m^2
A_{KF}	Fläche eines Kollektorfeldes, allgemein	m^2
A_t	Strömungsquerschnitt des Rohres	m^2
A_{tw}	Wandquerschnitt des Rohres	m^2
a_1	Wärmeverlustkoeffizient des Kollektors ~T	W/Km^2
a_2	Wärmeverlustkoeffizient des Kollektors ~T^2	W/K^2m^2
C	Konstante in Korrelationen zur Gegenstrombegrenzung	–
C_0	Phasenverteilungsparameter in Drift-Flux Modellen	–
C_t	Längenbezogene spezifische Wärme des Rohres	J/Km
$\overline{c}$	Molkonzentration der Mischung	mol/m^3
c_g ; c_l	Spezifische Wärme der Gas- und Flüssigphase	J/kgK
c_K	Flächenbezogene Wärmekapazität des Kollektors	J/m^2K
D_W	Durchmesser der Rohrwendel	m
D	Krümmungsdurchmesser der Rohrwendel	m
d_t	Rohrdurchmesser innen (t = tube)	m
d_a	Rohrdurchmesser außen	m
e	Spezifische Energie	J/kg
f	Rohrreibungszahl nach Fanning	–
F_A	Auftriebskraft	N
F_R	Reibungskraft	N
F_σ	Kraft infolge Grenzflächenspannung	N
g	Erdbeschleunigung = 9.81	m/s^2
G	Bestrahlungsstärke in der Kollektorebene	W/m^2
H	Enthalpie	J

H_i	Henry-Koeffizient der Gaslöslichkeit	Pa
H_v	Verdampfungsenthalpie	J
h_v	Spezifische Verdampfungsenthalpie	J/kg
h_{Anl}	Anlagenhöhe über Meeresspiegel	m
h_H	Höhendifferenz zwischen MAG und Anlagenhochpunkt	m
h_K	Höhendifferenz zwischen MAG und oberem Kollektoranschluss	m
h_{KT}	Höhendifferenz zwischen MAG und Kollektortiefpunkt	m
h_{Man}	Höhendifferenz zwischen MAG und Manometer	m
h_P	Höhendifferenz zwischen MAG und Saugstutzen der Pumpe	m
h_g ; h_l	Spezifische Enthalpie der Gas- und Flüssigphase	J/kg
j	Totale Volumenstromdichte	m/s
j_g ; j_l	Volumenstromdichte der Gas- und Flüssigphase	m/s
k	Rauigkeit der Rohrwand	m
k_t	Wärmedurchgangskoeffizient des Rohres	W/Km^2
l	Länge	m
l_c	Charakteristische Länge	m
l_G	Länge eines Glattrohres	m
l_W	Länge eines Metallbalges oder Wellschlauches	m
l_{Rl} ;l_{Vl}	Länge der Vor- bzw. Rücklaufleitung	m
Δl	Längendifferenz	m
M	Molmasse	kg / mol
m	Masse	kg
m	Faktor in Korrelationen zur Gegenstrombegrenzung	–
m	Anzahl seriell zu einem Strang verbundene Absorberelemente	–
$\dot{m}$	Massenstrom	kg/s
$\dot{m}_g$; $\dot{m}_l$	Massenstrom der Gas- und Flüssigphase	kg/s
$m_{r,KF}$	Restmenge Flüssigkeit im Kollektorfeld	kg
N_A	Avrogadozahl = $6.0221 \cdot 10^{23}$	$1/mol$
n	Stoffmenge (Molzahl)	mol
n	Anzahl parallel geschaltete Stränge	–
P	Leistung	W
P_d^*	Dampfproduktionsleistung, bezogen auf die Kollektorfläche	W/m^2
P_v	Dampfleistung	W
p	Druck	Pa

p_{Atm}	Atmosphärendruck	Pa
p_i	Partialdruck der Gaskomponente i	Pa
p_a	Anfangsdruck im MAG nach VDI 4908	Pa
p_e	Enddruck im MAG nach VDI 4908	Pa
p_B	Betriebsdruck im MAG bei max. Kreislauftemperaturen	Pa
p_F	Betriebsdruck im MAG bei Füllbedingungen	Pa
p_H	Druck am Hochpunkt der Anlage	Pa
p_K	Druck am Hochpunkt des Kollektorfeldes	Pa
p_R	Referenzdruck im MAG bei min. Kreislauftemperaturen	Pa
p_S	Maximaldruck im MAG bei Stagnation	Pa
p_{SV}	Ansprechdruck des Sicherheitsventils	Pa
Δp_{SV}	Schließdruckdifferenz des Sicherheitsventils	Pa
p_v	Dampfdruck	Pa
p_z	Erforderlicher Zulaufdruck der Pumpe	Pa
p_0	Vordruck im MAG	Pa
$p_{0,opt}$	Theoretisch optimaler Vordruck	Pa
$p_{0,\max}$	Praktischer Maximalwert des Vordrucks	Pa
$p_{0,\min}$	Praktischer Minimalwert des Vordrucks	Pa
δp	Unsicherheit der Druckmessung	Pa
Δp	Druckdifferenz, Druckverlust	Pa
Δp_P	Pumpendruck	Pa
Δp_H	Druckverlust zwischen Referenzpunkt und Anlagenhochpunkt	Pa
Δp_K	Druckverlust zwischen Referenzpunkt und Kollektorhochpunkt	Pa
Δp_R	Druckverlust zwischen Referenzpunkt und Saugstutzen Pumpe	Pa
Δp_z	Druckzuschlag nach VDI 4708	Pa
Δp_{z0}	Teildruckzuschlag zum Atmosphären- bzw. Dampfdruck	Pa
Δp_{z1}	Teildruckzuschlag zur Kompensation von Gasdruckverlusten	Pa
Δp_{z2}	Teildruckzuschlag zur Erzeugung der Wasservorlage	Pa
Q	Volumenstrom	m^3/s
$\tilde{Q}$	Volumenstrom, bezogen auf die Kollektorfläche	$m^3/m^2 s$
$\dot{Q}$	Wärmeverlustleistung	W
R	Universelle Gaskonstante = 8.3144598	$J/mol K$

s	Schlupf	–
T	Absolute Temperatur	K
T_a	Umgebungstemperatur (a = ambient)	K
$T_{a,N}$	Normtemperatur der Atmosphäre auf Meereshöhe	K
$T_\alpha\,;T_\omega$	Eintritts- und Austrittstemperatur	K
T_k	Mittlere Temperatur der k-ten Komponente des Kreislaufs	K
T_m	Mittlere Fluidtemperatur im Kollektor	K
T_{ref}	Referenztemperatur des Ausdehnungsgefäßes	K
$T_{a,N}$	Normtemperatur der Atmosphäre auf Meereshöhe	K
$T_{Vl}\,;T_{Rl}$	Vorlauf- und Rücklauftemperatur	K
$\left\langle T_{A,X}\right\rangle$	Mittlere Kreislauftemperatur im Zustand X	K
δT	Unsicherheit bei der Temperaturmessung	K
ΔT	Temperaturänderung	K
ΔT_K	Max. Abweichung der Austrittstemperatur des Kollektors	K
U_L	Wärmeverlustkoeff. der linearisierten Wirkungsgradkennlinie	W/Km^2
u	Spezifische innere Energie	J/kg
$\cdot U_{gj}\cdot$	Mittlere Driftgeschwindigkeit	m/s
V	Volumen	m^3
V_A	Anlagenvolumen	m^3
V_B	Gasvolumen im MAG bei max. Kreislauftemperatur	m^3
V_F	Gasvolumen im MAG bei Füll- und Prüfbedingungen	m^3
V_K	Volumen eines Kollektors	m^3
V_{KF}	Volumen des Kollektorfeldes	m^3
V_N	Nennvolumen des MAG (Nominal volume)	m^3
V_{Res}	Reservevolumen zur Kompensation von Flüssigkeitsverlusten	m^3
V_S	Gasvolumen im MAG bei Stagnation	m^3
V_{SK}	Volumen Solarkreis	m^3
V_V	Wasservorlage im MAG	m^3
$V_{V,eff}$	Effektive Wasservorlage im MAG	m^3
$V_{V,\min}$	Minimal erforderliche Wasservorlage im MAG	m^3
V_v^*	Dampfvolumen, bezogen auf die Kollektorfläche	m^3
V_Z	Prozessvolumen (~ Dampfvolumen)	m^3

$\Delta V_{A,B}$	Änderung des Flüssigkeitsinhaltes (max. Kreislauftemperaturen)	m^3
$\Delta V_{A,F}$	Änderung des Flüssigkeitsinhaltes (Füll-, Kontrollbedingungen)	m^3
$\Delta V_{A,S}$	Änderung des Flüssigkeitsinhaltes (Stagnation)	m^3
w	Strömungs- oder Fließgeschwindigkeit	m/s
w_g ; w_l	Fließgeschwindigkeit der Gas- und Flüssigphase	m/s
w_{gj}	Lokale Driftgeschwindigkeit	m/s
w_{SE}	Selbstentlüftungsgeschwindigkeit	m/s
x	Ortskoordinate	m
x	Dampfgehalt	–
$\dot{x}$	Strömungsdampfgehalt	–
x_i	Molanteil der Komponente i in der Flüssigphase	–
$x_{m,i}$	Massenanteil der Komponente i in der Flüssigphase	–
y_i	Molanteil der Komponente i in der Gasphase	–
z	Koordinate in vertikaler Richtung	m

	Griechische Symbole	
α	Exponent der Dampfleistung	–
α_c	Wärmeübergangskoeffizient bei Konvektion	W/Km^2
α_{cd}	Wärmeübergangskoeffizient bei Kondensation	W/Km^2
β	Raumausdehnungskoeffizient	$1/K$
Γ	Volumenbezogener Massenstrom bei Phasenänderung	kg/m^3s
γ	Längenausdehnungskoeffizient	$1/K$
ε	Gasvolumenanteil	–
$\dot{\varepsilon}$	Volumetrischer Strömungsdampfgehalt	–
ζ	Lokaler Druckverlustbeiwert	–
η	Wirkungsgrad des Kollektors	–
η_0	Konversionsfaktor	–
ϑ	Temperatur	$°C$
λ	Rohrreibungszahl	–
λ	Technischer Löslichkeitskoeffizient	$m^3/kg \cdot bar$
λ	Wärmeleitfähigkeit	W/Km
μ_1 ; μ_2	Korrekturfaktoren für den Flüssigvolumenanteil	–
ν_g ; ν_l	Kinematische Viskosität der Gas- und Flüssigphase	m^2/s

ρ_g ; ρ_l	Dichte der Gas- und Flüssigphase	kg/m^3
ρ_m	Mittlere Dichte des Zweiphasengemisches	kg/m^3
τ	Schubspannung	N/m^2
τ	Zeitintervall	s
σ	Oberflächenspannung	N/m
ϕ	Neigungswinkel	$Grad$

	Indizes	
A	Anlage	–
B	Betriebszustand der Anlage bei maximalen Kreislauftemperaturen	–
g ; l	Gas- und Flüssigphase	–
G	Propylenglykol, Glattrohr	–
H	Hochpunkt	–
K	Kollektor, Hochpunkt Kollektorfeld	–
i ; j ; k	Laufvariable	–
i	Komponentenindex bei Gemischen	–
lim	Theoretische Grenze	–
m	Arithmetisches Mittel	–
Rl ; Vl	Rücklauf- und Vorlaufleitung	–
R	Referenzzustand der Anlage bei minimalen Kreislauftemperaturen	–
opt	Optimaler Wert	–
ref	Referenzzustand der Anlage	–
S	Zustand der Anlage bei Stagnation	–
s	Sättigungszustand	–
SK	Solarkreis	–
$ü$	Überdruck zum Atmosphärendruck	–
W	Wasser	–

	Dimensionslose Kennzahlen
Fr	Froude-Zahl
j_g^* ; j_l^*	Wallis-Parameter für die Gas- und Flüssigphase
Mo	Morton-Zahl
Re	Reynolds-Zahl
We	Weber-Zahl

6.5 Sachverzeichnis

MIX
Papier aus verantwortungsvollen Quellen
Paper from responsible sources
FSC® C105338

If you have any concerns about our products,
you can contact us on
ProductSafety@springernature.com

In case Publisher is established outside the EU,
the EU authorized representative is:
Springer Nature Customer Service Center GmbH
Europaplatz 3, 69115 Heidelberg, Germany

Printed by Libri Plureos GmbH
in Hamburg, Germany